DELMIA 人机工程从入门到精通

钮建伟　刘　静　主编

冉令华　副主编

電子工業出版社

Publishing House of Electronics Industry

北京 • BEIJING

内容简介

本书通过功能详解和案例教学相结合的方式，采用图文并茂、视频教程的形式，对达索公司数字化制造解决方案 DELMIA 中的人因工程设计和分析（Ergonomics Design & Analysis）模块进行了详细解读。本书不仅对人因工程学基础知识和软件基本操作进行了解释，而且重点阐述了软件中人因工程设计和分析模块的各项功能。读者学习后，可掌握 DELMIA 中面向人因的设计、仿真与分析方法，便于从事相关的科学研究与具体工作。

本书可作为从事汽车、航空、航天、船舶、军工、机器人乃至办公室工作、金融服务业、文化娱乐产业等设计领域专业人士的参考书，也可作为高校工业工程、机器人工程、工业设计、车辆工程、机械工程、人因工程、安全工程、建筑工程等相关专业的教材，以及学习 DELMIA 软件的培训教材。

图书在版编目（CIP）数据

DELMIA 人机工程从入门到精通 / 钮建伟，刘静主编. —北京：电子工业出版社，2018.12
ISBN 978-7-121-35676-6

Ⅰ. ①D… Ⅱ. ①钮… ②刘… Ⅲ. ①人-机系统 Ⅳ. ①TB18

中国版本图书馆 CIP 数据核字（2018）第 271138 号

策划编辑：许存权
责任编辑：许存权　　文字编辑：宁浩洛
印　　刷：北京七彩京通数码快印有限公司
装　　订：北京七彩京通数码快印有限公司
出版发行：电子工业出版社
　　　　　北京市海淀区万寿路 173 信箱　邮编 100036
开　　本：787×1 092　1/16　印张：17　字数：435 千字
版　　次：2018 年 12 月第 1 版
印　　次：2023 年 9 月第 6 次印刷
定　　价：59.00 元

凡所购买电子工业出版社图书有缺损问题，请向购买书店调换。若书店售缺，请与本社发行部联系，联系及邮购电话：（010）88254888，88258888。

质量投诉请发邮件至 zlts@phei.com.cn，盗版侵权举报请发邮件至 dbqq@phei.com.cn。

本书咨询联系方式：（010）88254484，xucq@phei.com.cn。

FOREWORD 前言

DELMIA (Digital Enterprise Lean Manufacturing Interaction Application)是法国达索公司开发的一套具有强大模拟仿真功能的数字化制造解决方案，其应用涵盖了航空、航天、汽车和船舶等几乎所有高端产品的数字化制造。借助达索公司特有的 3DEXPERIENCE 平台，DELMIA 可帮助企业重新构想其工程、运营和制造规划。卓越的运营需要设计、生产、分销、人员和流程之间和谐运作，DELMIA 可以在模拟的生产环境下进行设计和测试，从而帮助企业高效地计划、生产并管理从员工、生产到客户交付等流程中所获取的所有资源。DELMIA 提供了当今业界最全面、集成和协同的数字制造解决方案，通过前端 CAD 系统的设计数据结合制造现场的资源，采用 3D 图形仿真引擎对整个制造和维护过程进行仿真、分析和优化，以得到可视性、可达性、可维护性、可制造性、最佳效能等多方面的优化数据结果。DELMIA 作为达索 Product Lifecycle Management（PLM）的子系统，是一个结构庞大、面向部门的系列解决方案集合，包括面向制造过程设计的 DPE、面向物流过程分析的 QUEST、面向装配过程分析的 DPM、面向人机分析的 Ergonomics、面向机器人仿真的 Robotics 和面向虚拟数控加工仿真的 VNC。

DELMIA 用于人机仿真分析的 Ergonomics（Ergonomics Design & Analysis）模块是一个面向对象的仿真系统，将人因工程与工程设计、机械设计等模块相结合，使产品设计过程更加完善。DELMIA 把人体测量学中的各种知识和理论直接嵌入程序内部，提供了工业界一个和设计环境完全集成的商业人体工程模型。利用人因工程设计与分析模块，用户可以在虚拟环境中快速建模和分析，从而对人体行为因素进行评估，实现人—机—环境的整体优化。随着近些年 Digital Twins 概念的普及，辅以动作捕捉（Motion Capture）、VR（Virtual Reality）、AR（Augmented Reality）等 IT 技术的发展，DELMIA 的人因仿真与分析功能越来越受到企业高管和技术人员的重视。

人因工程分析不仅对于军工、航天等重大、昂贵设备等非常必要，而且对于普通的工业产品、工业流程乃至服务行业的设施规划、流程设计也非常重要，越来越受到各行各业的重视。DELMIA 可以在虚拟环境中快速建立三维人体模型，并且可以实现安装、操作、维修、拆卸工作的模拟，提供可达性分析、三维人体测量分析、姿态分析、活动分析等工具。用户通过在数字三维环境中对产品或者流程的模型进行仿真分析，可以减少成本，缩短工期，提高效率。

作为一款强大的人因工效仿真分析软件，DELMIA 却较少在国内运用，原因之一在于缺少该软件对应的中文版教材。尽管网上可以搜索到零散的讲义、教程，但往往疏于条理，对人因工程的理论强调不够。因此，为服务于广大渴求掌握人因仿真与工效分析软件操作技能的读者朋友，经过与人因领域专家、行业用户的多次沟通，本书应运而生。书中以 DELMIA 人体模型作为教学基础，还添加了编者多年的科研体会、教学心得和实操经验。读者可一边学习人因的理论知识，一边参照本书熟悉 DELMIA 具体的操作过程。对于软件的工作界面介绍、常用操作、各项功能的综合应用均附有视频供读者学习。通过视频教程和书籍内容，读者可更直观快速地掌握该软件的应用。

本书以 DELMIA V5-6R2017 为基础，首先对人因工程学基础知识、软件基本设置与常用操作进行介绍；然后详细解读人因工程设计和分析（Ergonomics Design & Analysis）模块的各项功能，包括人体建模（Human Builder）、人体测量编辑（Human Measurements Editor）、人体任务仿真（Human Task Simulation）、人体姿态分析（Human Posture Analysis）和人体活动分析（Human Activity Analysis）；最后展示了数个 DELMIA 人因建模、仿真分析的综合案例。同时，本书提供一定篇幅的人因工程分析方面的知识，可帮助读者开阔思路，加深理解。即使是对人因工程和 DELMIA 软件不熟悉的读者，通过本书的学习，也可进行人因工程领域的具体应用与分析。

参加本书编写工作的人员有钮建伟、刘静、冉令华、张人杰、王小东、曾林、熊潇和陈至诚，具体分工如下：钮建伟、刘静担任本书主编，冉令华担任本书副主编；曾林负责第 1 章，熊潇负责第 2 章，张人杰负责第 3 章，陈至诚负责第 4 章，王小东负责第 5 章，刘静负责第 6、7、8 章、附录一和附录二。在此，特别感谢达索系统大中华区教育行业经理秦洪现老师为本书的顺利出版给予的极大的热情和无私支持；感谢清华大学的马靓博士、北京大学的陈立洋博士、中国航天员科研训练中心的张宜静博士、北京航空航天大学的周栋博士和曾亮老师、北京理工大学的闻敬谦博士、北京亿特克科技有限公司的李大龙工程师、北京天极力达技术开发有限责任公司的杨伍成工程师的宝贵意见；同时感谢我的家人、同事、学生，正是他们的帮助和鼓励，才使笔者能够在教学科研之余完成此书；感谢常年在人因领域和数字化仿真领域进行研究的专家学者和默默耕耘的从业人员，以及其他众多支持我们的朋友，他们为本书提出了宝贵的意见和建议。本书的出版受到国家重点研发计划（2017YFF0206602）、国家自然科学基金（51005016）、中国标准化研究院院长基金（522016Y-4680）、国家质量检验检疫总局课题（201510042）资助，在此一并感谢！

由于时间仓促，知识水平有限，书中错误之处在所难免；部分案例参照了国内外同行的学术成果，文献出处已尽力列出，在此向各位同行致以真诚的感谢和崇高的敬意。不当之处敬请各位专家、同行、读者不吝批评指正，并希望就 DELMIA 软件的学习和广大读者进行深入探讨。

编　者

于北京科技大学

CONTENTS 目录

第1章

绪 论

在本章中，读者可以学习到人因工程学的基础知识，了解人因工程软件 DELMIA。本章分为三个部分，第一部分主要介绍人因工程学的基本思想及其发展；第二部分将详细介绍 DELMIA 软件；第三部分则简要介绍教学软件的安装。

无论读者是刚进入人因工程研究领域，还是对 DELMIA 软件有些了解，相信通过本章的学习，都能对人因工程和 DELMIA 有更全面的认识和理解。

1.1 人因工程学基本思想

要想熟练掌握 DELMIA，首先需要了解人因工程学的基本思想。人因工程学是一门新兴的正在迅速发展的交叉学科，是管理科学与技术中工业工程（Industrial Engineering，IE）的一个分支，涉及的学科有生理学、解剖学、工程学、心理学等，主要是研究人—机—环境系统中人与系统其他要素之间交互关系，并根据其关系进行规划设计，应用领域十分广泛。

其主要思想就是以人为核心，从总体上来使人—机—环境系统得到整体优化。即通过分析某行业的工作人员执行某项工作时对产品的使用过程，运用人因工程学的相关知识，对工作过程和产品设计进行改进，减弱或消除工作过程和产品操作过程中对工作人员的身体机能带来的负面影响并提高人的工作效率，降低人的失误率，取得整体的优化效果。

本节对人因工程进行较为详细的介绍，旨在让读者了解 DELMIA 软件基于人因学的使用目的。希望通过向读者展示人因工程学在国内外的发展现状与前景，吸引更多的读者加入到人因工程学科的建设当中。

1.1.1 人因工程学定义

人因工程学（Human Factors Engineering，HFE）又称工效学、人机工程学、人类工效学、人体工学、人因学等，是一门重要的工程技术学科。它是研究人和机器、环境的相互作用及其合理结合，使设计的机器和环境系统适合人的生理、心理等特点，达到在生产中提高效率、安全、健康和舒适等目的的一门科学。其中侧重于研究人对环境的精神认知的称为认知人因学（Cognitive Ergonomics 或 Human Factors），而侧重于研究环境施加给人的物理影响的称为生理人因学（Biomechanics 或 Physical Ergonomics）。DELMIA 就是着重研究生理人因学的人因工程软件。

在本学科的形成和发展过程中，逐步打破了各学科之间的界限，并有机地融合了各相关学科的理论，不断地完善自身的基本概念、理论体系、研究方法，以及技术标准和规范，从而形成了一门研究和应用范围都极为广泛的综合性边缘学科。因此，在世界范围内，其命名并不统一，各学科、各领域、各国家的学者从不同角度给该学科定名称、下定义，反映不同的研究重点和应用范围，至今仍未统一。

其中对于名称，“人类工效学”（Ergonomics）在国际上用得最多，世界各国把它翻译或音译为本国文字，中国国家一级学会的正式名称也是“中国人类工效学学会”。而“人因工程学”（Human Factors Engineering）在美国和一些西方国家用得最多，常在一般生活领域或生活用品设计中使用，中国也常用此名称。

定义方面，在我国朱祖祥教授主编的《人类工效学》一书中定义为“它是一门以心理学、生理学、解剖学、人体测量学等学科为基础，研究如何使人—机—环境系统的设计符合人的身体结构和生理心理特点，以实现人、机、环境之间的最佳匹配，使处于不同条件下的人能有效地、安全地、健康和舒适地进行工作和生活的科学。因此，人类工效学主要研究人的工作优化问题。”

各国大多数学者所认同的国际人类工效学学会（International Ergonomics Association）定义为：“人因工程学是研究人在某种工作环境中的解剖学、生理学和心理学等方面的各种因素；研究任何机器及环境的相互作用；研究在工作中、家庭生活中和休假中怎样统一考虑工作效率、人的健康、安全和舒适等问题的学科。”

因此，人因工程学的核心是以人为本，着眼于提高人的工作绩效，防止人的失误，在尽可能使系统中人员安全、舒适的条件下，统一考虑人—机—环境系统总体性能的优化。

1.1.2 人因工程学发展

1．经验人因工程学

这一阶段是从美国学者泰勒（Frederick.W.Taylor，1856—1915）的科学管理方法的提出一直到第二次世界大战爆发之前。工业革命之后，各种生产机器开始出现，机器式生产逐步取代了手工式生产，而且大批量、大规模式和流水线式的生产也开始出现，此时，工作的关键就成了对机器的操纵。泰勒发现了当时生产中的许多弊端，他致力于找到一种提高效率的工作方法。经过系统的研究，泰勒提出了他的科学管理方法和理论，这些方法和理论成为人因工程学的理论基础。H·芒斯特伯格（H. Munsterberg，1863—1916）也为人因工程学的产生和发展作出了巨大的贡献。H·芒斯特伯格是美国哈佛大学的一名心理学教授，著有《心理学与工业效率》一书，他的最杰出的贡献应该是把心理学的思想应用到提高工作效率中来。在这一阶段，以往的让人去适应机器的观念开始转变为让机器来适应人的观念，设计机械和机器时也开始考虑操作的舒适性。随着时间的推移，在第二次世界大战之前，工作劳动相比于原来已经有了很大的不同，工作量变大，工作内容变复杂，就迫切需要一系列合理的方法来对这一现象进行改善，这也就促使着人因工程学的发展进入一个新的阶段。

2．科学人因工程学

这一阶段正好是在第二次世界大战时期。许多高新科技成果的诞生都是由于战争的推动，人因工程学也是如此。当时人因工程学被应用在战争中，使得人因工程学得到了很好的发展，战争结束后，这种发展趋势被延续到工业领域之中。1961年，国际人类工效学学会正式成立，人因工程学的理念也正式被学术界认可和接受，并在世界范围内广泛传播。

3．现代人因工程学

20 世纪 60 年代以后，伴随着欧美各国经济的快速发展和科技的突飞猛进，人因工程学迅速发展。在这个时期，人因工程学被广泛地运用到各个工业领域以及生活用品的制造中。人因工程学所涉及的范围越大、被应用的领域越广，所需要的专业性的理论知识也就越多，所以现代人因工程学与许多门学科都有联系，包括心理学、工业设计、建筑学，等等。企业也开始意识到人因工程学的重要性，在进行生产和设计时，关注产品在使用时的宜人性和使用者对于产品的使用需求。企业这样做，往往能够生产出实用性强、受消费者欢迎的产品。

4．人因工程学在我国的发展

尽管人因工程学在世界范围内有较长的发展历史和应用历史，但是由于种种原因，人因工程学进入我国的时间较晚。在 20 世纪 60 年代，人因工程学才开始被引入我国，不过人因工程学在我国发展十分迅速。在人因工程学刚刚引入时，我国只有个别学者在做这方面的研究，但是到了 20 世纪 70 年代末期，人因工程学就开始进入了快速发展的阶段。进入到 20 世纪 80 年代以后，改革开放的浪潮为人因工程学的发展提供了大好时机，当时中国的经济以及科技都开始迅速发展，越来越多的生产制造型企业在中国出现，这些都促使着人因工程学在我国的发展。到现在，人因工程学在我国也已经发展到了一个较为成熟的阶段。人因工程学已经被广泛应用在工业、农业、教育、交通、医疗等多个领域。纵观人因工程学在我国的发展历程，可以发现我国的人因工程学不仅只是停留在理论研究方面，而且被广泛应用于各个领域。由此可见，我国人因工程学的发展必将拥有极为光明的前景。

1.2 DELMIA 软件的基本介绍

本节将介绍 DELMIA 软件，方便接下来的学习。

1.2.1 背景介绍

DELMIA（Digital Enterprise Lean Manufacturing Interactive Application）是法国达索系统公司（Dassault Systemes）的一款数字化企业的互动制造应用软件。

作为全球 PLM①领域的技术领导者，法国达索系统公司为客户提供了一整套数字化设计、制造、维护以及数据管理的 PLM 平台。以“不断的技术创新”为理念的达索系统解决方案已经在国内（包括航空飞行器设计、汽车制造和消费电子产品等领域）成为事实上的工业标准。在达索系统内部，又包含了一个面向制造过程（维护过程、人机过程）的 “数字化制造”平台子系统——DELMIA 。通过统一的 V5 PPR（产品/流程/资源）数据通道，将整个 PLM 解决方案贯穿成一个有机整体，如图 1-1 所示。

① 根据业界权威的 CIMDATA 的定义，PLM 是一种应用于在单一地点的企业内部、分散在多个地点的企业内部，以及在产品研发领域具有协作关系的企业之间的，支持产品全生命周期的信息的创建、管理、分发和应用的一系列应用解决方案。它能够集成与产品相关的人力资源、流程、应用系统和信息。

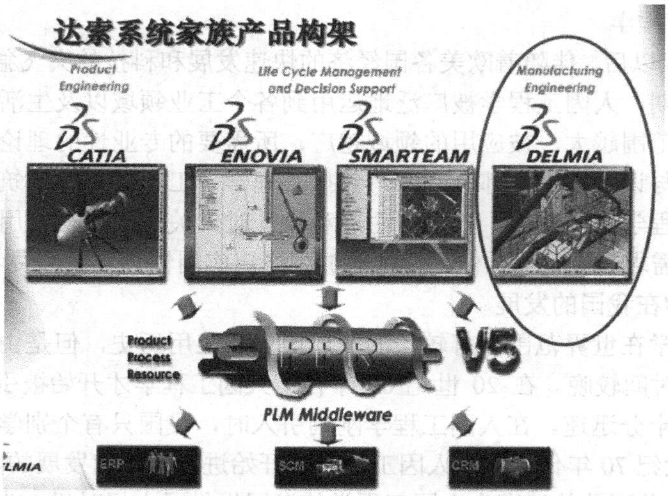

图 1-1　达索系统

DELMIA 作为 Dassault 公司继 CATIA 之后的又一大型工业软件，它提供了能够数字化地设计、测试和验证一台机床、一个工作单元或整条生产线的解决方案。DELMIA PLM 提供的流程与资源功能，能够贯穿整个产品生命周期，创建和验证连续的、涉及产品的制造流程。DELMIA 服务于那些重视制造流程优化的行业，包括汽车、航空、制造与装配、电气电子、生活消费品工厂和造船部门。通过使制造商能够优化流程，DELMIA 帮助公司提高生产率，促进协同和加速上市时间。

DELMIA 向随需应变（on-demand）和准时生产（just-in-time）的制造流程提供完整的数字解决方案，帮助制造厂商缩短产品上市时间，同时降低生产成本、促进创新。DELMIA 数字制造解决方案可以使制造部门设计数字化产品的全部生产流程在部署任何实际材料和机器之前进行虚拟演示。它们与 CATIA 设计解决方案、ENOVIA 和 SMARTEAM 的数据管理和协同工作解决方案紧密结合，给 PLM 的客户带来了实实在在的益处。结合这些解决方案，使用 DELMIA 的企业能够提高贯穿产品生命周期的协同、重用和集体创新的机会。

1.2.2　软件特点

DELMIA 提供目前市场上最完整的 3D 数字化设计、制造和数字化生产线解决方案。运用以工艺为中心技术，针对用户的关键性生产工艺，实现全面的制造解决方案。目前，DELMIA 在国内外广泛应用于航空航天、汽车、造船等制造业支柱行业，其中在航空业中的典型用户有：波音、空客、成飞、郑飞、西飞、上飞、603 所等，汽车行业的典型用户有：通用 、丰田、尼桑、中华汽车等。

DELMIA 解决方案涵盖汽车领域的发动机、总装和白车身②（Body-in-White），航空领域的机身装配、维修维护，以及一般制造业的制造工艺，使用户可以利用数字实体模型完成产品生产制造工艺的全面设计和校验。DELMIA 数字制造解决方案建立于一个开放式结构的产

② 白车身的定义：白车身（Body-in-White）是指完成焊接但未涂装之前的车身，不包括四门两盖等运动件。

品、工艺与资源组合模型（PPR）上，此模型使得在整个研发过程中可以持续不断地进行产品的工艺生成和验证。通过 3D 协同工作，PPR 能够有效地支持设计变更，让参与制造设计的多个人中的每一个人都能随时随地掌握目前的产品（生产什么）、工艺与资源（如何生产）。基于 PPR 集成中枢的所有产品紧密无缝地集成在一起，涵盖了各种工艺的各个方面，使基于制造的专业知识能被提取出来，并让最佳的产业经验得以重复利用。DELMIA 在提供给用户技术与协同工作环境两方面不断创新进步，以更好地、数字化地定义产品的制造过程。随着产品的持续改善，客户通过使用 DELMIA 解决方案，能够大大地提高生产力、效率，在安全性和品质方面得到最大的效益，同时降低成本。

DELMIA 的应用可以使企业能有效地实现从“数字样机”到“数字制造”的延伸。“数字制造”在设计周期的早期就使用人体工程学分析，对操作与维护进行仿真，以便在产品生命周期的后续阶段提高效率，以系统的方法支持真正的“面向维护的设计”业务流程。

1.2.3 体系结构

作为面向制造维护过程仿真的子系统，DELMIA 的重点是通过前端 CAD 系统的设计数据结合制造现场的资源（2D/3D）。通过 3D 图形仿真引擎对于整个制造和维护过程进行仿真和分析，得到诸如可视性、可达性、可维护性、可制造性、最佳效能等方面的最优化数据。虽然是达索 PLM 的子系统，但是 DELMIA 本身又是一个结构庞大、面向部门的系列解决方案集合，主要包括：

- 面向制造过程设计的 DPE。
- 面向物流过程分析的 QUEST。
- 面向装配过程分析的 DPM。
- 面向人机分析的 Ergonomics。
- 面向机器人仿真的 Robotics。
- 面向虚拟数控加工仿真的 VNC。

整体的 DELMIA 技术流程如图 1-2 所示。

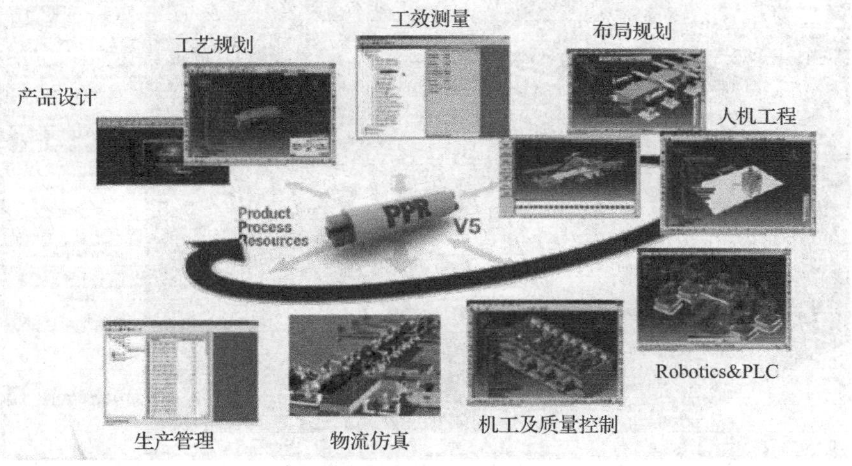

图 1-2　DELMIA 技术流程

1．DPE（DELMIA Process Engineer）工艺工程模块

DELMIA 工艺工程模块是进行工艺和资源规划的一个强有力的工具，可以早期发现工艺风险、重复使用已验证过的工艺、追踪变更与决策、获取分散的工艺知识。对于产品、工艺与制造资源数据（包括工厂布置）之间关系的全面性处理，有助于避免规划错误，在制定工艺的初期，取得所需投资成本、制造空间以及所需人力要求的准确的一个概览。该模块优势如下：

- 提供一个结构性的方法，在规划阶段初期，通过考虑所有与工艺相关的成本，并分析可能的替代方案，系统地引导出一个最佳的解决方案。
- 重用已经验证过的工艺，降低风险。
- 支持多用户，缩短规划时间。
- 基于统一的产品、工艺、资源模型结构组织每个规划项目，方便地配置项目结构。
- 客户化用户界面与报表格式，满足用户要求。
- 为所有项目提供相同的规划环境。
- 提供规划记录的历史文档。
- 实时地将数据变更反馈给所有的用户。
- 可与 CATIA 及 ENOVIA 无缝集成，通过接口与其他的 CAD、PDM 系统集成。

2．QUEST（DELMIA QUEST）工厂物流仿真模块

DELMIA QUEST 工厂物流仿真模块是针对工厂制造物流仿真与分析的一个完整的 3D 工具，如图 1-3 所示。为工业工程师与制造工程师和管理层提供了一个虚拟的协同开发环境，用于开发并验证最佳的制造流程。该模块优势如下：

- 可以对设备布局、资源配置、看板和生产计划表反复交替进行试验，仿真其效果。
- 改进设计，降低风险与成本，最大化生产效率，确保了准确性与收益。
- 能有效地将结果展示给客户、管理者或其他不同工程领域的人。
- 提供单一的模型，能与现行的设计工具集成。

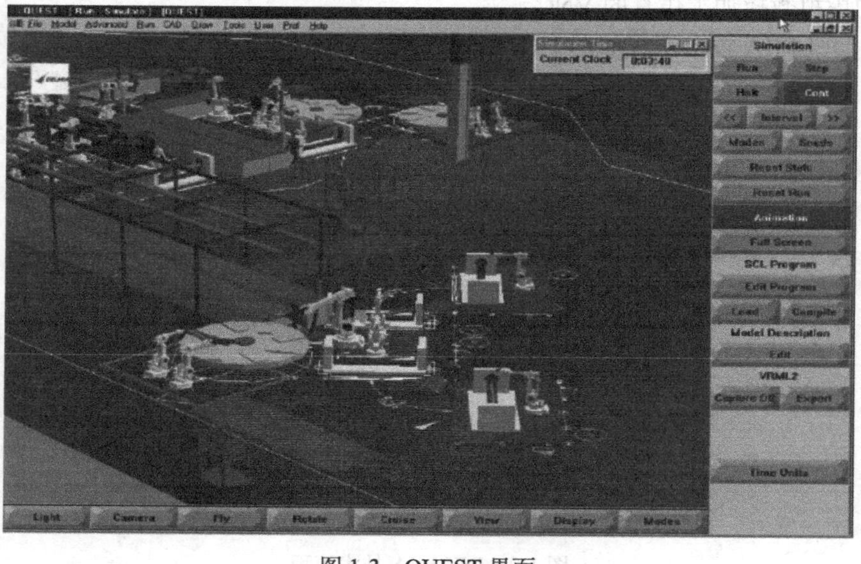

图 1-3　QUEST 界面

3．DPM（DELMIA DPM ENVISION Assembly）装配模块

DELMIA DPM ENVISION 装配模块是针对制造与维护工艺开发的，可以提供一套新的工艺规划与验证的解决方案，如图 1-4 所示。DPM ENVISION 装配模块提供先期规划、细节规划、工艺验证及车间现场指令的单一及统一的界面，来提供给制造工程师和装配工艺工程师一个端到端的解决方案。该模块优势如下：

- 以图形化的方式，建立、显现、检验与修改制造工艺。
- 轻松地建立机械装配的约束、自动定位零件，检查装配的紧密程度。
- 利用 3D 工具优化制造工厂与现场工作单元的布局。
- 确定产量，预估成本。
- 使用类似 VCR 的界面，回放整个装配工艺仿真过程。
- 读取 DELMIA Process Engineer 中生成的工艺规划。
- 与 DELMIA Human 人机工程模块配合使用，来分析与优化现场工作人员的操作。

图 1-4　DPM

4．Ergonomics（Ergonomics Design & Analysis）人因工程设计与分析模块

Ergonomics 人因工程模块是 DELMIA 中做得比较出色的一个部分，它可以按照用户要求建立起不同性别不同比例的人体模型，并带有详细的人体分析，对人体的各种主要工作的动作进行模拟，也可以模拟人在不同工作姿态下的舒适程度和活动范围。

Ergonomics Design & Analysis 提供了人体任务仿真与人因分析的相关工具，理解、优化人体与其所制造、安装、操作与维护的产品或资源之间的关系，Ergonomics 界面如图 1-5 所示。

事实上，汽车、航空航天及重工业的制造商，均可将人机工程模块解决方案运用于其产品的设计及开发，而从中获益。这些企业中的佼佼者更是最早使用这些先进技术用于分析从事制造、安装、操作、维护工作的人员的能力和局限。该模块可以量化人因因素，在以下的一些方面为企业带来价值：

- 通过国际研究（专属的或一般的）或企业内的知识积累来生成企业自己的智能财产。
- 确保适当的人机功效为设计者所使用。
- 建立一个通用的人体模型文件格式，在整个企业内使用人因知识，而非局限于工程与制造部门。
- 在产品生命周期的早期就引入人机工程学的概念，可节省用于处理人机工程方面问题的时间。

● 更快、更好、更经济地生产产品。

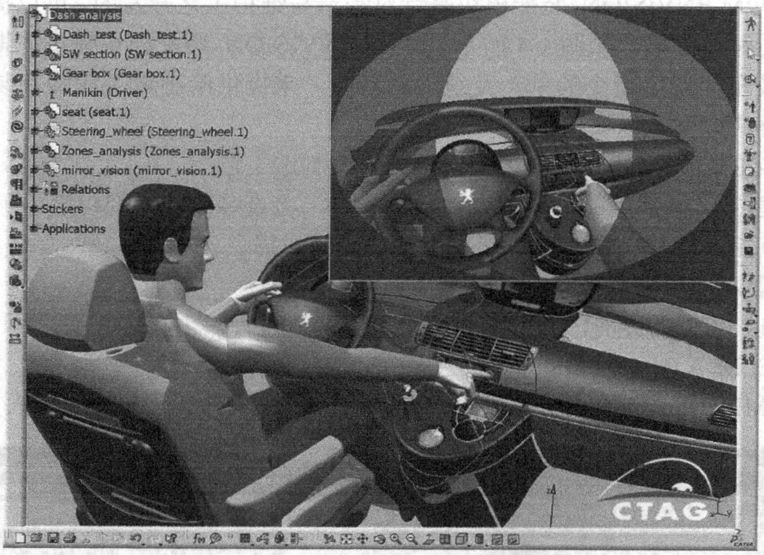

图 1-5　Ergonomics 界面

5．Robotics（DELMIA ROBOTICS）机器人模块

DELMIA 机器人模块利用强大的 PPR 集成中枢快速进行机器人工作单元建立、仿真与验证，是一个完整的、可伸缩的、柔性的解决方案，Robotics 界面如图 1-6 所示。使用 DELMIA 机器人模块，用户能够容易地：

● 从可搜索的含有超过 400 种以上机器人的资源目录中，下载机器人和其他的工具资源。
● 利用工厂布置规划工程师所完成的工作。
● 加入工作单元中工艺所需的资源，进一步细化布局。

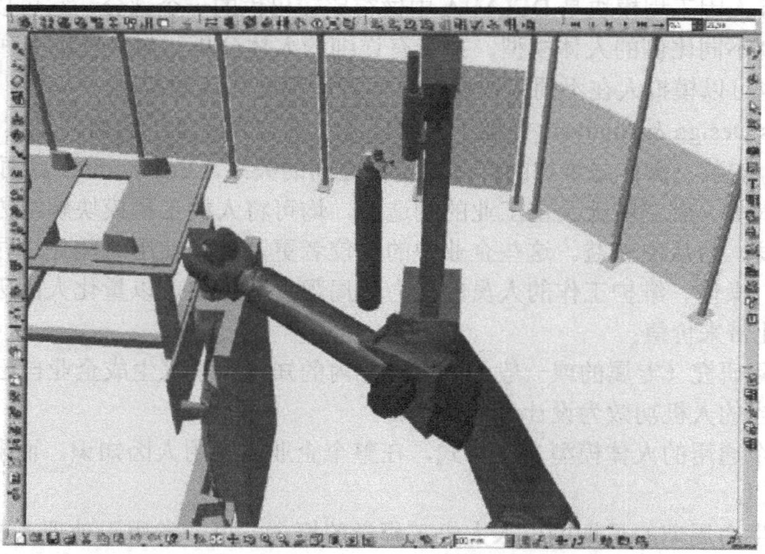

图 1-6　Robotics 界面

6. VNC（DELMIA VNC）虚拟 NC 模块

DELMIA 虚拟 NC 模块针对 NC 机械加工工艺提供快速评估、验证与优化，以及完整的数字制造解决方案，如图 1-7 所示。该模块的优势如下：

- 能够以离线方式，快速、有效地验证 NC 代码。
- 改善零件品质。
- 节省资源和时间。
- 增加机床利用率。
- 减少工程变更。

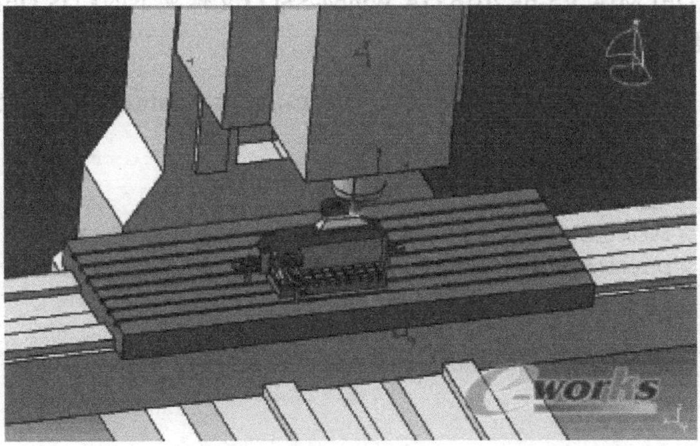

图 1-7 VNC

其中，基于人因学的 Ergonomics Design & Analysis 模块为本书的重点内容。

DELMIA 提供了工业上第一个和虚拟环境完全集成的商用人体工程模型。Ergonomics Design & Analysis 可以在虚拟环境中快速建立人体运动原型，并对设计的作业进行人体工程分析。人体工学仿真包含了操作可达性仿真、可维护性仿真、人体工学/安全性仿真等，主要功能如下：

- 人体建模（Human Builder）——DELMIA 提供了不同国籍的第 5、50 和 95 百分位的男女人体模型库。这些模型都带有根据人体生物力学特性设定的人体反向运动特性。
- 人体测量编辑（Human Measurements Editor）——用户可修改人体各部位的形体尺寸以适应各种人群和特殊仿真需求。
- 人体姿态分析（Human Posture Analysis）——可以对人体各种姿态进行分析，检验各种百分位人体模型的操作空间可达性、座舱乘坐舒适性以及装配维修舒适性等。
- 人体视野分析（Visual Field Analysis）——DELMIA 可以生成人的视野窗口，并随人体的运动动态更新。设计人员可以据此改进产品的人体工学设计，检验产品的可维护性和可装配性。
- 人体活动分析（Human Activity Analysis）——DELMIA 可以利用各种人因工效工具对人体进行 RULA（快速上肢评估）分析、推拉分析、抬举放下分析、搬运分析和生物力学单一动作分析。

- 人体任务仿真（Human Task Simulation）——DELMIA 可以在图形化的工作界面下设计人体的动作，从而进行运动仿真。

1.3 DELMIA 软件的安装

本节以 DELMIA V5-6R2016 为例简要介绍软件的安装过程。所有安装文件均在 DELMIA 安装包下。

（1）打开【DS.DELMIA.V5-6R2016.GA.Win64-SSQ】文件夹下的【DS.DELMIA.V5-6R2016.GA.WIN64.iso】镜像文件，如图 1-8 所示。

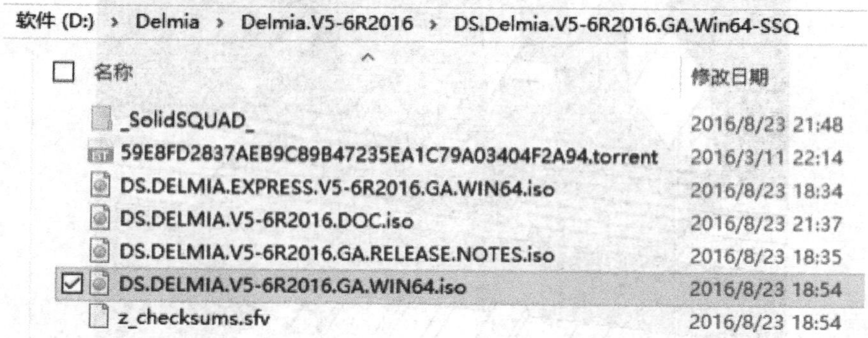

图 1-8　安装步骤（1）

（2）鼠标左键双击【setup.exe】，如图 1-9 所示。

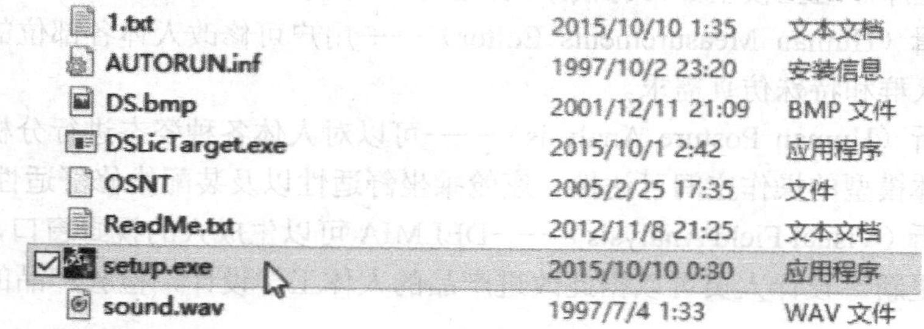

图 1-9　安装步骤（2）

（3）进入欢迎安装界面，单击【下一步】，如图 1-10 所示。

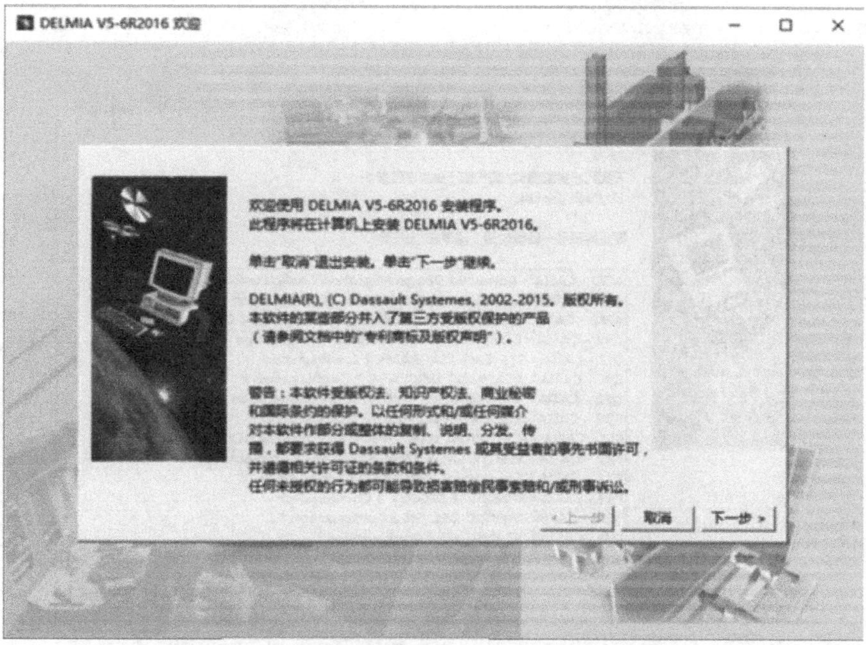

图 1-10 安装步骤（3）

（4）设定安装目录，单击【下一步】，如图 1-11 所示。如果电脑已安装 CATIA 不要更改，否则出现输入字符串以标识新安装。

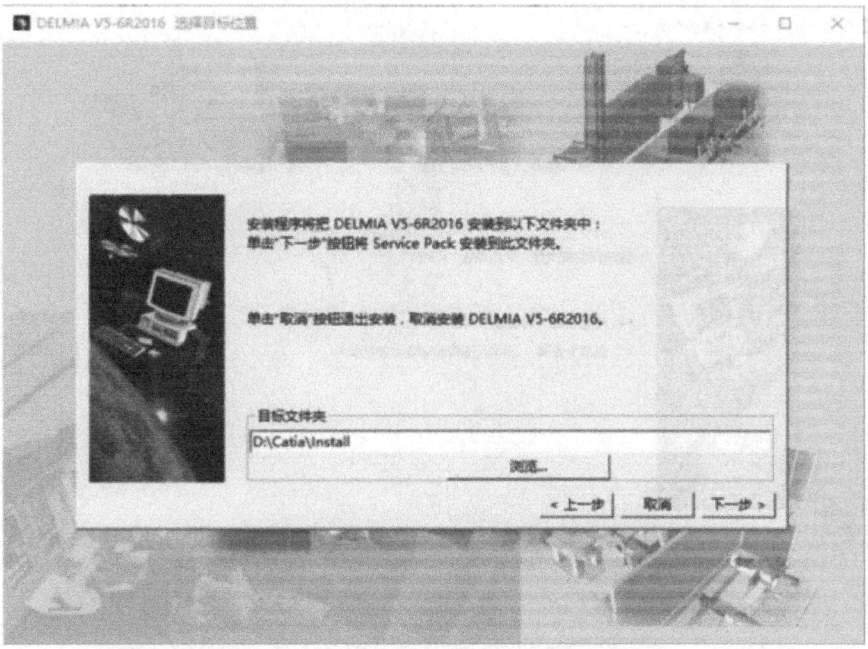

图 1-11 安装步骤（4）

（5）显示已安装的配置和产品，单击【下一步】，如图 1-12 所示。

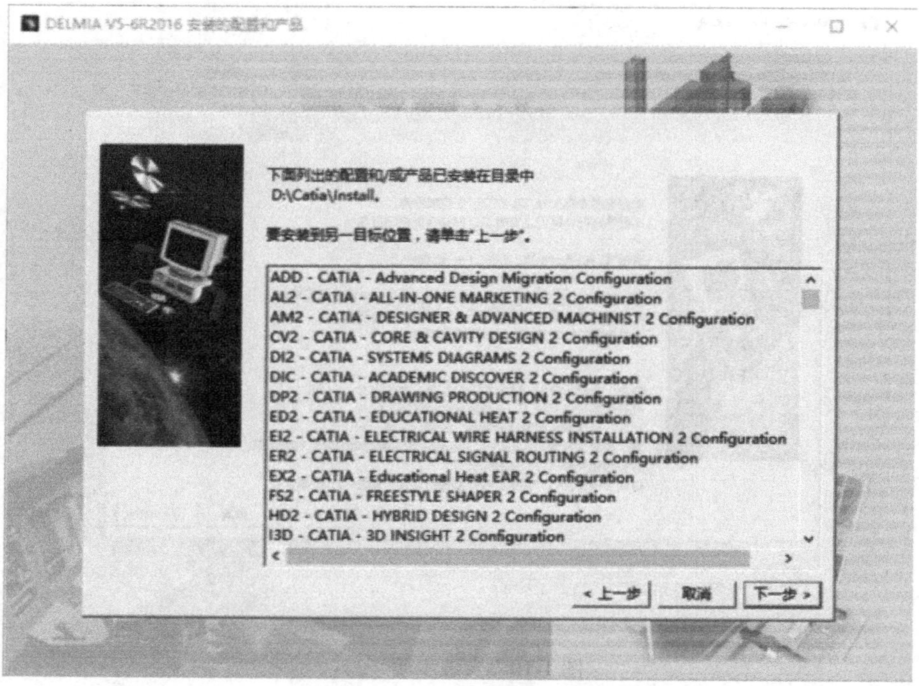

图 1-12　安装步骤（5）

（6）勾选【完全安装】，单击【下一步】，如图 1-13 所示。

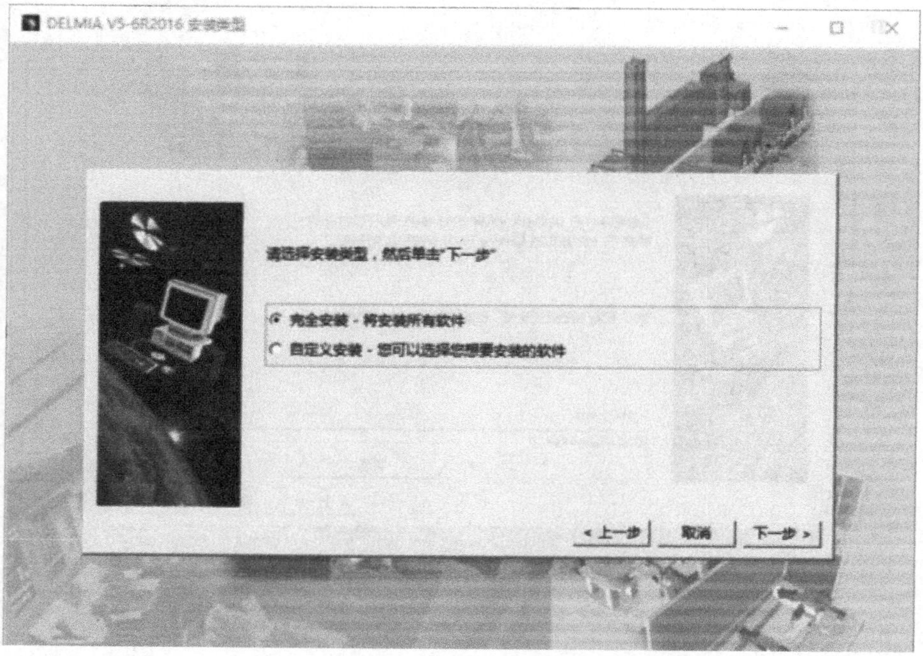

图 1-13　安装步骤（6）

（7）默认通信端口的选择，单击【下一步】，如图 1-14 所示。

图 1-14　安装步骤（7）

（8）默认快捷方式的选择，单击【下一步】，如图 1-15 所示。

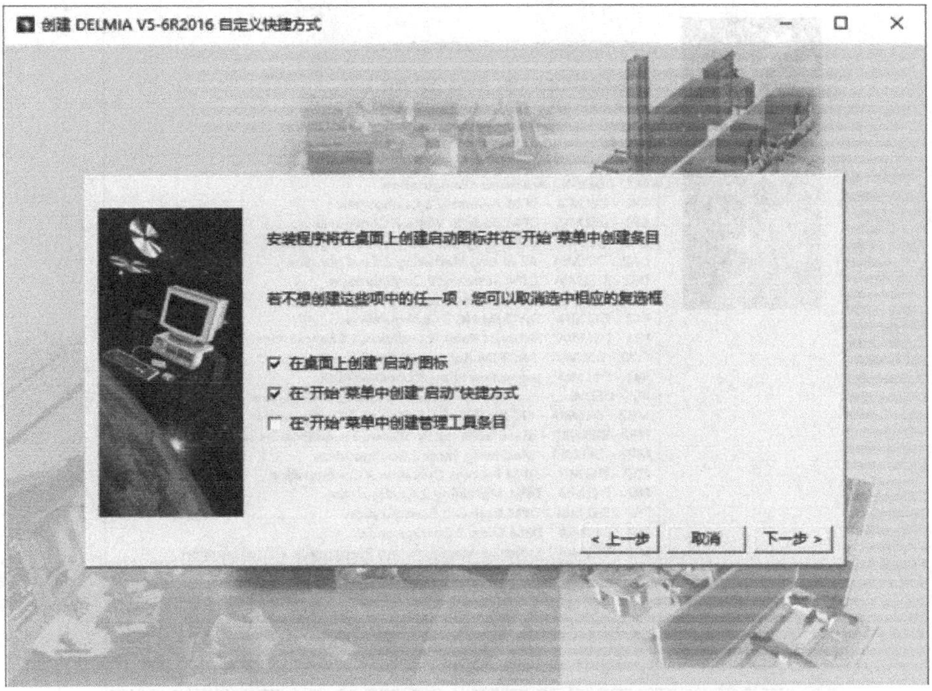

图 1-15　安装步骤（8）

（9）根据提示选择是否安装联机文档，单击【下一步】，如图 1-16 所示。

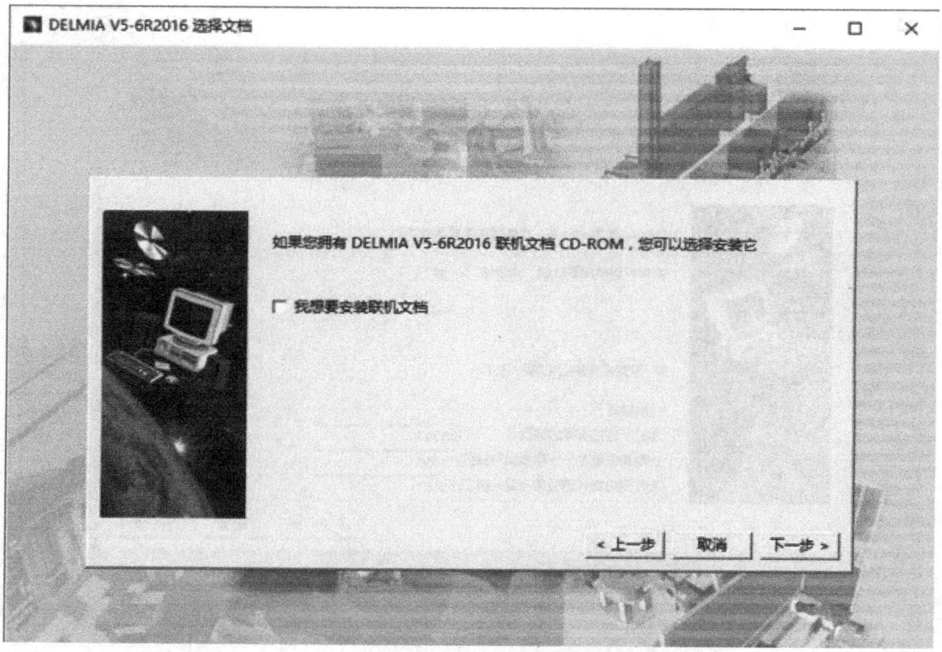

图 1-16　安装步骤（9）

（10）显示安装设置汇总，如图 1-17 所示，单击【安装】，等待安装完成即可。

图 1-17　安装步骤（10）

（11）安装过程结束，默认系统选择，单击【完成】即可，如图 1-18 所示。

图 1-18 安装步骤（11）

（12）快捷方式如图 1-19 所示，工作界面如图 1-20 所示。

图 1-19 快捷图标

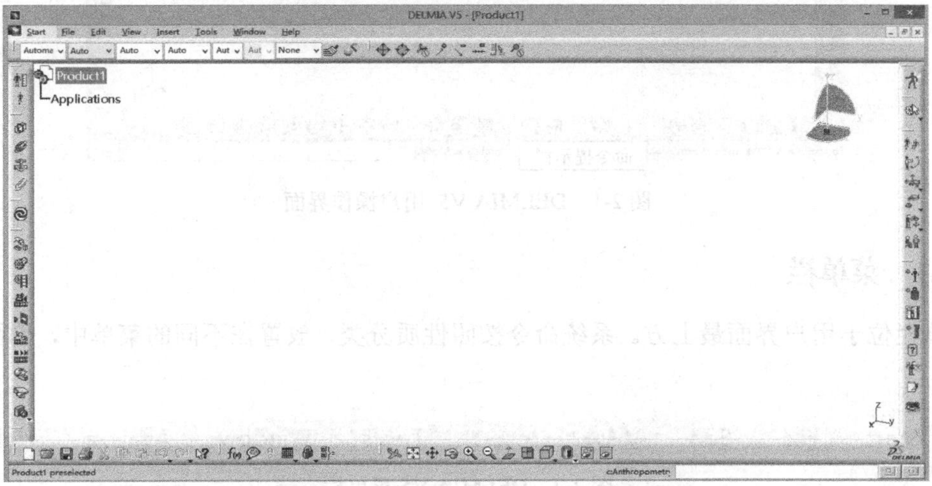

图 1-20 工作界面

第2章

DELMIA V5 工作界面与基本设置

本章讲述 DELMIA V5 工作界面的布局和基本操作。通过本章的学习，读者可以设置一个更加适合自己的工作环境，以及掌握 DELMIA 常用的基本操作。

2.1 DELMIA V5 工作界面

DELMIA V5 用户操作界面主要包括标题栏、菜单栏、工具栏、指南针、PPR 模型树、命令提示栏和工作区等，如图 2-1 所示。

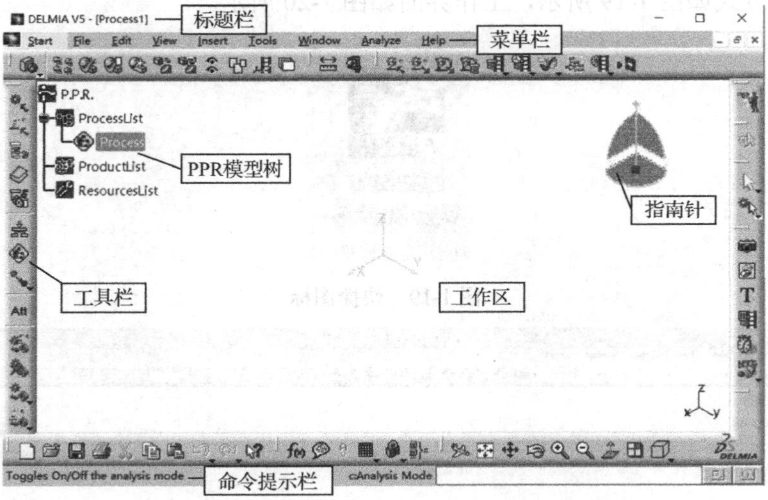

图 2-1　DELMIA V5 用户操作界面

2.1.1　菜单栏

菜单栏位于用户界面最上方。系统命令按照性质分类，放置在不同的菜单中，如图 2-2 所示。

图 2-2　DELMIA V5 菜单栏

1. Start（开始）菜单

Start（开始）菜单如图 2-3 所示，该菜单包括 Infrastructure（基础结构）、Mechanical Design（机械设计）、Shape（形状）、Analysis & Simulation（分析与模拟）等命令，每个命令中包括相应的若干模块。

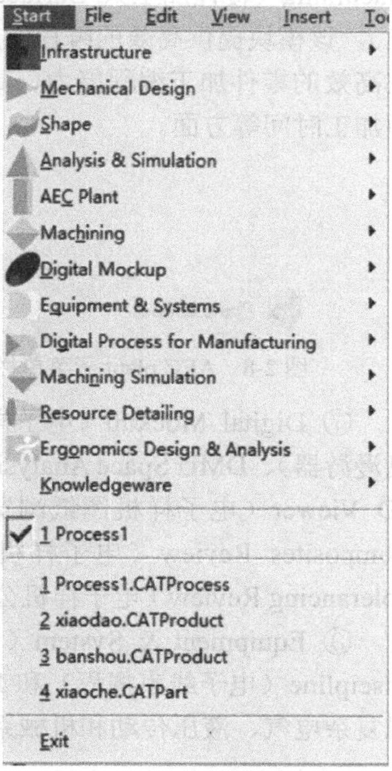

图 2-3　Start 菜单栏

① Infrastructure（基础结构）子菜单，如图 2-4 所示，包括 Product Structure（产品结构）、Material Library（材料库）、Catalog Editor（目录编译器）、DELMIA D5 Integration（DELMIA D5 集成）、Immersive System Assistant（融入性系统助手）、Real Time Rendering（实时渲染）和 Feature Dictionary Editor（特征词典编辑器）。

② Mechanical Design（机械设计）子菜单，如图 2-5 所示，提供了机械设计中所需要的绝大多数模块，包括 Part Design（零件设计）、Assembly Design（装配设计）、Sketcher（草图编译器）、Product Functional Tolerancing & Annotation】（产品功能公差和注释）、Wireframe and Surface Design（线框和曲面设计）等模块。

③ Shape（形状）子菜单，如图 2-6 所示，提供了 Generative Shape Design（外形设计）功能。该模块能够让用户方便地构建、控制和修改工程图形。

④ Analysis & Simulation（分析与仿真）子菜单，如图 2-7 所示，可快速地对零件和装配件进行工程分析，可方便地利用分析规则和分析结果优化产品。

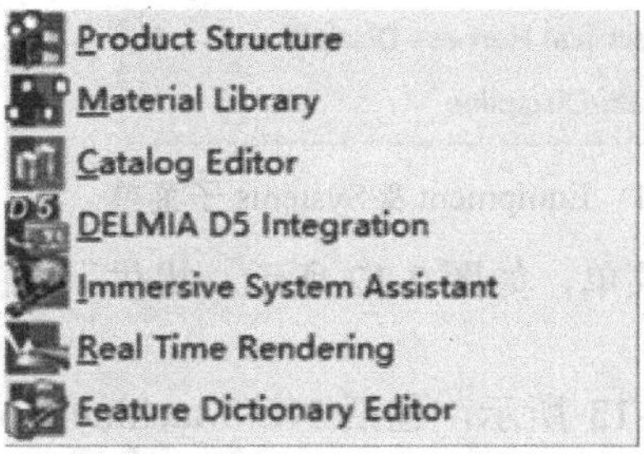

图 2-4　Infrastructure 子菜单栏

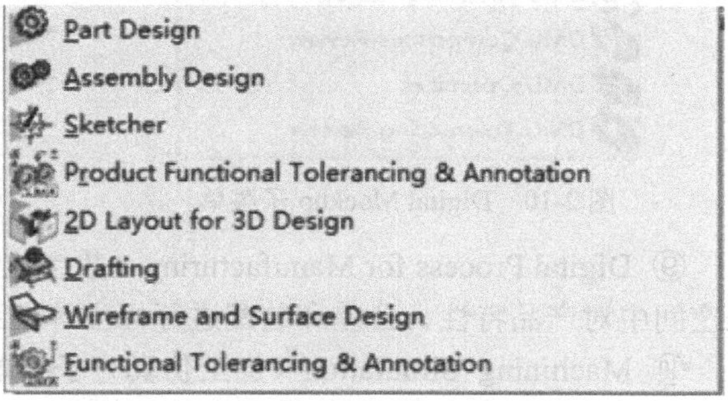

图 2-5　Mechanical Design 子菜单栏

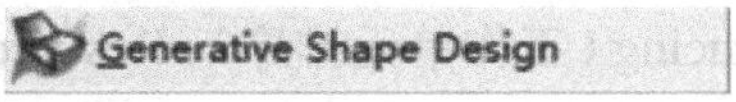

图 2-6　Shape 子菜单栏

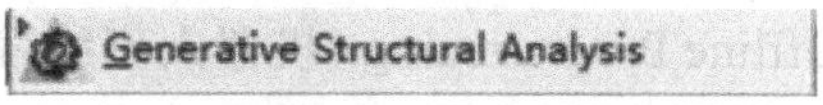

图 2-7　Analysis & Simulation 子菜单栏

⑤ AEC plant（AEC 工厂）子菜单，如图 2-8 所示，提供了 Plant Layout（厂房布局设计）功能。该模块可以优化产品设备布置，从而达到优化生产过程和产品的目的。主要处理空间利用和厂房内物品的布置问题，可快速实现厂房布置和后续工作。

⑥ Machining（加工）子菜单，如图 2-9 所示，包括 Lathe Machining（车床加工）、Prismatic

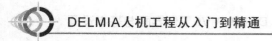

Machining（棱柱加工）、Surface Machining（表面加工）和 NC Manufacturing Review（数控加工）。该模块提供高效的编程能力及变更管理能力，相对于其他现有的加工方案，其优点表现在高效的零件加工编程能力、高度的自动化和标准化、高效的变更管理、优化刀具路径并缩短加工时间等方面。

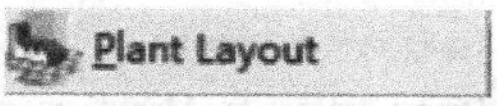

图 2-8　AEC plant 子菜单栏

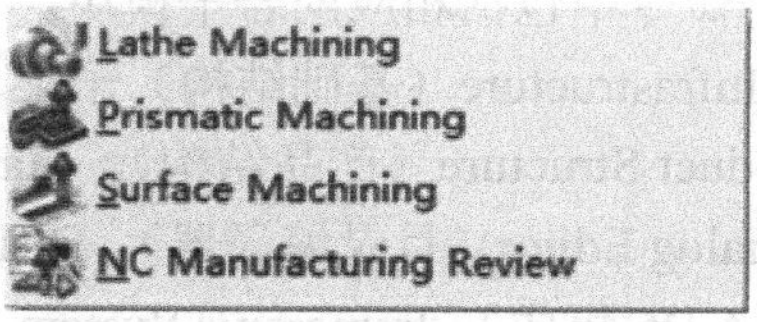

图 2-9　Machining 子菜单

⑦ Digital Mockup（电子样机）子菜单，如图 2-10 所示，包括 DMU Navigator（电子样机漫游器）、DMU Space Analysis（电子样机空间分析）、DMU Fitting（电子样机装配）、DMU 2D Viewer（电子样机图纸浏览器）、DMU Fastening Review（电子样机紧固审查）、DMU Composites Review（电子样机综合审查）、DMU Optimizer（电子样机优化器）和 DMU Tolerancing Review（电子样机公差审查），提供机构的空间模拟、机构运动、机构优化等功能。

⑧ Equipment & System（设备与系统）子菜单，如图 2-11 所示，包括 Electrical Harness Discipline（电子线束规程）和 Multi-Discipline（复合线路），可用于在 3D 电子样机配置中模拟复杂电气、液压传动和机械系统间的协同设计，以及集成、优化空间布局等。

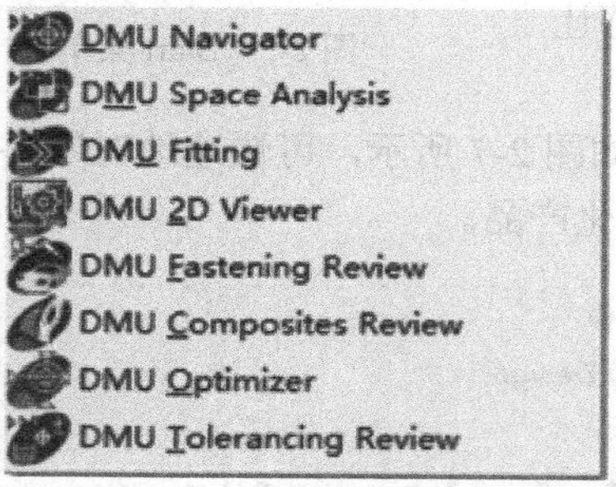

图 2-10　Digital Mockup 子菜单

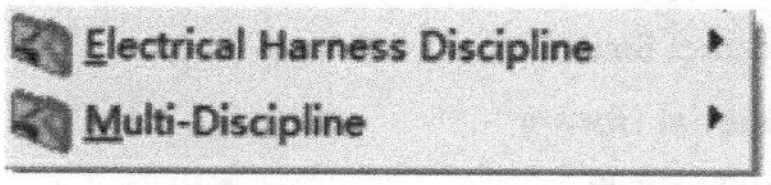

图 2-11　Equipment & Systems 子菜单

⑨ Digital Process for Manufacturing（数字化制造）子菜单，如图 2-12 所示，提供了在三维空间中对产品特性、公差和装配进行标注等一系列功能。

⑩ Machining Simulation（加工仿真）子菜单，如图 2-13 所示，包括 NC Machine Tool Simulation（数控机床仿真）和 NC Machine Tool Builder（数控机床制造）功能。

⑪ Resource Detailing（资源详细信息）子菜单，如图 2-14 所示，包括 Arc Welding（电焊）、Robot Offline Programming（机器人离线编程）、Workcell Sequencing（工作单元排序）、Resource Layout（资源分配）、Device Task Definition（设备任务定义）、Production System Analysis（生产系统分析）和 Device Building（设备制造）。

⑫ Ergonomics Design & Analysis（人机工程学设计与分析）子菜单，如图 2-15 所示，包括 Human Task Simulation（人体模型任务仿真）、Human Activity Analysis（人体模型活动分析）、Human Builder（人体建模）和 Human Posture Analysis（人体模型姿态分析）。

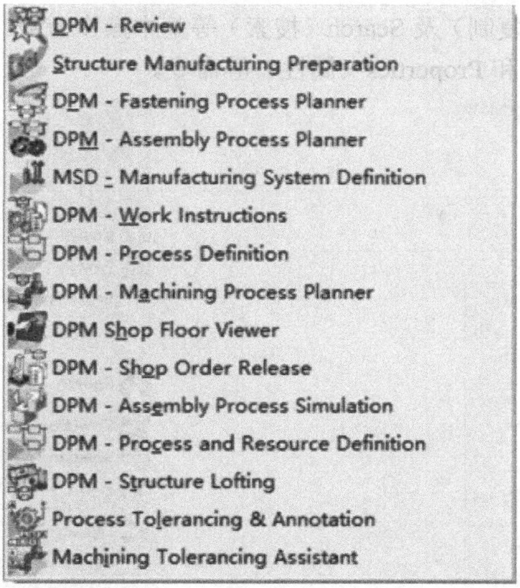

图 2-12 Digital Process for Manufacturing 子菜单

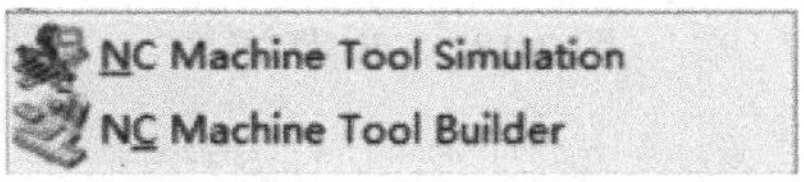

图 2-13 Machining Simulation 子菜单

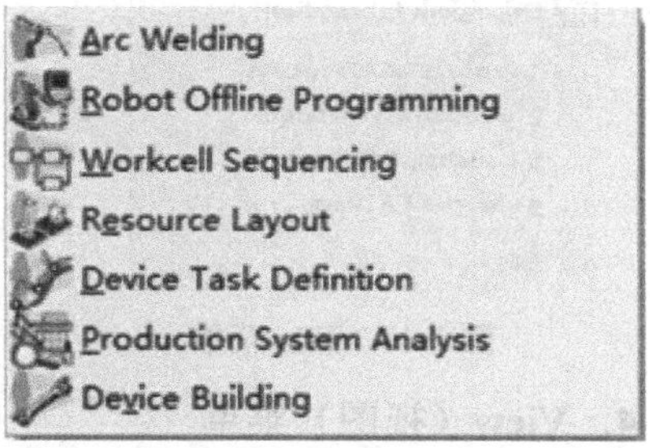

图 2-14 Resource Detailing 子菜单

⑬ Knowledgeware（知识工程模块）子菜单，如图 2-16 所示，包括 Knowledge Expert（知识工程专家）和 Product Knowledge Template（产品信息模板）。

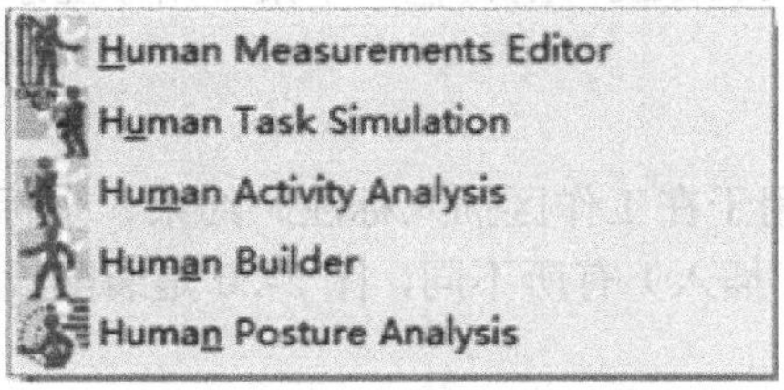

图 2-15 Ergonomics Design & Analysis 子菜单

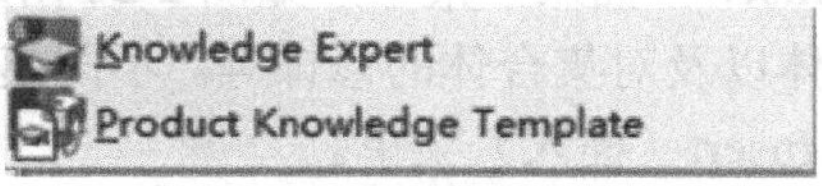

图 2-16 Knowledgeware 子菜单

2．File（文件）菜单

DELMIA V5 的 File（文件）菜单，如图 2-17 所示。主要包括 New（新建）、New from（从……新建）、Open（打开）、Close（关闭）和 Save（保存）等常规操作命令。

3．Edit（编辑）菜单

DELMIA V5 的 Edit（编辑）菜单，如图 2-18 所示。主要包括 Undo（撤销）、Repeat（重

复)、Cut（剪切)、Copy（复制）及 Search（搜索）等基本操作命令。此外还包括 Selection Sets（选择集)、Links（链接）和 Properties（属性）等命令。

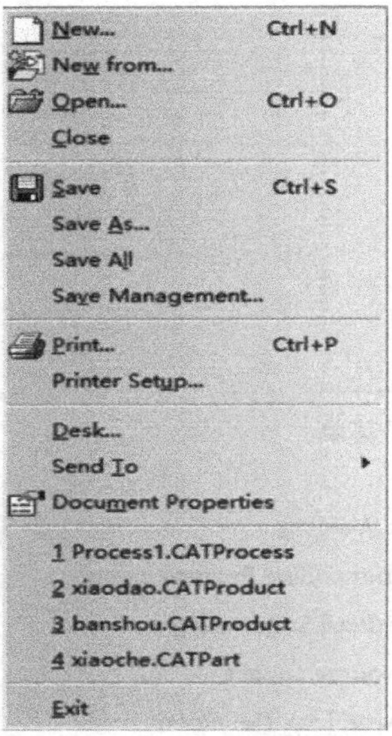

图 2-17　File 菜单

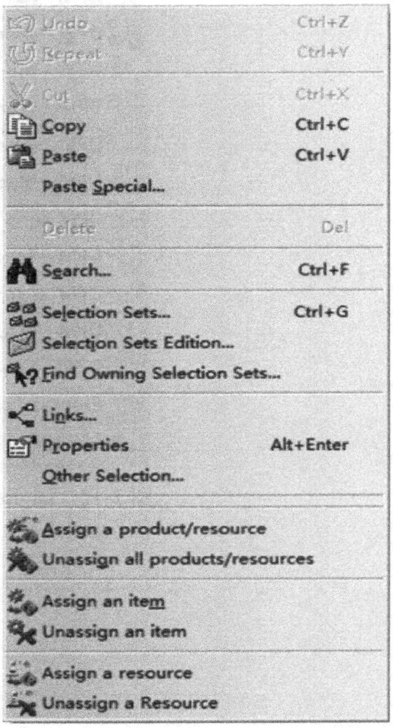

图 2-18　Edit 菜单

4．View（视图）菜单

View（视图）菜单，如图 2-19 所示，用于设置当前窗口显示的内容。主要包括 Geometry（几何图形）和 Compass（指南针）命令，用于显示和隐藏工作区中的几何图形和指南针；还包括 Zoom in out（放大)、Pan（平移)、Render Style（渲染样式）和 Lighting（照明）等。Tree Expansion（树展开）子菜单用于设置结构树的显示，Toolbars（工具栏）子菜单用于显示和隐藏各种工具栏。

5．Insert（插入）菜单

Insert（插入）菜单，如图 2-20 所示。该菜单可用于在工作区插入标注、约束、坐标系、集合体以及对集合体的修饰等。不同模块下的 Insert（插入）有所不同，图 2-20 是装配设计模块的 Insert（插入）菜单。

6．Tools（工具）菜单

Tools（工具）菜单，如图 2-21 所示，该工具栏常用命令如下：

① Formula（公式）命令：用于编辑设计中需要的公式。

② Image（图像）命令：捕捉模型的创建过程，用来制作图片或视频文件。

③ Customize（自定义）命令：用于定制 DELMIA 的工作环境，包括开始菜单、用户工作台和工具栏等。

④ Options（选项）命令：用于设置 DELMIA 的系统参数。

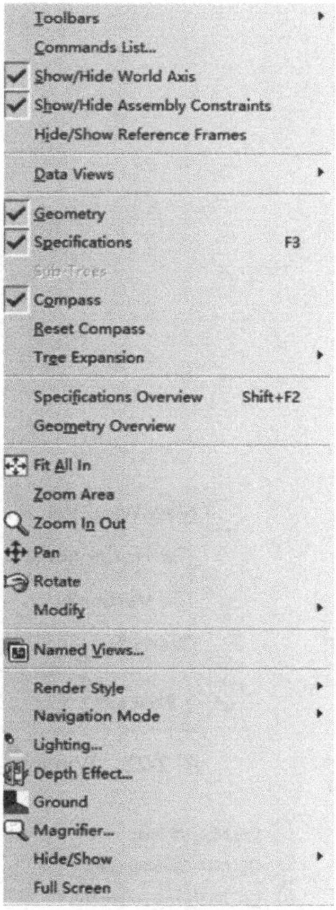

图 2-19　View 菜单

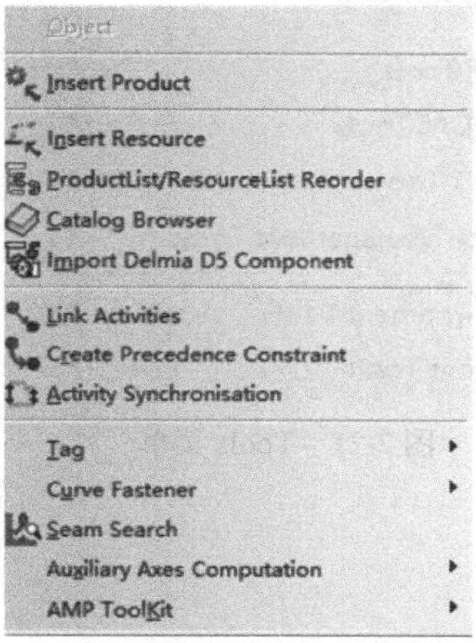

图 2-20　Insert 菜单

7．Window（窗口）菜单

Window（窗口）菜单，如图 2-22 所示，该菜单可用于打开多个文件，包括 New Window（新建窗口）、Tile Horizontally（水平平铺）、Tile Vertically（垂直平铺）、Cascade（层叠）命令以及实现 DELMIA V5 不同窗口之间的切换。

8．Analyze（分析）菜单

Analyze（分析）菜单，如图 2-23 所示，包含 Simulation（仿真）、Simulation Analysis Tools（仿真分析工具）、Measure Between（间距测量）、Measure Item（测量物体）命令。

9．Help（帮助）菜单

Help（帮助）菜单，如图 2-24 所示，该菜单用于访问相关帮助以及了解软件信息等。

2.1.2　工具栏

DELMIA V5 的工具栏位于工作界面四周，也可以使用鼠标左键将工具栏拖曳出来悬浮于工作台上。每组工具栏由若干快捷按钮组成，如图 2-25 所示为“动作管理”工具栏。

在不同的设计模块下，相应的工具栏也有所不同，对应按钮的作用也不同。用户可以直接单击工具栏上的按钮，激活该命令，从而执行相应的功能。当光标指向某个按钮时，会弹出标签显示该按钮的名称，如图 2-26 所示，第一个按钮所代表命令为 Insert Product（插入产品）。

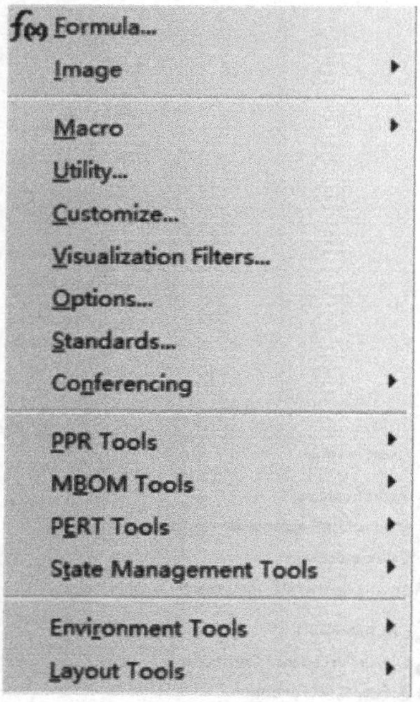

图 2-21　Tools 菜单

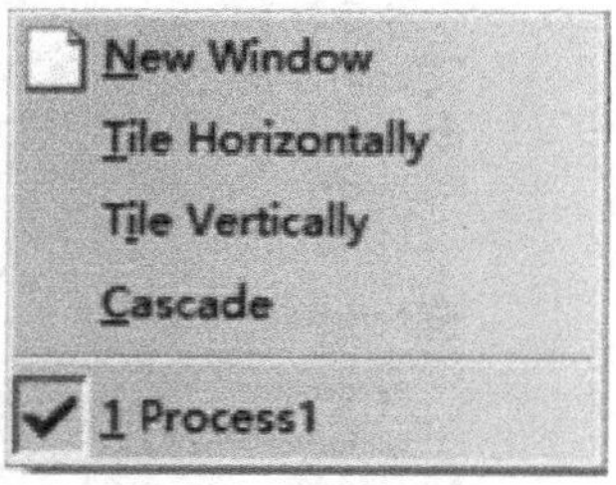

图 2-22　Window 菜单

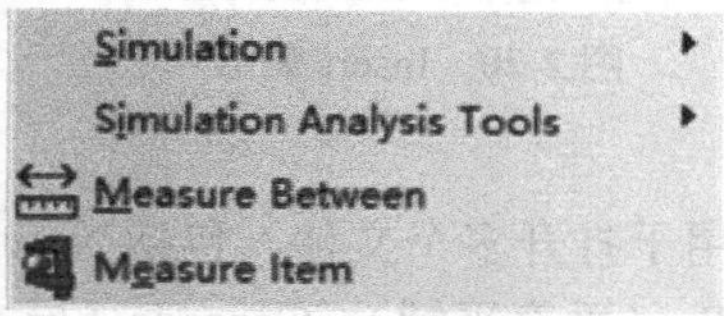

图 2-23　Analyze 菜单

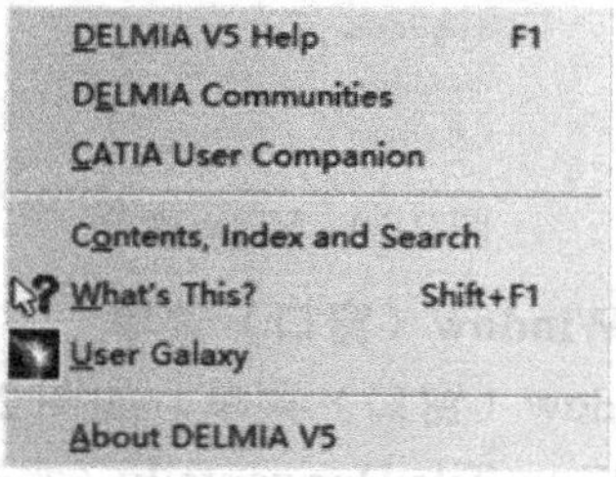

图 2-24　Help 菜单

图 2-25　动作管理工具栏

图 2-26　按钮名称显示

2.1.3　PPR 模型树

DELMIA V5 的 PPR 模型树如图 2-27 所示，在 PPR 模型树上列出了所有产品的步骤顺序和关系。在模型树上选中某个产品，则在工作平面上的对应产品高亮显示，鼠标左键双击该产品名称可以对其进行修改。

2.1.4　命令提示栏

DELMIA V5 的命令提示栏位于工作界面下方，当光标指向某个命令时，该区域即会显示相应的描述性文字，说明命令或按钮代表的含义。

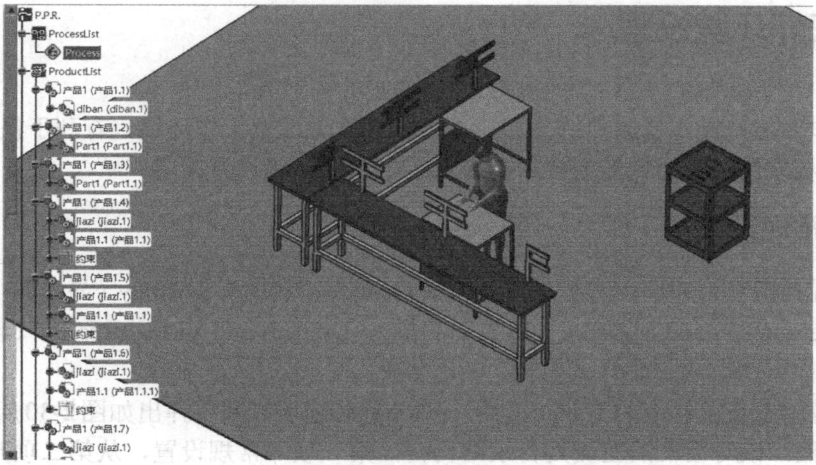

图 2-27　PPR 模型树

命令提示栏的右下方为命令行，如图 2-28 所示，可以输入命令来执行相应的操作，在所有的命令前加上【C:】才能执行。当光标指向工具栏上的快捷功能按钮时，命令行将自动显示该按钮对应的命令。

用户还可以通过菜单栏中的 View（视图）→Commands List（命令列表），打开如图 2-29 所示的 Commands List（命令列表）对话框，单击对话框中的相应命令执行对应的操作。

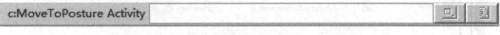

图 2-28　命令行

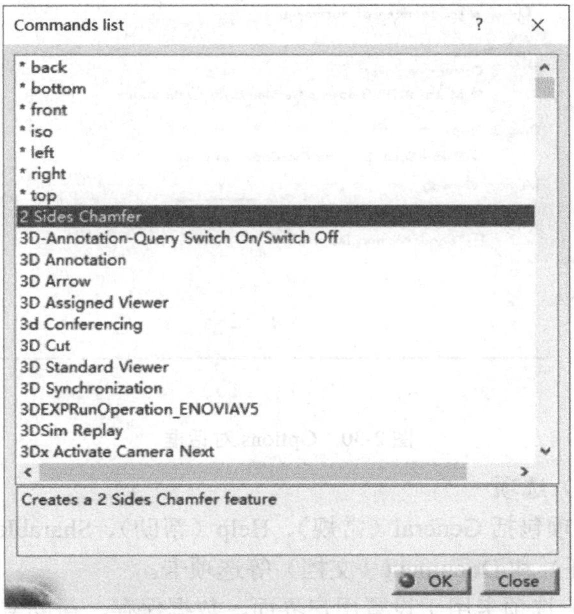

图 2-29　Commands List 对话框

2.2 工作环境设置

设置工作环境是操作者应熟练掌握的技能，合理地设置工作环境，有利于提高工作效率。DELMIA V5 从软件的界面到专业技术都提供了丰富的环境设置内容。

2.2.1 常规设置

常规设置是指对公共环境进行设置，包括 General（常规）、Display（显示）、Compatibility（兼容性）、Parameters and Measure（参数和测量）、Devices and Virtual Reality（设备和虚拟现实）5 个选项。

鼠标左键单击菜单栏中的 Tools（工具）→Options（选项），系统弹出如图 2-30 所示的 Options（选项）对话框。该对话框的左侧为目录结构树，第一项即常规设置，从第二项开始是具体工作模块相对应的设置；对话框右侧对应的是左侧结构树的具体设置内容，分为多个选项卡，具体内容设置分类于各个选项卡中。

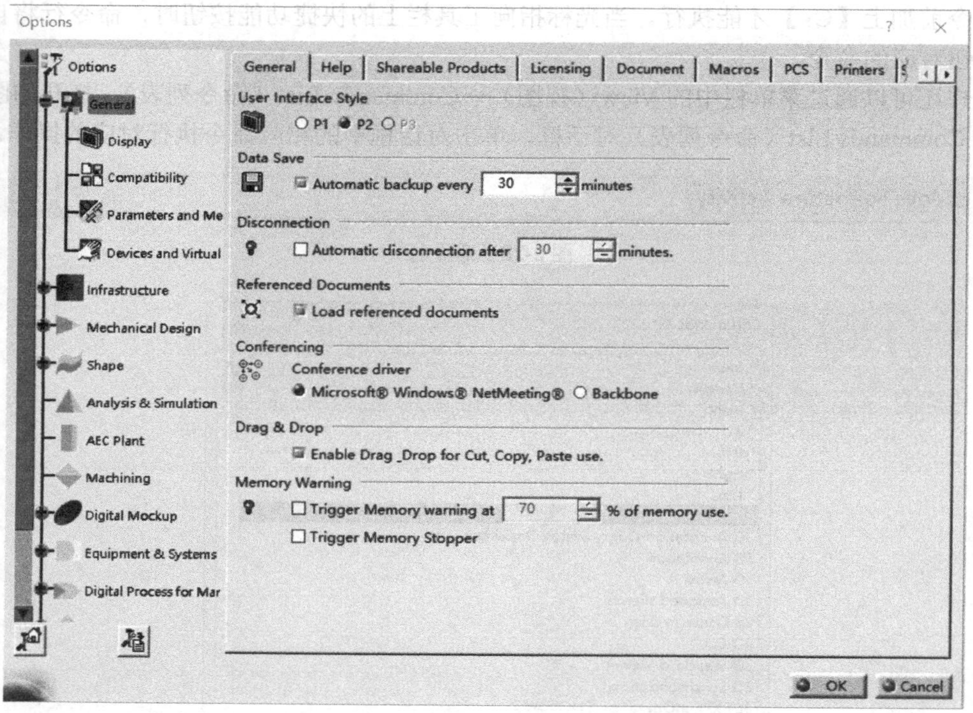

图 2-30 Options 对话框

1. General（常规）选项

General（常规）选项包括 General（常规）、Help（帮助）、Sharable Products（可共享的产品）、Licensing（许可证）和 Document（文档）等选项卡。

① General（常规）选项卡用于设置用户界面、数据保存、帮助文件等，如图 2-31 所示。

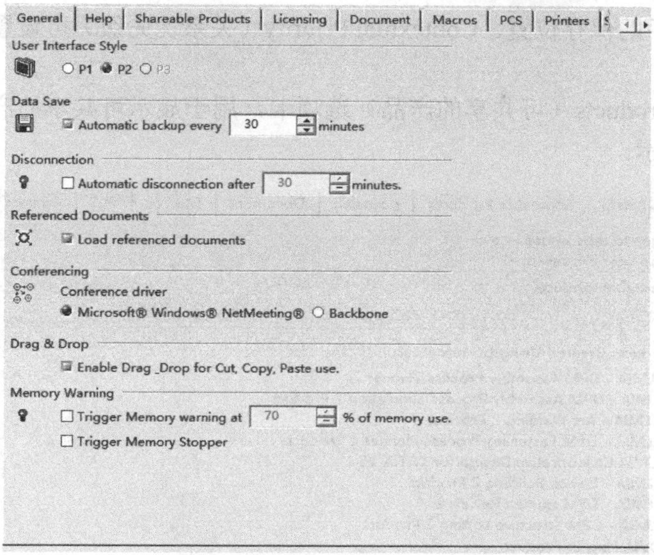

图 2-31　General 选项卡

- User Interface Style（用户界面样式）：P1 为经典用户界面，P2 为基本用户界面，P3 为深度用户界面，3 种类型的界面提供的设计功能依次增强，对硬件的要求也依次增强。
- Data Save（数据保存）：用于设置数据保存方式，分为无自动备份（不激活该选项）、自动备份频率（激活该选项，可自定义备份频率）2 种保存方式。
- Disconnection（断开连接）：用户设定自动与服务器断开连接的周期（激活该选项），或始终保持与服务器的连接（不激活该选项）。
- Referenced Documents（参考文档）：设置是否在载入复合文档的同时载入引用文档。
- Conferencing（会议）：用于设置会议驱动程序。
- Drag & Drop（拖&放）：用于设置是否在使用剪切、复制、粘贴时启动鼠标拖&放功能。
- Memory Warning（内存警告）：设置是否让 DELMIA 应用程序在检测到内存消耗过高时发出警告，以及内存消耗到何种限度时发出警告。

② Help（帮助）选项卡，包括 Technical documentation（技术文档）、User Companion（用户助手）和 Contextual Priority（关系优先级），如图 2-32 所示。

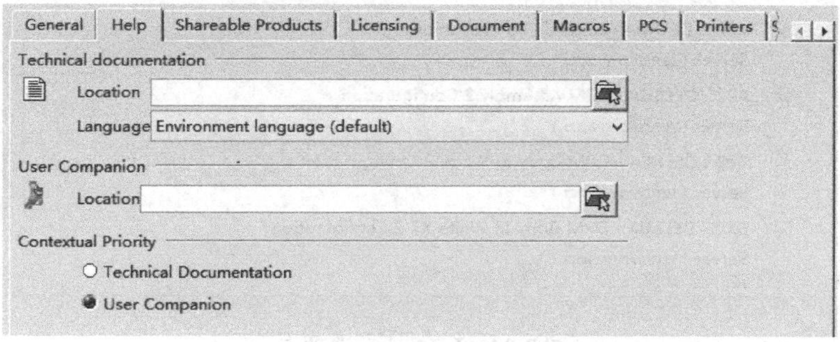

图 2-32　Help 选项卡

鼠标左键单击技术文档和用户助手对话框旁边的打开按钮，在弹出的对话框中可设置技术文档和用户助手的保存位置。Contextual Priority（关系优先级）可设置技术文档和用户助手的优先级。

③ Shareable Products（可共享的产品）选项卡，用于显示可共享的产品列表和授权产品列表，如图 2-33 所示。

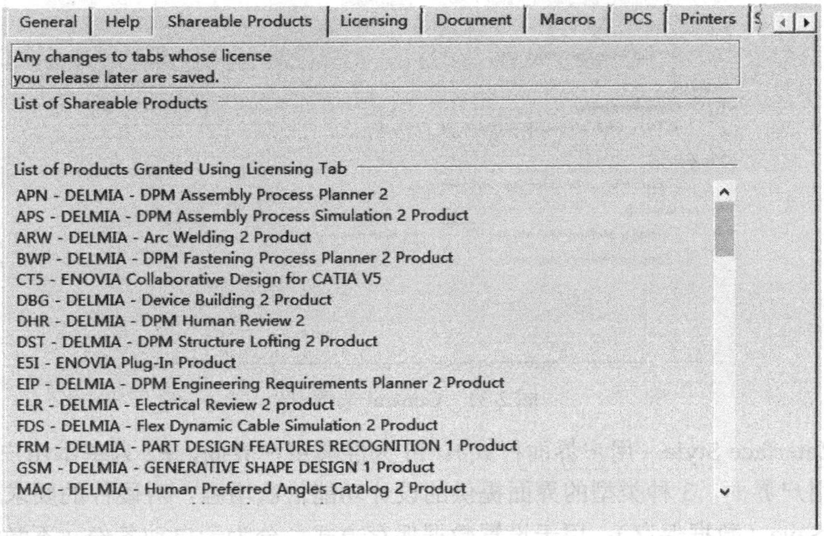

图 2-33 Shareable Products 选项卡

④ Licensing（许可证）选项卡，用于显示、设置 DELMIA 产品的许可证信息，如图 2-34 所示。

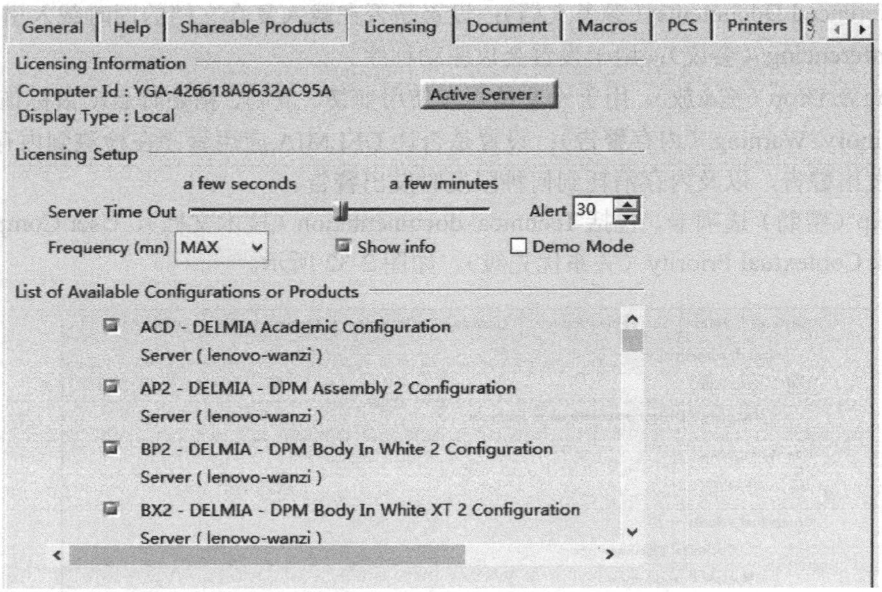

图 2-34　Licensing 选项卡

⑤ Document（文档）选项卡，用于设置 DELMIA 文档的存储环境以及搜索策略，如图

2-35 所示。

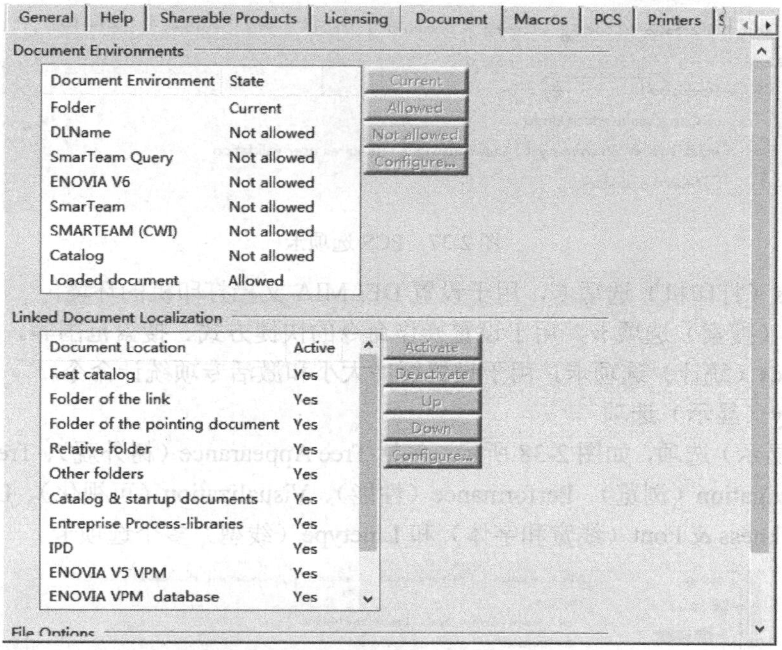

图 2-35　Document 选项卡

⑥ Macros（宏）选项卡，用于宏命令的相关设置，如图 2-36 所示。

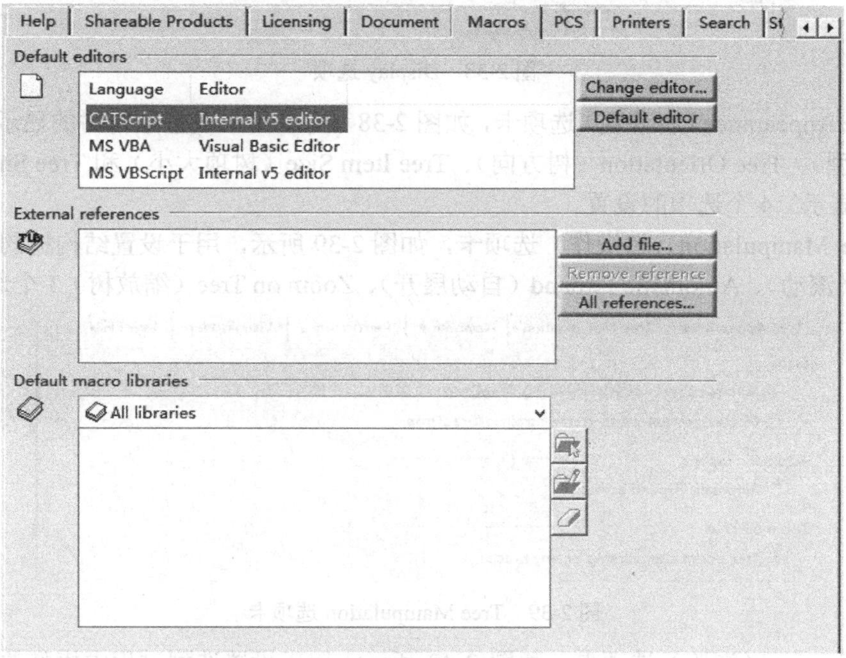

图 2-36　Macros 选项卡

⑦ PCS 选项卡，如图 2-37 所示，用于设置最大撤销操作数，即堆栈大小。系统默认最大

值为 10，设置的次数越大，需要的内存和硬盘空间就越大。

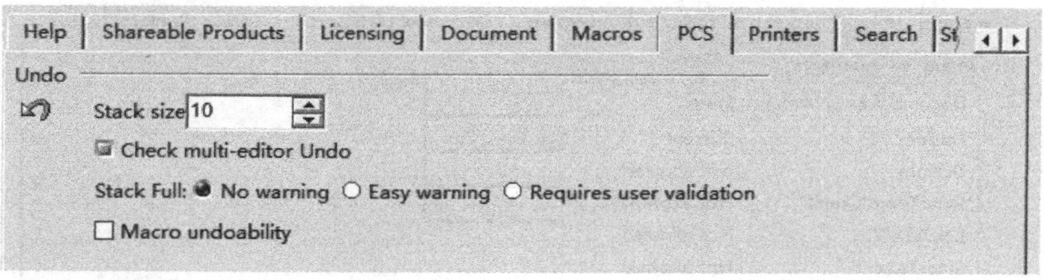

图 2-37　PCS 选项卡

⑧ Printers（打印机）选项卡，用于设置 DELMIA 文档打印机的环境。

⑨ Search（搜索）选项卡，用于设置操作命令的快捷方式、搜索范围等。

⑩ Statistics（统计）选项卡，用于设置缓冲大小和激活专项统计命令。

2．Display（显示）选项

Display（显示）选项，如图 2-38 所示，包括 Tree Appearance（树外观）、Tree Manipulation（树操作）、Navigation（浏览）、Performance（性能）、Visualization（可视化）、Layer Filter（层过滤器）、Thickness & Font（线宽和字体）和 Linetype（线型）多个选项卡。

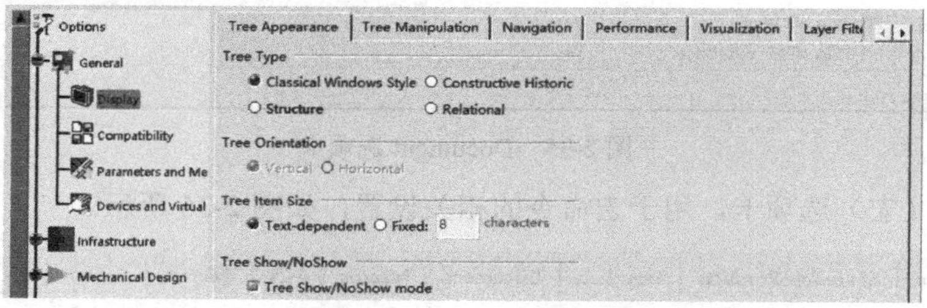

图 2-38　Display 选项

① Tree Appearance（树外观）选项卡，如图 2-38 所示，用于设置结构树的显示，包括 Tree Type（树类型）、Tree Orientation（树方向）、Tree Item Size（树项大小）和 Tree Show/NoShow（树显示/不显示）4 个选项的设置。

② Tree Manipulation（树操作）选项卡，如图 2-39 所示，用于设置结构树的相关操作，包括 Scroll（滚动）、Automatic Expand（自动展开）、Zoom on Tree（缩放树）3 个选项的设置。

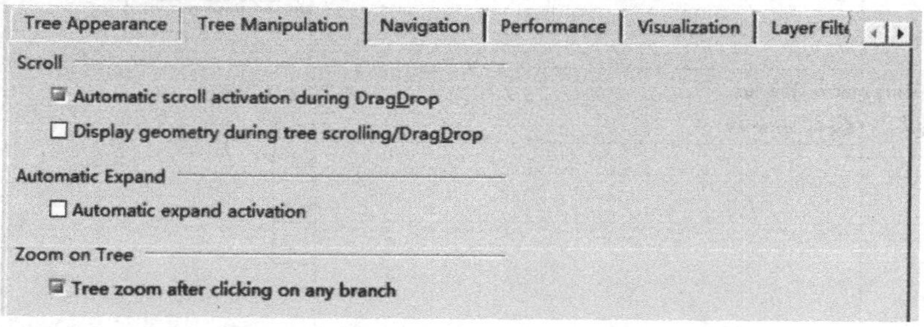

图 2-39　Tree Manipulation 选项卡

③ Navigation（浏览）选项卡，如图 2-40 所示，用于设置造型过程中模型的三维预览方式，包括 Selection（选择）、Navigation（浏览）、Fly/Walk（飞行/步行）、Mouse Speed（鼠标速度）和 Angle value for keyboard rotations（键盘旋转的角速度）等选项的设置。

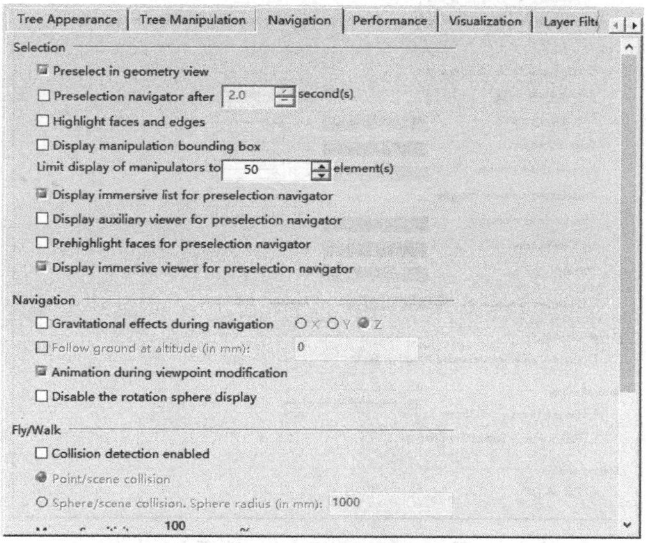

图 2-40　Navigation 选项卡

④ Performance（性能）选项卡，如图 2-41 所示，用于设置模型显示的图形精度，包括 Occlusion culling（遮挡剔除）、3D Accuracy（3D 精度）、2D Accuracy（2D 精度）、Level of detail（细节级别）、Pixel Culling（像素剔除）、Transparency Quality（透明度质量）和 Frames per second（每秒帧数）等选项的设置。

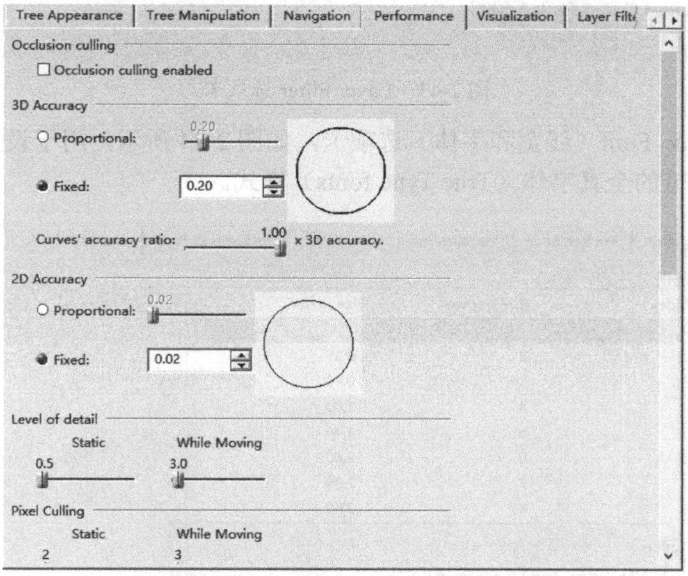

图 2-41　Performance 选项卡

⑤ Visualization（可视化）选项卡，如图 2-42 所示，用于设置软件的环境、背景颜色、创建模型的特征颜色以及相关显示选项的设置，包括 Color（颜色）、Depth display（深度显示）、Anti-aliasing（边缘柔滑）和 Stereo enable（启用立体模式）等选项的设置。

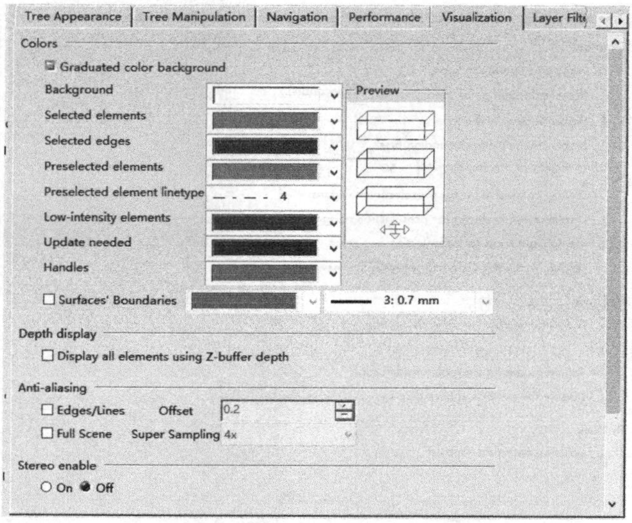

图 2-42　Visualization 选项卡

⑥ Layer Filter（层过滤器）选项卡，如图 2-43 所示，用于选择使用当前的过滤器显示所有文档，还是使用其自身的过滤器显示文档。

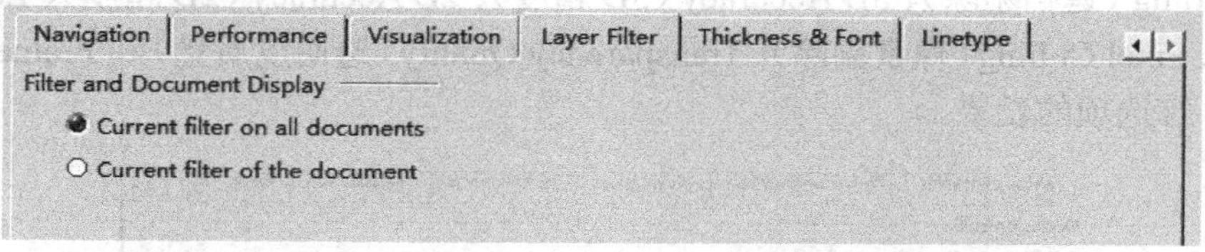

图 2-43　Layer Filter 选项卡

⑦ Thickness & Font（线宽和字体）选项卡，如图 2-44 所示，用于设置字体显示的大小及是否使用系统自带的全真字体（True Type fonts）样式。

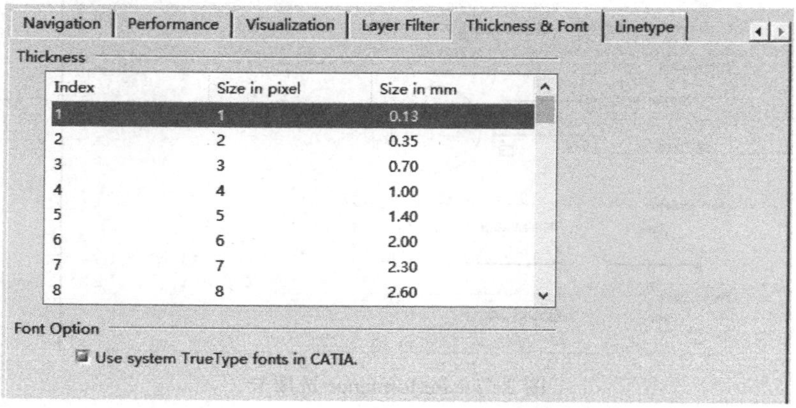

图 2-44　Thickness & Font 选项卡

⑧ Linetype（线型）选项卡，如图 2-45 所示，用于设置各种图元的线型，包括直线、点划线、虚线等。

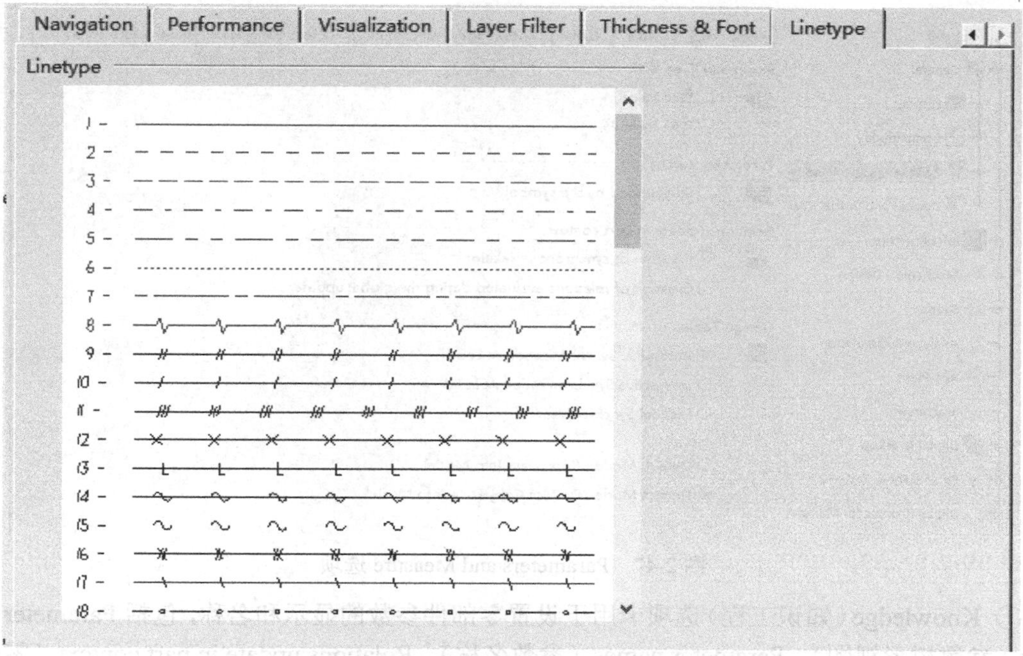

图 2-45　Linetype 选项卡

3．Compatibility（兼容性）选项

Compatibility（兼容性）选项，如图 2-46 所示，用于设置模型在 DELMIA V5 中打开时的各种选项，包括 V4 Date Reading（V4 数据读取）、Saving as V4 Date（另存为 V4 数据）、V4/V5 DRAW（V4/V5 工程图）、V4/V5 SPACE（V4/V5 空间）和 V4/V5 SPEC（V4/V5 规格）等多个选项卡。

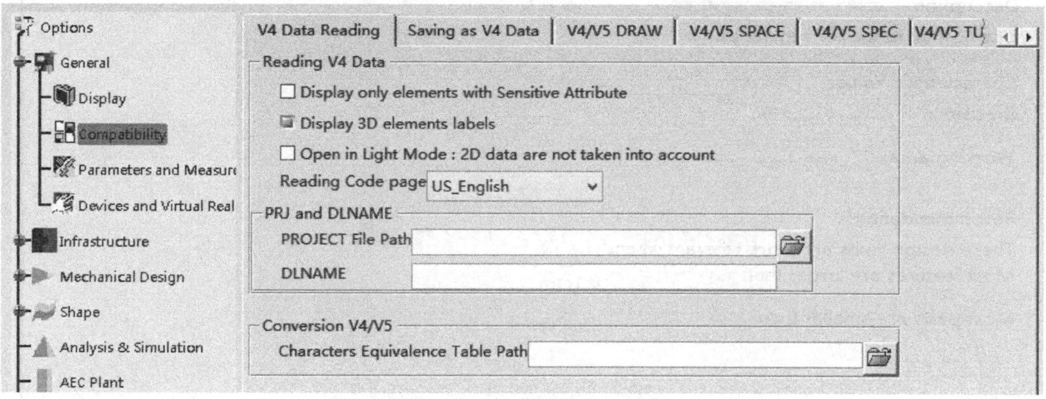

图 2-46　Compatibility 选项

4．Parameters and Measure（参数和测量）选项

Parameters and Measure（参数和测量）选项，如图 2-47 所示，包括 Knowledge（知识工程）、Scale（缩放）、Unites（单位）、Knowledge Environment（知识工程环境）和 Report Generation（生成报告）等 8 个选项卡。

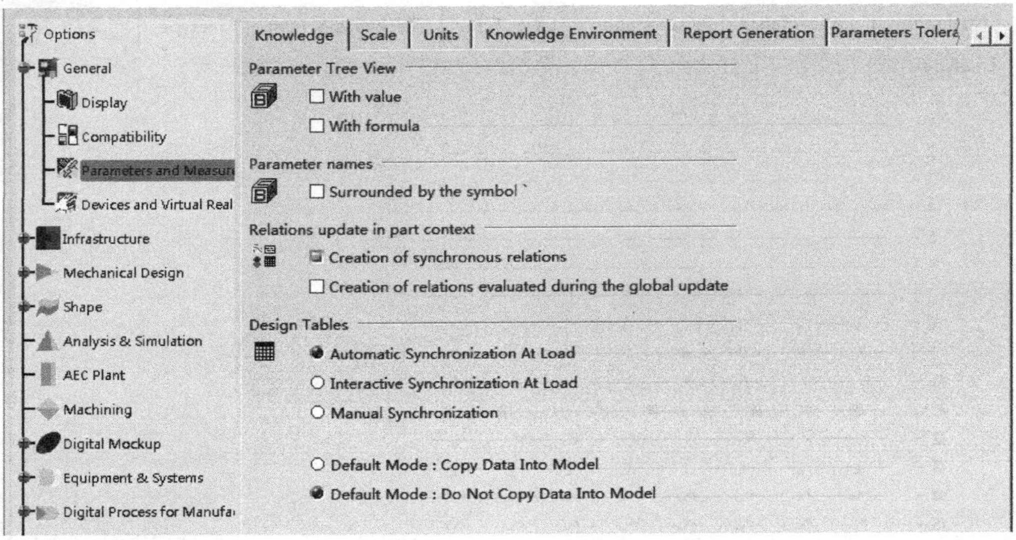

图 2-47　Parameters and Measure 选项

① Knowledge（知识工程）选项卡用于设置零部件参数的显示和名称，包括 Parameter Tree View（参数树形视图）、Parameter names（参数名称）、Relations update in part context（零件的关系更新）和 Design Tables（设计表）选项。

② Scale（缩放）选项卡，如图 2-48 所示，用于设置几何图形的缩放比例。

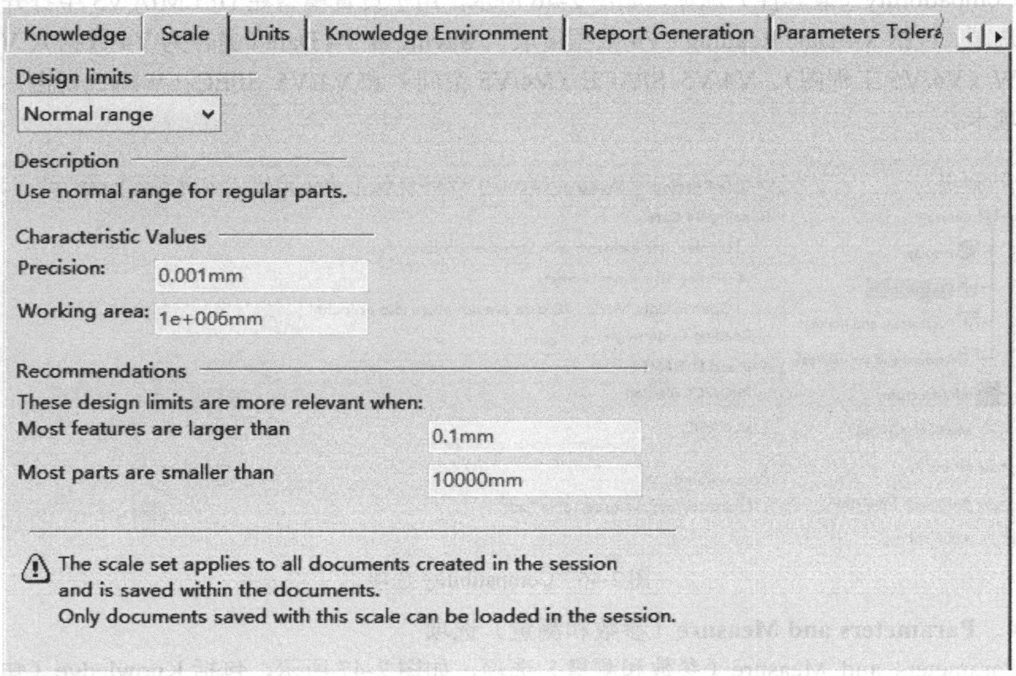

图 2-48　Scale 选项卡

③ Unites（单位）选项卡，如图 2-49 所示，可用于设置单位尺寸显示的精度。

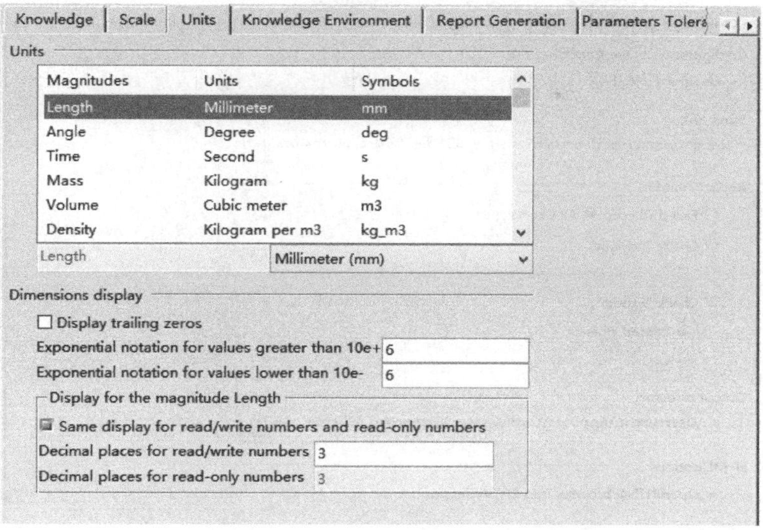

图 2-49　Unites 选项卡

④ Knowledge Environment（知识工程环境）选项卡，如图 2-50 所示，用于设置软件的语言环境和知识工程环境。

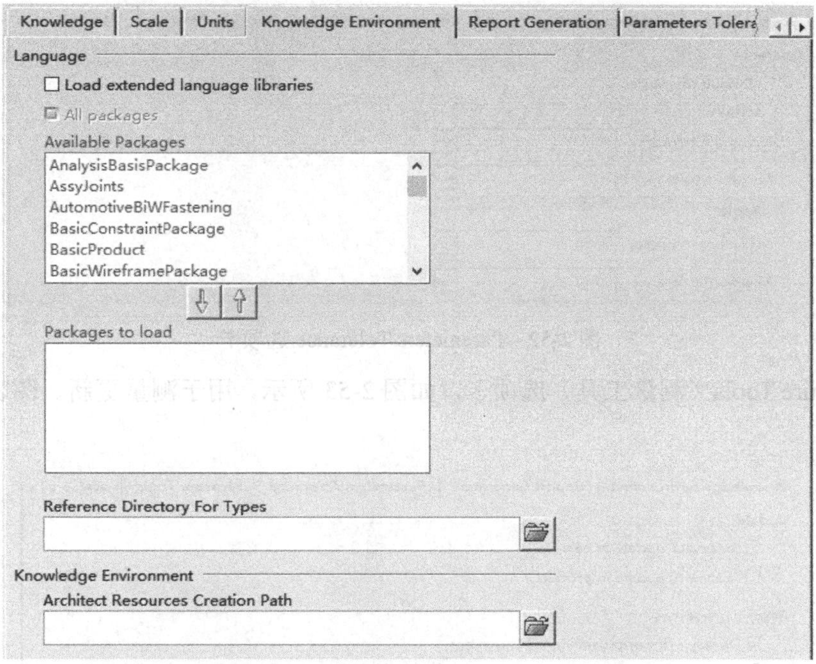

图 2-50　Knowledge Environment 选项卡

⑤ Report Generation（生成报告）选项卡，如图 2-51 所示，用于对报告输出格式进行设置。包括 Configuration of the Check Report（检查报告的配置）、Input XSL（输入 XSL）、Report content（报告内容）、Output directory（输出目录）和 HTML options（HTML 选项）等内容的设置。

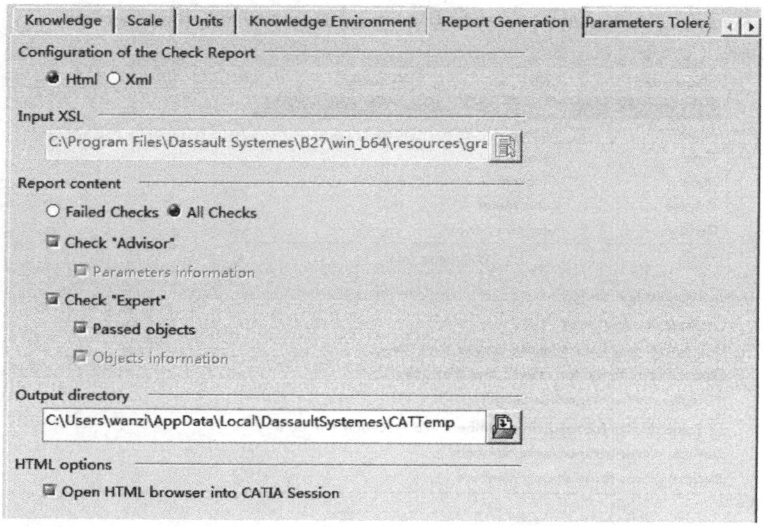

图 2-51 Report Generation 选项卡

⑥ Parameters Tolerance（参数公差）选项卡，如图 2-52 所示，用于设置长度和角度的最大和最小偏差值。

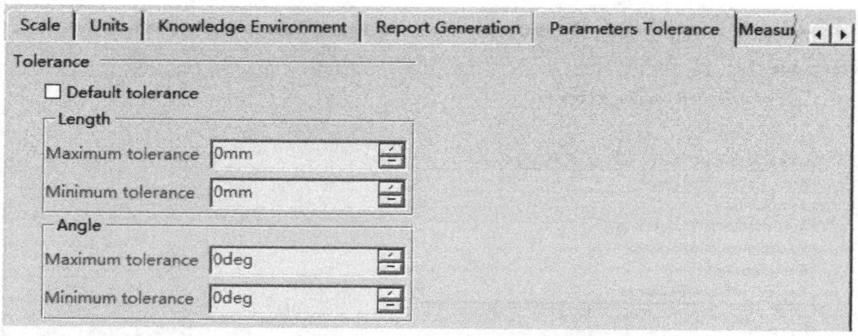

图 2-52 Parameters Tolerance 选项卡

⑦ Measure Tools（测量工具）选项卡，如图 2-53 所示，用于测量更新、图表属性和测量准则的设置。

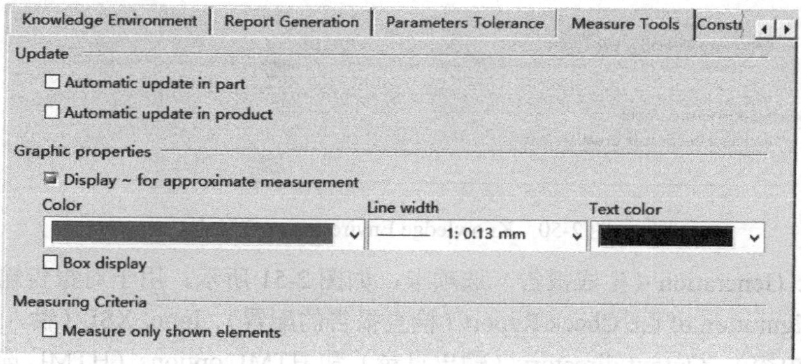

图 2-53 Measure Tools 选项卡

⑧ Constraints and Dimensions（约束和尺寸）选项卡，如图 2-54 所示，用于设置 Constraint Style（约束样式）、Constraint Display（约束显示）、Dimension Style（尺寸样式）等。

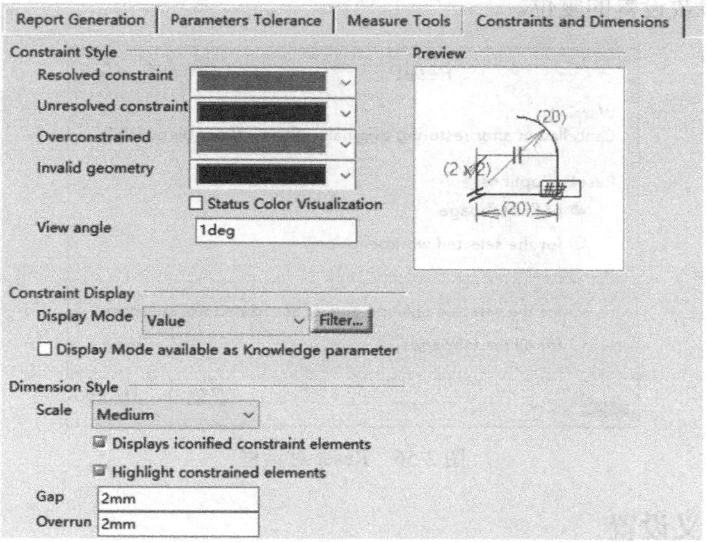

图 2-54 Constraints and Dimensions 选项卡

2.2.2 工作环境设置的存储和复位

1. 工作环境设置的存储

用户设置好工作环境后，可以保存当前的设置。鼠标左键单击 2.2.1 节中所示 Options（选项）对话框中的 Dumps parameters values（转储参数值）按钮，弹出如图 2-55 所示的 Dump of Parameters（转储参数）对话框。在对话框中选择存储的参数值和存储路径，单击 Yes（是）按钮，即可完成工作环境的存储。

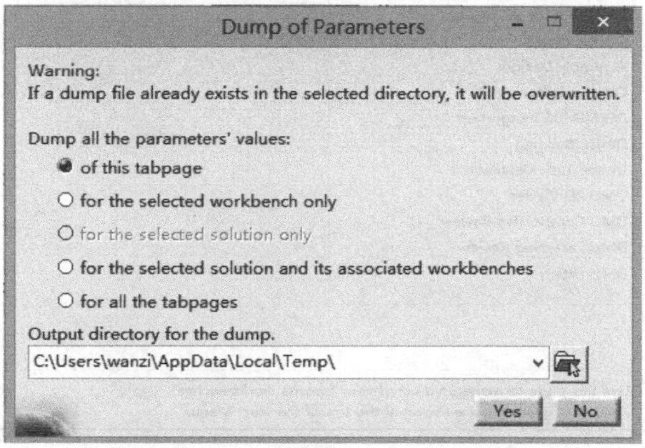

图 2-55 Dump of Parameters 对话框

2. 工作环境复位

由于某些参数修改不当引起使用错误，却又无法确定参数位置时，可以将参数恢复到默认状态。鼠标左键单击 Options（选项）对话框中的 Reset all options（重置所有选项）按钮，弹出如图 2-56 所示的 Reset（重置）对话框。在对话框中选择需要恢复的内容，单击 Yes（是）按钮，即可完成参数设置的复位。

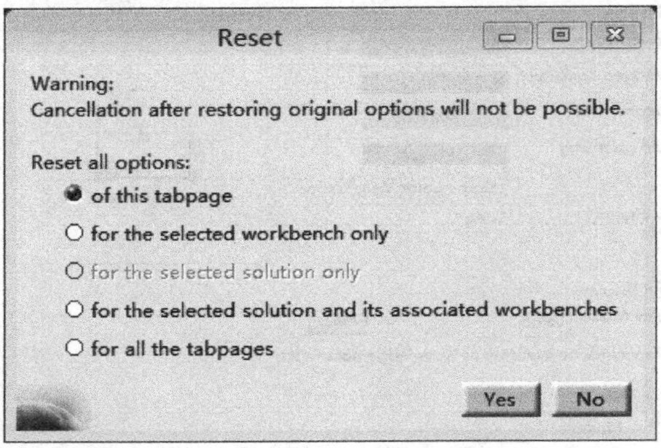

图 2-56　Reset 对话框

2.2.3　自定义设置

DELMIA V5 允许用户根据自己的习惯和爱好对开始菜单、用户工作台、工具栏等进行设置，称之为自定义设置。

鼠标左键单击菜单栏中的 Tools（工具）→Customize（自定义），系统弹出如图 2-57 所示的 Customize（自定义）对话框，包括 Start Menu（开始菜单）、User Workbenches（用户工作台）、Toolbars（工具栏）、Commands（命令）和 Options（选项）5 个选项卡。

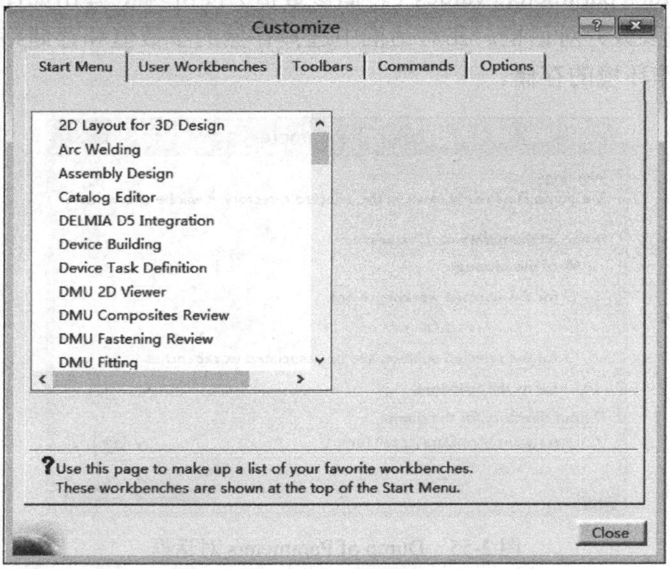

图 2-57　Customize 对话框

（1）Start Menu（开始菜单）选项卡可将常用的模块添加到自定义菜单中，同时添加到工作台中，如图 2-58 所示。

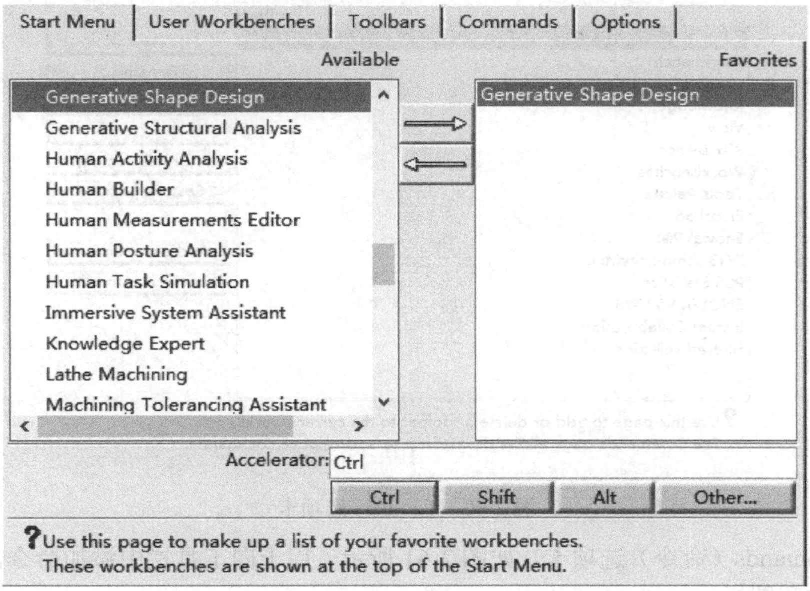

图 2-58 Start Menu 选项卡

（2）User Workbenches（用户工作台）选项卡，如图 2-59 所示，用于新建、删除用户工作台，新建的用户工作台将会成为当前工作台，用户可通过 Toolbars（工具栏）选项卡对新建工作台添加工具栏。

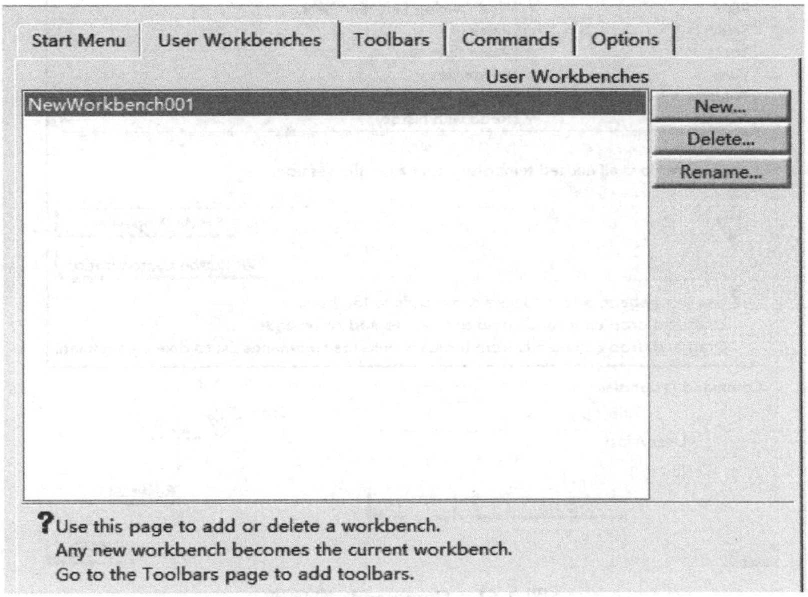

图 2-59 User Workbenches 选项卡

（3）Toolbars（工具栏）选项卡，如图 2-60 所示，用于对当前用户工作台添加工具栏。

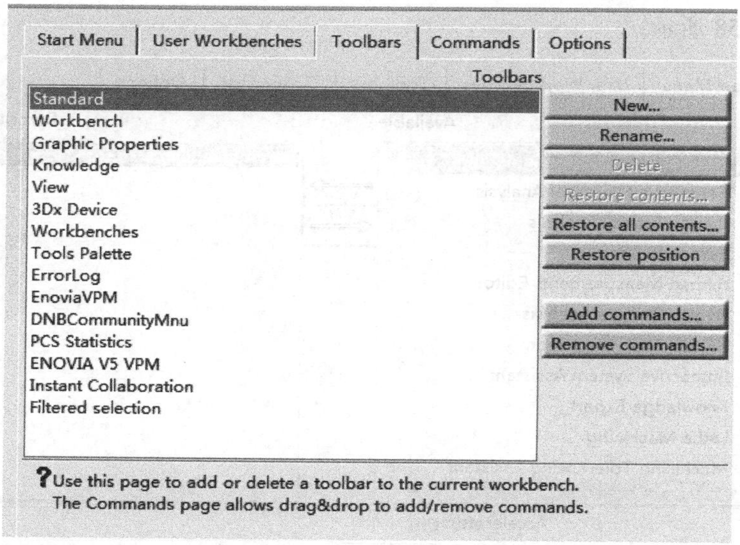

图 2-60　Toolbars 选项卡

（4）Commands（命令）选项卡，如图 2-61 所示，用于向工具栏中添加命令，用户可自定义命令的名称和图标。.

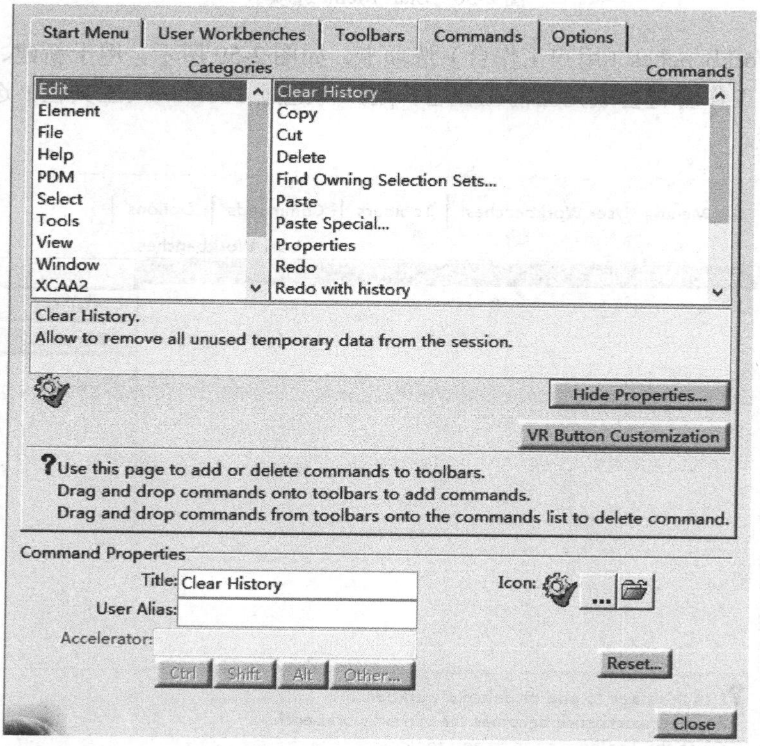

图 2-61　Commands 选项卡

（5）Options（选项）选项卡，如图 2-62 所示，可用于设置 Icon Size Ratio（按钮图标大小）、User Interface Language（用户界面语言）、Lock Toolbar Position（锁定工具栏位置）。

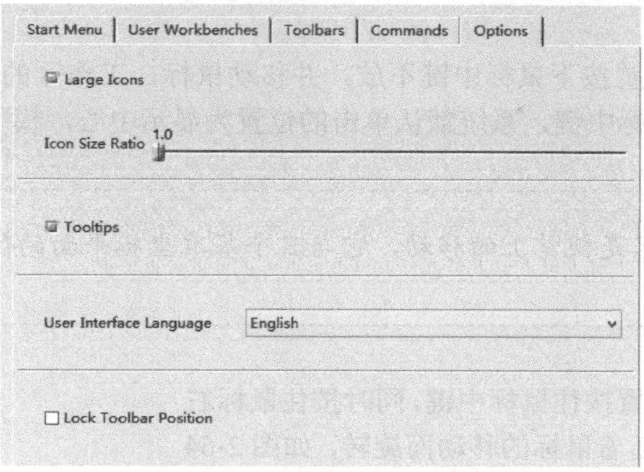

图 2-62　Options 选项卡

2.3 常用基本操作

熟练掌握鼠标和指南针的应用是 DELMIA V5 中最基本的操作，也是学习本软件的首要任务，从而提高工作效率。

2.3.1　鼠标操作

在使用 DELMIA V5 的过程中，鼠标的作用非常大，主要有选择、移动、旋转和缩放等功能。

1．选择对象

鼠标左键单击模型的局部特征或根据结构树中产品项的名称进行选择，所选部分则呈高亮显示，如图 2-63 所示，便于用户对所选模型整体或特征进行具体操作。

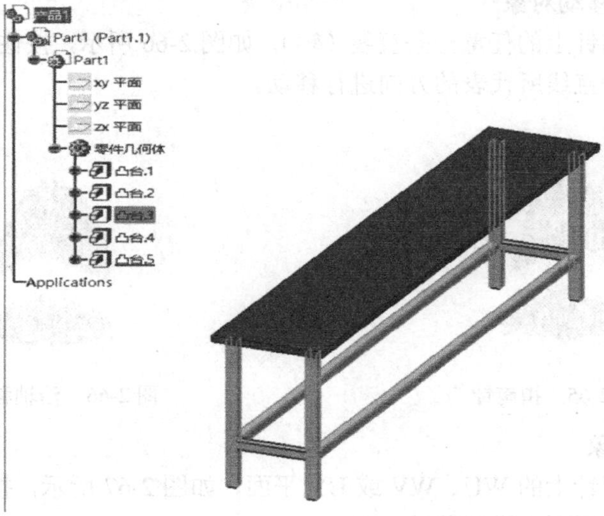

图 2-63　选择特征

2．移动对象

在工作区的任意位置按下鼠标中键不放，并移动鼠标，工作区的模型就会随着鼠标指针的移动而移动。单击鼠标中键，系统默认单击的位置为显示中心，模型将向某一方向移动。

注 意

这里的模型移动只是视觉上的移动，它与三个基准坐标平面的位置关系不会发生任何变化。

3．旋转对象

在工作区的任意位置按住鼠标中键，同时按住鼠标右键，移动鼠标，模型会随着鼠标的移动而旋转，如图 2-64 所示，图中的五线交汇点为旋转中心。为了便于用户视角观察，可用鼠标中键单击指定位置，该位置就会被设定为新的旋转中心。此外，先按住鼠标中键，再按住 Ctrl 键，移动鼠标，亦可实现模型的旋转。

图 2-64 旋转对象

4．缩放对象

在工作区的任意位置按住鼠标中键，再单击鼠标右键，光标变为【↕】。移动鼠标，模型就会随着光标的上下移动而放大或缩小。此外，先按住 Ctrl 键，再按住鼠标中键，移动鼠标，亦可实现模型的缩放。

2.3.2 指南针操作

在 DELMIA V5 工作区的右上角有一个指南针，如图 2-65 所示，代表模型的三维空间坐标系，指南针会随着模型的旋转而旋转，有助于建立空间位置的概念。熟练掌握指南针的使用，可以方便确定模型的位置。

1．沿直线（轴）移动对象

鼠标左键选择指南针上的任意一条直线（轴），如图 2-66 所示，按住鼠标左键并移动，则工作区的模型将沿这条直线所代表的方向进行移动。

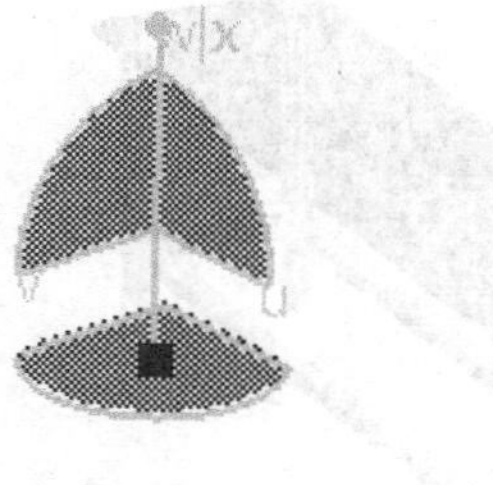

图 2-65 指南针

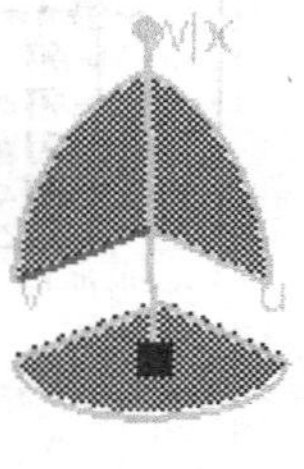

图 2-66 沿轴移动对象

2．平面内移动对象

鼠标左键选择指南针上的 WU、WV 或 UV 平面，如图 2-67 所示，按住鼠标左键并移动，则工作区的模型将在该平面上进行移动。

3．圆弧旋转对象

鼠标左键选择指南针上的圆弧，如图 2-68 所示，按住鼠标左键并移动鼠标，指南针将会绕 W、U 或 V 轴旋转，工作区的模型也会随着指南针的旋转而旋转。

图 2-67　平面内移动对象

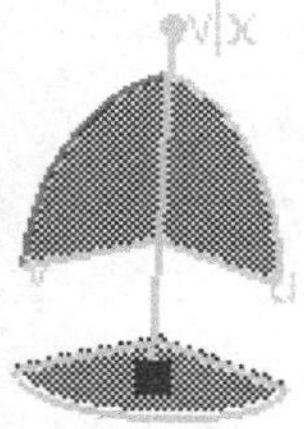

图 2-68　圆弧旋转对象

4．自由旋转对象

选择指南针 W 轴上的圆头，如图 2-69 所示，按住鼠标左键并移动鼠标，指南针将会以图中方块为中心自由旋转，工作区的模型也会随着指南针一起旋转。

5．关联产品或零件

在工作区域中，选择某产品或零件的一个特征或整体，鼠标左键选择指南针红色方块将其拖曳到所选的对象上，如图 2-70 所示，再选择指南针的轴、平面或圆弧进行移动或旋转时，该对象就会随其进行移动或旋转，而其他产品或零件不会受到影响，从而确定产品或零件之间的相对位置。

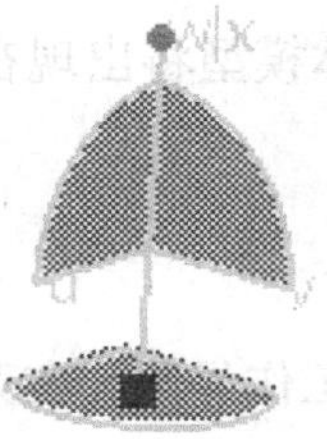

图 2-69　自由旋转对象

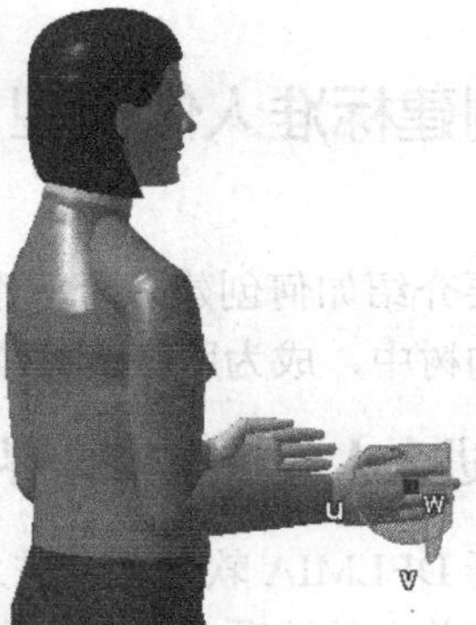

图 2-70　关联产品或零件

注 意

在装配中加载小型零部件时，小型零部件可能位于大型零部件的内部，因此很难对小型零部件进行操作。此时用户可以在结构树中选择该零部件，然后让指南针与其进行关联，再进行移动就很方便了。

第 3 章

人体建模

人体建模（Human Builder）模块是基于最佳人体模型系统建立的，可进行精确的人体仿真，模拟人体与工作环境之间的相互关系。

该模块主要由较高级的创建、编辑与分析等子模块组成，这些模块是基于第 5%、第 50% 和第 95%百分位数建立的。其中第 5%百分位数是指有 5%的人群身体数据小于此值，而有 95% 的人群身体数据均大于此值；第 50%百分位数是指大于和小于此人群身体数据的各为 50%；第 95%百分位数是指有 95%的人群身体数据均小于此值，而有 5%的人群身体数据大于此值。

DELMIA 建立的人体模型具有直观、交互式与数字化的特点，可以检验诸如人体肢体的工作范围和视野等特征，从而用来评定产品的形状、适用性和功能对于人体的适合程度。

本章主要学习人体建模（Human Builder）模块的主要功能，从而掌握对虚拟人体模型的创建、操作和分析。

3.1 创建标准人体模型

本节主要介绍如何创建一个标准的人体模型。一旦创建，人体模型将出现在所选择的父系产品的结构树中，成为所该产品项的组成部分。

3.1.1 进入人体模型设计界面

用户打开 DELMIA 软件后，进入人体建模（Human Builder）工作界面。在菜单栏中逐次单击下拉式菜单中的选项：Start（开始）→ Ergonomics Design & Analysis（人因工程设计和分析）→ Human Builder（人体建模）选项，如图 3-1 所示。由此进入人体建模（Human Builder）工作界面（见图 3-2）。

3.1.2 建立标准人体模型

（1）在菜单栏中，鼠标左键逐次单击 Insert（插入）→New Manikin…（新建人体模型）菜单（见图 3-3）。或在 Manikin Tools（人体模型工具）工具栏中单击 Insert a New Manikin（插入人体模型） 按钮，如图 3-4 所示。

（2）在弹出的 New Manikin（新建人体模型）对话框（见图 3-5）中，有两个选项卡，分别为 Manikin（人体模型）和 Optional（选项），进行设置。

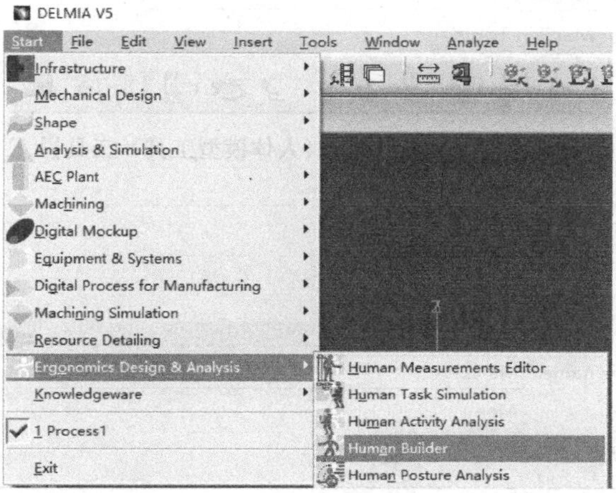

图 3-1　开始菜单

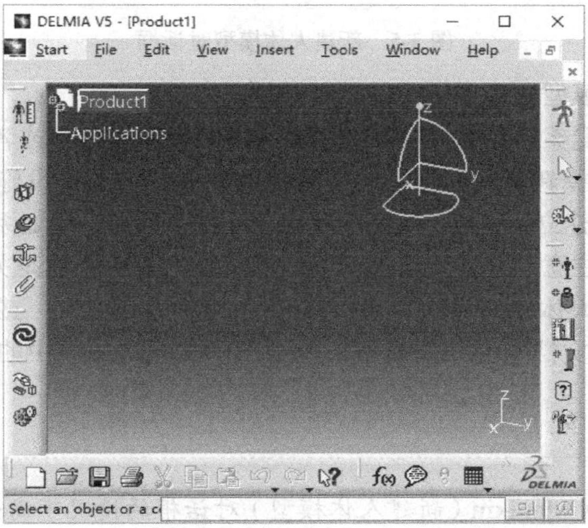

图 3-2　进入人体建模工作界面

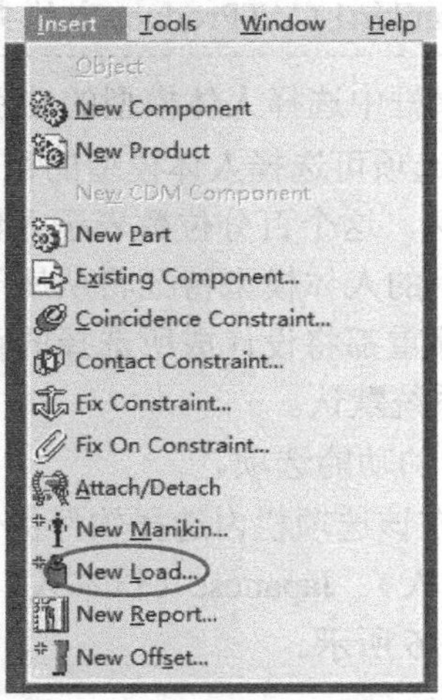

图 3-3　新建人体模型菜单

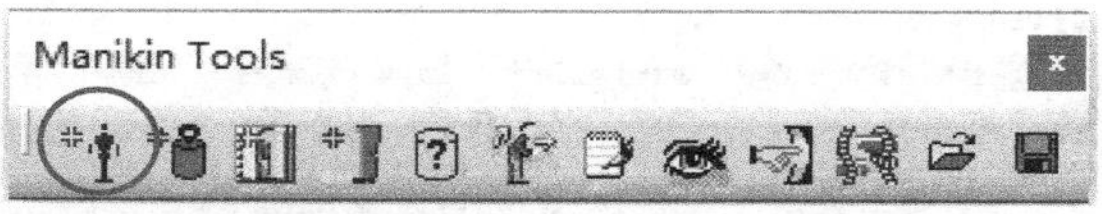

图 3-4 Manikin Tools（人体模型工具）工具栏

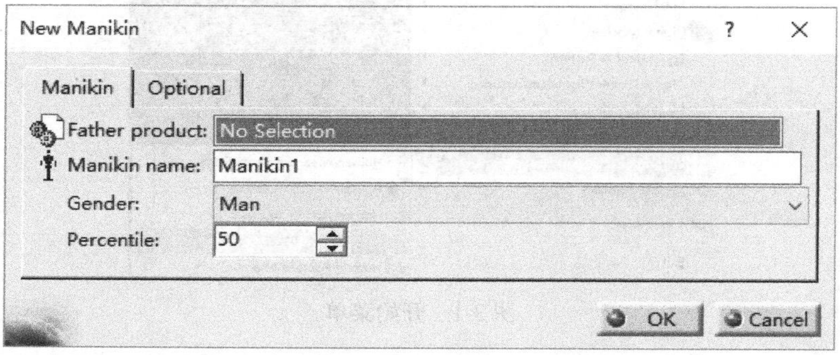

图 3-5 新建人体模型对话框

① Manikin（人体模型）选项卡中的功能选项。

- Father product（父系产品）。是指应用 DELMIA 建立的器件或各种设施的文件，这个选项是要求用户选择新建人体模型时所依附的位置、地面、设施等元素。这些元素一般情况下要求事先建立，而且需要在树状目录中进行点选，比如系统自动创建的 Product1（产品 1）。需要注意的是，Father product（父系产品）不能是另外一个人体模型。
- Manikin name（人体模型名称）。该名称可由用户自己定义，或由系统默认命名。此名称通常用于识别文档中的人体模型。位于不同父系产品项中的人体模型可具有相同的名称。

注 意

如果在未完成 New Manikin（新建人体模型）对话框的情况下离开对话框，模型的默认名字将会是 Manikin1（人体模型 1）、Manikin2（人体模型 2）、Manikin3（人体模型 3）等，同时这个人体模型将会被存在 Manikin1.CATProduct 文件夹中。

- Gender（性别）。可在该选项框中选择人体模型的性别，Man（男性）或 Woman（女性）。
- Percentile（百分位数）。该选项可选择人体模型的百分位数，供选择（或直接输入）的百分位数为 0.01%～99.99%。这个百分位数表示人体模型的身高和体重占所选国家人口统计的百分位数，它显示的人体模型特征将从属于统计的人口特征。换言之，这个新建的人体模型的身高和体重都将设计成所选择的百分位数，所有的人体测量变量将会在人体测量数据库里被系统默认。

② Optional（选项）选项卡中的功能选项。

- Population（人群）。用户可在该选项栏内选择软件提供的 American（美国人）、Canadian（加拿大人）、French（法国人）、Japanese（日本人）、Korean（韩国人）等选项中，选择需要的人口国籍，如图 3-6 所示。

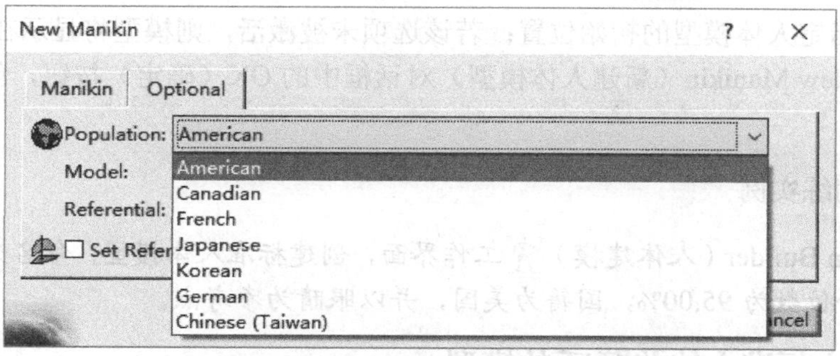

图 3-6　Optional（选项）选项卡（1）

- Model（模型）。该选项栏中可选择人体模型的类型，如 Whole Body（全身）、Right Forearm（右前臂）、Left Forearm（左前臂），如图 3-7 所示。

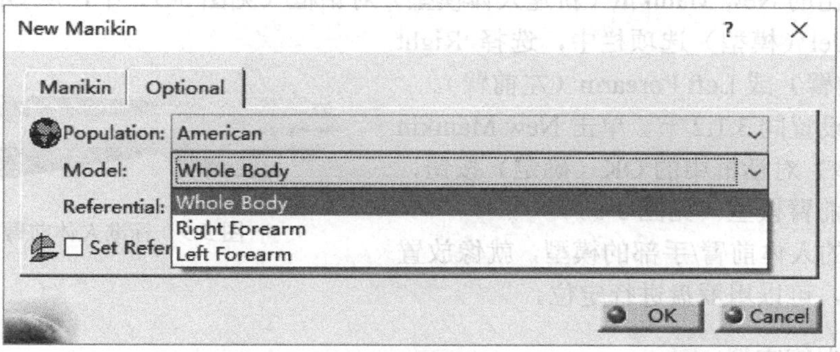

图 3-7　Optional（选项）选项卡（2）

- Referential（参考点）。该选项可选择人体模型建立的基准点，包括 Eye Point（眼睛参考点）、H-point（默认参考点）、Left Foot（左脚参考点）、Right Foot（右脚参考点）、H-Point Projection（默认参考点投影）、Between Feet（两脚之间参考点）、Crotch（胯部参考点），如图 3-8 所示。

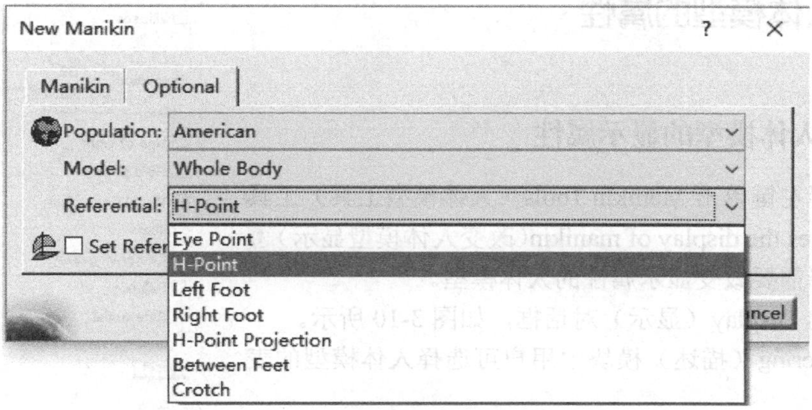

图 3-8　Optional（选项）选项卡（3）

- Set Referential to Compass Location（参考点建于罗盘位置）。若激活此选项，则可以使

用罗盘指定人体模型的初始位置；若该选项未被激活，则模型将显示在其默认位置。

（3）单击 New Manikin（新建人体模型）对话框中的 OK（确定）按钮，创建标准的人体模型。

训练实例

进入 Human Builder（人体建模）工作界面，创建标准人体模型，命名为 Manikin1，性别为男性，百分位数为 95.00%，国籍为美国，并以眼睛为参考点。

3.1.3　建立标准人体前臂/手的模型

（1）单击 Manikin Tools（人体模型工具）工具栏中的 Inserts a new manikin（插入人体模型）按钮。

（2）在弹出的 New Manikin（新建人体模型）对话框（见图 3-5）中，从 Optional（选项）选项卡的 Model（模型）选项栏中，选择 Right Forearm（右前臂）或 Left Forearm（左前臂）。

（3）其余设置同 3.1.2 节。单击 New Manikin（新建人体模型）对话框中的 OK（确定）按钮，建立标准人体前臂模型（见图 3-9）。

图 3-9　标准人体前臂模型

（4）创建的人体前臂/手部的模型，就像放置人体模型一样，可以用罗盘进行定位。

训练实例

进入 Human Builder（人体建模）工作界面，创建标准人体右前臂模型，命名为 Right Forearm1，国籍为法国，性别为女性，百分位数为 90.00%，并使用 H-point 参考点。

3.2　人体模型的属性

3.2.1　人体模型的显示属性

（1）鼠标左键单击 Manikin Tools（人体模型工具）工具栏中的 Changes the display of manikin（改变人体模型显示）按钮，再选择需要改变显示属性的人体模型。

（2）弹出 Display（显示）对话框，如图 3-10 所示。

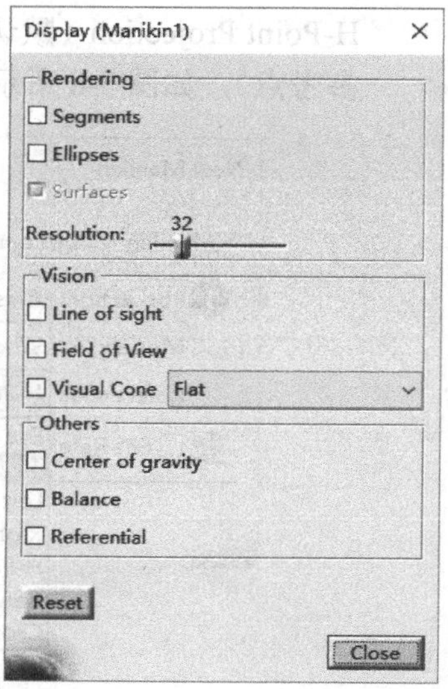

图 3-10　Display 对话框

① Rendering（描述）模块中用户可选择人体模型的表示方法。

- Segments（枝节）。激活该选项，人体模型将只用枝节表示，如图 3-11（a）所示。
- Ellipses（椭圆形）。激活该选项，人体模型将只用椭圆表示，如图 3-11（b）所示。

- Surfaces（表面）。该选项默认激活，人体模型将只显示模型表面。当 Segments（枝节）或 Ellipses（椭圆形）被激活时，才可对该选项进行更改。

如果以上三个选项均被激活，则人体模型将同时显示三种表示方法，如图 3-11（c）所示。

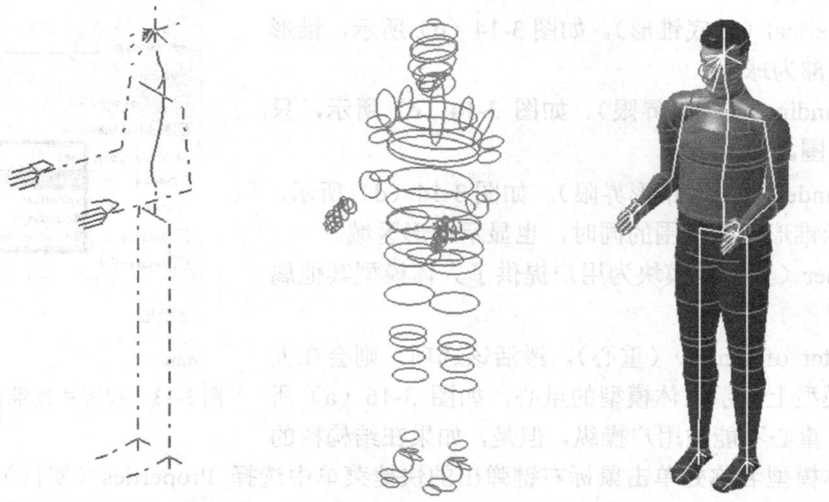

（a）用枝节表示人体模型　（b）用椭圆表示人体模型　（c）同时显示 3 种表示方法

图 3-11　Rendering（描述）选项

- Resolution（分辨率），分辨率表示在每个椭圆上绘制人体模型表面的点数。这个参数的默认值是 32，但它可以从 4 到 128 之间进行选择。分辨率越低，人体模型越粗糙；分辨率越高，人体模型越精细。

② Vision（视觉）模块中用户可选择人体模型的视觉范围。

- Line of sight（视线）。激活该选项，可显示人体模型的视线，如图 3-12（a）所示。
- Field of View（视野）。激活该选项，可用锥形显示人体模型的视野，如图 3-12（b）所示。
- Visual Cone（视锥）。激活该选项，可显示人体模型视觉范围的锥形中心，如图 3-12（c）所示。

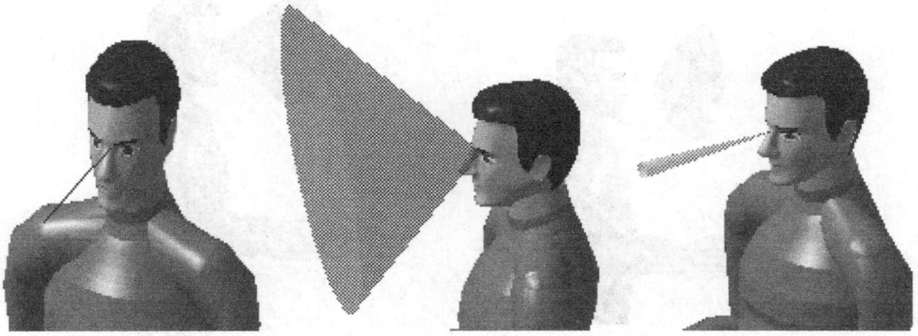

（a）视线　（b）视野　（c）视锥

图 3-12　Vision（视觉）选项

● Visual Cone（视锥）选项右侧的下拉选项提供了视野和视锥显示的几种类型（见图3-13）。

✧ Flat（平底锥形）。如图3-14（a）所示，锥形视野区域底部为平面。

✧ Spherical（球底锥形）。如图3-14（b）所示，锥形视野区域底部为球面。

✧ Boundings（视野界限）。如图3-14（c）所示，只显示视野范围。

✧ Bounded cone（锥形界限）。如图3-14（d）所示，显示锥形视野范围的同时，也显示锥形区域。

③ Other（其他）模块为用户提供了人体模型其他属性的选项。

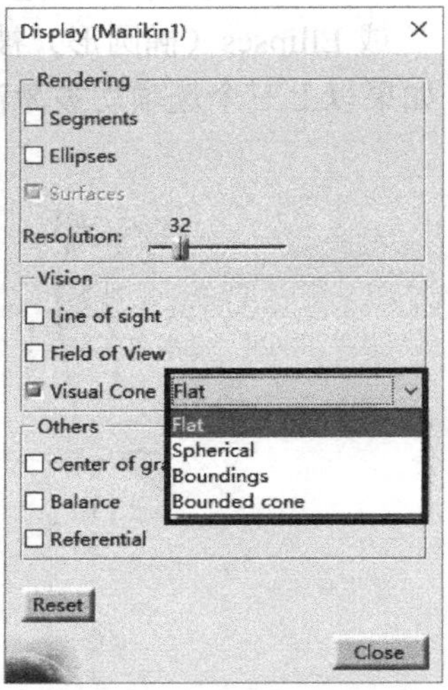

图3-13 视野和视锥显示类型选项

● Center of gravity（重心）。激活该选项，则会在人体模型上显示人体模型的重心，如图3-16（a）所示。重心不能被用户操纵，但是，如果在结构树的人体模型名称处单击鼠标右键弹出的快捷菜单中选择 Properties（属性），打开属性对话框，选择 Edit（编辑）→IK Behaviors（反转运动）→Balance（平衡）下的 Pelvic Motion（骨盆运动）选项，则会自动更新重心的位置，如图3-15所示。

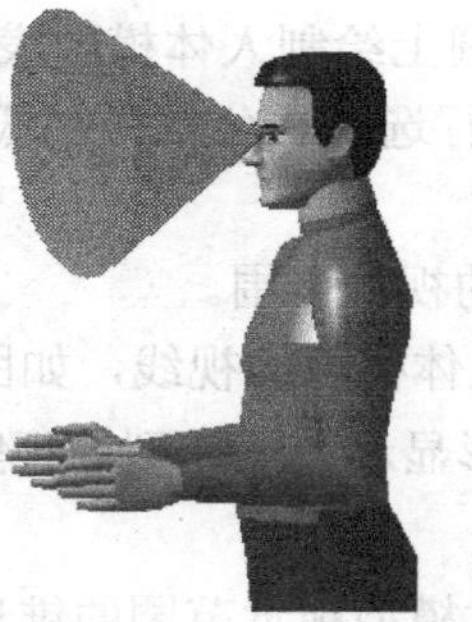

（a）Flat（平底锥形）

（b）Spherical（球底锥形）

（c）Boundings（视野界限）

（d）Bounded cone（锥形界限）

图3-14 视野和视锥显示类型表示

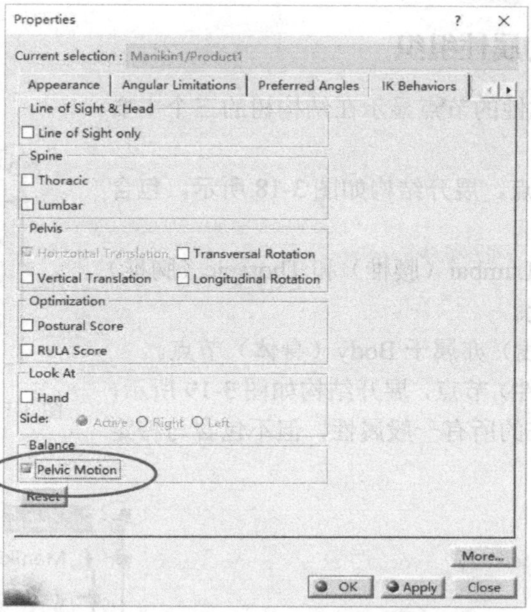

图 3-15　Properties（属性）对话框

- Balance（平衡）。激活该选项，则会在人体模型上显示人体的平衡力，如图 3-16（b）所示。
- Referential（参照）。激活该选项，则会在人体模型上显示人体的参考坐标系，如图 3-16（c）所示。

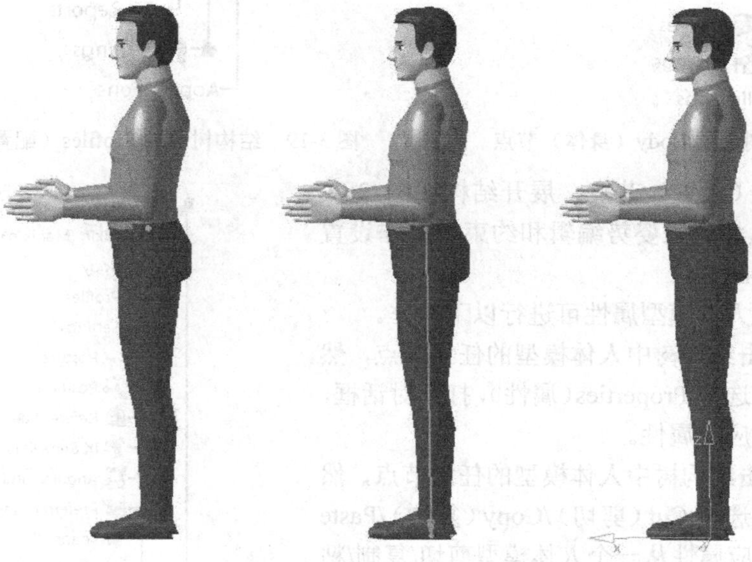

（a）人体模型的重心　（b）人体模型的平衡力　（c）人体模型的参考坐标系

图 3-16　其他属性选项

3.2.2 人体模型的属性组织

（1）每个人体模型属性的节点显示在结构树的三个主要部分下，如图 3-17 所示。

图 3-17 结构树中人体模型显示

① Body（身体）节点，展开结构如图 3-18 所示，包含人体模型的各个部位。

● Spine（脊椎）由 Lumbar（腰椎）和 Thoracic（胸椎）组成，而不是单节脊椎段。

● Line of sight（视线）亦属于 Body（身体）节点。

② Profiles（配置文件）节点，展开结构如图 3-19 所示，本部分包含人体模型内在的所有一般属性，但不包含与特定部分关联的属性。

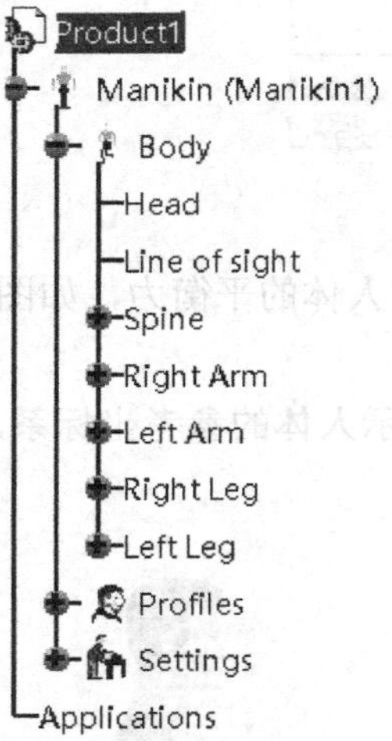

图 3-18 结构树中的 Body（身体）节点

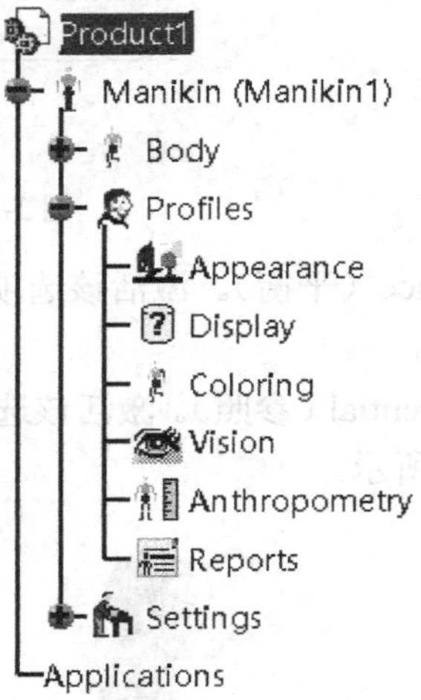

图 3-19 结构树中的 Profiles（配置文件）节点

③ Settings（设置）节点，展开结构如图 3-20 所示，本节点包含通过姿势编辑和约束等操作设置的人体模型属性。

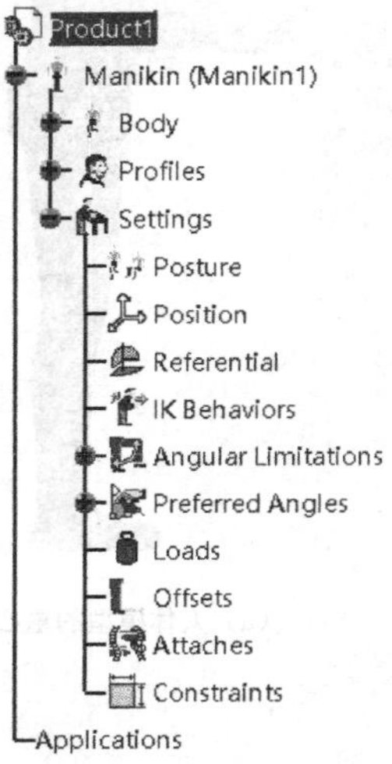

图 3-20 结构树的 Settings（设置）节点

（2）对上述人体模型属性可进行以下操作。

① 右键单击结构树中人体模型的任意节点，然后从快捷菜单中选择 Properties（属性），打开对话框，可查看或编辑对应的属性。

② 右键单击结构树中人体模型的任意节点，然后从快捷菜单中选择 Cut（剪切）/Copy（复制）/Paste（粘贴），可将对应属性从一个人体模型剪切/复制/粘贴到另一个人体模型中。

③ 右键单击结构树中的 Manikin（人体模型）节点，然后从快捷菜单中选择 Properties（属性），打

开属性对话框。结构树中显示的每个属性在人体模型的属性对话框中都有相应的属性选项卡，包括 Offsets（偏移），Angular Limitations（角度限制）和 Preferred Angles（首选角度）等。

3.2.3 人体模型的属性编辑

1．改变部位颜色

① 选中要改变颜色的部位（按住 Ctrl 键不放，使用鼠标左键进行选择，可同时选中多个部位），比如人体模型的上身。

② 在菜单栏中逐次点选 Edit（编辑）→Properties（属性）菜单（见图 3-21），或使用快捷键 Alt+ Enter，或在所选部位右击，并在弹出的菜单中选中 Properties（属性）（见图 3-22），均可打开 Properties（属性）对话框。

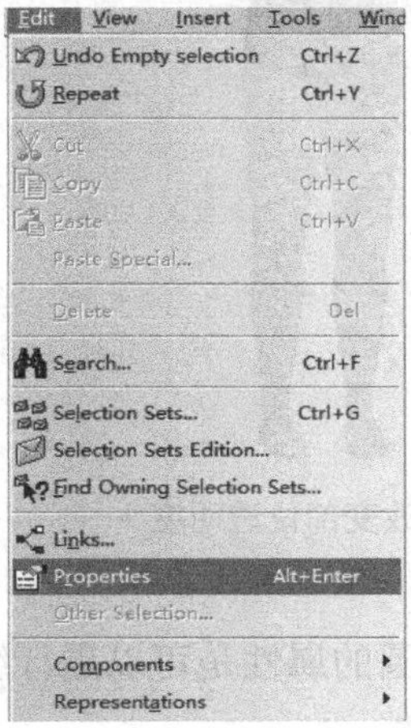

图 3-21 在菜单栏中选择属性菜单

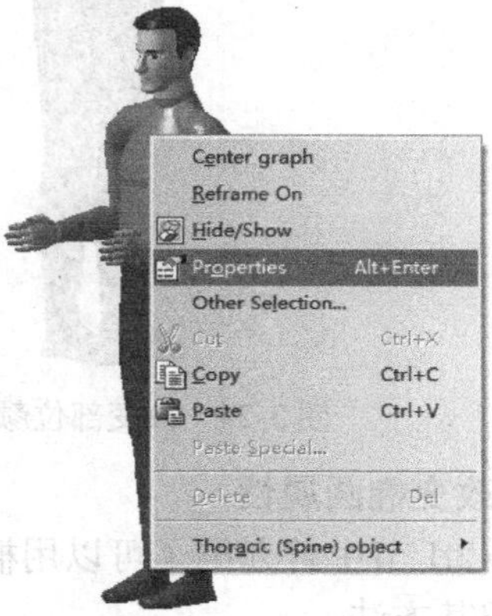

图 3-22 在工作区内选择属性菜单

③ 在打开的 Properties（属性）对话框内的 Appearance（外观）选项卡中，单击 Surface Color（表面颜色）下拉框右侧的箭头，随后出现各种供用户选择的颜色，如图 3-23 所示。

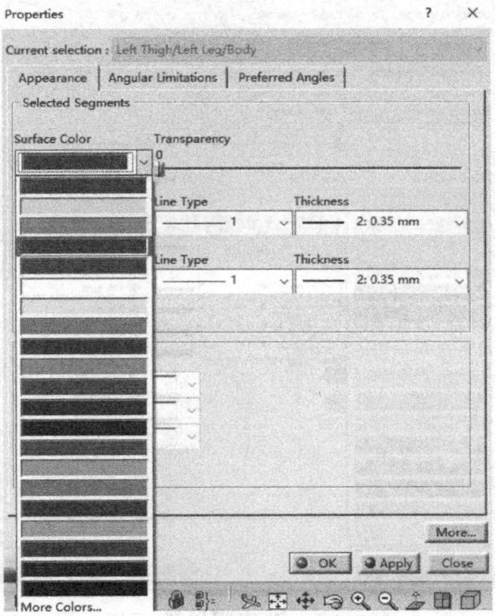

图 3-23 Appearance（外观）选项卡

④ 选择需要的颜色（比如红色），单击 OK（确认）按钮，其结果如图 3-24 所示。

⑤ 在 Properties（属性）对话框内的 Appearance（外观）选项卡中，Transparency（透明度）有 0～255 的透明度范围供用户改变人体模型的透明度。图 3-25 中人体模型的左侧大腿的透明度设置为 100。

图 3-24　改变部位颜色

图 3-25　改变部位透明度

2．改变椭圆属性

在 3.2.1 节中曾介绍了可以用椭圆的方式表示人体模型，而椭圆的属性是可以进行编辑的，下面介绍其方法。

在打开的 Properties（属性）对话框内的 Appearance（外观）选项卡中有图 3-26 所示的 Ellipses（椭圆）属性选项栏，栏中有三个选项。

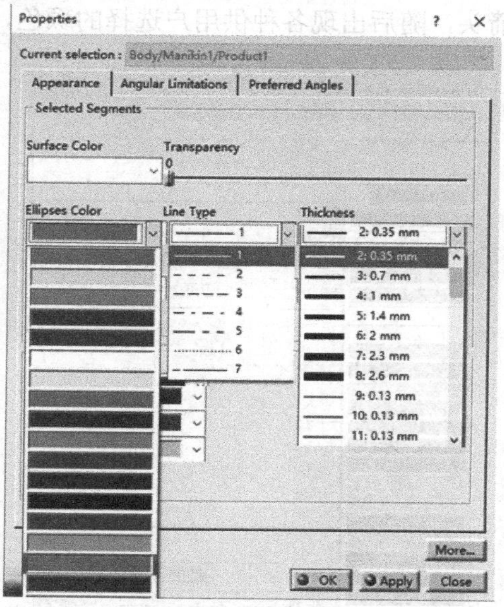

图 3-26　椭圆属性选项栏

● Ellipses Color（颜色）。此栏内可选择表示椭圆的颜色。

● Line Type（线型）。此栏内可选择表示椭圆的线型。

● Thickness（线宽）。此栏内可选择表示椭圆的线宽。

本例只将线宽改变为第 5 种类型，如图 3-27 所示。

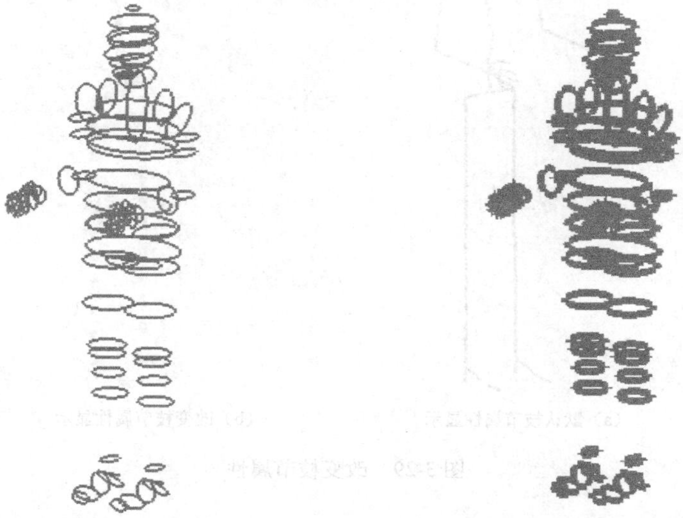

（a）默认椭圆线宽显示　　（b）改变椭圆线宽显示

图 3-27　改变椭圆属性

3．改变枝节属性

改变枝节属性方法与改变椭圆属性方法类似，其选项如图 3-28 所示，其改变效果如图 3-29 所示。

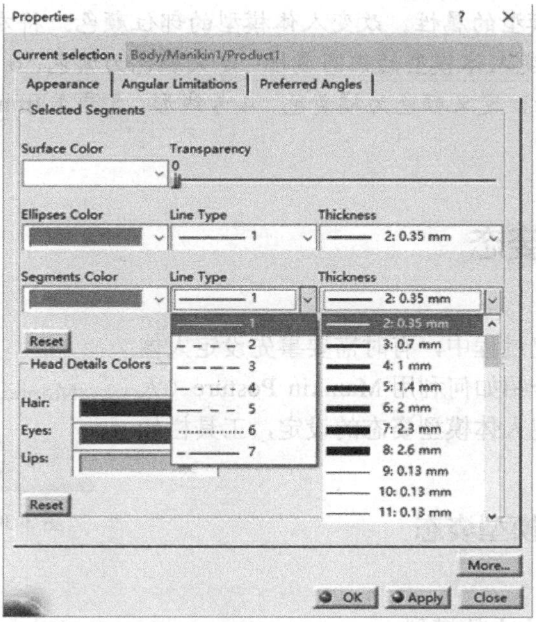

图 3-28　直线和曲线属性选项栏

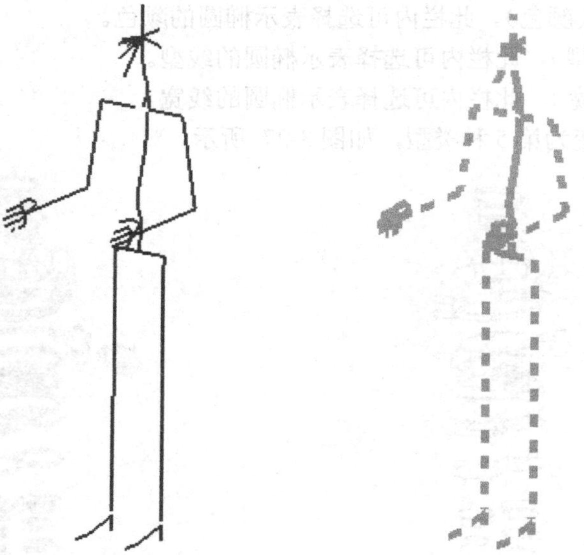

（a）默认枝节属性显示　　　　（b）改变枝节属性显示

图 3-29　改变枝节属性

训练实例

（1）简单熟悉并掌握人体模型的显示属性、属性组织和属性编辑的功能，明确属性选项栏中各个选项代表的命令含义。

（2）尝试分别用枝节、椭圆形和表面表示人体模型。尝试分别用视线、视野、视锥来表示人体模型的视觉范围。

（3）练习编辑人体模型的属性。改变人体模型的部位颜色：将右前臂定义为红色，左大腿透明度定义为 100。改变人体模型的椭圆属性：定义颜色为紫色，6 号线形，4 号 1mm 线宽。改变人体模型的枝节属性：定义颜色为橘黄色，4 号线形，5 号 1.4mm 线宽。观察并比较人体模型属性的改变。

3.3 人体模型姿态

在人因工程领域研究过程中，有时需要事先设定人体模型的姿态。本节主要介绍如何利用 Manikin Posture（人体模型姿态）工具栏实现人体模型姿态的设定，工具栏如图 3-30 所示。

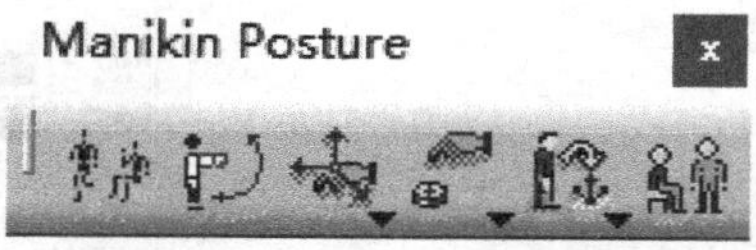

图 3-30　人体模型姿态工具栏

3.3.1 设置人体模型姿态

1. 手的姿态

① 在树状目录中选中人体模型。

② 鼠标左键单击 Manikin Posture（人体模型姿态）工具栏中的 Posture Editor（姿态编辑器）按钮，弹出如图 3-31 所示的 Posture Editor（Manikin1）——姿势编辑器对话框。这里人体模型的序号随人体模型建立的顺序改变，本例为建立的第一个人体模型，所以为 Manikin1。

注 意

步骤①与步骤②互换亦可打开姿势编辑器对话框。

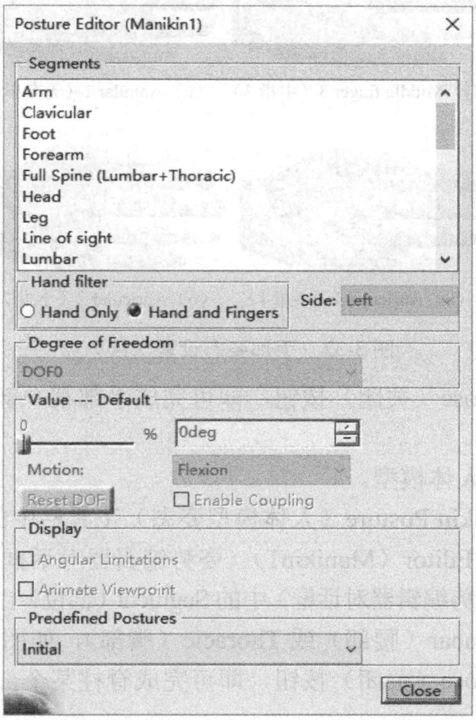

图 3-31 姿势编辑器对话框

③ 在姿势编辑器对话框的 Hand filter（手部过滤器）模块中包括 Hand Only（仅手掌）和 Hand and Fingers（手和手指）选项。若选择 Hand and Fingers（手和手指），则会在对话框上方的 Segments（部位）模块中显示 Hand（手掌）以及各个手指的选项；若选择 Hand Only（仅手掌），则在上方 Segments（部位）栏中只显示 Hand（手掌）选项。

④ 在姿势编辑器对话框的 Side（侧面）选项框内可选择 Right（右手）或 Left（左手）。此时 Segments（部位）栏内的列表中提供了手的各个部位供用户选择，进行姿态编辑，如图 3-32 所示。

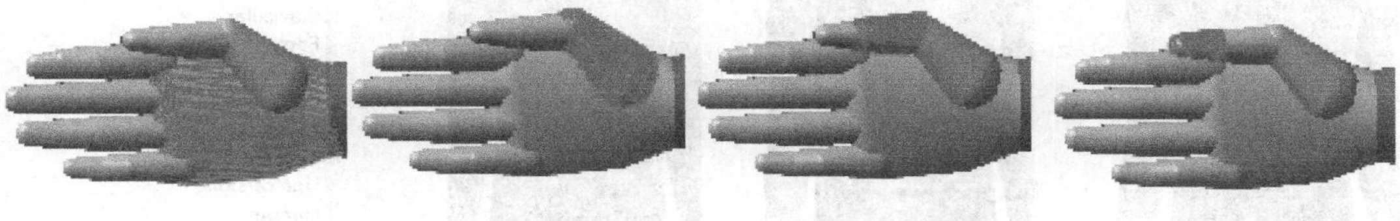

（a）Hand（手掌） （b）Thumb1（拇指 1） （c）Thumb 2（拇指 2） （d）Thumb 3（拇指 3）

图 3-32 手部姿态设置

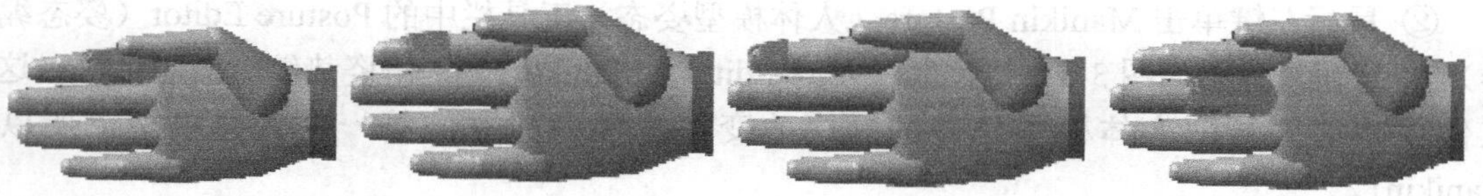

（e）Index 1（食指 1）　（f）Index 2（食指 2）　（g）Index 3（食指 3）　（h）Middle finger 1（中指 1）

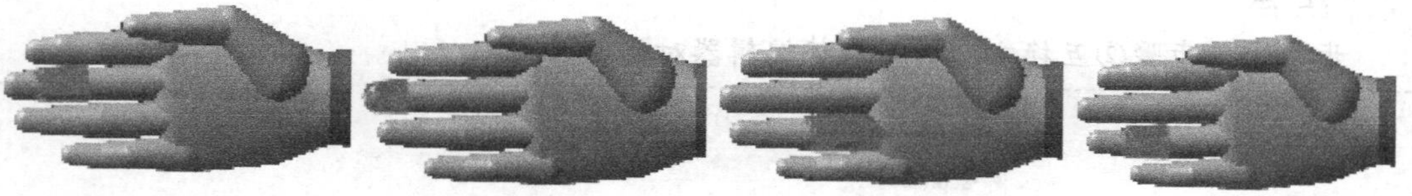

（i）Middle finger 2（中指 2）　（j）Middle finger 3（中指 3）　（k）Annular 1（无名指 1）　（l）Annular 2（无名指 2）

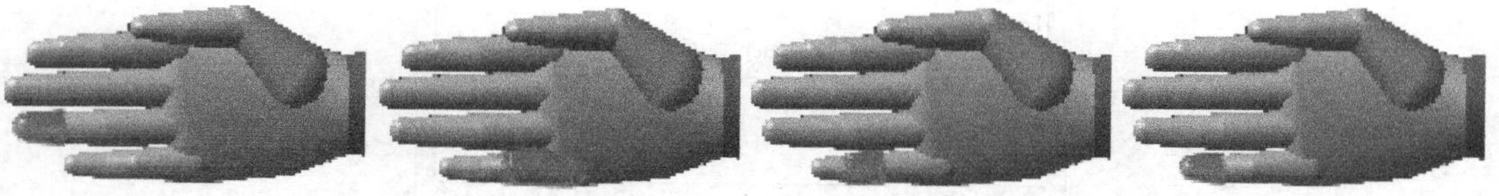

（m）Annular 3（无名指 3）　（n）Auricular 1（小指 1）　（o）Auricular 2（小指 2）　（p）Auricular 3（小指 3）

图 3-32　手部姿态设置（续）

⑤ 单击对话框中的 Close（关闭）按钮，即可完成手部某个部位的姿态编辑。

2．脊柱的姿态

① 在树状目录中选中人体模型。

② 鼠标左键单击 Manikin Posture（人体模型姿态）工具栏中的 Posture Editor（姿态编辑器）按钮，弹出 Posture Editor（Manikin1）（姿势编辑器对话框）。

③ 在 Posture Editor（姿势编辑器对话框）中的 Segment（部位）栏内选择 Full Spine（Lumbar + Thoracic）（全脊柱）或 Lumbar（腰部）或 Thoracic（胸部），如图 3-33 所示。

④ 单击对话框中的 Close（关闭）按钮，即可完成脊柱某个部位的姿态编辑。

3．其他部位的姿态

① 在树状目录中选中人体模型。

② 鼠标左键单击 Manikin Posture（人体模型姿态）工具栏中的 Posture Editor（姿态编辑器）按钮，弹出 Posture Editor（Manikin1）（姿势编辑器对话框）。

③ 可在 Segment（部位）栏内选择其他部位进行设置，如图 3-34 和图 3-35 所示。

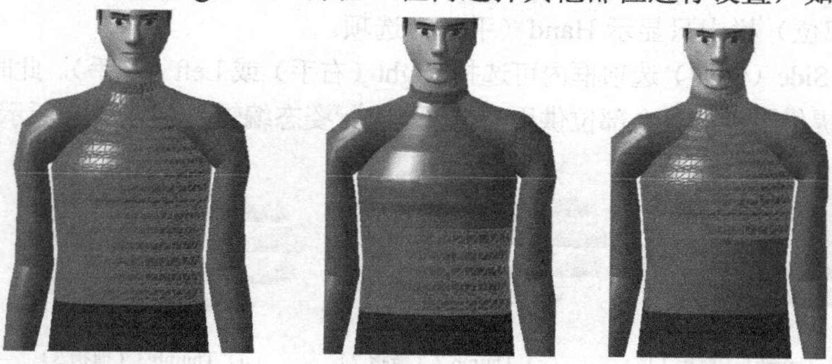

（a）Full Spine（全脊柱）　（b）Lumbar（腰部）　（c）Thoracic（胸部）

图 3-33　脊柱部位的选择

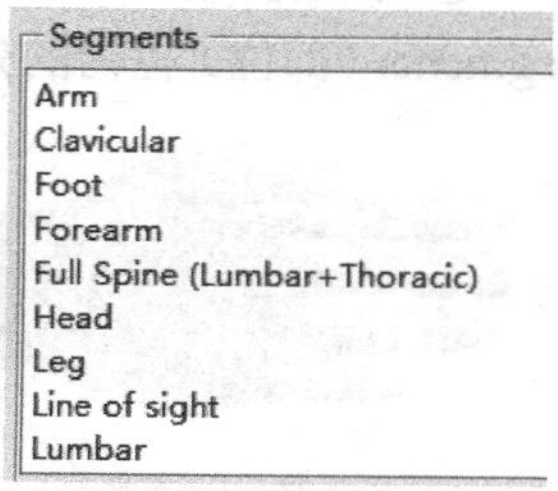

图 3-34　其他部位选项

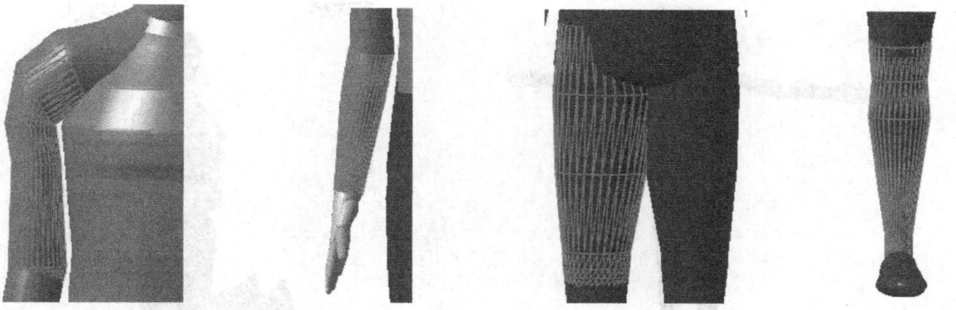

（a）Arm（上臂） （b）Forearm（前臂） （c）Thigh（大腿） （d）Leg（小腿）

（e）Clavicular（肩部） （f）Head（头部） （g）Toes（脚趾） （h）Ankle（脚踝）

图 3-35 其他部位显示

④ 单击对话框中的 Close（关闭）按钮，即可完成所选部位的姿态编辑。

4．整体姿态

在 Posture Editor（Manikin1）（姿势编辑器对话框）的 Predefined Postures（预置姿态）选项框中，系统给出了人体模型的 5 种预置姿态供用户选择（见图 3-36 和图 3-37），用户可以将此姿态作为某个动作的初始姿态。

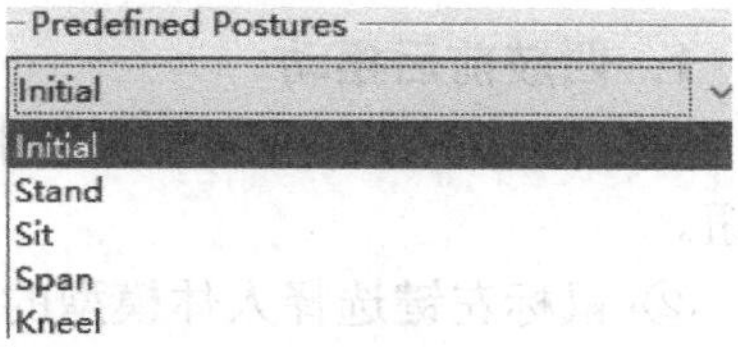

图 3-36 预置姿态选项

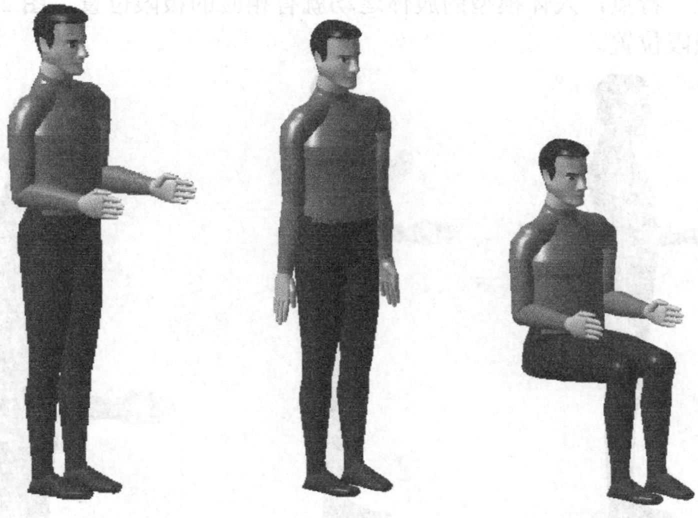

（a）Initial（原始） （b）Stand（立姿） （c）Sit（坐姿）

图 3-37 预置姿态设置

（d）Span（侧平举）　　（e）Kneel（跪姿）

图 3-37　预置姿态设置（续）

训练实例

使用 Posture Editor（姿态编辑器）分别练习设置人体模型手的姿态、脊柱的姿态、其他部位的姿态以及整体姿态。

3.3.2　四肢及头部的摆（转）动

1. 四肢前后摆动

① 在 Manikin Posture（人体模型姿态）工具栏中单击 Forward Kinematics（正向运动）按钮。

② 鼠标左键选择人体模型的部位，比如左侧前臂。按住鼠标左键，前后拖动，则左侧前臂就会沿着箭头方向绕着肘关节前后摆动。

这里需要说明的是，人体模型的肢体运动是遵照人体骨骼关节结构的限制而设计的。因此按照正常人的生理特点，人体模型的肢体运动就有相应的极限位置，图 3-38 所示即为人体四肢前后运动的极限位置。

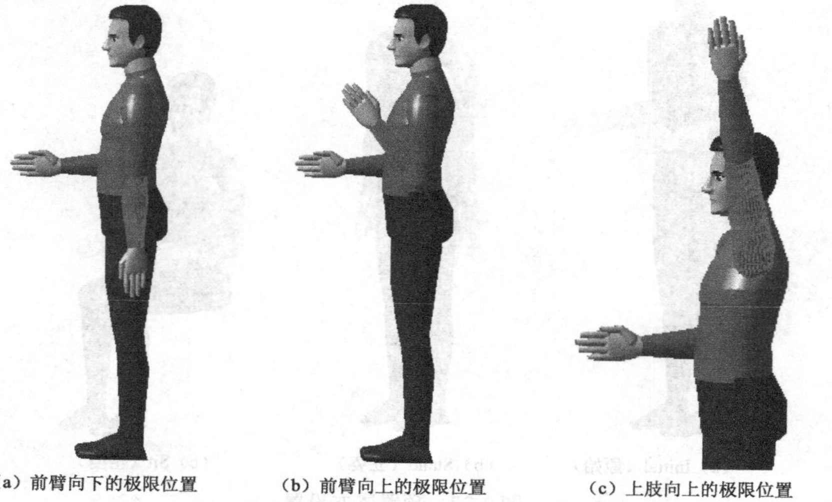

（a）前臂向下的极限位置　　（b）前臂向上的极限位置　　（c）上肢向上的极限位置

图 3-38　四肢前后运动的极限位置

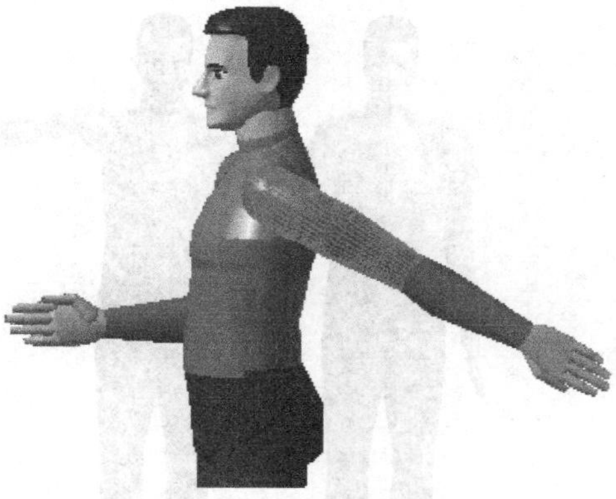
（d）上肢向后的极限位置

（e）下肢向上的极限位置

（f）下肢向后的极限位置

（g）小腿向后的极限位置

图 3-38 四肢前后运动的极限位置（续）

2．四肢左右摆动

如果人体模型某部位需要左右摆动，首先需要更改人体模型部位的自由度。

① 在人体模型的某一部位上单击右键，弹出如图 3-39 所示的快捷菜单，在菜单中选择自由度 DOF 2（abduction/adduction）（外展/内收），有关自由度的设置详见本书第 6.3 节。通常情况下，系统默认自由度为 DOF1（flexion/extension）（屈/伸）状态。

② 在 Manikin Posture（人体模型姿态）工具栏中单击 Forward Kinematics（正向运动）按钮，改变人体部位的摆动角度。图 3-40 所示为人体模型四肢左右摆动的情况。

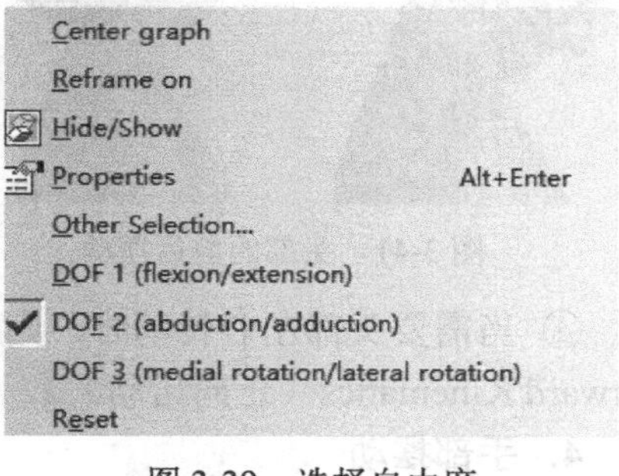

图 3-39 选择自由度

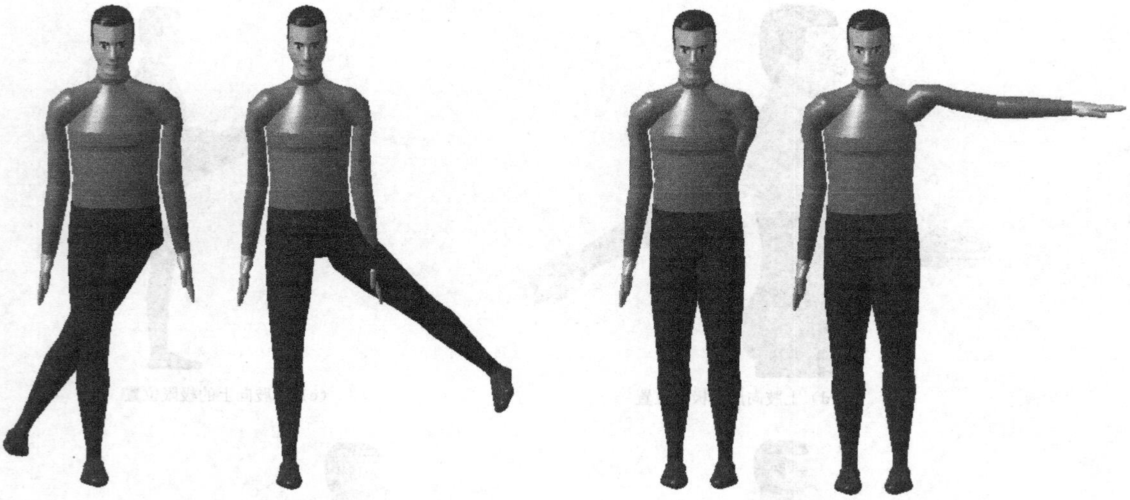

（a）下肢的左右摆动　　（b）上肢的左右摆动

图 3-40　人体模型四肢的左右摆动

3．头部摆动

在工业生产中，很多操作需要头部的前后左右摆动及左右转动，以便更好地进行表盘、指示灯、工件的加工状况以及驾驶视野等情况的观察。在人因工程研究过程中，就需要人体模型头部实现相应地摆动。

① 在 Manikin Posture（人体模型姿态）工具栏中单击 Forward Kinematics（正向运动）按钮。

② 单击人体模型头部，并按住鼠标左键前后拖动，则人体模型头部将随之摆动（见图 3-41）。

③ 如果需要头部的左右摆动，则需改变头部的自由度为DOF2，再利用 Forward Kinematics（正向运动）命令进行姿态编辑。图 3-42 是头部左右摆动的情形。

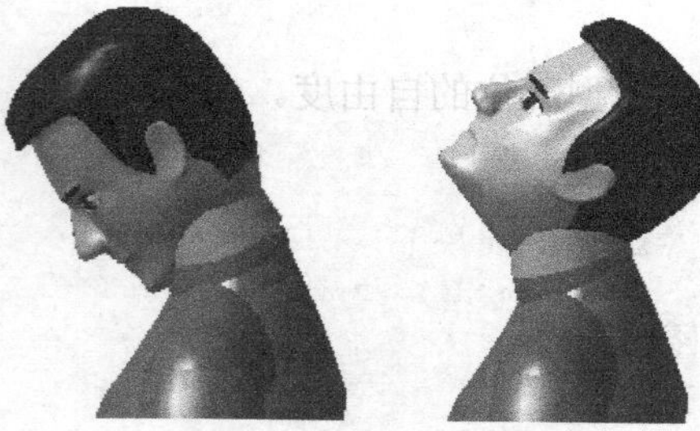

图 3-41　头部的前后摆动

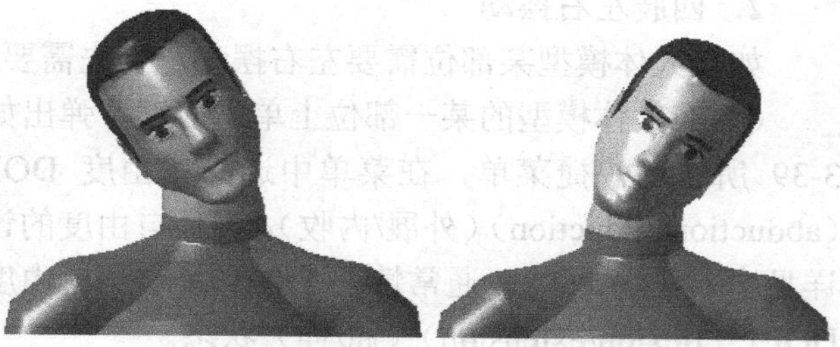

图 3-42　头部的左右摆动

④ 当需要头部左右转动时，则需改变头部的自由度为 DOF3，如图 3-43 所示，再利用 Forward Kinematics（正向运动）命令进行姿态编辑。图 3-44 是头部左右转动的情况。

4．手部摆动

手部摆动与头部摆动类似，包括手腕和手指的向内、向外摆动以及手腕的转动等。这里需要注意的是，只要改变手部的自由度就能实现手部多个方向的摆动，其操作方法与头部摆动非常类似，读者可参照进行。图 3-45 所示是手腕及手指的摆动。

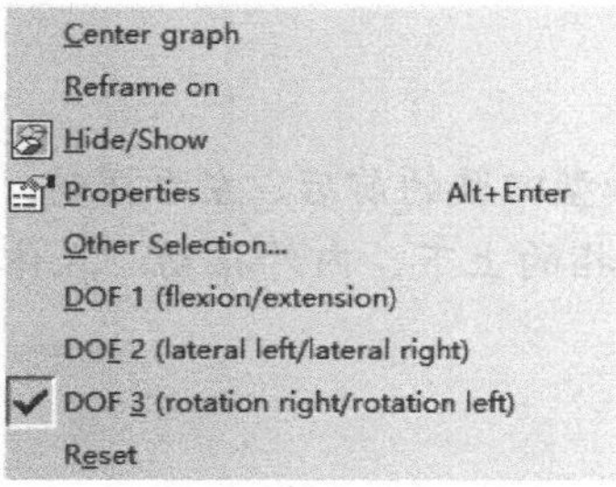

图 3-43 选中左右旋转菜单

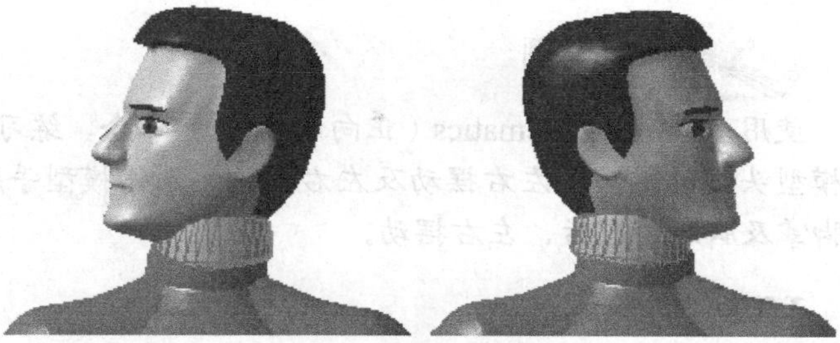

图 3-44 头部左右转动

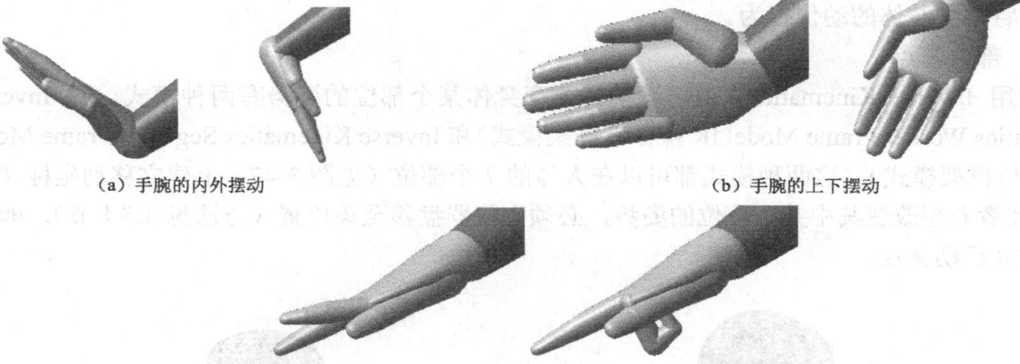

（a）手腕的内外摆动

（b）手腕的上下摆动

（c）手指的内外摆动

图 3-45 手腕及手指的摆动

5．脚部摆动

在工作中，脚部也可能会有各种动作，因此 DELMIA 提供了人体模型脚部的摆动姿态。脚部摆动的操作与手部摆动基本相同，图 3-46 是脚部各种动作的示例。

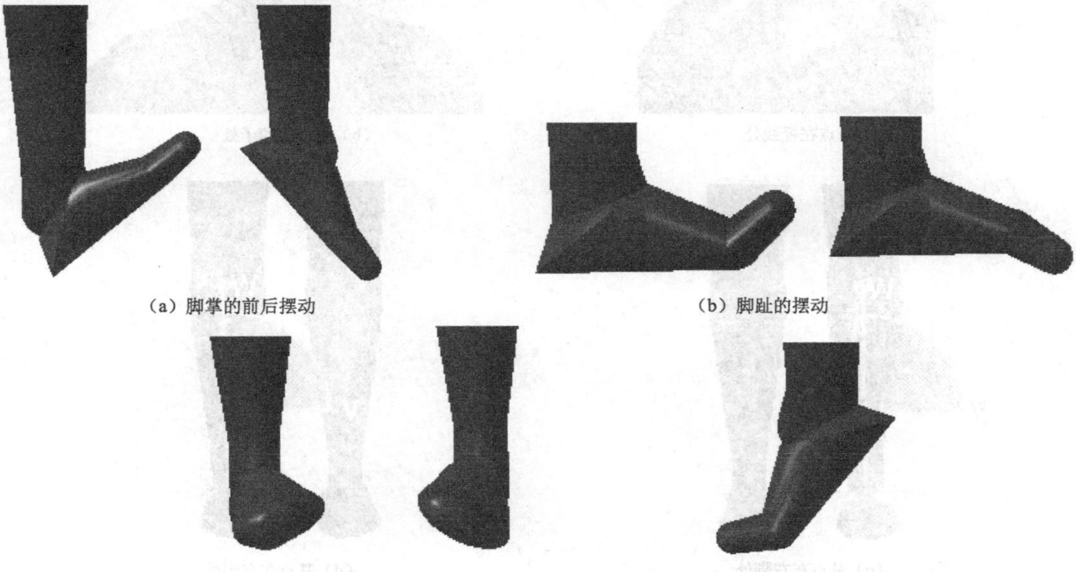

（a）脚掌的前后摆动

（b）脚趾的摆动

（c）脚部的左右摆动

（d）脚趾与脚掌的摆动组合

图 3-46 脚部的各种姿态

训练实例

使用 Forward Kinematics（正向运动）命令，练习人体模型四肢的前后、左右摆动；人体模型头部的前后、左右摆动及左右旋转；人体模型手腕及手指的上下、内外摆动；人体模型脚掌及脚趾的前后、左右摆动。

3.3.3 逆向运动

DELMIA 为用户提供了 Inverse Kinematics（IK，逆向运动）模块。该模块能够改变人体模型的现有姿势，通过人体模型某个部位的转动实现用户需要的人体模型姿势。换言之，这项操作将定义肢体的动作行为。

1．部位基点

利用 Inverse Kinematics（逆向运动）改变身体某个部位的姿势有两种模式，即 Inverse Kinematics Worker Frame Mode（IK 操作者框架模式）和 Inverse Kinematics Segment Frame Mode（IK 部位框架模式）。这两种模式都可以在人体的 7 个部位（见图 3-47）上建立移动坐标（罗盘），读者若想改变其中某个部位的姿势，必须先将罗盘移至该位置（方法见 3.3.4 节），即在该处建立运动基点。

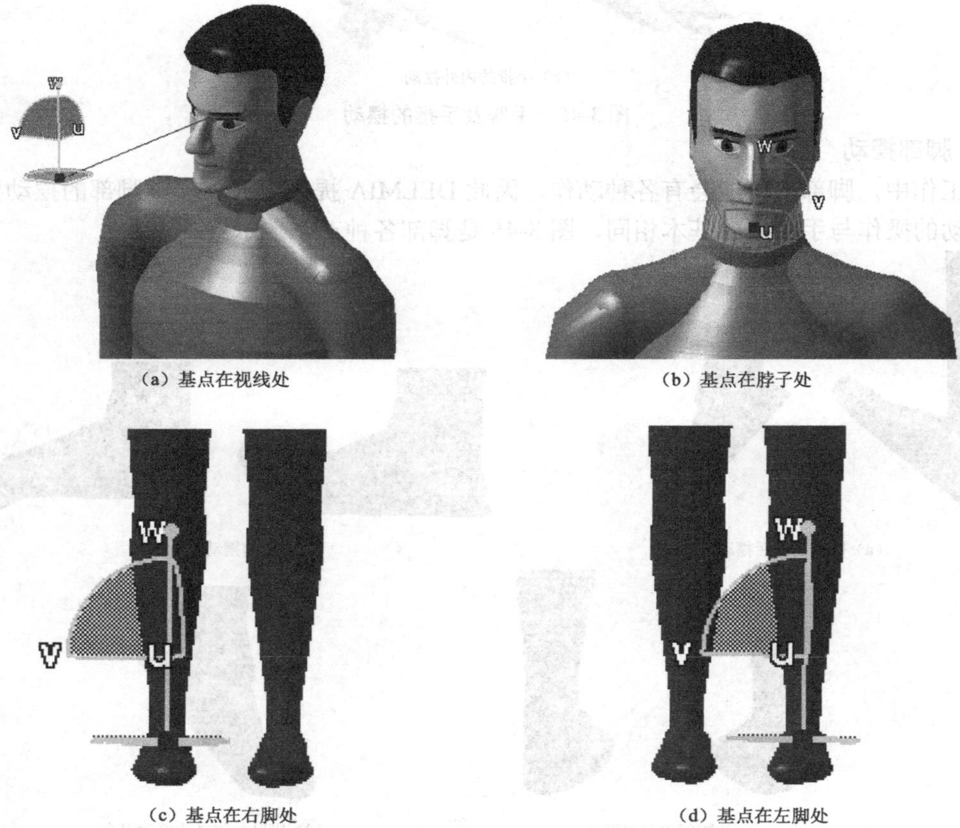

（a）基点在视线处

（b）基点在脖子处

（c）基点在右脚处

（d）基点在左脚处

图 3-47　人体模型的 7 个基点

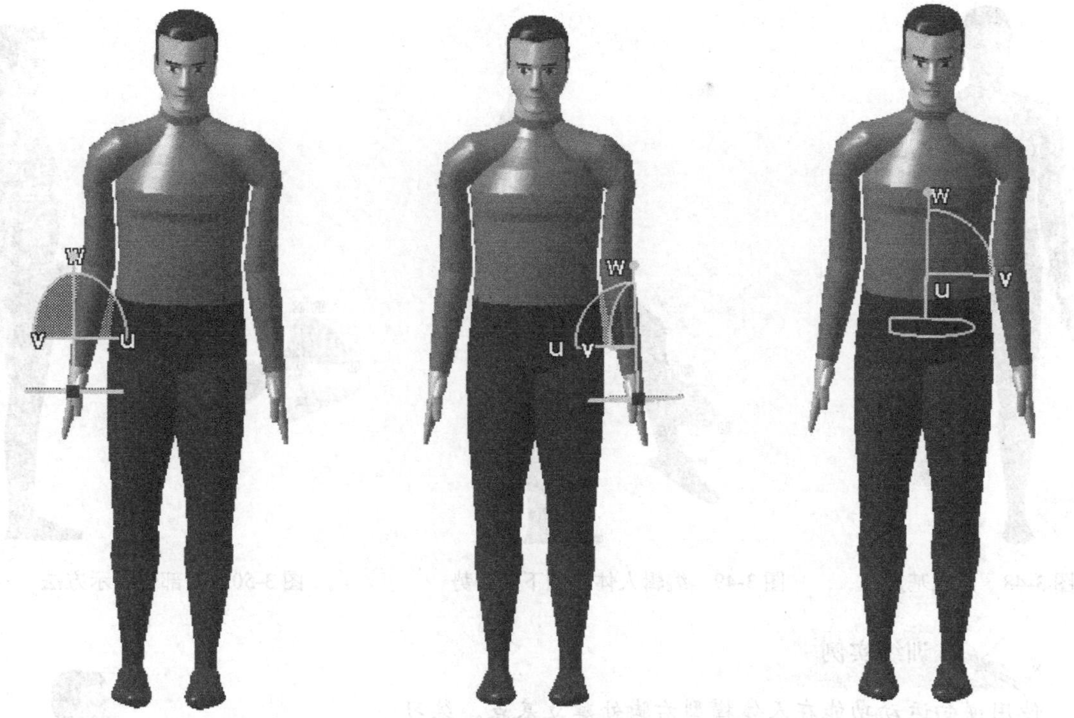

（e）基点在右手　　（f）基点在左手　　（g）基点在骨盆

图 3-47　人体模型的 7 个基点（续）

2．IK 操作者框架模式

① 在 Manikin Posture（人体模型姿态）工具栏内单击 Inverse Kinematics Worker Frame Mode（IK 操作者框架模式）按钮的右下角箭头，选择 Inverse Kinematics Worker Frame Mode（IK 操作者框架模式）按钮。

② 在需要建立基点的部位（比如左脚）使用鼠标左键单击，则罗盘被移至左脚处（见图 3-48）。

③ 拖动罗盘沿某个方向移动，就可以实现左下肢的某个姿势（见图 3-49）。

如果操作者的某个操作部位超过了人体尺寸的限制，本模块还可以使该部位脱离人体，单独表示该部位的状态，即双部位表示方法，如图 3-50 所示的人体左脚。

④ 再次单击 Inverse Kinematics Worker Frame Mode（IK 操作者框架模式）按钮，当前姿势被确定。

3．IK 部位框架模式

① 在 Manikin Posture（人体模型姿态）工具栏内单击 Inverse Kinematics Segments Frame Mode（IK 部位框架模式）按钮。

② 其余步骤与 Inverse Kinematics Worker Frame Mode（IK 操作者框架模式）的操作相同，结果如图 3-51 所示。

IK 操作者框架模式与 IK 部位框架模式的区别在于应用罗盘定位时的方向有所不同，读者在运用这两项功能的过程中可自行体会。

图 3-48 建立基点

图 3-49 编辑人体左侧下肢姿势

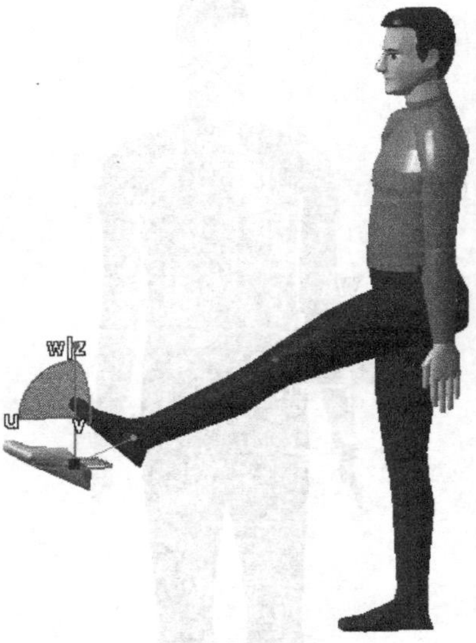

图 3-50 双部位表示方法

训练实例

使用逆向运动功能在人体模型右脚处建立基点，练习并比较 IK 操作者框架模式和 IK 部位框架模式。拖动罗盘上的方向标，实现右下肢的某个姿势。

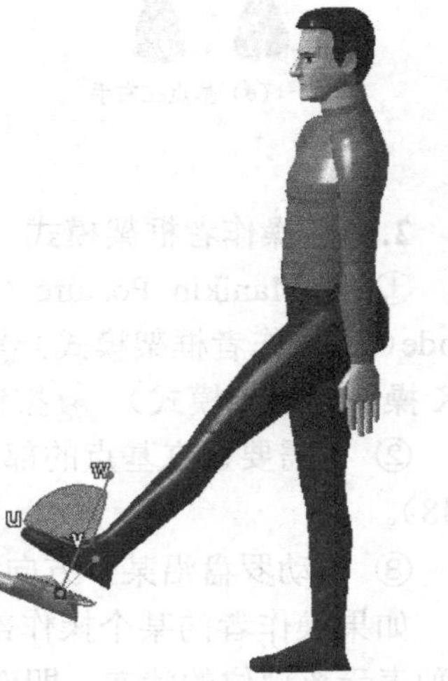

图 3-51 IK 部位框架模式的结果

3.3.4 肢体的精确定位

在工作区域内有一个工人和一个物体（见图 3-52），模型文件路径为：【chapter3\model\human.CATProduct】、【chapter3\model\BOX.CATProduct】。

现在想要将工人的某个部位置于物体的某处位置，可利用 Manikin Posture（人体模型姿态）工具栏内的 Reach（到达）命令实现此项操作。

1. 位置定位

应用此功能，人体模型某个部位的最终定位仅仅取决于罗盘的原点。

① 单击 Manikin Posture（人体模型姿态）工具栏中的 Reach（position only）（位置定位）按钮。

② 将罗盘移至指定位置（见图 3-53）。

③ 在需要移动的人体模型部位处（比如左手）单击，则该部位自动移至指定位置（见图 3-54）。

④ 如果还需要对其他部位进行定位，可重复步骤②、③。例如，在抬起左手同时将左脚抬起，如图 3-55 所示。

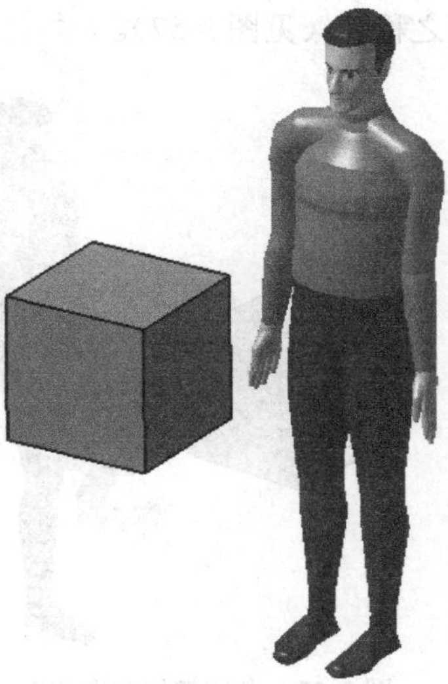

图 3-52　工人与物体

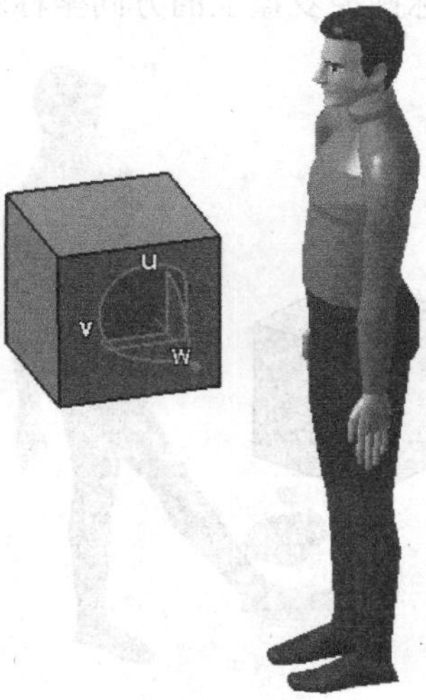

图 3-53　移动罗盘

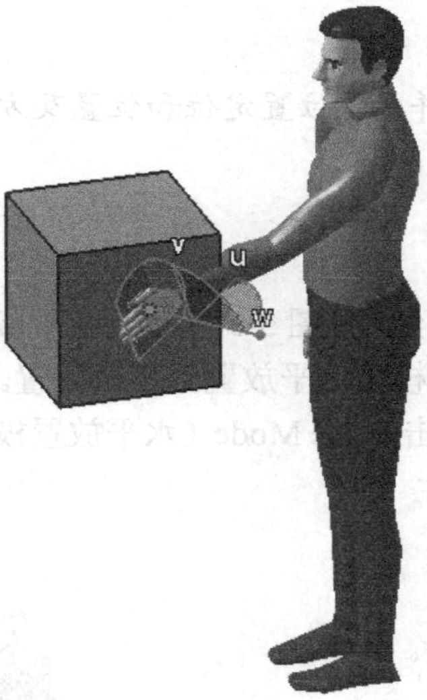

图 3-54　位置定位

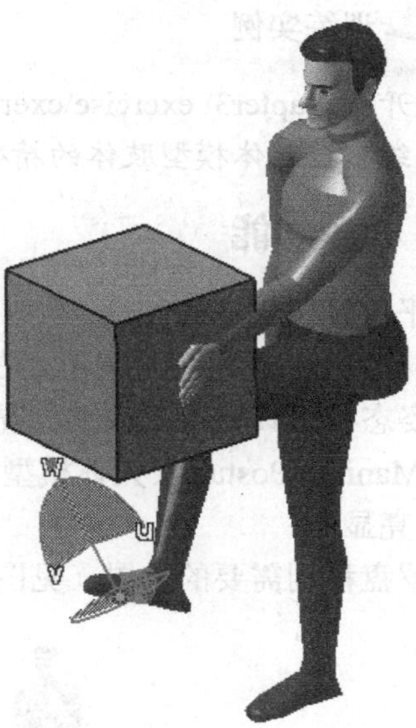

图 3-55　左手、左脚同时定位

⑤ 再次单击 Reach（position only）（位置定位）按钮，完成定位。

2．位置及方向定位

应用此功能，人体模型某个部位的最终定位取决于罗盘的原点及所有坐标轴的方向，在该功能下，旋转罗盘可以控制身体部位的方向。

① 单击 Manikin Posture（人体模型姿态）工具栏中的 Reach（position & orientation）（位置及方向定位）按钮。

② 将罗盘移至指定位置。

③ 在需要移动的人体模型部位处（比如左脚）单击，则该部位自动移至指定位置（见图 3-56）。

④ 鼠标操控罗盘上的方向坐标轴，则该部位也随之移动（见图 3-57）。

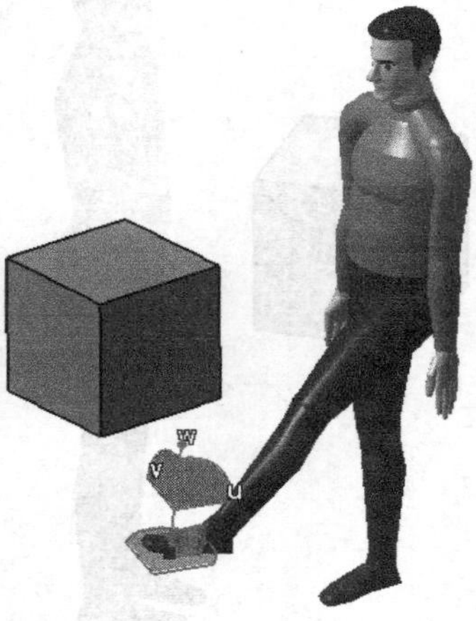

图 3-56　身体部位位置移动

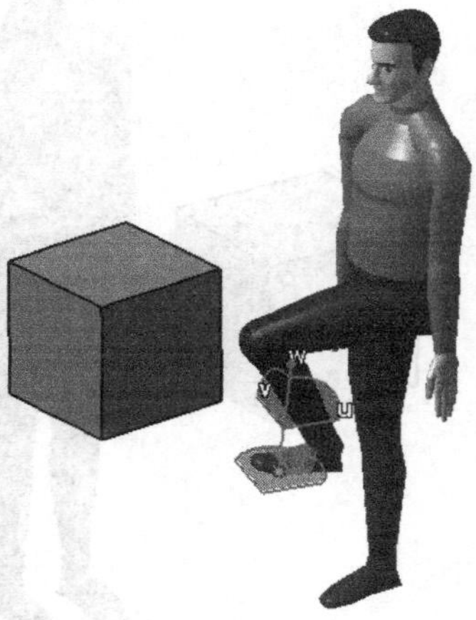

图 3-57　身体部位方向移动

训练实例

（1）打开【chapter3\ exercise\exercise1.CATProduct】。

（2）熟练掌握人体模型肢体的精确定位功能，练习并比较位置定位和位置及方向定位。

3.3.5　放置功能

1．水平放置模式

假设存在一个人体模型（参考点在左脚）站在地板一角（见图 3-58）。利用 Manikin Posture（人体模型姿态）工具栏内的水平放置命令，可以将人体模型水平放置到任意位置。

① 在 Manikin Posture（人体模型姿态）工具栏内单击 Place Mode（水平放置模式）按钮，使其高亮显示。

② 将罗盘移到需要的位置（见图 3-59）。

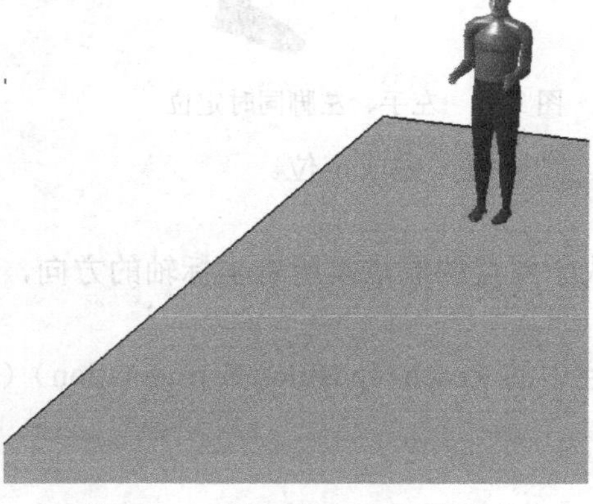

图 3-58　地板上放置人体模型

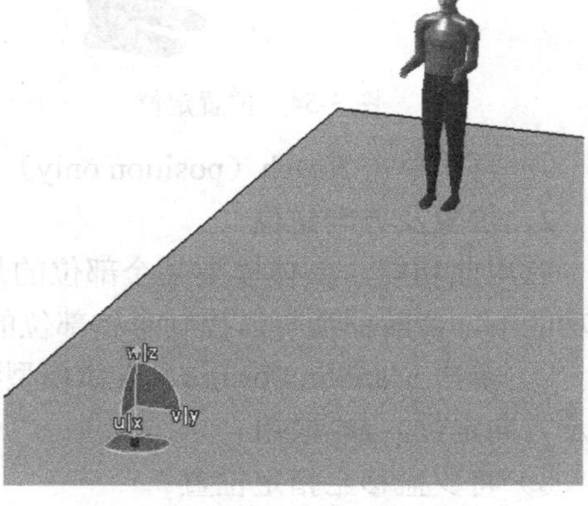

图 3-59　移动罗盘

③ 单击结构树上的 Manikin（人体模型）名称，则人体模型自动移至罗盘所在位置，且参考点不变（见图 3-60）。

④ 鼠标拖动罗盘上的方向坐标轴，可对人体模型进行各个方向的移动或转动（见图 3-61）。

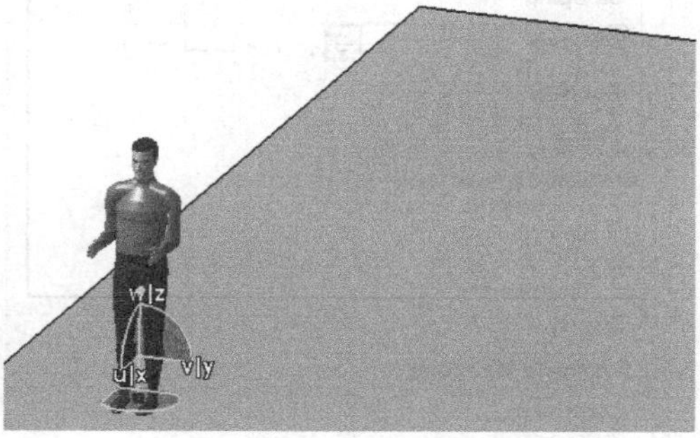

图 3-60　人体模型移动

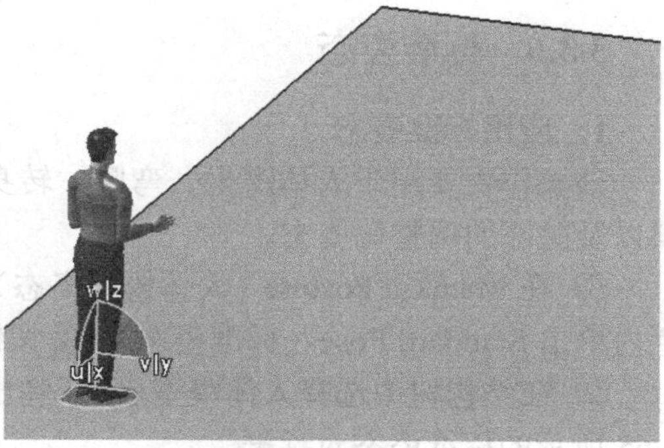

图 3-61　转动人体模型

⑤ 再次单击 Place Mode（放置模式）按钮，完成人体模型的放置。

2．竖直放置模式

假设存在一个人体模型（参考点在左脚）站在一面墙壁旁（见图 3-62），利用 Manikin Posture（人体模型姿态）工具栏内的竖直放置命令，可以将人体模型竖直放置到任意位置。

① 在 Manikin Posture（人体模型姿态）工具栏内单击 Place Mode（Z Only）（竖直放置模式）按钮，使其高亮显示。

② 其余步骤与 Place Mode（水平放置模式）相同，罗盘移动至图 3-63 所示位置，人体模型放置结果如图 3-64 所示。

图 3-62　人体模型和墙

图 3-63　移动罗盘

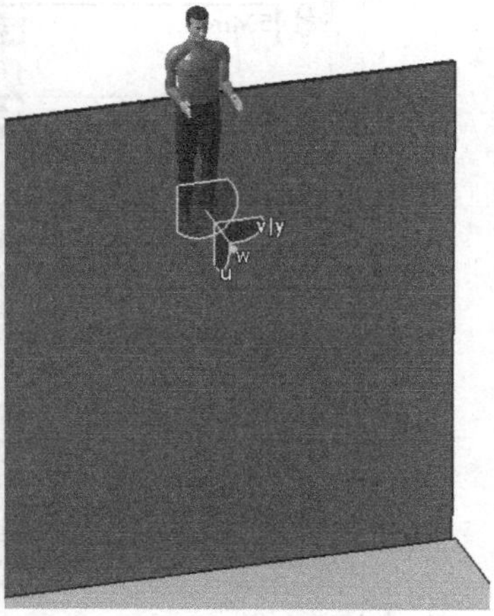

图 3-64　放置人体模型

水平放置模式与竖直放置模式的区别在于应用罗盘定位时的方向有所不同，前者是在水平方向，后者则是在竖直方向，读者在运用这两项功能的过程中可自行体会。

训练实例

熟练掌握人体模型的应用放置功能，练习并比较水平放置模式和竖直放置模式，使用不同的环境放置人体模型。

3.3.6 标准姿态

1．应用标准姿态

该操作主要用于人体蹲坐、弯腰、转身、倾斜以及肘部的调整等姿态。

① 在 Manikin Posture（人体模型姿态）工具栏内单击 Standard Pose（标准姿态）按钮。

② 在结构树中选择人体模型名称，弹出如图 3-65 所示的标准姿态对话框。

对话框中列出了 7 种标准姿态供用户选择使用，同时还给出了调整高度和角度的调整栏，以及是否保持眼睛方向和手部位置的选项，如图 3-66 所示。

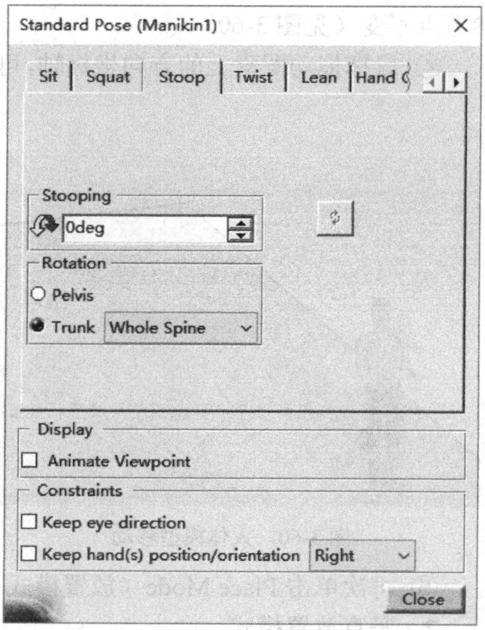

图 3-65　标准姿态对话框

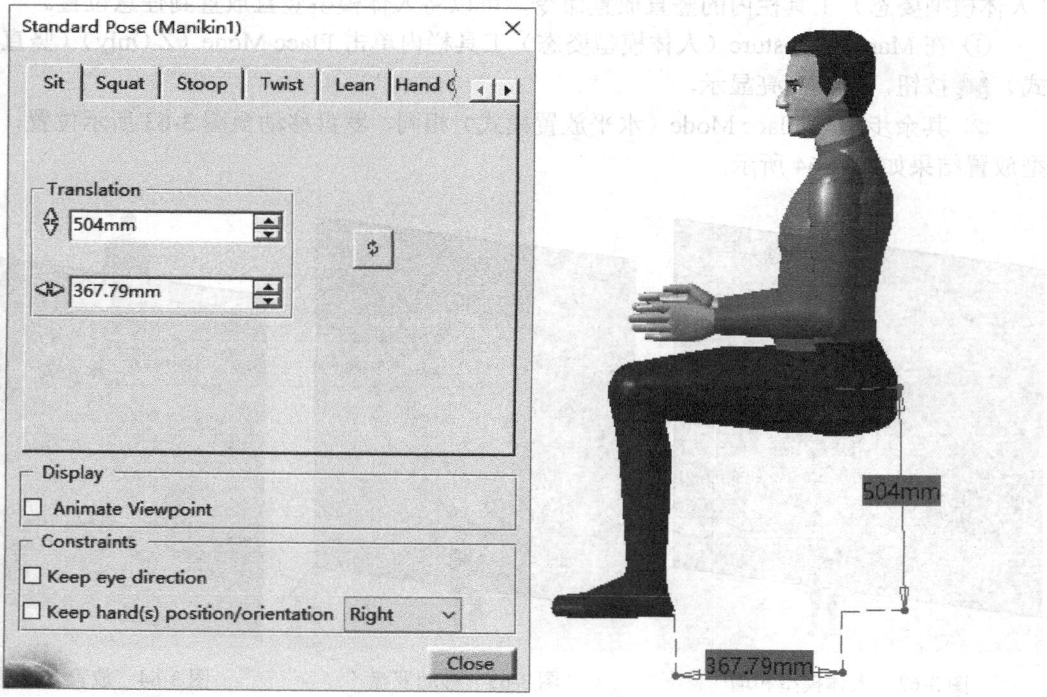

（a）Sit（坐姿）

图 3-66　各种标准姿态

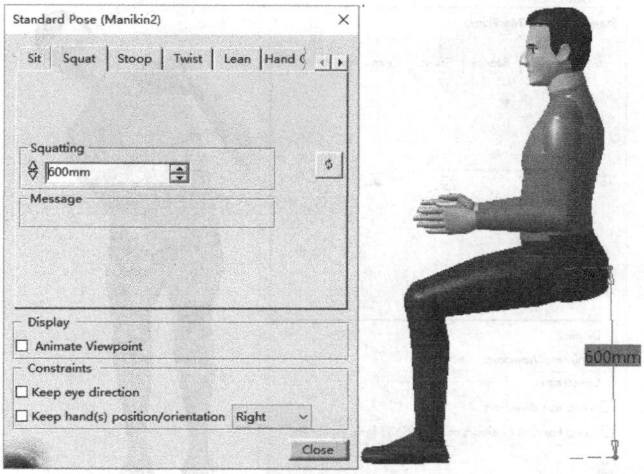

（b）Squat（蹲坐）

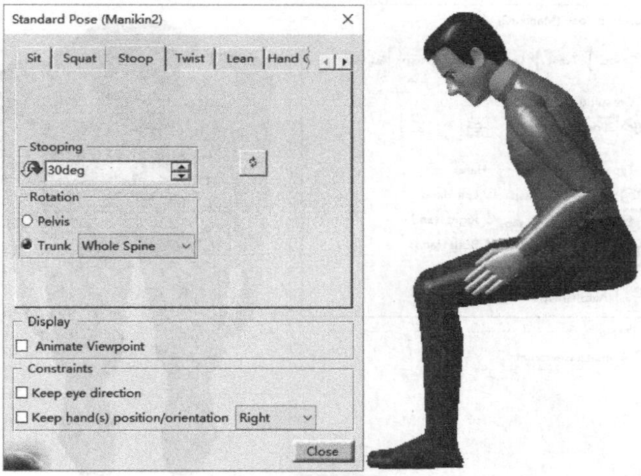

（c）Stoop（弯腰）

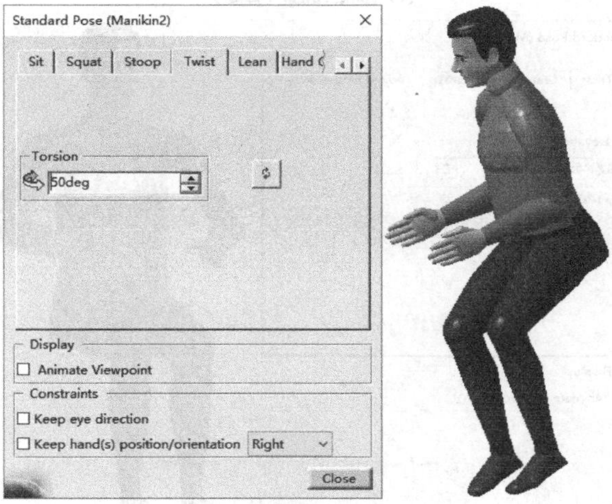

（d）Twist（转身）

图 3-66　各种标准姿态（续）

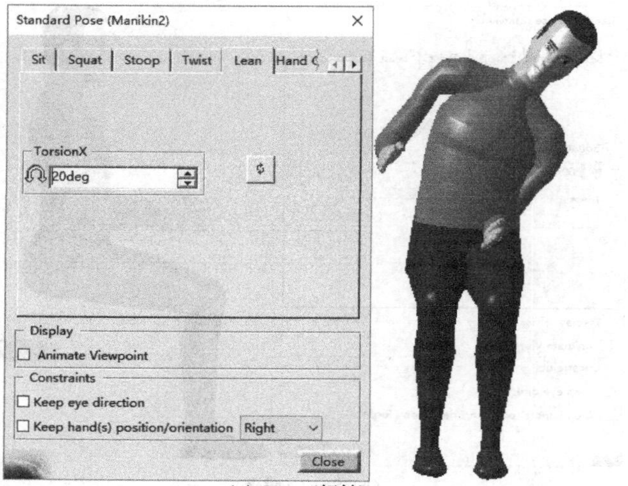

（e）Lean（倾斜）

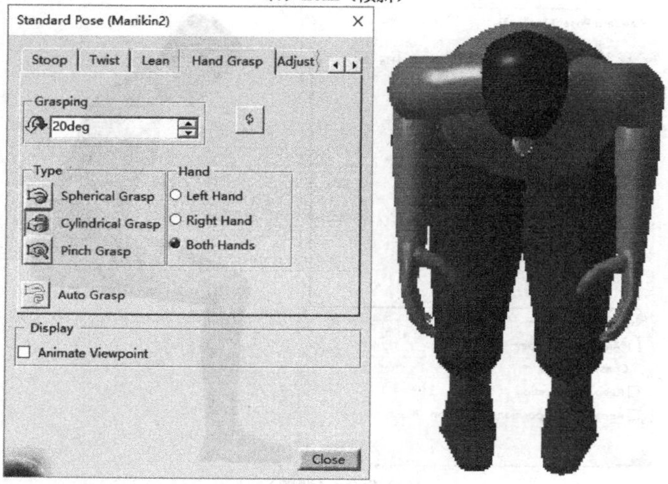

（f）Hand Grasp（握姿）

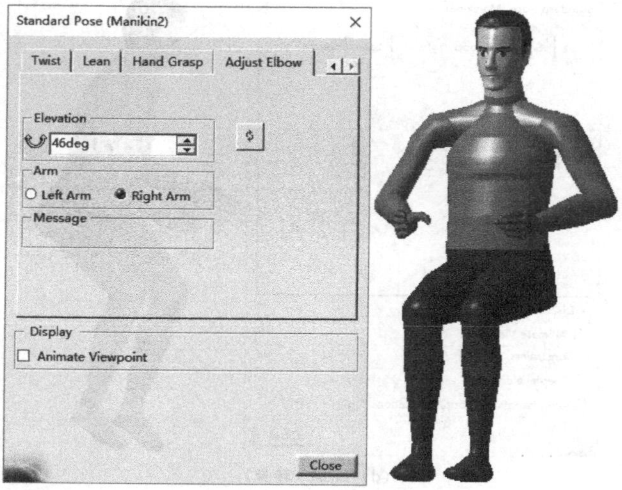

（g）Adjust Elbow（肘部调整）

图 3-66　各种标准姿态（续）

2. 恢复标准姿态

① 恢复标准直立姿态。

如果已经对人体模型进行了处理，例如图 3-67 左侧的人体模型，现在要使其恢复直立标准姿态。

在结构树中人体模型名称处单击鼠标右键，弹出快捷菜单（见图 3-68），在菜单中逐次选择 Posture（姿态）→Reset Posture（重置姿势），则人体模型就会恢复为标准直立姿态（见图 3-67 右侧的人体模型）。

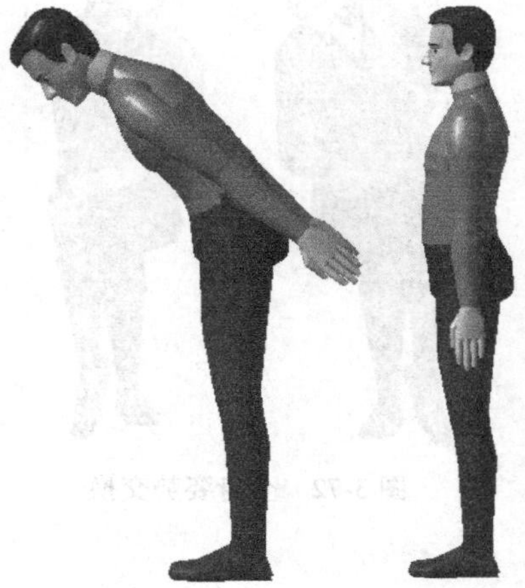

图 3-67 恢复直立标准姿态

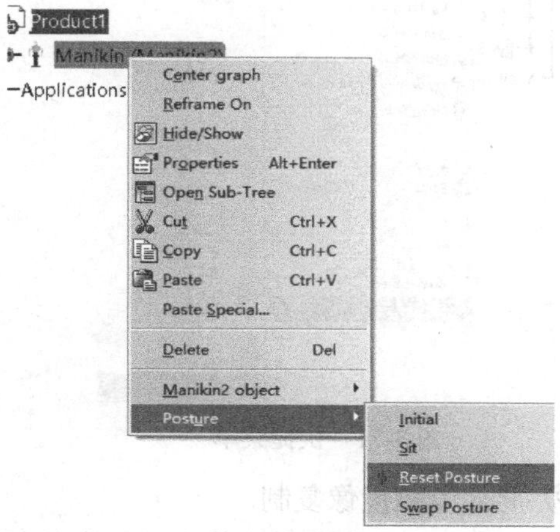

图 3-68 快捷菜单

② 恢复标准坐姿。

与①恢复标准直立姿态类似，如果要恢复标准坐姿，则在图 3-68 的快捷菜单中逐次选择 Posture（姿态）→Sit（坐姿），显示结果如图 3-69 所示。

③ 恢复初始姿态。

与①恢复标准直立姿态类似，如果要恢复初始姿态，图 3-68 的快捷菜单中逐次选择 Posture（姿态）→Initial（初始），显示结果如图 3-70 所示（最初建立的人体模型的姿态）。

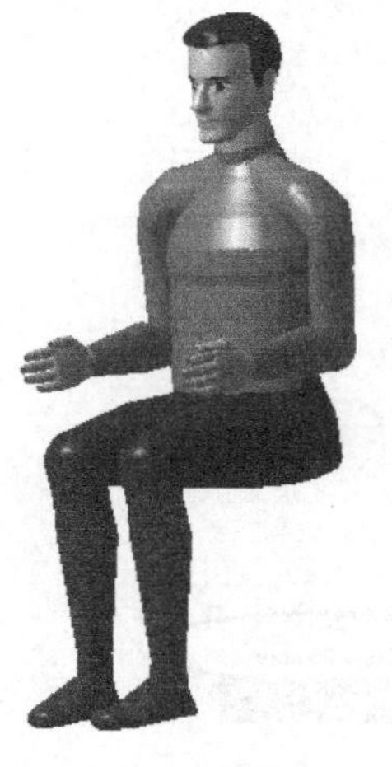

图 3-69 标准坐姿

图 3-70 初始姿态

3．人体模型的姿势交换

① 全身姿势交换。

在结构树中人体模型结构下的 Body（人体）处单击鼠标右键，弹出快捷菜单（见图 3-71），选择 Posture（姿态）→Swap Posture（交换姿势），则图 3-72 中左侧的人体模型姿势就会转变为图 3-72 中右侧的人体模型姿势。

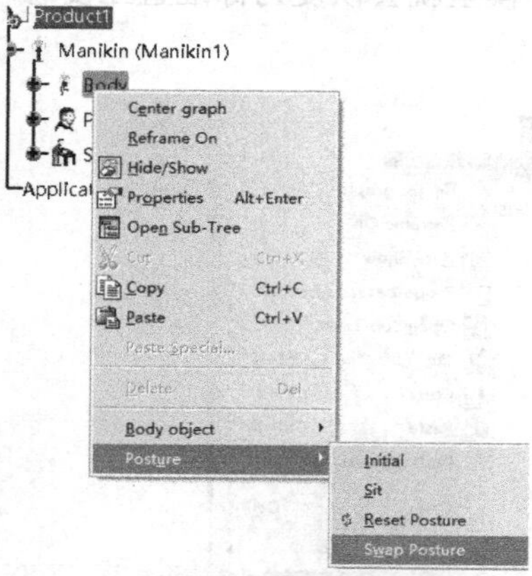

图 3-71　快捷菜单

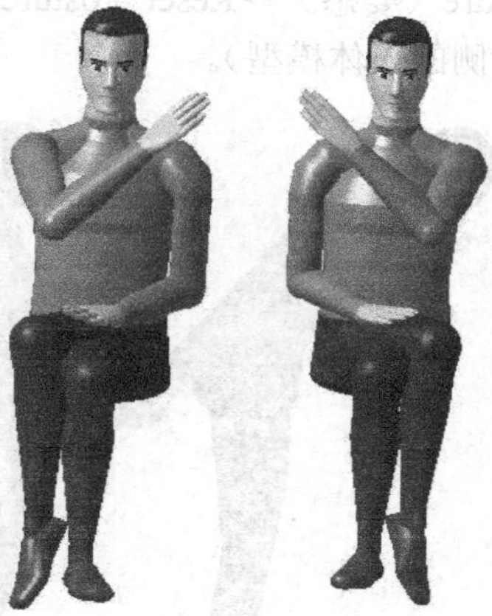

图 3-72　全身姿势交换

② 局部姿势镜像复制。

如果需要对人体模型的某个局部姿势相对于正中矢状面进行镜像复制，首先需要在工作区内选中该部位（高亮显示），然后在该处（见图 3-74 中左侧人体模型的右前臂）右击，出现 3-73 所示的快捷菜单，选择 Posture（姿态）→Mirror Copy Posture（镜像复制姿势），则选中的人体模型的局部姿势就会相对于正中矢状面进行镜像复制，结果如图 3-74 中右侧人体模型的左前臂所示。

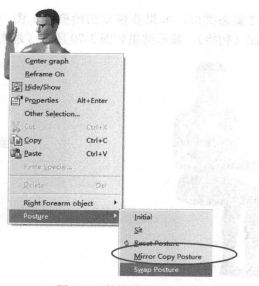

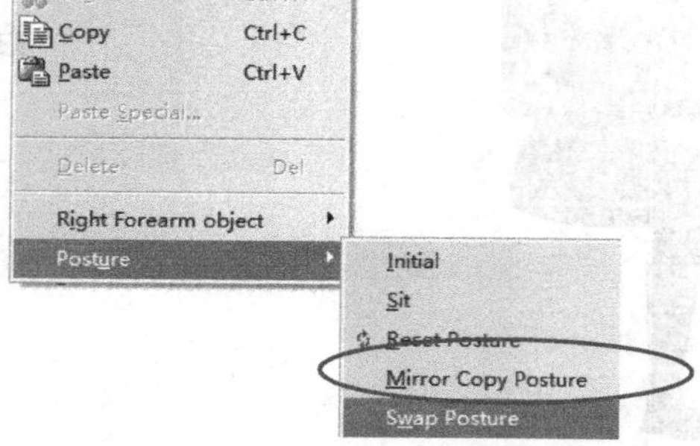

图 3-73　快捷菜单

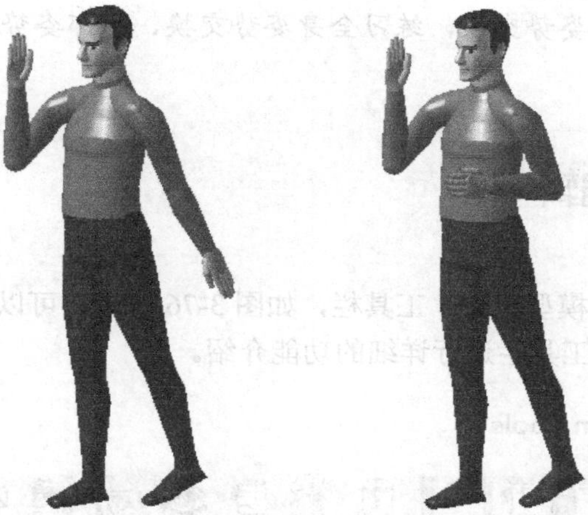

图 3-74　局部姿势镜像复制

③ 局部姿势交换。

在 DELMIA 中，人体模型的局部姿势也可以相对于正中矢状面进行交换。例如，如果要进行人体模型的左右上臂的姿势交换，可选中人体模型左臂单击鼠标右键，然后在快捷菜单中选择 Posture（姿态）→Swap Posture（交换姿态），则左右上臂的姿势即可完成交换（见图 3-75）。

注 意

1. 只有选定的部位进行姿势互换，其余部位的姿势保持不变。
2. 交换功能与镜像复制功能是有区别的。

图 3-75　局部姿势交换

训练实例

（1）熟练掌握人体模型的各种标准姿态，以及恢复标准姿态的设置。

（2）使用人体模型的姿势交换，练习全身姿势交换、局部姿势镜像复制，以及局部姿势交换。

3.4 人体模型编辑

Manikin Tools（人体模型编辑）工具栏，如图3-76所示，可以对已经存在的人体模型进行修改编辑，本节将对此工具栏进行详细的功能介绍。

图3-76　人体模型编辑工具栏

3.4.1　插入负荷参数

该命令可以对人体模型的参数进行设置和编辑。

（1）在已经创建人体模型的情况下，在Manikin Tools（人体模型工具）工具栏中单击Inserts a new load（插入负荷）按钮，使其高亮显示。

（2）选中人体模型上需要插入负荷参数的部位。本例中是人体模型的左侧小腿（见图3-77）。随后弹出负荷定义对话框，如图3-78所示。

图3-77　选中人体模型的左侧小腿

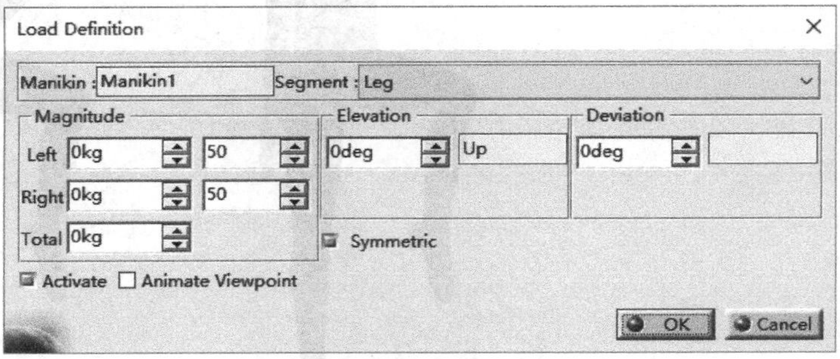

图3-78　负荷定义对话框

（3）修改对话框中的Magnitude（重量）模块、Elevation（高度方向）模块、Deviation（偏移）模块的参数可以对人体模型选定部位（本例中为左侧小腿）进行参数调节。

（4）激活对话框中的Symmetric（对称）选项，可以对人体模型对称部位高度方向的角度偏移同时进行修改。

（5）激活对话框中的 Animate Viewpoint（动画视角）选项，可以清晰直观地看到人体模型负荷参数修改后的变化。

（6）单击对话框中的 OK（确定）按钮，完成人体模型负荷参数的编辑。

训练实例

创建人体模型某部位的负荷参数，比较负荷参数改变前后的不同。

3.4.2 插入新偏移量

偏移命令用于重新定义使用 Reach（到达）命令实现的人体姿势。Reach（到达）命令的默认结果是使选择的身体部位的末端定位到罗盘所处的位置。

插入新偏移量时，罗盘可能被移动到人体模型的表面。因此，之后的定位操作是从表面而不是从选取部位中心点完成的。

（1）选择要重新定位的部位，例如图 3-79 中的左侧前臂，此时左侧前臂高亮显示。

（2）在 Manikin Tools（人体模型工具）工具栏中单击 Inserts a new offset（插入新偏移量）按钮。如图 3-80 所示，罗盘将自动移到左侧前臂，并出现图 3-81 所示的 Offset Definition（定义偏移量）对话框。

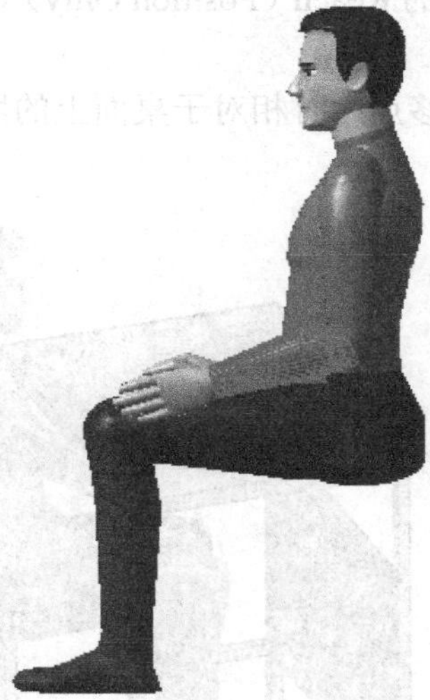

图 3-79 选中左侧前臂

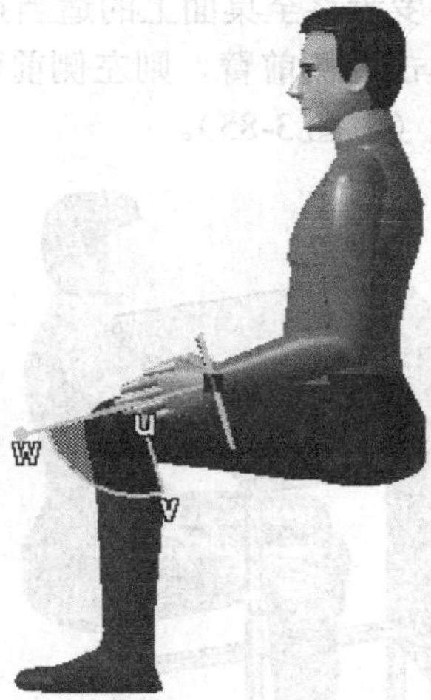

图 3-80 罗盘自动移至左侧前臂

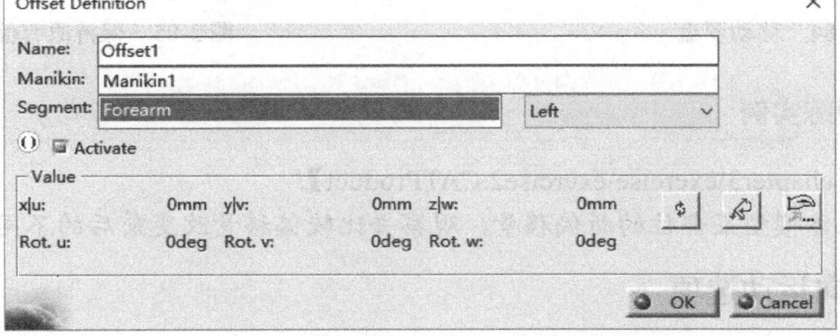

图 3-81 Offset Definition（定义偏移量）对话框

（3）再次选中左侧前臂，并将罗盘拖至适当位置，例如图 3-82 所示位置，可观察到对话框中偏移量值发生变化，如图 3-83 所示。

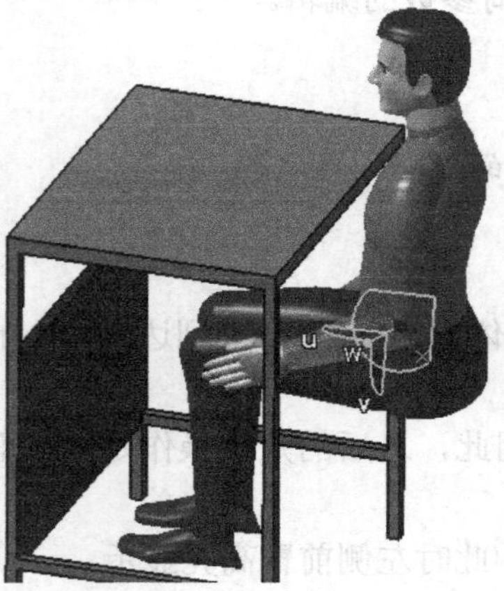

图 3-82　移动罗盘

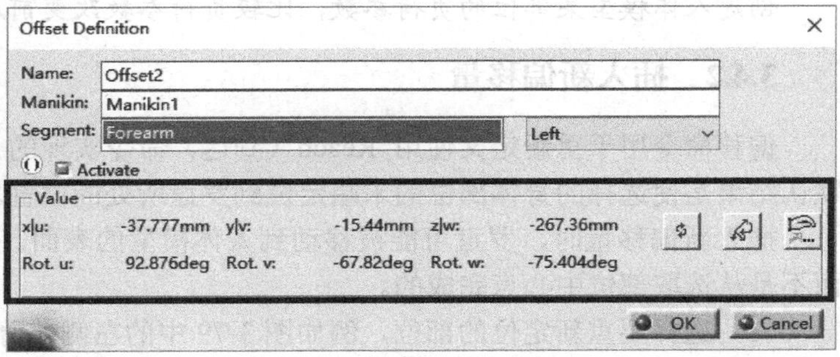

图 3-83　重新定义偏移量

（4）单击对话框中的 OK（确定）按钮，完成偏移量的定义。

（5）单击 Manikin Posture（人体模型姿态）工具栏内的 Reach（Position Only）（位置定位）按钮，并将罗盘移至桌面上的适当点，如图 3-84 所示。

（6）单击左侧前臂，则左侧前臂与步骤③确定的偏移点此时相对于桌面上的罗盘保持原有的偏移量（见图 3-85）。

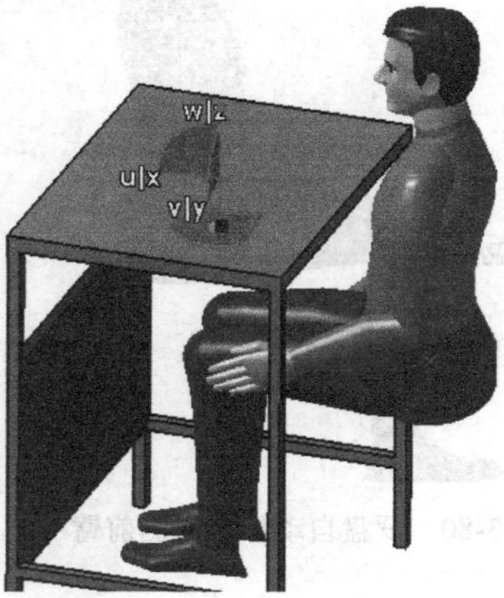

图 3-84　移动罗盘

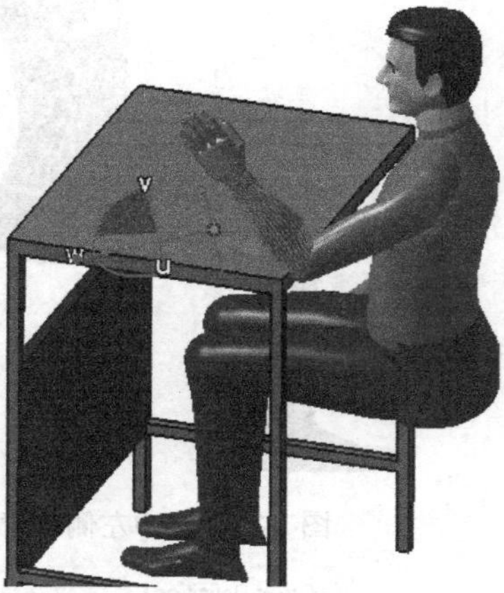

图 3-85　保持原有偏移量

训练实例

（1）打开【chapter3\exercise\exercise2.CATProduct】。

（2）创建人体模型某部位的新偏移量，观察并比较偏移量改变前后的不同。

3.4.3　逆向运动选项

（1）在已经创建人体模型的情况下，在 Manikin Tools（人体模型工具）工具栏中单击 IK

Behaviors（逆向运动行为）按钮，使其高亮显示。

（2）在结构树中选择 Manikin（人体模型），随后弹出如图 3-86 所示的逆向运动行为对话框。

（3）在逆向运动行为对话框中，包含以下模块：

① Line of Sight & Head（视线和头部）模块。激活该选项，当选择人体模型时，眼睛的视线将指向人体模型的手所到达的位置。换言之，在涉及双手运动的时候，视线会跟随逆向运动命令中部位的运动而移动，但头部保持静止。

② Spine（脊椎）模块。激活 Thoracic（胸椎）或 Lumbar（腰椎）选项，然后使用逆向运动命令移动人体模型手部，由图 3-87 所示，脊椎的移动幅度变得十分明显。

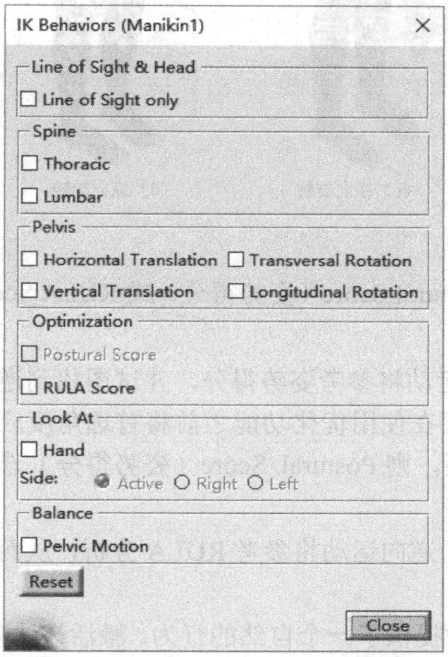

图 3-86 逆向运动行为对话框

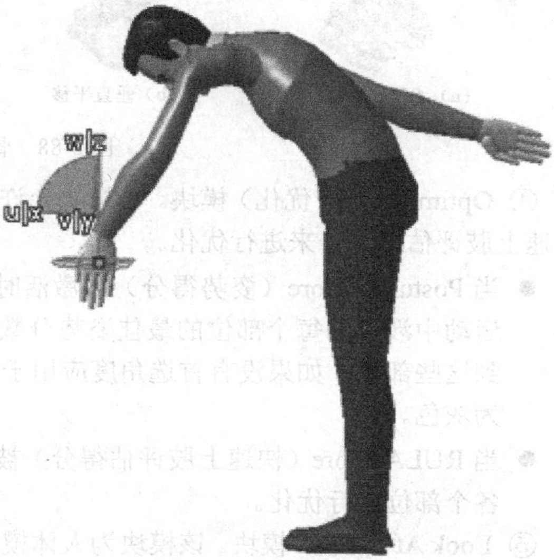

图 3-87 脊椎的移动

③ Pelvis（骨盆）模块，此模块包含以下四个选项：

- Horizontal Translation（水平平移）。激活该选项，利用命令将人体模型的双脚进行固定。此时，使用逆向运动命令移动人体模型手部，如图 3-88（a）所示，可观察到人体模型的臀部亦随着罗盘的拖动而向前移动。
- Vertical Translation（垂直平移）。激活该选项，将人体模型的双脚进行固定。此时，使用逆向运动命令移动人体模型手部，如图 3-88（b）所示，可观察到人体模型的臀部亦随着罗盘的拖动而向下移动。
- Transversal Rotation（横向旋转）。激活该选项，将人体模型的双脚进行固定。此时，使用逆向运动命令移动人体模型手部，如图 3-88（c）所示，可观察到人体模型的臀部亦随着罗盘的拖动而转动，实现弯腰姿势。
- Longitudinal Rotation（纵向旋转）。激活该选项，将人体模型的双脚进行固定。此时，使用逆向运动命令移动人体模型手部，如图 3-88（d）所示，可观察到人体模型的臂部亦随着罗盘的拖动而转动，实现转身姿势。

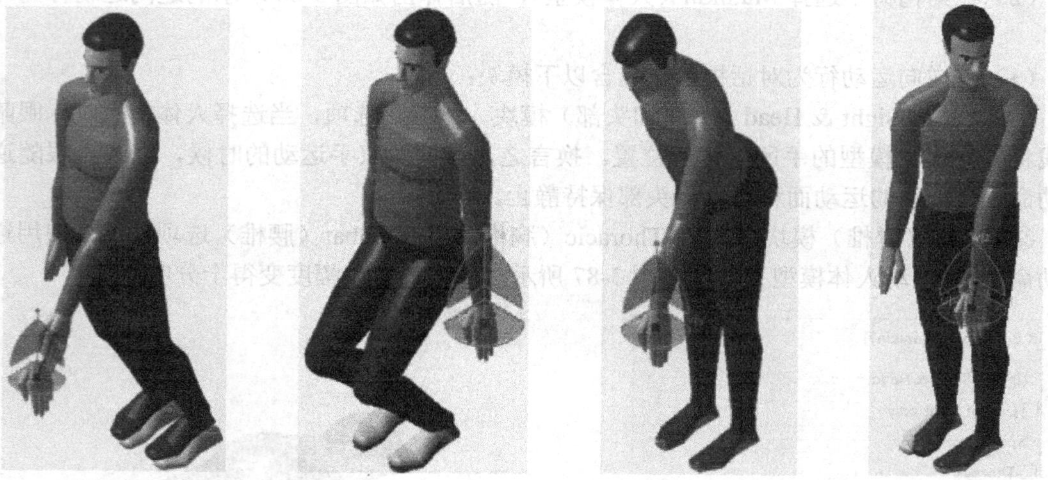

（a）水平平移　（b）垂直平移　（c）横向旋转　（d）纵向旋转

图 3-88　骨盆的移动

④ Optimization（优化）模块。该模块允许根据 Postural Score（姿势得分）或 RULA Score（快速上肢评估得分）来进行优化。

- 当 Postural Score（姿势得分）被激活时，逆向运动将参考姿势得分，并试图找到逆向运动中涉及的每个部位的最佳姿势分数。这需要在使用优化功能之前将首选角度应用到这些部位。如果没有首选角度应用于人体模型，则 Postural Score（姿势得分）选项为灰色。
- 当 RULA Score（快速上肢评估得分）被激活时，逆向运动将参考 RULA 分析，从而对各个部位进行优化。

⑤ Look At（注视）模块。该模块为人体模型的视觉提供了一个自然的行为。激活该选项，当人体模型试图拾取物体时，人体模型的视线就会随物体移动，它使人体模型的行为更加逼真。

⑥ Balance（平衡）模块。该模块可以在保持人体模型平衡的同时，通过逆向运动来操纵人体模型。每当人体模型的姿势改变时，系统将实时检查平衡状态。

训练实例

使用人体模型逆向运动行为命令，练习并观察激活不同选项时，利用逆向运动命令编辑人体模型姿势的不同。

3.4.4　视野功能

此项功能可以对人体模型视野的属性进行设置和编辑。

（1）在已经创建人体模型的情况下，如图 3-89 所示。在 Manikin Tools（人体模型工具）工具栏中单击 Open Vision Window（打开视野窗口）按钮，使其高亮显示。

（2）在结构树中选择 Manikin（人体模型），随后弹出如图 3-90 所示的视野窗口，显示人体模型视野范围内的图像。

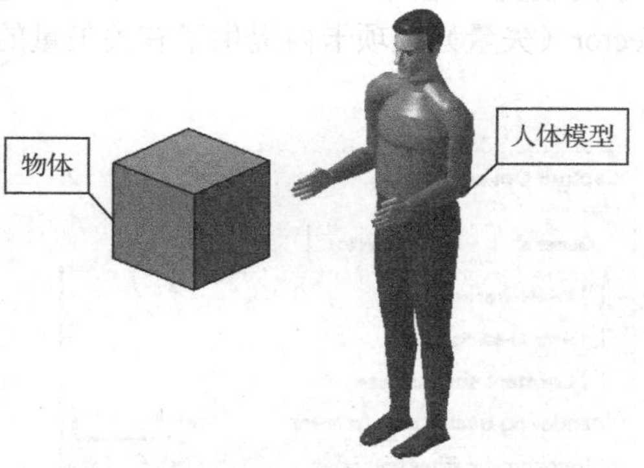

图 3-89　场景创建

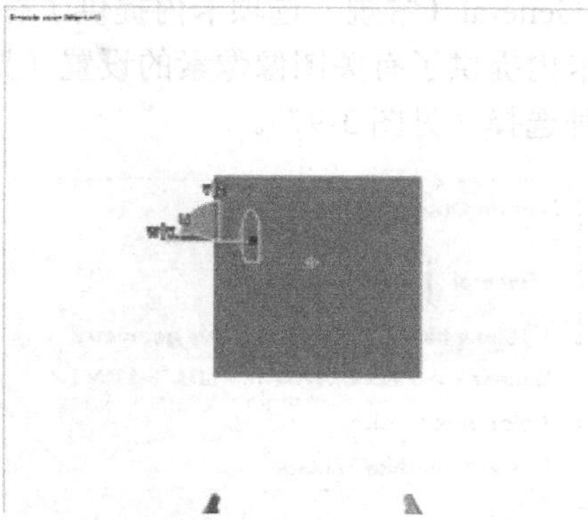

图 3-90　视野窗口

（3）在视野窗口上单击右键，出现视野窗口的快捷菜单（见图 3-91）。

① Capture（捕捉），将视野窗口以图像文件的形式输出。

② Properties（属性），以对话框的形式编辑视野窗口。

③ Close（关闭），关闭视野窗口。

（4）单击快捷菜单的 Capture（捕捉）选项，出现 Capture（捕捉）工具栏（见图 3-92）。

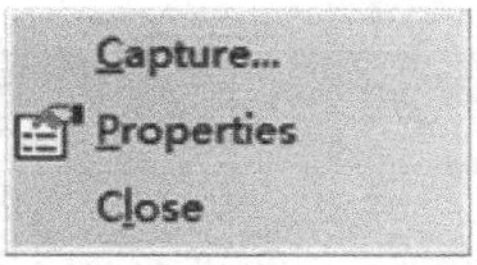

图 3-91　视野窗口的快捷菜单

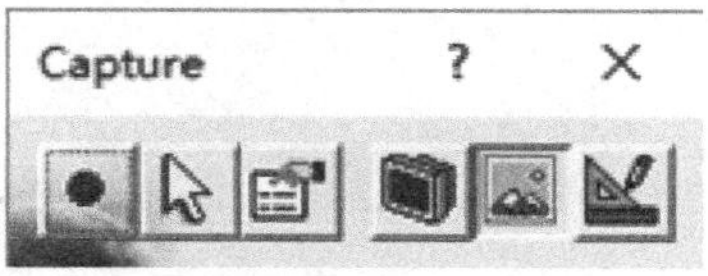

图 3-92　捕捉工具栏

① 单击 Capture（捕捉）按钮，出现图 3-93 所示的捕捉预览窗口。窗口中的按钮分别是删除、保存、打印、复制、相册、打开相册，其功能与其他常用的软件类似，此处不再赘述；窗口中的图像即视野窗口内的图像。

② 单击 Select Mode（选择模式）按钮，可以在视野窗口内选择视野的某一范围（见图 3-94）。

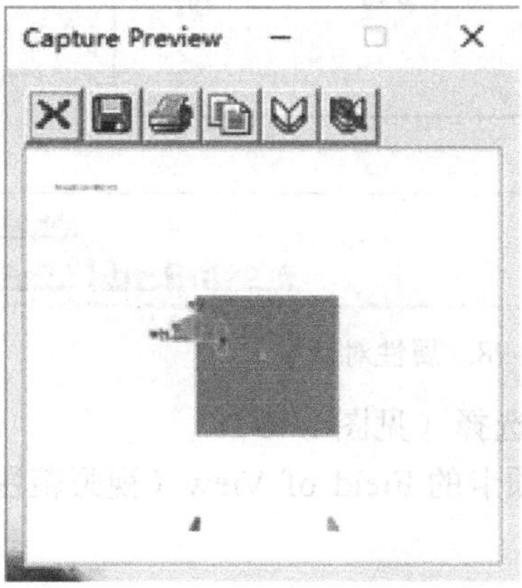

图 3-93　捕捉预览窗口

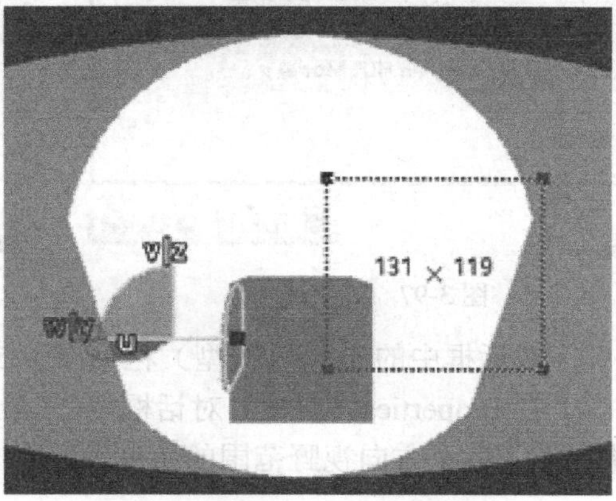

图 3-94　选择模式

③ 单击 Options（选项）按钮，打开 Capture Options（捕捉选项）对话框。对话框中的 General（常规）选项卡内提供了有关视觉窗口显示的设置（见图 3-95）；Pixel（像素）选项卡内提供了有关图像像素的设置（见图 3-96）；Vector（矢量）选项卡内提供了有关矢量的各种选择（见图 3-97）。

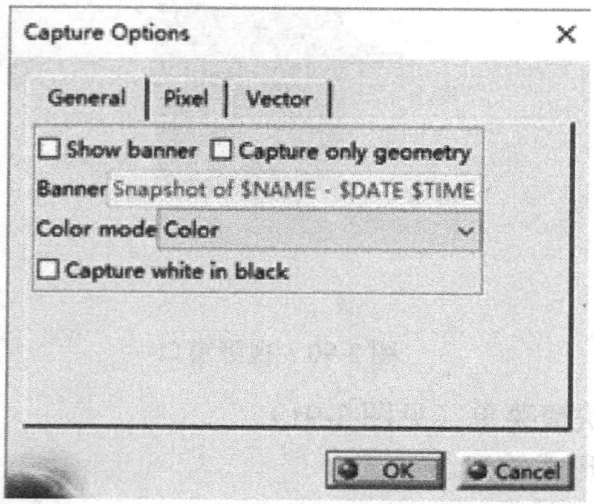

图 3-95　常规选项

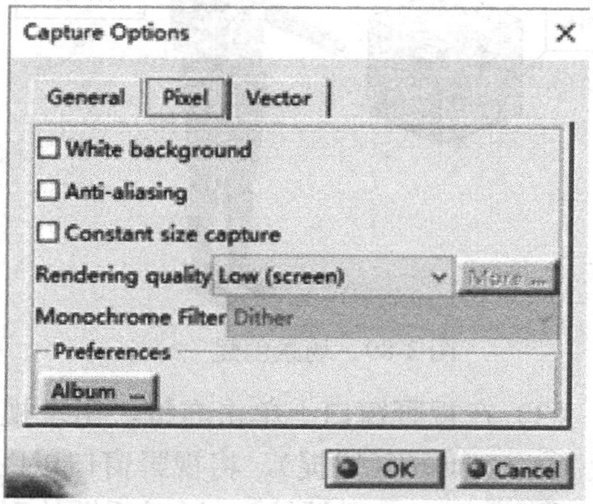

图 3-96　像素选项

（5）单击快捷菜单的 Properties（属性）选项，弹出 Properties（属性）对话框（见图 3-98）。

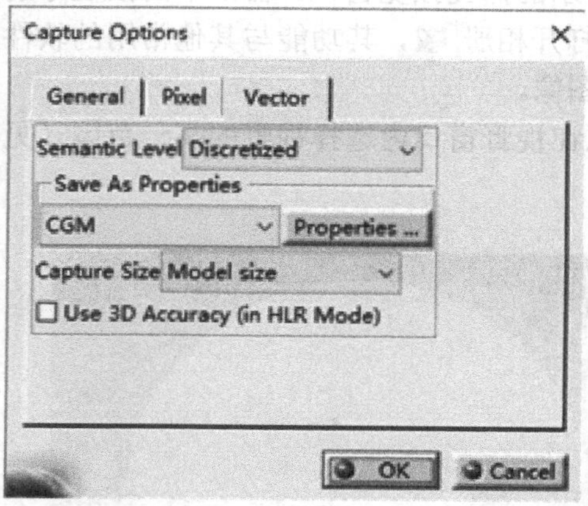

图 3-97　矢量选项

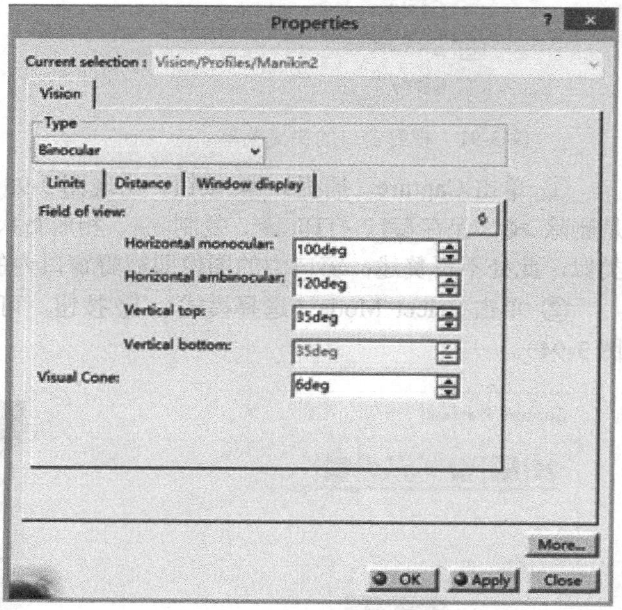

图 3-98　属性对话框

① 对话框中的 Type（类型）栏列出了 5 种类型供用户选择（见图 3-99）。

② 在 Properties（属性）对话框中，Limits（限制）选项卡的 Field of View（视野范围）模块提供了各个方向视野范围的角度设定。

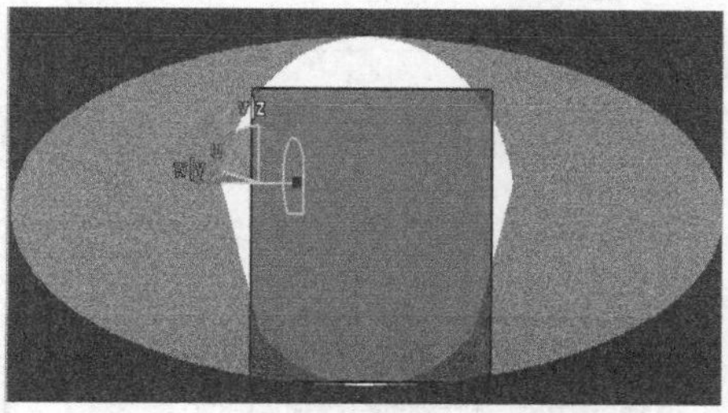

（a）Binocular（双眼）

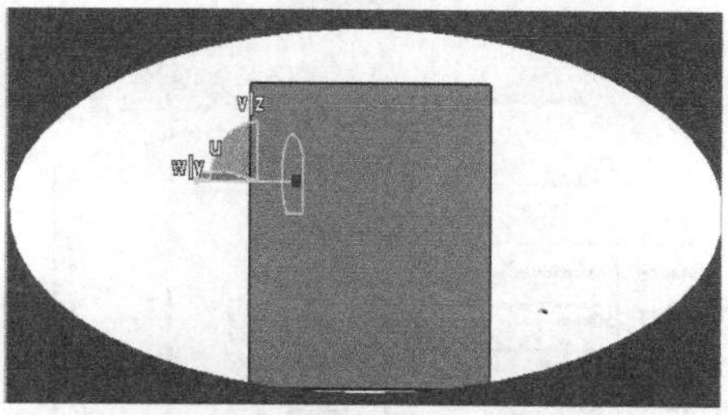

（b）Ambinocular（左右合一）

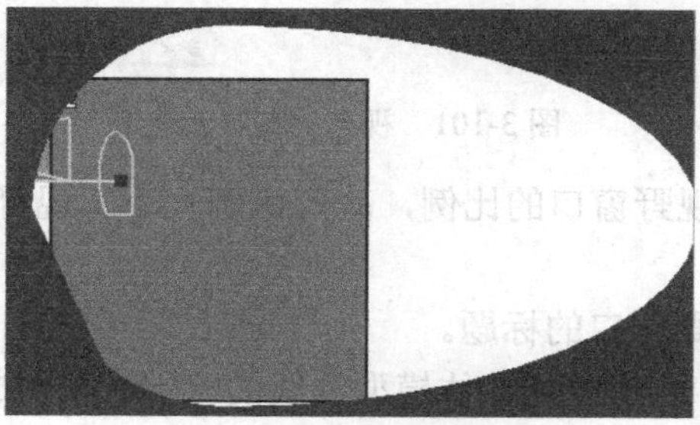

（c）Monocular right（右眼）

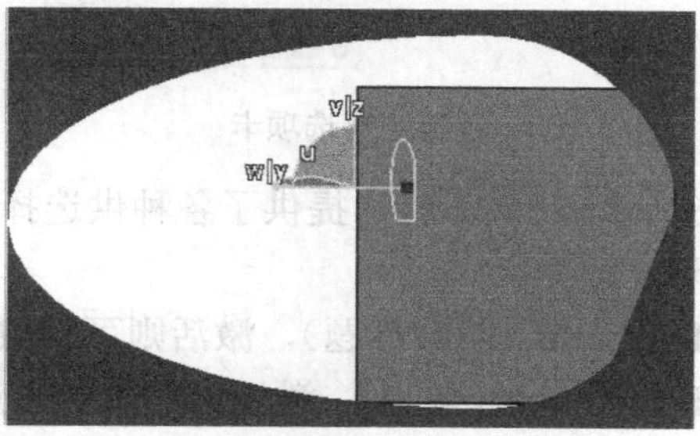

（d）Monocular left（左眼）

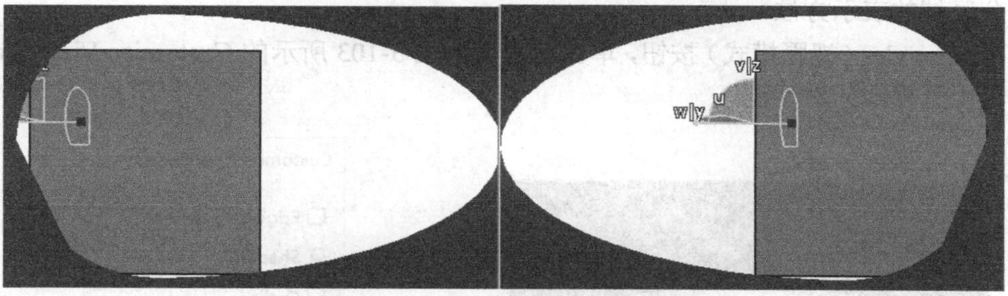

（e）Stereo（立体）

图 3-99 视野类型

- Horizontal monocular（单眼水平方向），可以对单眼水平方向的视野范围进行 60°～120° 范围的设置。
- Horizontal Ambinocular（左右眼合一水平方向），可以对双眼合一水平方向的视野范围进行 0°～179° 范围的设置。
- Vertical top（铅垂方向顶部），可以对铅垂方向上方的视野范围进行 0°～50° 范围的设置。
- Vertical bottom（铅垂方向底部），可以对铅垂方向下方的视野范围进行 0°～50° 范围的设置。
- Visual Cone（视锥），可以对视觉中心的视野范围进行 0.5°～70° 的设置。

③ 在 Properties（属性）对话框中，Distance（视野距离）选项卡提供了有关视野距离的选项（见图 3-100）。其中常用的 Focus distance（焦点距离）模块用来设置焦点距离。

④ 在 Properties（属性）对话框中，Vision window display（视野窗口显示）选项卡如图 3-101 所示。

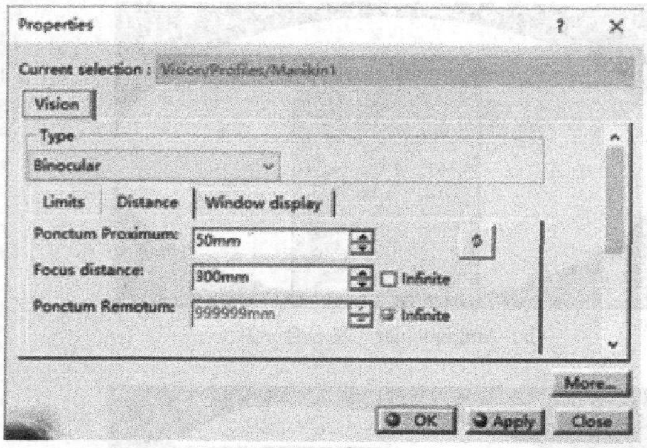

图 3-100　视野距离选项卡

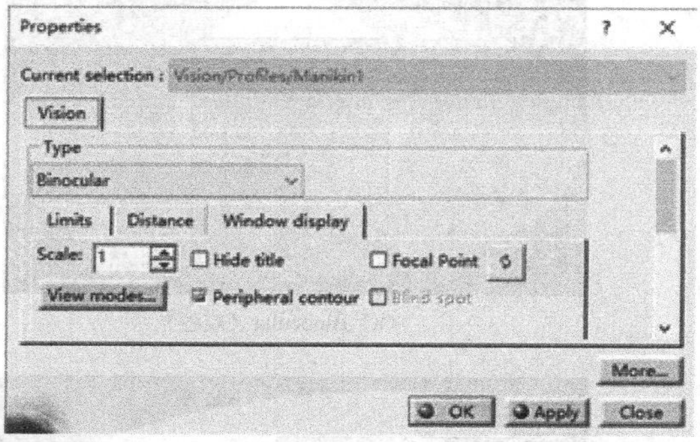

图 3-101　视野窗口显示选项卡

- Scale（比例）栏内提供了各种供选择的视野窗口的比例，改变比例大小，视野窗口也随之改变。
- Hide title（隐藏标题），激活则可隐藏视野窗口的标题。
- Focal Point（焦点），激活则可显示焦点，该焦点是人体模型视线的末端（见图 3-102）。
- Peripheral contour（外围轮廓）选项，激活该选项，则视野窗口内会出现用不同颜色划分区域的表示方法。
- View modes（视野模式）按钮，单击会出现如图 3-103 所示的 Customize View Mode（定义视野模式）对话框。

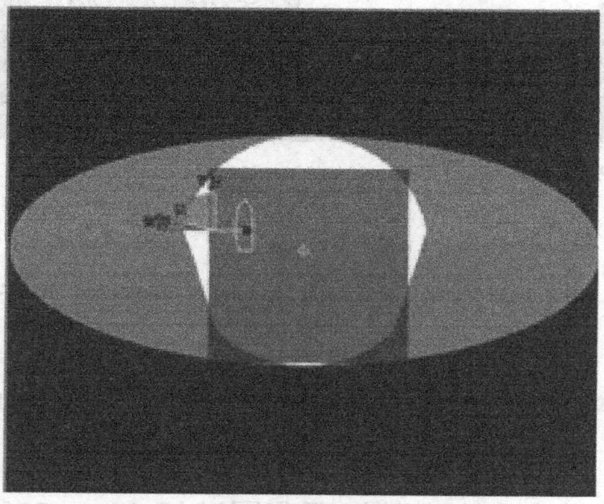

图 3-102　显示焦点

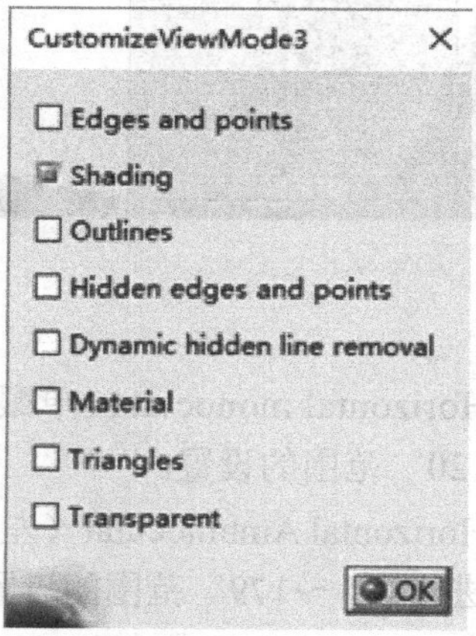

图 3-103　定义视野模式对话框

✧ Edges and Points（边和点）。显示图像的边和点，如图 3-104（a）所示。
✧ Shading（阴影）。用明暗方式显示图像的立体感，如图 3-104（b）所示。
✧ Outlines（最外轮廓）。只表达物体的最外轮廓线，如图 3-104（c）所示。
✧ Hidden edges and points（隐藏边和点）。物体的边和点隐去，如图 3-104（d）所示。
✧ Dynamic hidden line removal（动态隐藏线消除）。前三种方式同时生效，此时动态隐藏线消除，如图 3-104（e）所示。
✧ Material（材料）。显示物体材料，如图 3-104（f）所示。
✧ Triangles（三角形）。用三角形表示物体表面，如图 3-104（g）所示。

✧ Transparent（透明）。物体呈透明状态，如图 3-104（h）所示。

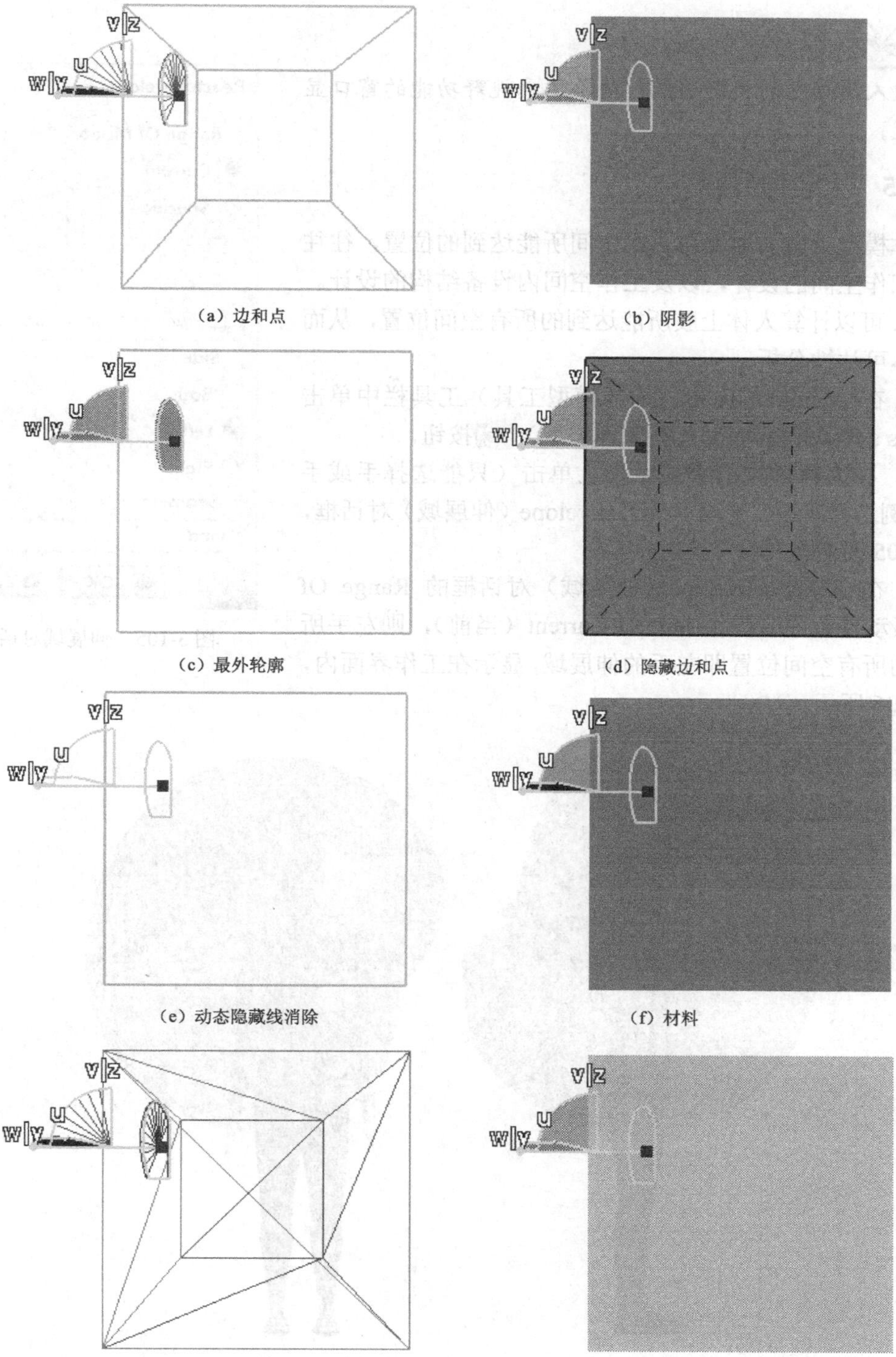

（a）边和点　（b）阴影
（c）最外轮廓　（d）隐藏边和点
（e）动态隐藏线消除　（f）材料
（g）三角形　（h）透明

图 3-104　视野模式示例

（6）单击快捷菜单的Close（关闭）选项，则视野窗口关闭。

训练实例

掌握人体模型的视野功能，简单熟悉视野功能的窗口显示及设置。

3.4.5 上肢伸展域

人体模型上肢的伸展在三维空间所能达到的位置，往往决定了工作空间的设计，以及工作空间内设备结构的设计。DELMIA可以计算人体上肢所能达到的所有空间位置，从而进行人体可达性分析。

（1）在Manikin Tools（人体模型工具）工具栏中单击Computes a Reach Envelop（计算伸展域）按钮。

（2）在人体模型的手或手指上单击（只能选择手或手指），本例选择左手，弹出Reach envelope（伸展域）对话框，如图3-105所示。

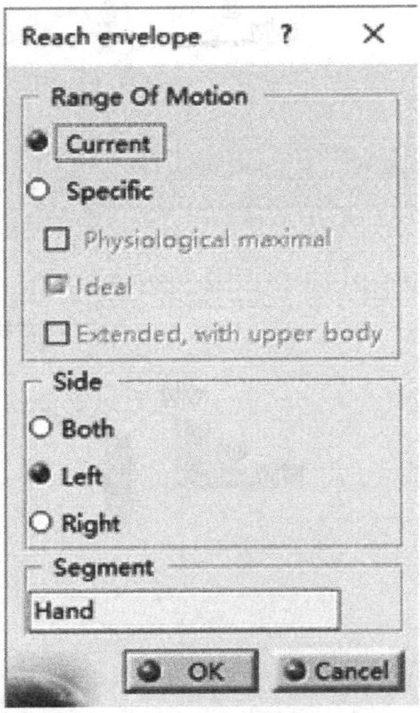

图3-105 伸展域对话框

（3）在Reach envelope（伸展域）对话框的Range Of Motion（动作范围）模块中选择Current（当前），则左手所能达到的所有空间位置即左手的伸展域，显示在工作界面内，如图3-106所示。

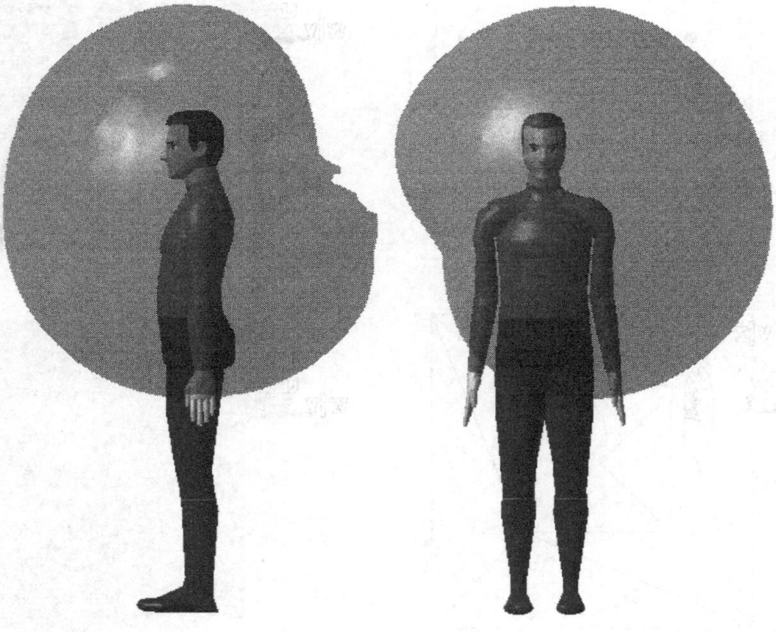

图3-106 左手伸展域

（4）在Reach envelope（伸展域）对话框中的Range Of Motion（动作范围）模块中选择

Specific（特定），其中包括三个选项：Physiological maximal（生理极限）、Ideal（理想状态）和 Extended，with upper body（伸展上半身），三种伸展域如图 3-107 所示。

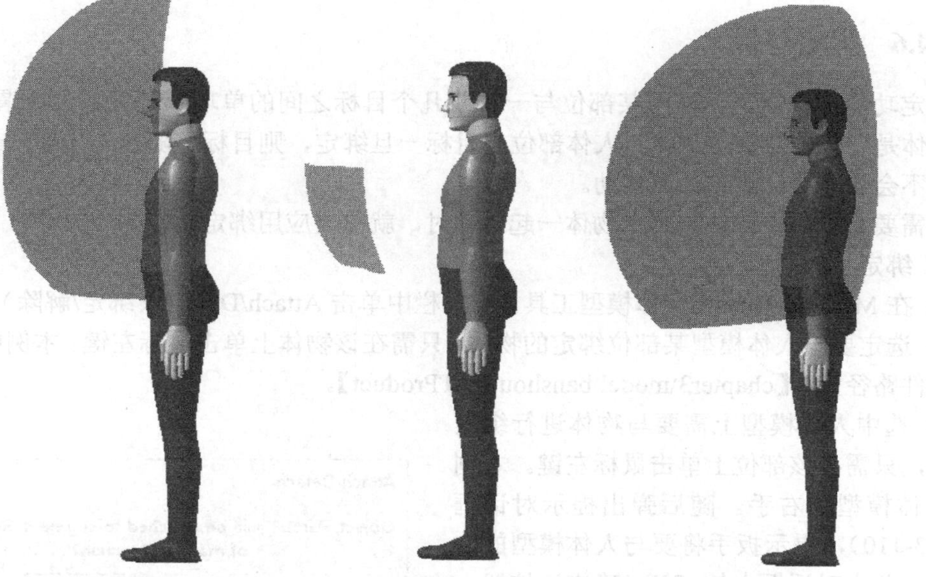

（a）生理极限　　（b）理想状态　　（c）伸展上半身

图 3-107　特定伸展域设置

（5）在显示伸展域的状态下，还可以应用姿态编辑功能对人体模型进行姿态编辑。伸展域将随着人体模型部位的移动而发生改变，图 3-108 是编辑人体姿态后的左手伸展域。

（6）在伸展域上右击，出现快捷菜单，依次选择 Left Reach Envelope object（左手伸展域）→Delete（删除），则不再显示伸展域，如图 3-109 所示。

图 3-108　编辑人体姿态后的左手伸展域

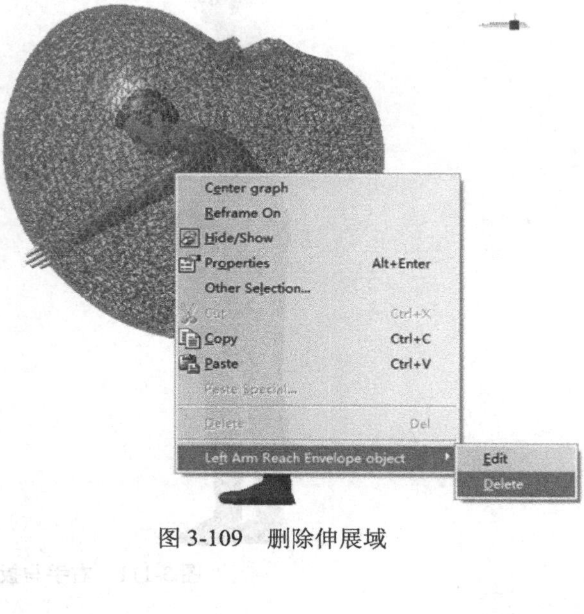

图 3-109　删除伸展域

训练实例

练习使用人体模型的上肢伸展域功能，简单熟悉上肢伸展域的设置及恢复。

3.4.6 绑定与解除

绑定功能是建立人体模型某部位与一个或几个目标之间的单项绑定关系。所谓单向绑定是指人体是主体，目标是从体。人体部位与目标一旦绑定，则目标将随着人体部位一起移动，而人体不会随着目标的移动而移动。

当需要人体某个部位与某个物体一起运动时，就需要应用绑定功能。

1．绑定

① 在 Manikin Tools（人体模型工具）工具栏中单击 Attach/Detach（绑定/解除）按钮。

② 选定要与人体模型某部位绑定的物体，只需在该物体上单击鼠标左键。本例中是扳手。模型文件路径为：【chapter3\model\banshou.CATProduct】。

③ 选中人体模型上需要与物体进行绑定的部位，只需在该部位上单击鼠标左键。本例中是人体模型的右手。随后弹出提示对话框（见图 3-110），提示扳手将要与人体模型的右手绑定，单击对话框中的 OK（确定）按钮，则绑定完成。

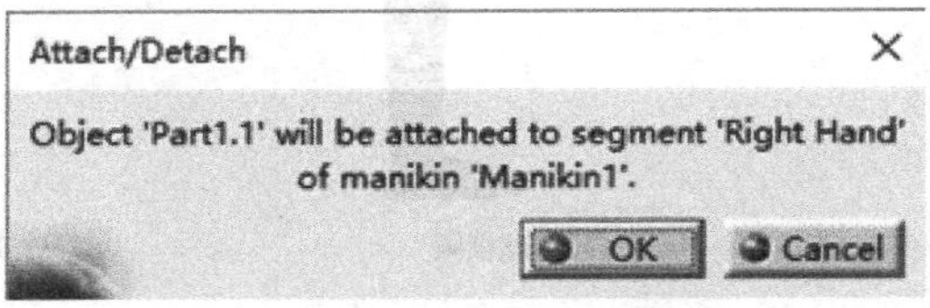

图 3-110　绑定提示对话框

④ 当运用某些人体模型姿态的编辑功能对其编辑时，会发现二者将一起动作。例如，将右臂上举，扳手也随之上移，如图 3-111 所示。

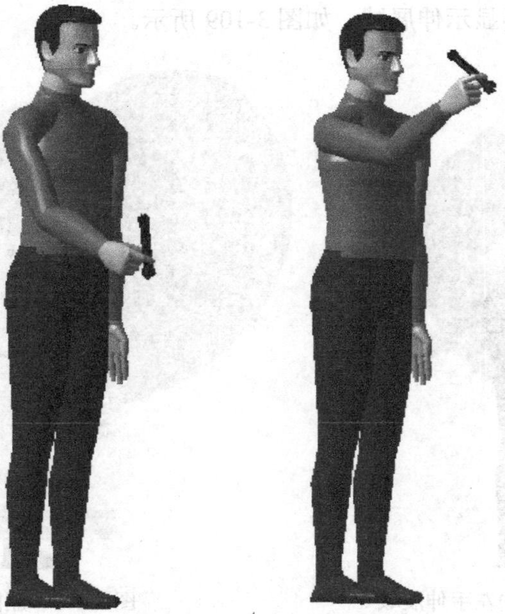

图 3-111　右手与扳手的绑定

2．解除

① 如果要解除绑定，则需要再次单击 Attach/Detach（绑定/解除）按钮，然后左键单击物体（扳手），出现如图 3-112 所示的提示对话框。

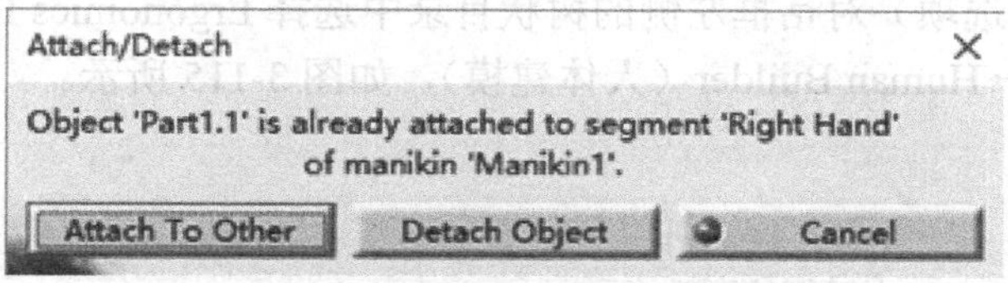

图 3-112 提示对话框

② 单击 Detach Object（解除绑定物体）按钮，会出现如图 3-113 所示的提示对话框，提示解除成功，单击确定按钮，则绑定解除。在此情况下，移动右臂会发现扳手不随右臂移动，如图 3-114 所示。

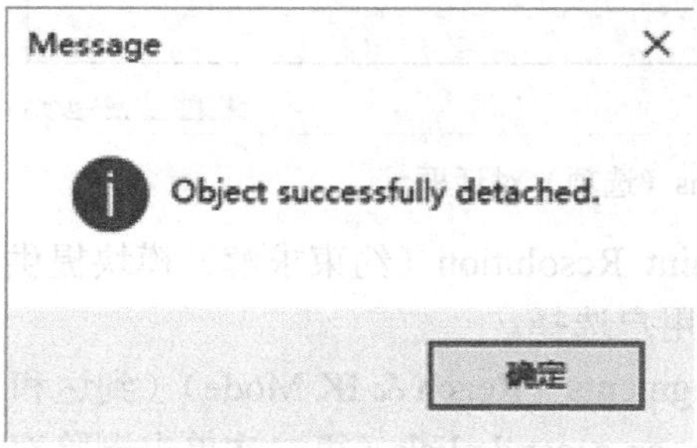

图 3-113 绑定解除对话框

图 3-114 解除绑定

训练实例

（1）打开【chapter3\ exercise\exercise3.CATProduct】。

（2）练习使用人体模型的绑定与解除功能，简单熟悉绑定与解除的操作及设置。

（3）将人体模型的右臂与扳手绑定在一起，移动右臂并观察扳手的移动。

3.5 人体模型约束

本节介绍如何对人体模型添加约束。适当增加约束，可以更精确地达到用户要求的人体姿态。

3.5.1 常规选项

（1）在菜单栏中选择 Tools（工具）→Options（选项），打开 Options（选项）对话框。

（2）在 Options（选项）对话框左侧的树状目录中选择 Ergonomics Design & Analysis（人因工程设计和分析）→Human Builder（人体建模），如图 3-115 所示。

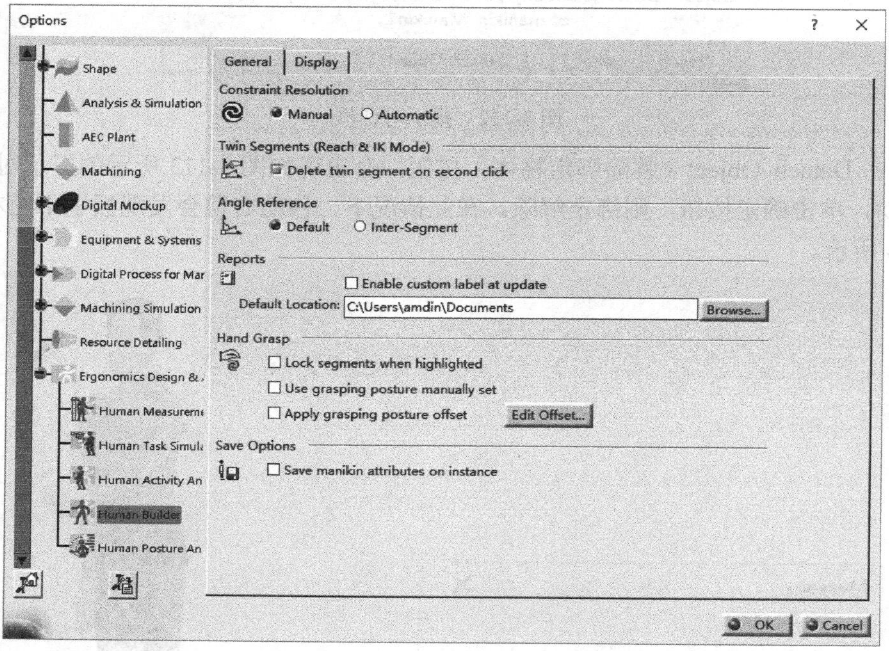

图 3-115 Options（选项）对话框

① 在 General（常规）选项卡中，Constraint Resolution（约束求解）模块提供了 Manual（手动）和 Automatic（自动）两种求解方案供用户选择。

② 在 General（常规）选项卡中，Twin Segments（Reach & IK Mode）（到达和 IK 模式中的双部位）模块中如果选择 Delete twin segment on second click（第二次单击删除双部位），则在到达和 IK 模式中编辑人体模型姿势时出现的脱离人体的虚拟部位将在第二次单击时删除。

③ 在 Display（显示）选项卡中，图 3-116 中的 Constraints（约束）模块给出了约束的显示颜色、线型和线宽。如果需要改变，可以在下列对应项中的下拉列表中进行选择。

- Updated and Resolved（刷新和确认）。默认绿色，显示约束被确认。
- Updated and Not Resolved（刷新和不确认）。默认红色，显示约束未被确认。
- Not Updated（未刷新）。默认黑色，显示约束还未被刷新。
- Inactive（休眠）。默认黄色，显示约束不再是激活状态。
- Temporary（暂时）。默认蓝色，显示约束是暂时的。
- Normal vectors（法向向量）。默认绿色，显示约束的法向向量。

3.5.2 接触约束

（1）场景设置如图 3-117 所示，分别为一个人体模型和一个楼梯模型。模型文件路径为：

【chapter3\model\human.CATProduct】和【chapter3\model\Platform and steps.CATProduct】。

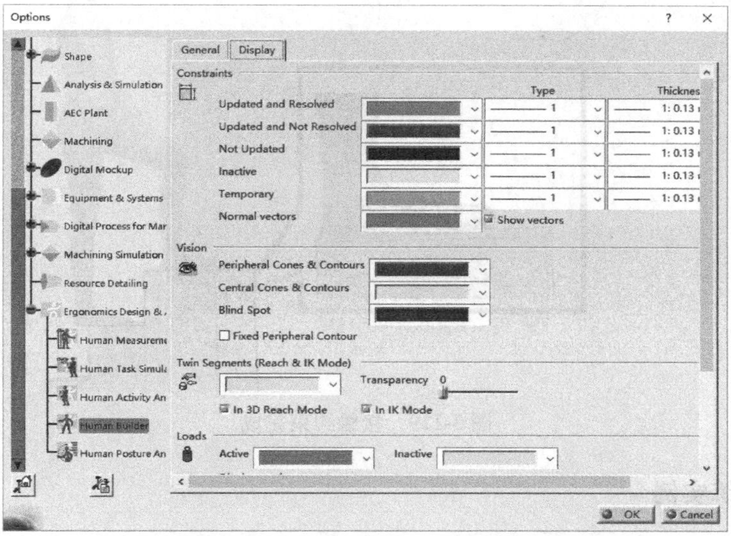

图 3-116 Display（显示）选项卡

（2）单击 Manikin Constraints（人体模型约束）工具栏中的 Contact Constraint（接触约束）按钮。

（3）在人体模型上选中要与物体接触的部位。本例中选择右脚。

（4）在物体（楼梯）上选择一个接触点。本例中选择台阶上的一点（见图 3-118），此时工作区内显示出两点间的距离。

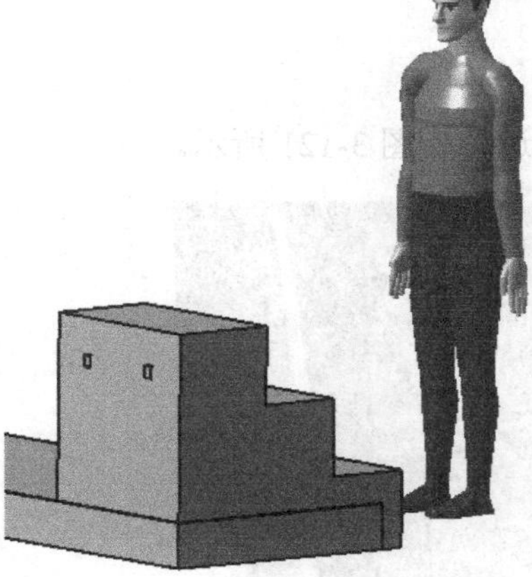

图 3-117 场景设置

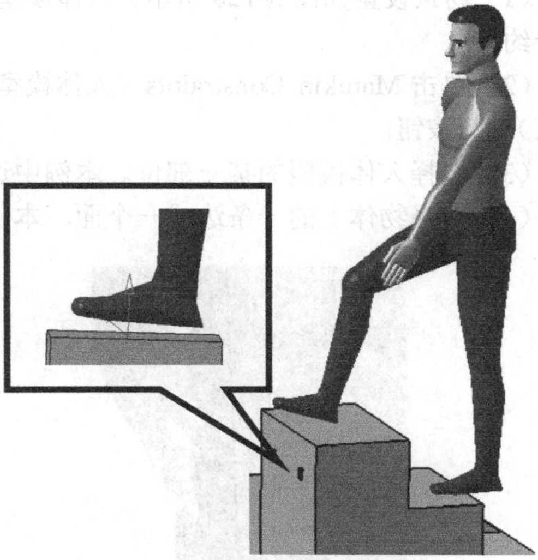

图 3-118 选择接触点

（5）单击 Updates all Constraints and Manikin Representations（刷新所有约束和人体模型表述）按钮，确认约束，则所选的两个接触点重合，接触约束完成，如图 3-119 所示。

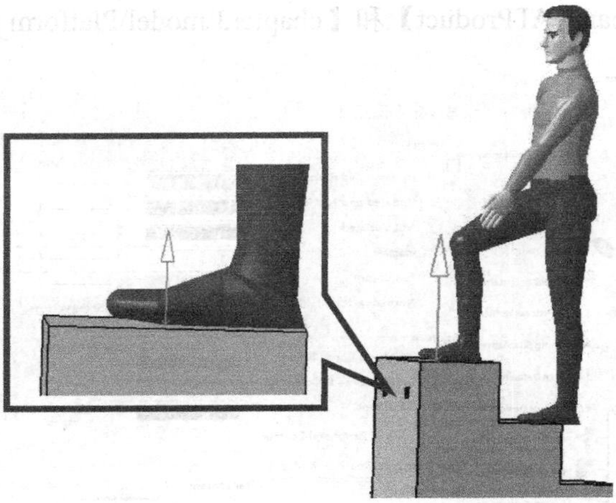

图 3-119　接触约束完成

训练实例

（1）打开【chapter3\ exercise\exercise4.CATProduct】。

（2）练习使用人体模型的接触约束命令，完成人体模型与楼梯之间的接触。

3.5.3　重合约束

重合约束是建立人体模型某部位与物体的线或面之间的约束。在建立约束时，假设物体的线是无限长的，面也是无限大的。当约束建立后，只要选中的人体模型的部位末端的法向与线或面的法向的方向一致，则认为是“重合”的。

（1）场景设置如图 3-120 所示，人体模型手部与物体处于分离状态，现在建立二者之间的重合约束。

（2）单击 Manikin Constraints（人体模型约束）工具栏中的 Coincidence Constraint（重合约束）按钮。

（3）选择人体模型的某一部位。本例中选择左手。

（4）选择物体上的一条边或一个面。本例中选择一条边，如图 3-121 所示。

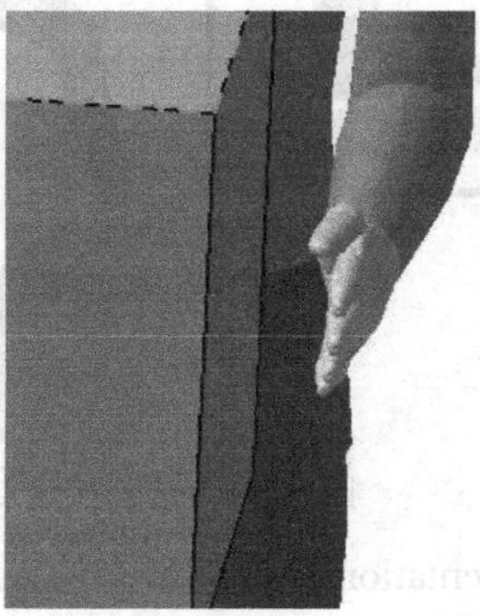

图 3-120　场景设置

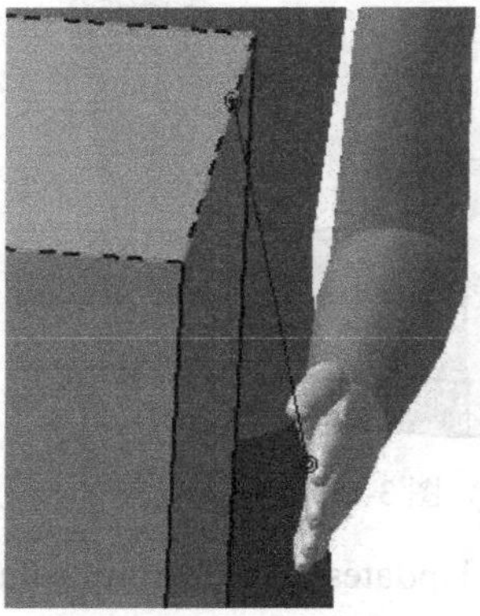

图 3-121　选择建立约束的两个元素

（5）单击 Updates all Constraints and Manikin Representations（刷新所有约束和人体模型表述）按钮，确认约束，重合约束建立完成，如图 3-122 所示。

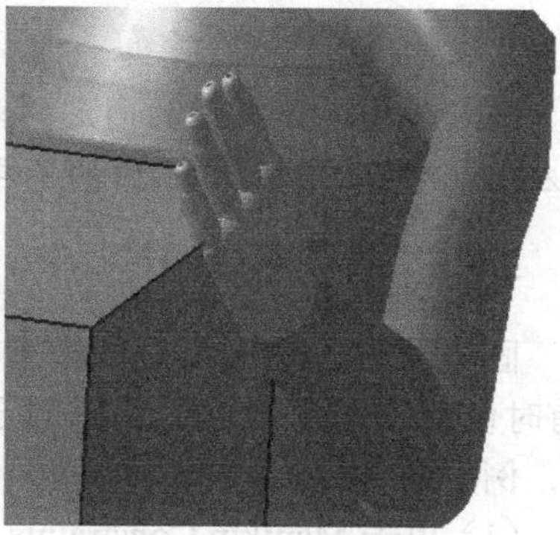

图 3-122　重合约束完成

训练实例

（1）打开【chapter3\ exercise\exercise1.CATProduct】。

（2）练习使用人体模型的重合约束，完成人体模型与物体之间的接触。

3.5.4　固定约束

固定约束是指固定人体模型的某个部位在空间的当前位置和方向（有时仅锁定方向或位置），是约束的一种形式。

例如图 3-123 中的人体模型，要保持其左手的空间位置不变，可进行下列操作：

（1）单击 Manikin Constraints（人体模型约束）工具栏中的 Fix Constraint（固定约束）按钮。

（2）选中需要固定的部位。本例中选择左手。

（3）在固定约束确认之前，改变人体模型姿势，人体部位固定点与空间固定点之间有一黑线相连，如图 3-124 所示。

（4）单击 Updates all Constraints and Manikin Representations（刷新所有约束和人体模型表述）按钮，确认约束。一旦确认，人体模型需要固定的部位将回到起初固定的位置，约束完成。

（5）应用姿态编辑功能改变人体模型的姿态，会发现左手的位置及方向保持不变，如图 3-125 所示。

图 3-123　人体模型

图 3-124　固定约束确认前

图 3-125　固定约束效果

训练实例

练习使用人体模型的固定约束命令，固定人体模型的左手。改变人体模型姿态，观察固定左手前后人体模型移动时的不同。

3.5.5 固定约束于

固定约束于是指将人体模型的某个部位相对于空间的某个物体于当前位置和方向锁定（有时仅锁定方向或位置），是固定约束的另外一种形式。

例如图 3-126 中的人体模型，要保持其左手相对于方盒的空间位置不变，可进行下列操作：

（1）单击 Manikin Constraints（人体模型约束）工具栏中的 Fix On Constraint（锁定于）按钮。

（2）选中需要固定的部位。本例中选择左手。

（3）选择与左手保持相对位置不变的物体。本例中为方盒。

（4）在固定约束确认之前，移动人体模型，人体部位固定点与空间固定点之间有一黑线相连，如图 3-127 所示。

（5）单击 Updates all Constraints and Manikin Representations（刷新所有约束和人体模型表述）按钮，确认约束（一旦确认，人体模型需要锁定的部位将回到起初锁定位置），锁定完成。

（6）应用姿态编辑功能改变人体模型的姿态，会发现左手与方盒的相对位置及方向保持不变，如图 3-128 所示。

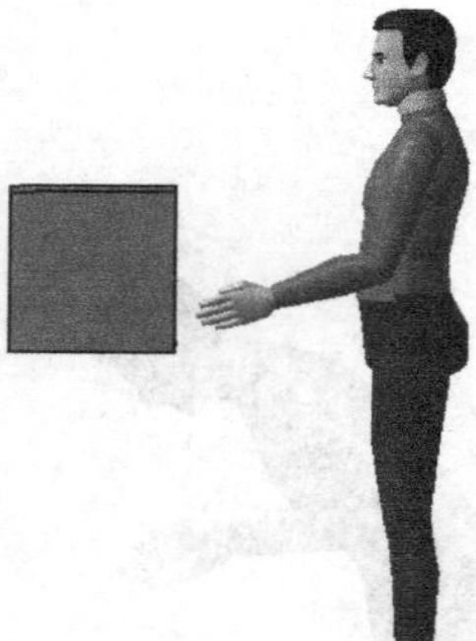

图 3-126　场景设置

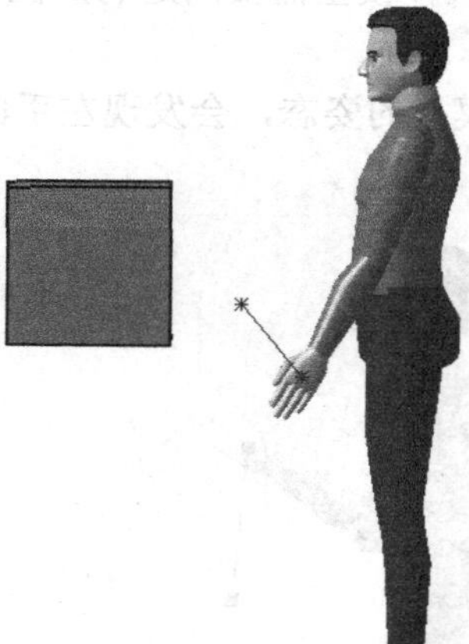

图 3-127　约束确认前

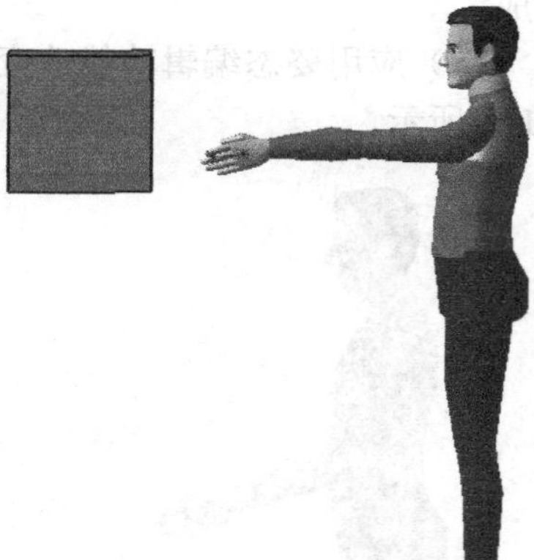

图 3-128　约束确认后

训练实例

（1）打开【chapter3\ exercise\exercise1.CATProduct】。

（2）练习使用人体模型的固定约束于命令，保持人体模型左手相对于方盒的空间位置不变。移动人体模型的左手，观察约束前后，方盒和左手相对位置的改变。

第4章 人体测量编辑

人体测量编辑（Human Measurements Editor）允许通过一套先进的人体测量工具创建高级的、用户自定义的人体模型。然后，可以利用该人体模型来评估某一产品或工艺的安全性、舒适性和适用性。

本章主要学习人体测量编辑（Human Measurements Editor）模块中如何对人体模型各部分的参数进行改写，以及如何详细地分析人体模型。

4.1 基础工作环境

本节主要介绍人体测量编辑模块的主要功能和工作界面。

4.1.1 人体测量编辑功能简介

在使用该模块时，用户只需输入合理的关键设计变量，多标准统计算法就会自动调整所有人体测量中的其他变量，从而调整人体模型。

该模块的位置：Start（开始）→ Ergonomics Design & Analysis（人因工程设计和分析）→ Human Measurements Editor（人体测量编辑），如图 4-1 所示。

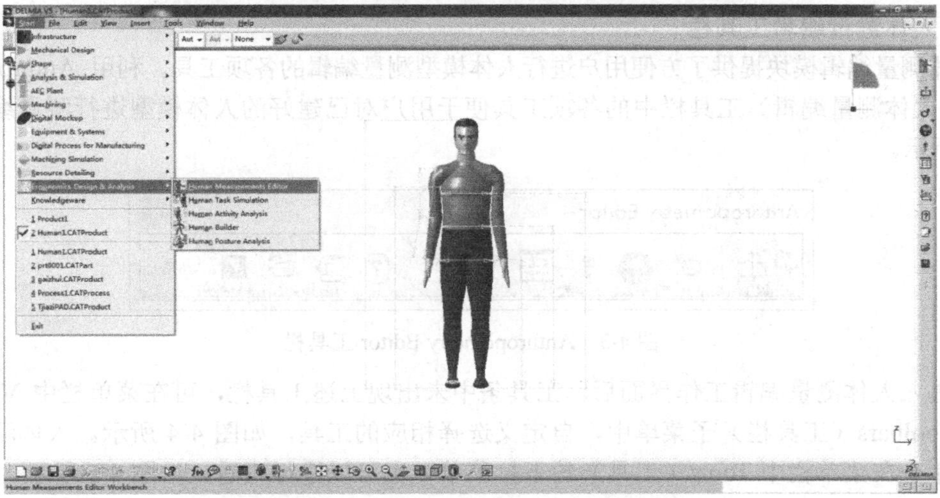

图 4-1　菜单栏中人体测量编辑的选项

4.1.2 人体测量编辑工作界面

1. 进入人体测量编辑工作界面

① 用户只能对含有人体模型的产品项（Product）进行人体测量编辑，所以用户可以使用人体建模（Human Builder）功能创建新的含人体模型的产品项或直接打开已创建的含人体模型的产品项进行分析。

② 在菜单栏中依此单击：Start（开始）→Ergonomics Design & Analysis（人因工程设计和分析）→ Human Measurements Editor（人体测量编辑），并选中人体模型，即可进入人体测量编辑工作界面，如图 4-2 所示。

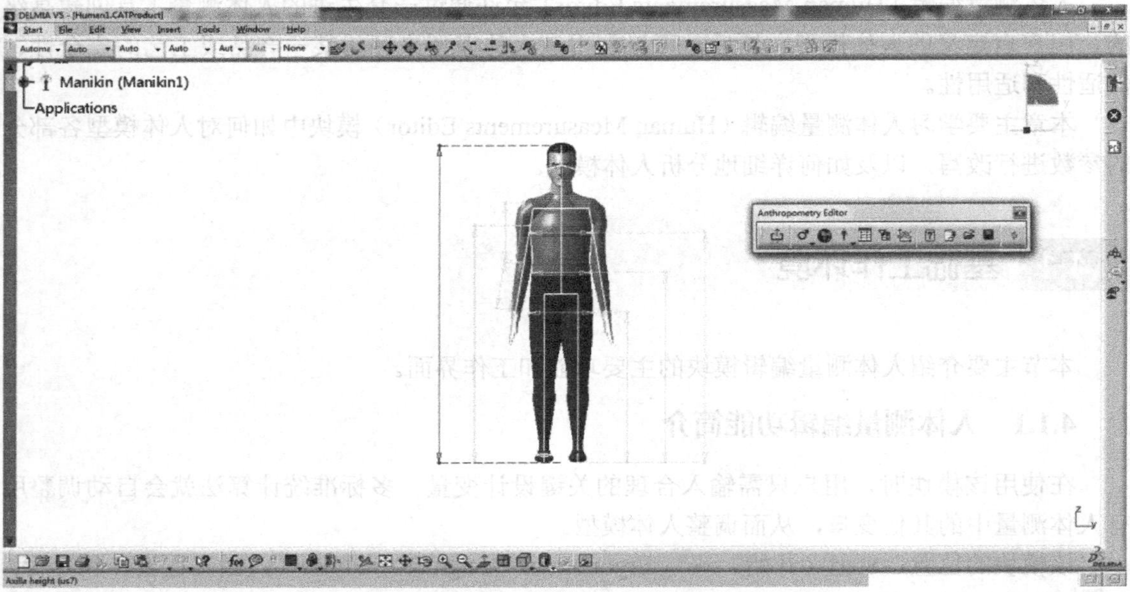

图 4-2 人体测量编辑工作界面

2. 人体测量编辑工具栏

人体测量编辑模块提供了方便用户进行人体模型测量编辑的各项工具。利用 Anthropometry Editor（人体测量编辑）工具栏中的各项工具便于用户对已建好的人体模型进行测量编辑，如图 4-3 所示。

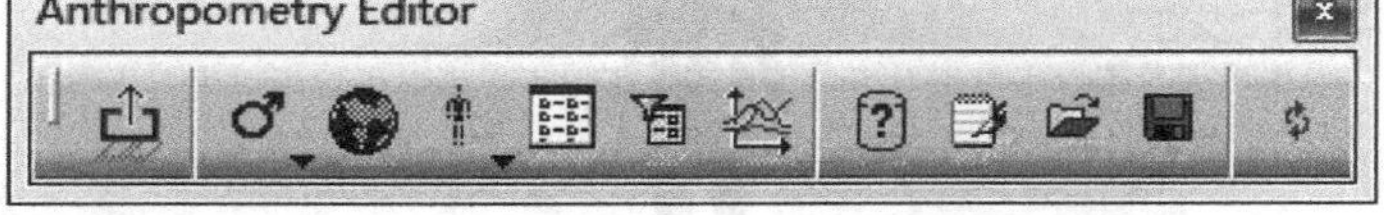

图 4-3 Anthropometry Editor 工具栏

若进入人体测量编辑工作界面后，工具条中未出现上述工具栏，可在菜单栏中 View（视图）→Toolbars（工具栏）子菜单中，自定义选择相应的工具，如图 4-4 所示。人体测量编辑的部分命令在菜单栏中 Tools（工具）的下拉菜单中也可以进行查看，如图 4-5 所示。

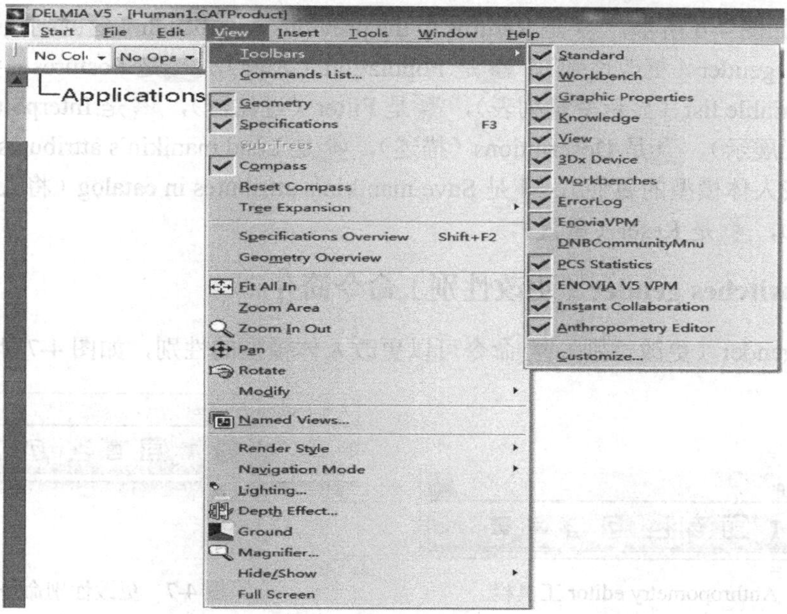

图 4-4　手动添加工具栏

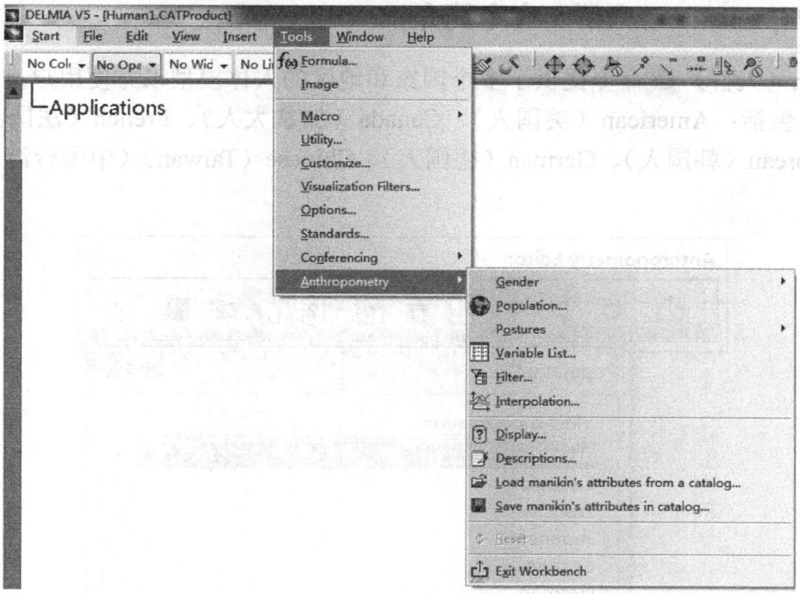

图 4-5　查看人体测量编辑命令

4.2 人体测量编辑（Anthropometry Editor）

本节主要介绍人体测量编辑模块（Human Measurements Editor）中的人体测量编辑（Anthropometry Editor）功能，用户可使用该功能对人体模型进行测量编辑。

该工具栏如图 4-6 所示，是 Returns to the previous workbench（返回到上一个工作台），是 Switches gender（更改性别），是 Population（人群），是 Postures（姿势），是 Displays the variable list（显示变量列表），是 Filter（过滤器），是 Interpolation（修改），是 Display（展示），是 Descriptions（描述），是 Load manikin’s attributes from a catalog（从目录中加载人体模型的属性），是 Save manikin’s attributes in catalog（将人体模型的属性保存在目录中），是 Reset（重置）。

4.2.1 Switches gender（更改性别）命令简介

Switches gender（更改性别）命令可以更改人体模型的性别，如图 4-7 所示。

图 4-6 Anthropometry editor 工具栏

图 4-7 更改性别命令

通过 Displays the variable list（显示变量列表）命令也可以实现人体模型的性别更改。

4.2.2 Population（人群）命令简介

Population（人群）命令提供了多个国家和地区的人体模型以方便用户进行综合分析，这些人体模型包括：American（美国人）、Canada（加拿大人）、French（法国人）、Japanese（日本人）、Korean（韩国人）、German（德国人）、Chinese（Taiwan）（中国台湾人），如图 4-8 所示。

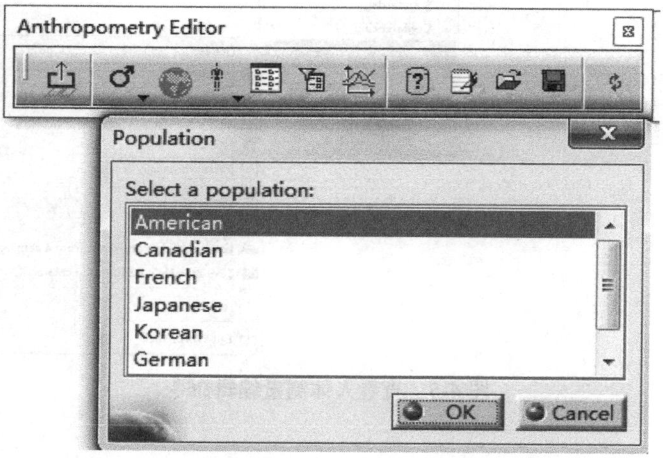

图 4-8 人群命令

4.2.3 Postures（姿势）命令简介

该命令能够显示和应用系统预先设定好的人体模型姿势。

在人体模型测量中，常用的有三种预先设定好的人体模型姿势：Stand（立姿），如图 4-9 所示；Reach（前平举），如图 4-10 所示；Span（侧平举），如图 4-11 所示。这些姿势可用来显示人体测量中的相关变量，每一次的选择都会覆盖前一次的设定。

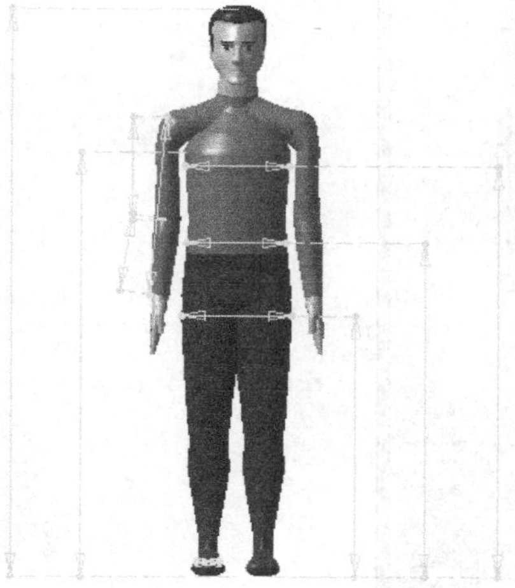

图 4-9 立姿

图 4-10 前平举

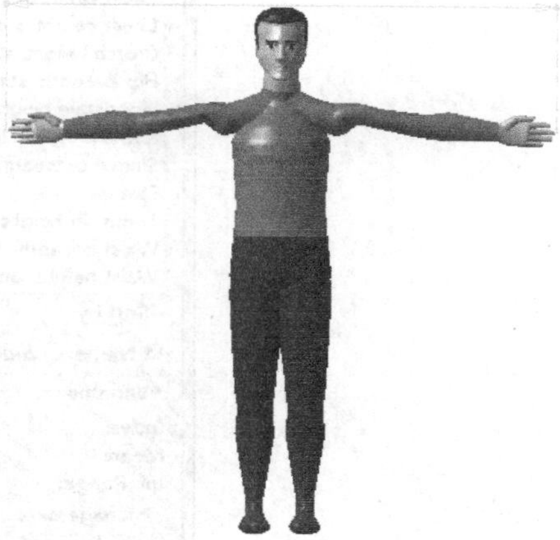

图 4-11 侧平举

（1）单击 Anthropometry Editor（人体测量编辑）工具栏中的 Postures（姿势）命令。

（2）展开 Postures（姿态）工具栏，如图 4-12 所示，选择 Applies a Standing Posture（应用立姿）、Applies a Reaching Posture（应用前平举姿势）、Applies the 'Span' Posture（应用侧平举姿势）按钮进行姿势设定。根据选定姿势的不同，可看到人体模型中显示不同的测量变量。

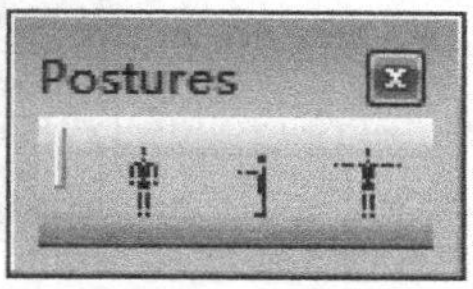

图 4-12 Postures（姿态）工具栏

4.2.4 Displays the variable list（显示变量列表）命令简介

该命令能够显示和修改所有的人体测量变量。

（1）单击 Anthropometry Editor（人体测量编辑）工具栏中的 Displays the variable list（显示变量列表）按钮，弹出如图 4-13 所示的 Variable list（变量列表）对话框。

（2）选择图 4-13 对话框中任意一个测量变量，Variable（变量）模块则自动显示其数值，同时激活对话框中的 Management（操作）模块。且选中的变量会在人体模型中高亮显示，即箭头的颜色由黄色变为紫色。

（3）图 4-13 对话框中的 Variable（变量）模块，显示人体测量变量的 Index（索引）、Acronym（缩写）、Mean（均值）、Std.Dev（Standard Deviation，标准差）、Inf.Range（Infimum Range，最大下界）和 Sup.Range（Supremum Range，最小上界）。具体人体测量变量，见表 4-1。

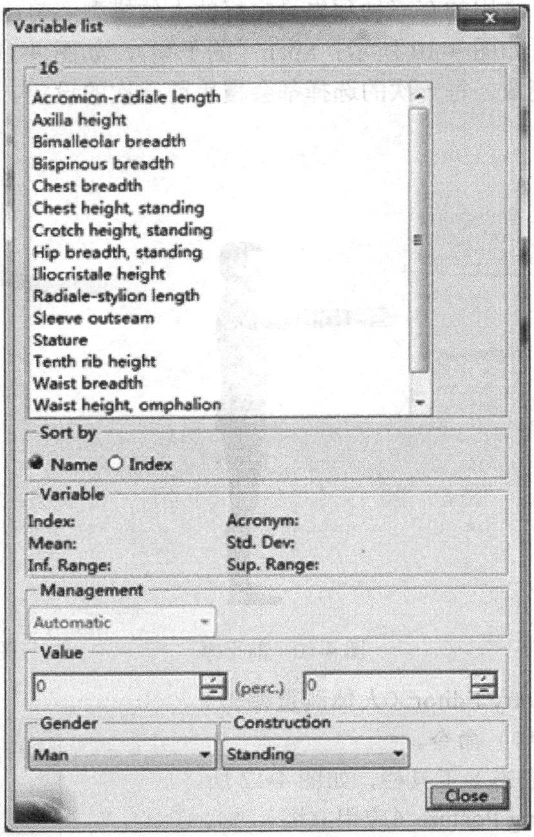

图 4-13　变量列表对话框

表 4-1　人体测量变量

索　引	缩　写	具 体 说 明
us2	<ABEXDPST>	坐姿腹部延伸厚度：坐姿状态腹部前面的点和同一高度的背部的某点之间的水平距离
us3	<ACRHGHT>	站立肩高：从站姿最低平面处到肩部某点之间的垂直距离
us4	<ACRHTST>	坐姿肩高：从坐姿最低平面处到肩部某点之间的垂直距离
us5	<ACRDLGTH>	肩半径长：肩部某一点到上臂肘之间的距离
us6	<ANKLCIRC>	踝部周长：水平方向测得的踝部的最小周长
us7	<AXHGHT>	腋窝高度：从站姿最低平面处到腋窝处某点的垂直距离
us8	<AXARCIRC>	腋窝处上臂周长：上臂在腋窝处的周长
us9	<BLFTCIRC>	脚周长：脚上第一个脚趾和第五个脚趾突出部分的圆周长
us10	<BLFTLGTH>	脚长：脚后跟到第一个脚趾突出部分之间的距离
us11	<BCRMBDTH>	双肩宽：左右两肩上两点之间的距离
us12	<BICIRCFL>	肱二头肌弯曲周长：当肱二头肌弯曲时，垂直手上臂长轴方向上测得的肱二头肌的周长

续表

索　引	缩　写	具 体 说 明
us13	<BIDLBDTH>	两三角肌之间宽度：三角肌上两侧缘之间水平方向的最大最平距离
us14	<BIMBDTH>	脚踝间宽：两脚踝骨突出部分之间的最大距离
us15	<BISBDTH>	髂骨间距：左右髂骨突出部分的间距
us24	<BUTTCIRC>	臀围：在右臀上最大的突出部分躯干在水平方向上的周长
us25	<BUTTDPTH>	臀深：在右臀的最大突出平面上的臀部的深度
us26	<BUTTHGHT>	臀高：站立时最低平面和右臀上最大的突出部分水平面之间的垂直距离
us27	<BUTTKLTH>	臀膝间距：坐姿状态测得的臀部最后面的点到膝盖前面的点之间的水平距离
us28	<BUTTPLTH>	臀部至腿弯间距：坐姿状态测得的臀部最后面的点到膝盖后面点之间的水平距离
us29	<CALFCIRC>	小腿周长：小腿的最大的水平周长
us30	<CALFHGTH>	小腿高：站立时站立平面和小腿最大周长所在平面之间的垂直距离
us31	<CERVHGTH>	立姿颈高：站立时站立表面到颈部后面某点的垂直距离
us33	<CHSTBDTH>	胸宽：乳头处胸部的最大水平宽度
us34	<CHSTCIRC>	胸围：胸部水平方向的最大周长
us35	<CHSTCISC>	腋窝胸围：腋窝水平面上的胸部的水平方向的周长
us36	<CHSTCB>	下胸围：胸部以下和肋骨接合处的水平面的水平方向的周长
us37	<CHSTDPTH>	胸深：胸部（女性胸部点、男性乳头点）到同一水平线上背部点之间的水平距离
us38	<CHSTHGHT>	立姿胸高：站立时最低平面到胸部之间的垂直距离
us39	<CRCHHGHT>	立姿胯高：站立时最低平面和胯部之间的垂直距离
us48	<ELBCIRC>	肘部伸直周长：手臂侧面伸直时，肘部隆起中心的水平面上与上臂长轴垂直方向的肘的周长
us50	<EYEHTSIT>	坐姿眼高：眼的外角两端到坐姿最低表面之间的垂直距离
us51	<FTBRHOR>	水平足宽：站立时第一个脚趾和第五个脚趾突出部分水平方向的最大宽度
us52	<FOOTLGTH>	足长：站立时最长的脚趾到脚后跟的水平距离
us53	<FCIRCFL>	弯曲 90° 时前臂周长：肘上部与肘交接处并且拳头紧握时测得的前臂的最大周长
us55	<FORHDLG>	前臂－手部长度：肘的后部的顶点到中指的顶点之间的水平距离
us58	<HANDBRTH>	手宽：食指与小拇指之间的最大宽度
us59	<HANDCIRC>	手周长：包含食指和小指的手的最大周长
us60	<HANDLGTH>	手长：腕部和手相接部到中指指尖的距离
us61	<HEADBRTH>	头宽：耳朵上部水平方向头的最大宽度
us63	<HEADLGTH>	头长：头部印堂处到头部后方点之间的最大长度
us64	<HLAKCIRC>	脚后跟处踝周长：脚后跟处踝部的周长
us65	<HEELBRTH>	足跟宽度：足跟处内侧和外侧间的最大水平距离
us66	<HIPBRTH>	立姿臀宽：站立时水平面上臀部与两臀侧面之间的水平距离
us67	<HIPBRSIT>	坐姿臀宽：坐姿状态臀部两侧之间的最大距离

续表

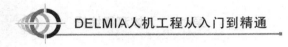

索　引	缩　写	具体说明
us68	<ILCRSIT>	骨盆高：从站立面最低点到右侧骨盆突出的最高点之间的垂直距离
us69	<INPUPBTH>	瞳距：两个瞳孔之间的水平距离
us70	<INSCYE1>	背宽：背部左右两肋骨上部左右两边之间的水平距离
us72	<KNEECIRC>	立姿膝盖周长：站立时膝盖处水平方向的周长
us73	<KNEEHTMP>	膝盖中心高：从站立水平面到膝盖中心的垂直距离
us74	<KNEEHTSI>	坐姿膝盖高：坐姿状态脚放置处的底部到膝盖中心之间的垂直距离
us75	<LATFEMEP>	膝盖侧高：站立时站立平面到膝盖中心侧面的垂直距离
us76	<LATMALHT>	侧面脚踝高度：站立时站立平面和脚踝外侧的踝部某点之间的垂直距离
us77	<LOTHCIRC>	大腿下端周长：膝盖处水平面大腿周长
us79	<MSHTSIT>	坐姿肩中点高：坐姿状态的坐立最低平面至右肩顶部中点的垂直距离
us81	<NECKCIRC>	颈周长：甲状腺处颈部周长
us82	<NECKCRCB>	颈根周长：颈根部周长
us83	<NECKHTLT>	侧立颈高：站立表面到颈部侧面某点之间的垂直距离
us87	<POPHGHT>	腿弯部高：当被测对象保持坐姿，大腿与地面平行膝盖弯曲 90°，脚底平面到膝盖后面大腿下面之间的垂直距离
us88	<RASTL>	前臂长：肘部某点与手腕某点之间的距离
us89	<SCYECIRC>	肩部周长：肩部某点与上臂交接处环绕一周的长度
us92	<SHOUELLLT>	肩肘间距：上肢弯曲 90°，肩部某点与肘部底部某点之间的距离
us93	<SHOULGTH>	肩长：颈部与肩部连接处到肩和手臂连接处之间的距离
us94	<SITTHGHT>	坐立高度：坐姿状态坐立的最低平面和头部顶点之间的垂直距离
us98	<SLOUTSM>	袖长：手臂在身体侧面伸直，肩部某点到手腕某点之间的直线距离
us99	<SPAN>	跨度：两只手水平方向向两边伸直，两手中指指尖之间的水平距离
us100	<STATURE>	身高：从站立处的平面到头顶水平切面之间的垂直距离
us103	<TENRIBHT>	底部肋骨高度：站立平面到胸部最下面的肋骨之间的垂直距离
us104	<THGHCIRC>	大腿周长：腿部与臀部接合处的大腿周长
us105	<THGHCLR>	臀高：坐立表面和臀部上方最高点之间的垂直距离
us106	<THUMBBR>	拇指宽度：垂直于拇指长轴方向的拇指的最大宽度
us107	<THMBTPR>	拇指指尖触及范围：身体躯干与墙壁保持接触，手臂向前伸开与地面保持平行，墙壁与拇指指尖之间的水平距离
us108	<TROCHHT>	转节点高度：站立处表面到臀部转节点之间的垂直距离
us113	<WSTBRTH>	腰宽：肚脐中心处腰部的水平方向的宽度
us115	<WSCIRCOM>	腰围：肚脐的中心处环绕的水平周长
us116	<WSTDEPTH>	腰深：肚脐中心水平面腰部前后面之间的水平距离

续表

索　引	缩　写	具体说明
us120	<WSTHOM>	站立时站立平面到肚脐中心的垂直距离
us122	<WSHTSTOM>	坐姿腰高：坐立时坐立的最低表面到肚脐中心的垂直距离
us125	<WEIGHT>	重量
us126	<WRCTRGRL>	握紧位置：手腕某点到握紧中心的水平距离
us127	<WRISCIRC>	手腕周长：手腕某点垂直于前臂长轴方向上的手臂周长
us130	<WRINFNGL>	食指腕间距：腕部到食指指尖之间的距离
us131	<WRTHLGTH>	拇指腕间距：腕部到拇指指尖之间的水平距离
us132	<WRWALLLN>	腕前伸距：肩部和臀部与墙壁保持接触，手臂向前自由伸展与地面保持平行，墙壁与腕部之间的水平距离
us133	<WRWALLEX>	最大腕前伸距：肩部和臀部与墙壁保持接触，手臂最大限度地前伸与地面保持平行，墙壁与腕部之间的水平距离
us212	<BIGBRH>	下颌间宽：下颌处左右下颌点之间的直线距离
us215	<BDRBDTHH>	耳屏间距：左右耳屏两点之间的直线距离
us216	<BIZYBRH>	颧骨间宽：颧骨最外侧点处左右两侧某点之间的直线距离
us233	<ECTORBT>	眼眶头顶间距：眼睛下方眼眶到头顶水平切面之间的垂直距离
us236	<GLABX>	印堂后脑间距：前额两眉中间印堂到后脑垂直切面之间的垂直距离
us237	<GLABZ>	眉顶间距：两眉之间的点到头顶水平切面之间的垂直距离
us240	<INFORBB>	眼眶后脑间距：眼眶最下点到后脑切面之间的水平距离
us242	<MENTONX>	下颌后脑间距：下颌某点到后脑垂直切面之间的水平距离
us243	<MENTONZ>	下颌头顶间距：下颌底部某点到头顶水平切面之间的垂直距离
us244	<PMENTONX>	下颌上方后脑间距：下颌上方某点到后脑垂直切面之间的水平距离
us245	<PMENTONZ>	下颌上方头顶间距：下颌上方某点到头顶水平切面之间的垂直距离
us246	<PRONASX>	鼻尖后脑间距：鼻尖处到后脑垂直切面之间的水平距离
us247	<PRONASZ>	鼻尖头顶间距：鼻尖处到头顶水平切面之间的垂直距离
us248	<SELLIONX>	眉间后脑间距：两眉之间的鼻根处最深点与后脑垂直切面之间的水平距离
us249	<SELLIONZ>	眉间头顶间距：两眉之间的鼻根处最深点与头顶水平切面之间的垂直距离
us250	<STOMIONX>	嘴至后脑间距：嘴的中心到后脑垂直切面之间的水平距离
us251	<STOMIONZ>	嘴至头顶间距：嘴的中心到头顶水平切面之间的垂直距离
us254	<TRAGB>	耳屏后脑间距：耳屏点到后脑垂直切面之间的距离
us255	<TRAGT>	耳屏头顶间距：耳屏点到头顶水平切面之间的距离

（4）图 4-13 对话框中的 Management（操作）模块，可选择 Automatic（自动）或 Manual（手动）模式，如图 4-14 所示。选择 Automatic（自动）时，Value（数值）模块用户不可自定义修改；选择 Manual（手动）时，Value（数值）模块可供用户自定义编辑人体测量数据。

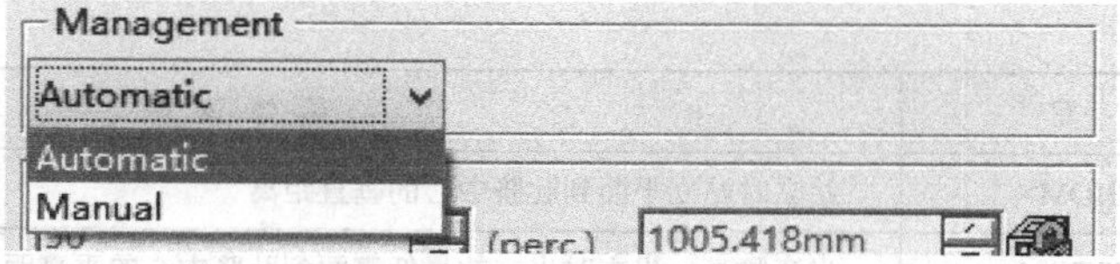

图 4-14　Management 模块

（5）图 4-13 对话框中的 Value（数值）模块，仅在 Management（操作）模块设为 Manual（手动）模式时才可进行编辑，如图 4-15 所示。

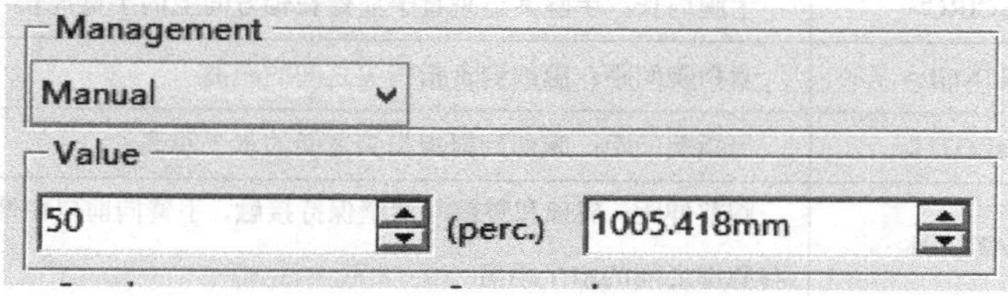

图 4-15　Value 模块

通过下列方法可以修改测量变量的数值并且自动更新不同类型人体模型的测量数据：

① 在 Value（数值）模块中的 perc.（percent，百分位）中，用户可用鼠标左键调节微调箭头或手动输入数值来更改百分位，则左侧的变量也会自动更改为对应的数值，如图 4-16 所示，将百分位数值设置为 60。

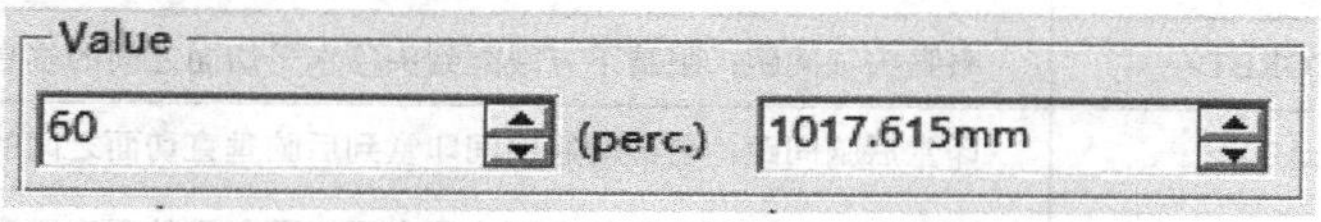

图 4-16　通过修改百分位数值编辑变量

② 同样在 Value（数值）模块中右侧的变量栏中，用户可用鼠标左键调节微调箭头或手动输入数值来更改长度，则左侧的百分位变量也会自动更改为对应的数值。

③ 单击工作界面中表示人体测量的黄色箭头，该箭头变为红色，通过拖动箭头可直接改变人体测量的数据，如图 4-17 所示。

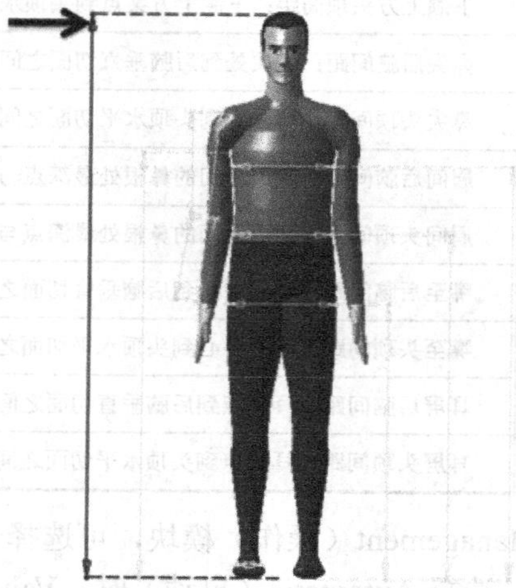

图 4-17　通过操作箭头编辑变量

（6）图 4-13 对话框中的 Gender（性别）模块，可更改人体模型的性别。此选项改变人体模型的性别时，Value（数值）模块中的数据会自动改变，如图 4-18 所示。

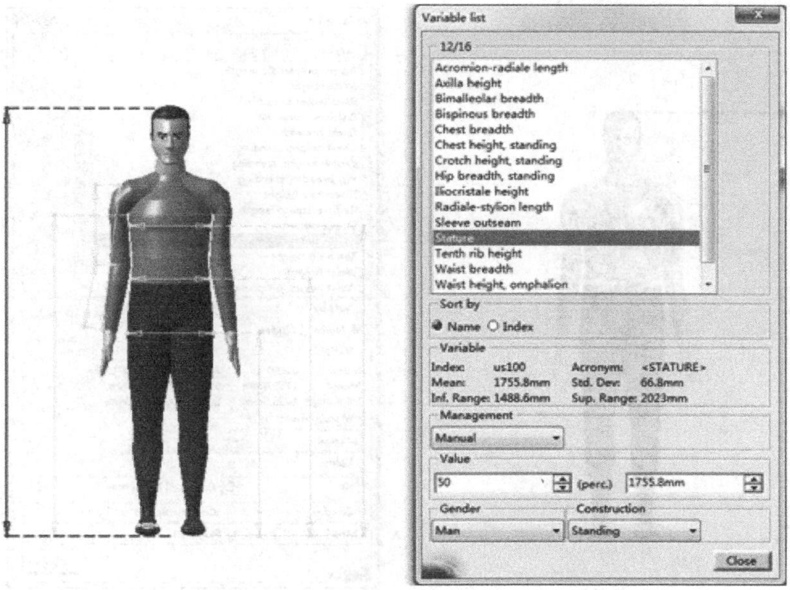

（a）Man（男性）

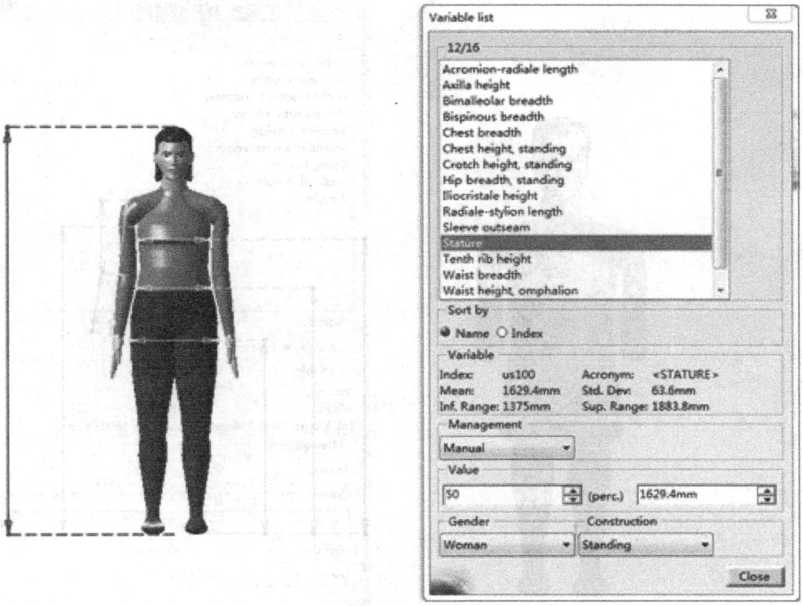

（b）Woman（女性）

图 4-18　修改人体模型性别

（7）图 4-13 对话框中的 Construction（结构）模块，可更改人体模型的姿势为 Standing（站姿）和 Sitting（坐姿）。此选项改变人体模型的姿势时，将显示不同的人体测量变量，如图 4-19 所示。

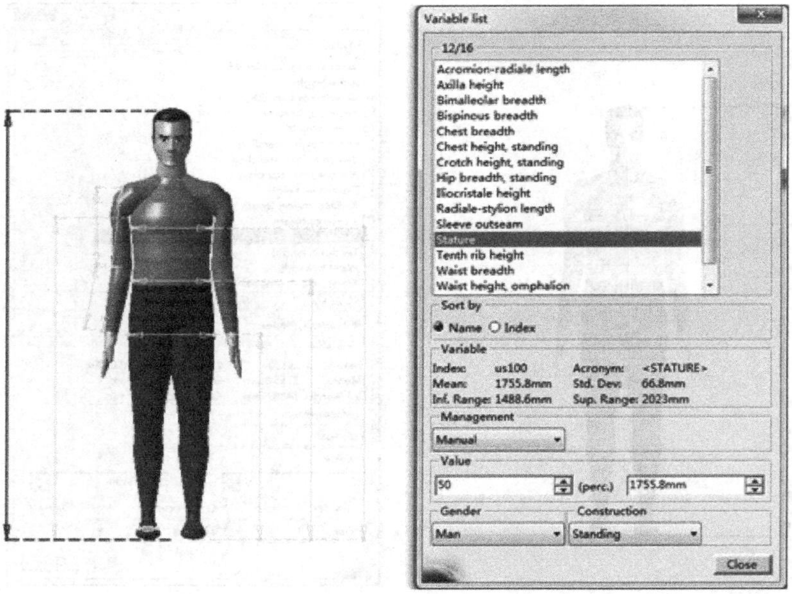

（a）立姿

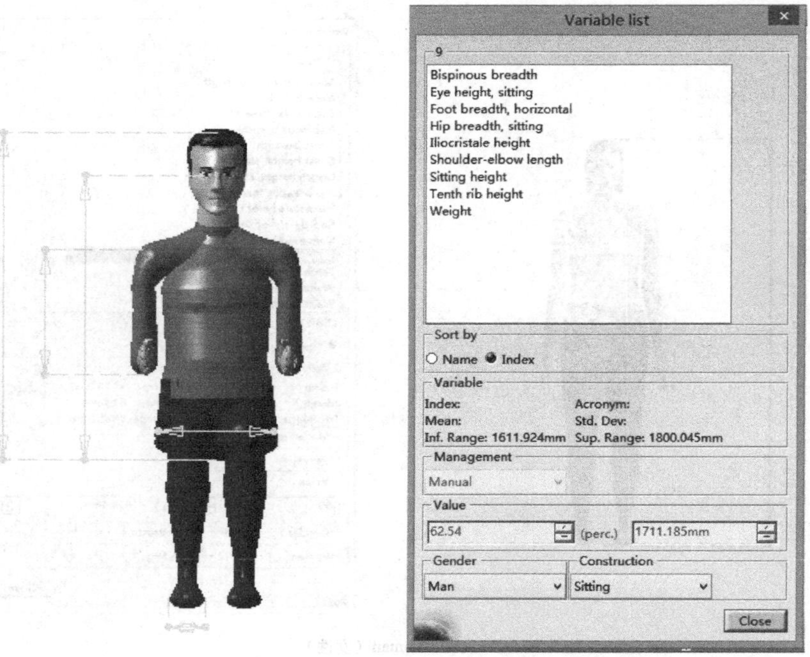

（b）坐姿

图 4-19　修改人体模型姿势

4.2.5 Filter（过滤器）命令简介

该命令能够应用人体测量过滤器来显示人体测量变量列表。主要是显示不同的人体模型特征，如 Part（部分）、Type（类型）、Management（操作）等。

（1）单击 Anthropometry Editor（人体测量编辑）工具栏中的 Filter（过滤器）按钮，弹出 Anthropometric Filter（人体测量过滤器）对话框，如图 4-20 所示。

（2）该对话框包含以下内容。

① Part（部分）模块，将人体模型的身体共分为七大部分：Body（身体）、Head（头）、Torso（躯干）、Arm（上臂）、Hand（手）、Leg（腿）、Foot（足）。该模块的选择将会影响 Variable list（变量列表）和工作界面中测量箭头的显示。

② Type（类型）模块，将人体测量共分为六种测量类型：Circumference（围度）、Height（高度）、Length（长度）、Breadth（宽度）、Depth（深度）、Mass（质量）。该模块的选择将会影响 Variable list（变量列表）和工作界面中测量箭头的显示。

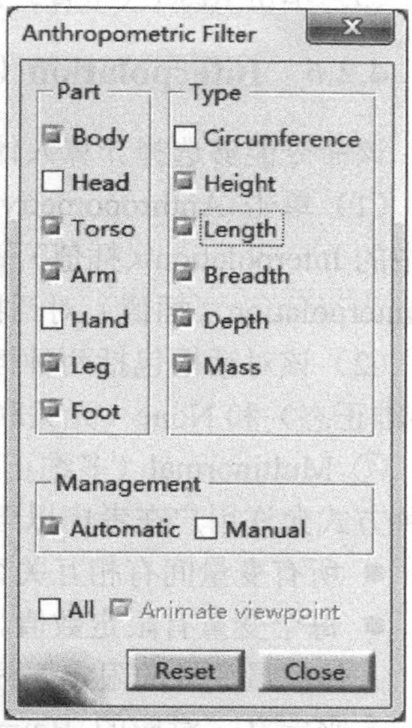

图 4-20 人体测量过滤器对话框

用户可以任意组合 Part（部分）和 Type（类型）模块中的测量选项。例如，选定 Body（身体）、Head（头）、Leg（腿）和 Height（高度），工作界面显示如图 4-21 所示。

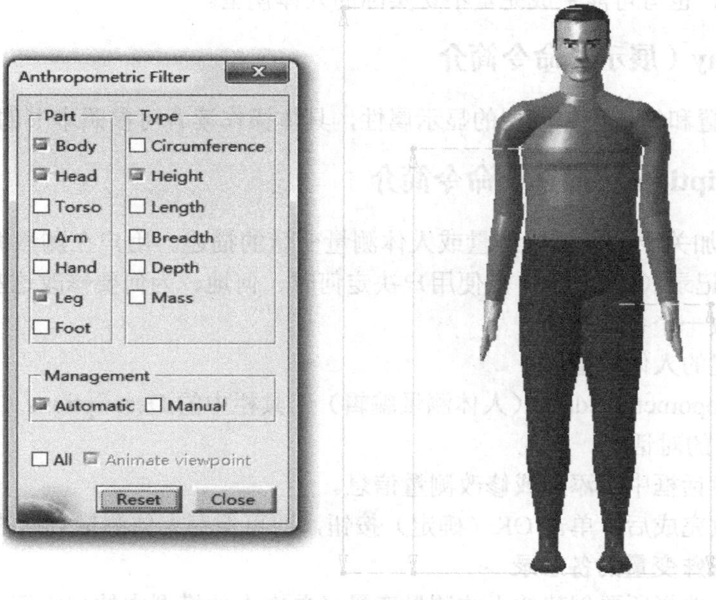

图 4-21 人体模型测量变量经过滤后的显示

③ Management（操作）模块，可选择测量变量的计算手段。Automatic（自动）方式，只显示经系统计算的变量；Manual（手动）方式，只显示用户定义的变量。

（3）单击 Reset（重置）按钮，对话框中各个模块都将回到最初的缺省设置状态。

4.2.6 Interpolation（修改）命令简介

该命令能够选择计算人体测量变量所需的插值类型。

（1）单击 Anthropometry Editor（人体测量编辑）工具栏中的 Interpolation（插值）按钮，则弹出如图 4-22 所示的 Interpolation（插值）对话框。

（2）该对话框包括两种插值类型，分别为 Multinormal（多维正态）和 None（无关联）。

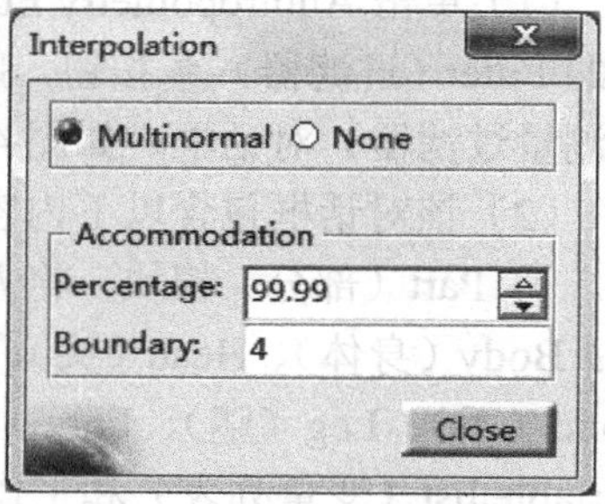

图 4-22 插值对话框

① Multinormal（多维正态），为人体测量的缺省方式。这种方式允许用户在考虑以下情况时对变量进行修改：

- 所有变量间有相互关系。
- 每个变量有限定数值。

人体测量变量的限定要根据预先设定的 Percentage（百分位）来定义，对应的 Boundary（边界）数值则会自动更新。

② None（无关联）。这种方式删除了变量值的所有限定。如果没有可以利用的人体数据库满足用户的特定需求，None（无关联）方式可以用来生成一个没有包括在当前人群类型中的人体模型。

选择此选项的时候需要注意：修改人体模型变量值的时候，不止可以生成不包括在人群类型中的人体模型，也有可能生成完全不切实际的人体模型。

4.2.7 Display（展示）命令简介

该命令能够设置和编辑人体模型的显示属性，具体操作读者可参照本书的第 3.2.1 节。

4.2.8 Descriptions（描述）命令简介

该命令能够添加关于人体模型测量或人体测量变量的描述。用户在测量编辑过程中，可以保留变量的历史记录（备忘录），方便用户决定何时、何地、为何要修改这些变量。

1．创建或修改一个备忘录

① 选择已创建的人体模型。

② 单击 Anthropometry Editor（人体测量编辑）工具栏中的 Descriptions（描述）按钮，弹出如图 4-23 所示的对话框。

③ 在弹出的对话框中可添加或修改测量信息。

④ 添加或修改完成后，单击 OK（确定）按钮，即可保存人体测量数据的备忘录。

2．创建一个特殊变量的备忘录

① 在工作界面选择所要创建的人体测量变量（单击人体模型中的相应箭头）。

② 选择 Descriptions（描述）按钮，弹出的备忘录窗口如图 4-24 所示，窗口标题已经包含了所要创建的特殊变量的名字。

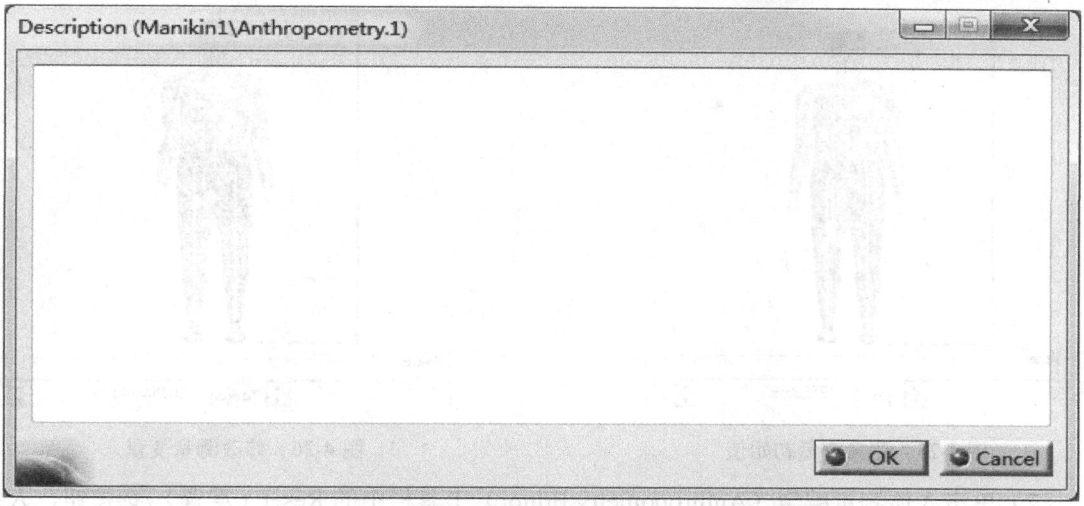

图 4-23 描述对话框

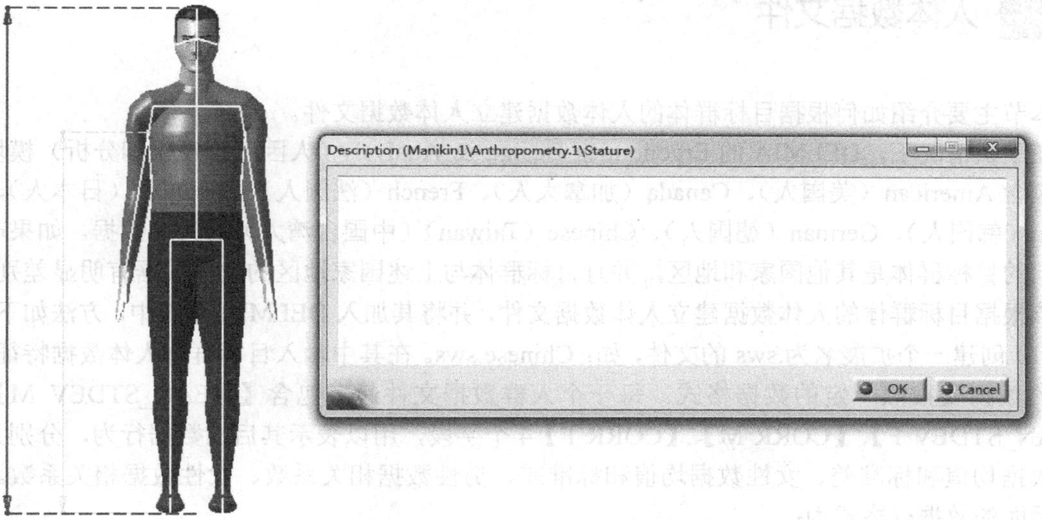

图 4-24 人体模型身高备忘录

③ 在弹出的对话框中可添加或修改测量信息。

④ 添加或修改完成后，单击OK（确定）按钮，即可保存人体测量变量的备忘录。

4.2.9 Reset（重置）命令简介

该命令能够方便用户恢复人体模型最初的人体测量状态。

（1）为了展示 Reset（重置）的功能，创建一个人体模型，手动修改一些数值。本例中人体模型的身高初始百分位数是 50，身高是 1755.8mm，如图 4-25 所示；改动后百分位数为 85，身高是 1825.034mm，如图 4-26 所示。

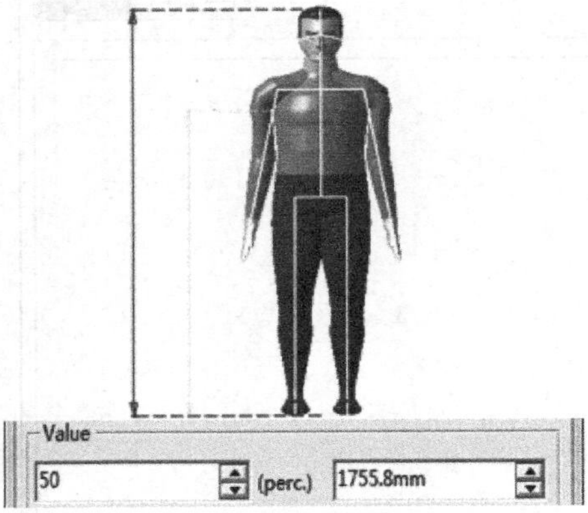

图 4-25　测量变量初始值

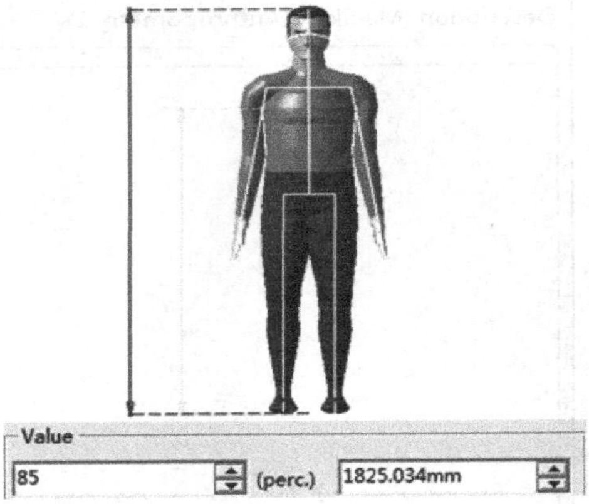

图 4-26　修改测量变量

（2）单击人体测量编辑（Anthropometry Editor）工具栏中的 Reset（重置）按钮，人体模型的测量变量就会恢复到如图 4-25 所示的初始数据。

4.3 人体数据文件

本节主要介绍如何根据目标群体的人体数据建立人体数据文件。

在默认情况下，DELMIA 的 Ergonomics Design & Analysis（人因工程设计和分析）模块中仅包含 American（美国人）、Canada（加拿大人）、French（法国人）、Japanese（日本人）、Korean（韩国人）、German（德国人）、Chinese（Taiwan）（中国台湾人）的人体数据。如果产品面向的目标群体是其他国家和地区，并且目标群体与上述国家地区的人体数据有明显差别，则应该根据目标群体的人体数据建立人体数据文件，并将其加入 DELMIA 系统中，方法如下：

（1）创建一个扩展名为.sws 的文件，如：Chinese.sws。在其中输入目标群体人体数据特征。输入的数据要按照一定的数据格式。每一个人群数据文件最多包含【MEAN_STDEV M】、【MEAN_STDEV F】、【CORR M】、【CORR F】4 个字段，用以表示其后的数据行为，分别为男性数据均值和标准差、女性数据均值和标准差、男性数据相关系数、女性数据相关系数。字段后面的数据行格式为：

<人体尺度变量><均值><标准差>

<人体尺度变量 1><人体尺度变量 2><相关系数>

图 4-27 是一个简单的人体数据文件示例，其中定义了群体身高（us100）分布的均值和标准差，以及坐姿状态腹部厚度（us2）和体重（us125）的相关系数，表中人体数据单位为厘米（cm）。

（2）当人体数据文件建立之后，在 DELMIA 菜单中依次选择 Tools（工具）→Options（选项），打开 Options（选项）对话框，依次单击 Ergonomics Design & Analysis（人因工程设计和分析）→ Human Measurements Editor（人体测量编辑），可看到 Anthropometry（人体测量）选项卡，如图 4-28 所示。

MEAN_STDEV M		
us100	177.0	6.1
MEAN_STDEV F		
us100	165.0	5.9
CORR M		
us2	us125	0.722
CORR F		
us2	us125	0.773
END		

图 4-27 人体数据文件

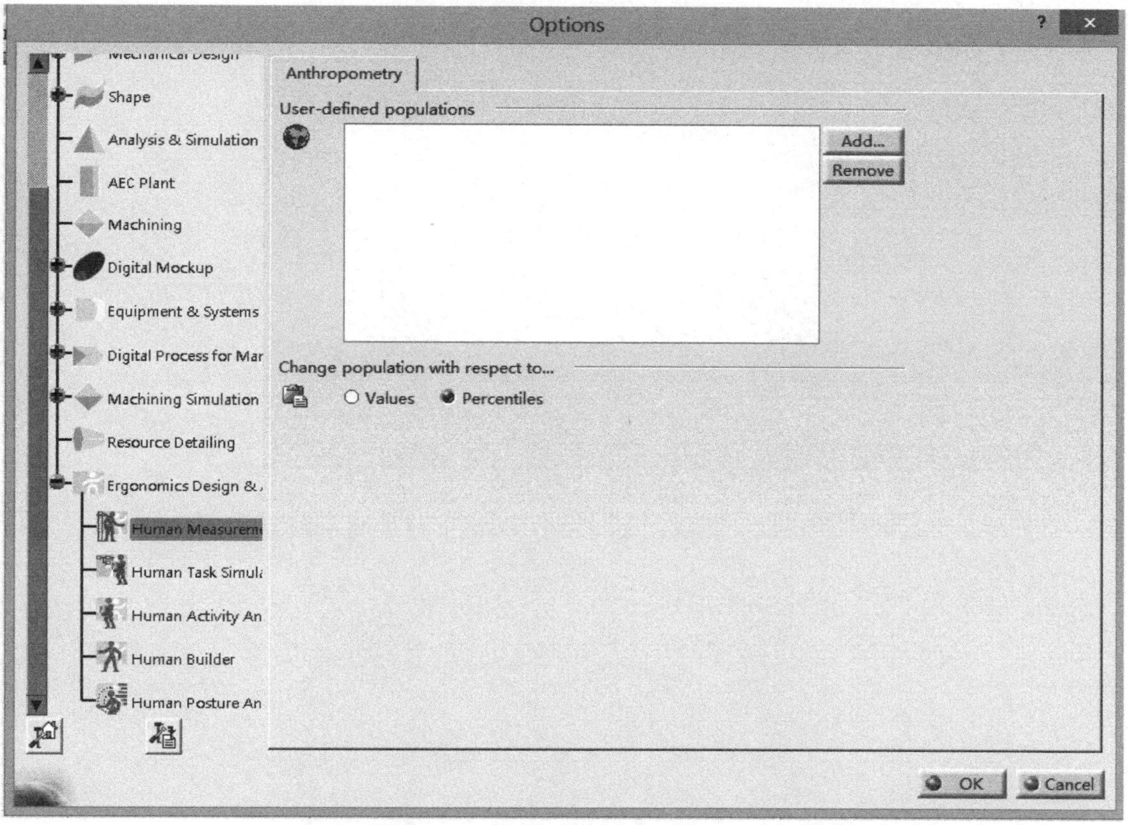

图 4-28 选项对话框

（3）单击 Add（添加）按钮，弹出 Open a population file（打开一个人群文件）对话框，选择要添加的人体数据文件（例如：已创建的 Chinese.sws），单击 OK（确定）按钮，即可将新的人体数据添加到系统中，如图 4-29 所示。

（4）图 4-28 中的 Remove（移除）按钮，可将已添加的用户自定义人体数据文件从列表中删除。

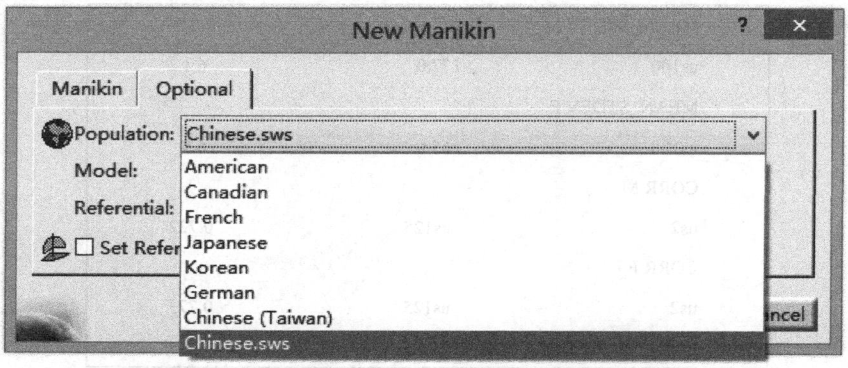

图 4-29　成功导入人体数据文件

第 5 章

人体任务仿真

人体任务仿真 （Human task stimulation）可以用来创建、验证和模拟使用 DPM（Digital Process for Manufacturing，数字制造工艺）计划以及模拟基础设施中工作人员的活动，如：行走、抓取、放置、攀爬等。这些活动可以与 DPM 装配活动相结合，来模拟分析工作人员和其他实体之间的运动关系，从而可以得到工作人员在特定的制造环境中必须完成的某项工作的多个备选方案。

本章主要学习人体任务仿真 （Human task stimulation）模块中的基础动作仿真过程。

5.1 基础工作环境

本节主要介绍人体任务仿真模块的主要功能和工作界面。

5.1.1 人体任务仿真功能简介

人体任务仿真（Human Task Simulation）是一个强大的模拟工具，用于创建、验证和模拟工作人员使用 DPM 计划和模拟人在基础设施的活动。例如：虚拟工作人员可能会沿着设备运动的轨迹或特定的路径，走到另一个特定的位置；可能会借助梯子完成升降；可能会抓取、拿起并放置零件到指定工作区域。

用户还可以在虚拟环境中建立工作人员与零件或工具的特定位置约束。在标准的 V5 目录中，这些位置约束也将被保存，直到在下一个任务中需要修改时再进行更新。

DELMIA 虚拟工效分析可以与 DELMIA 的 DPM 组件相结合，来分析模拟工作人员和其他实体之间的关系。这些关系可以在 DPM 中使用强大的流程模拟功能进行模拟和验证，从而为用户测试和优化工作人员在特定的制造、维护或装配环境中必须完成的动作提供了多种选择。

5.1.2 人体任务仿真工作界面

1．进入人体任务仿真工作界面

该模块的具体位置：Start（开始）→ Ergonomics Design & Analysis（人因工程设计和分析）→ Human Task Simulation（人体任务仿真），如图 5-1 所示。Human Task Simulation（人体任务仿真）工作界面如图 5-2 所示。

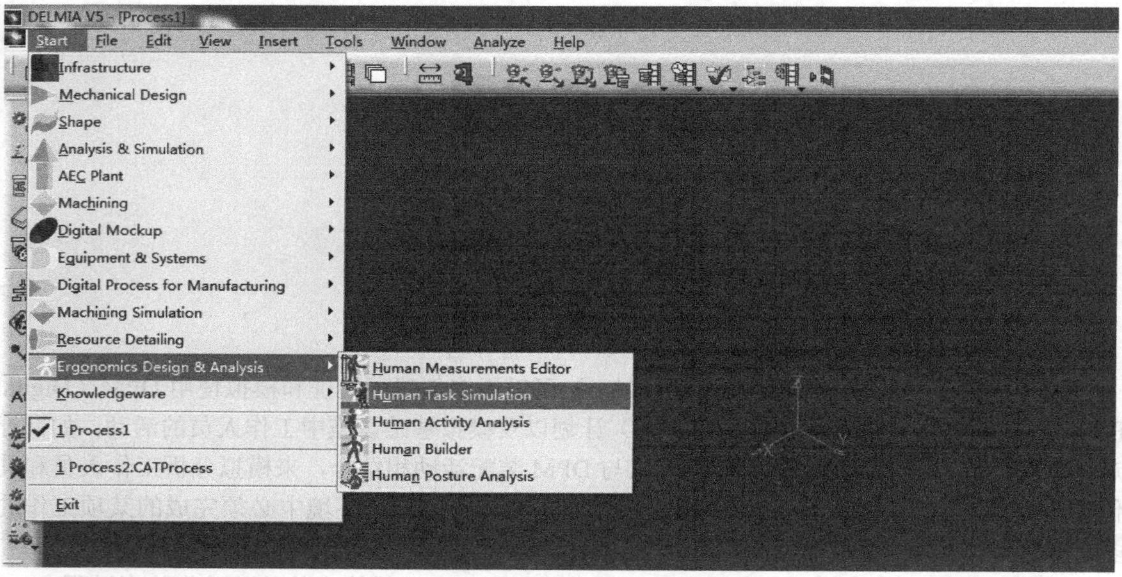

图 5-1　菜单栏中人体任务仿真的选项

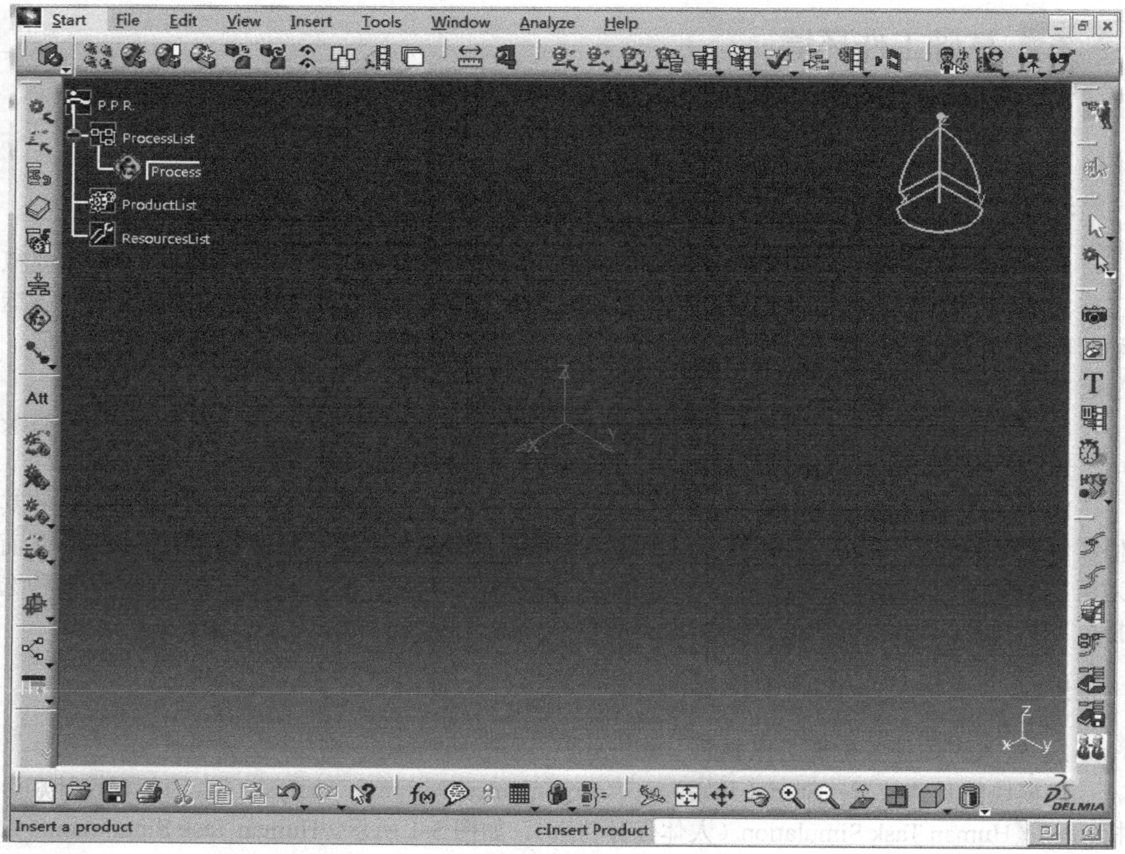

图 5-2　人体任务仿真工作界面

2．人体任务仿真工作界面工具栏

人体任务仿真模块提供了以下方便用户进行人体任务仿真的工具：

① Worker Activities（工人活动）工具栏：此工具栏便于用户给工人添加特定的任务，如图 5-3 所示。

图 5-3　Worker Activities 工具栏

② Simulation（仿真）工具栏：此工具栏便于用户对所建立的工人活动进行仿真，也可以用来保存和恢复工人的初始状态，如图 5-4 所示。

③ 任务工具（Task Tools）工具栏：此工具栏可对已建立的仿真任务进行相关操作，如图 5-5 所示。

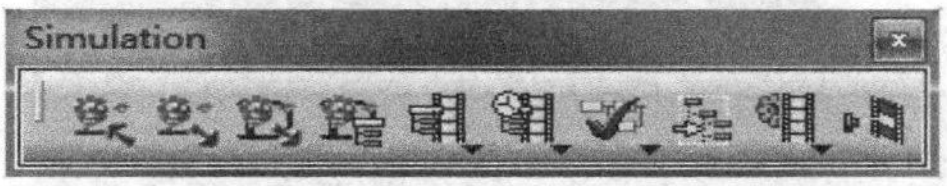

图 5-4　Simulation 工具栏

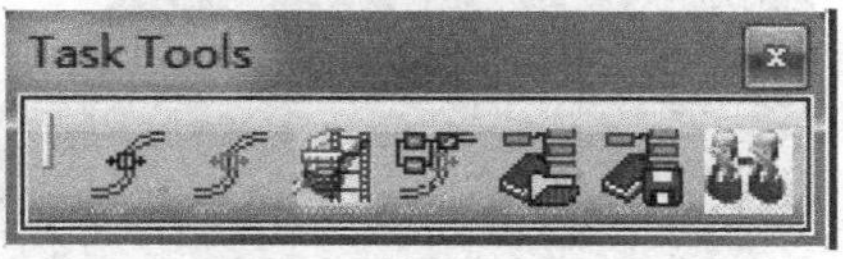

图 5-5　Task Tools 工具栏

④ 其他工具栏则便于用户进行基础功能的操作，其余章节均有涉及，此处不再赘述。

若进入人体模型姿态分析工作界面后，左侧工具条中未出现上述工具栏，可在菜单栏中 View（视图）→Toolbars（工具栏）子菜单中，自定义选择相应的工具。

5.2 人体任务仿真具体功能

本节主要围绕 Worker Activities（工人活动）工具栏来具体展示如何给工人添加特定的任务进行仿真。

5.2.1 行走动作仿真

行走动作仿真可以模拟工人的行走动作。具体包括：前进、后退、侧向行走、自由行走和按规律行走。仿真操作步骤如下：

将人体模型（见附件中的 human）和一个平面（见附件中的 plant floor）载入到 PPR 树中，如图 5-6 所示，模型文件路径为：【chapter5\model\human.CATProduct】和【chapter5\model\plant floor.CATProduct】。

> **注 意**
>
> 以下操作均需要在人体模型和其他资源已载入到 PPR 结构树的前提下进行。

1．前进行走动作

① 鼠标左键单击 Simulation（仿真）工具栏中的 Save Initial State（保存初始状态）按钮，即可保存工人的初始状态。

② 鼠标左键单击 Worker Activities（工人活动）工具栏中的 Creates a Walk Fwd Activity（创

建一个前进行走动作）按钮。

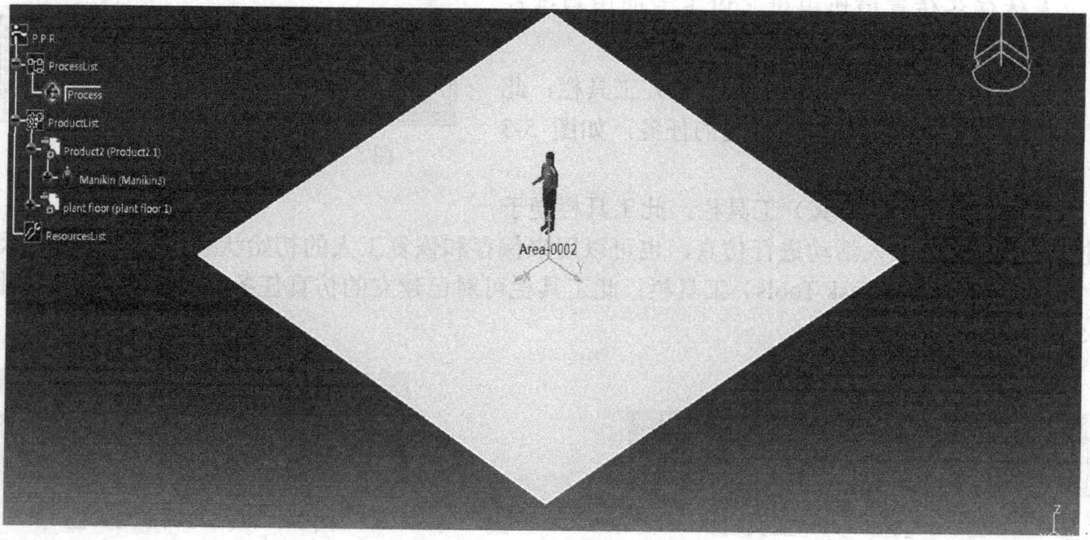

图 5-6　载入资源

③ 鼠标左键单击 PPR 结构树中载入的人体模型名称，即可打开 Walk（行走）对话框，如图 5-7 所示。

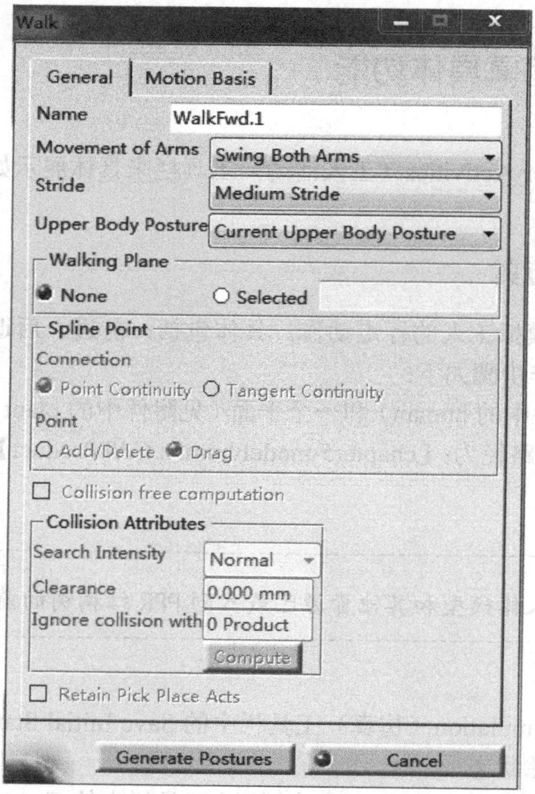

图 5-7　行走对话框

④ 在行走对话框的 General（通用）选项卡中设置运动的名称（Name）。胳膊摆动类型（Movement of Arms）、步幅（Stride）以及上半身的姿态（Upper Body Posture），如图 5-8 所示。

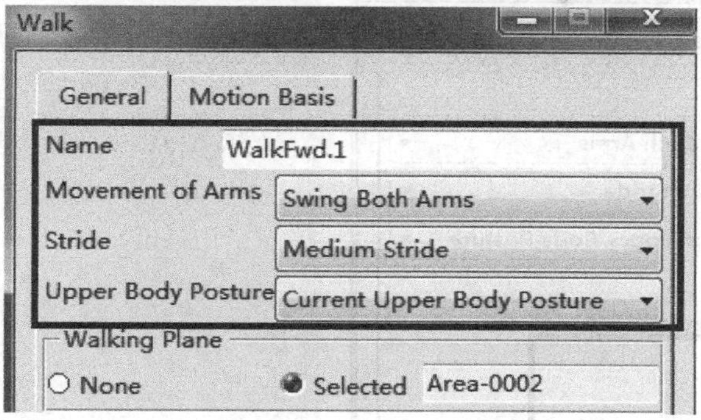

图 5-8 运动设置

⑤ 在行走对话框的 General（通用）选项卡中的 Walking plane（行走平面）一栏里选择 Selected（选择）单选项，如图 5-9 所示。然后在 PPR 结构树中选择已导入的 plant floor 下的 Area1，如图 5-10 所示。

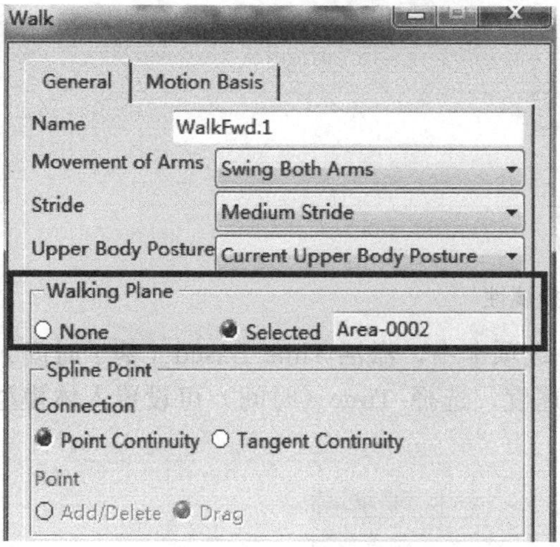

图 5-9 选择工作平面

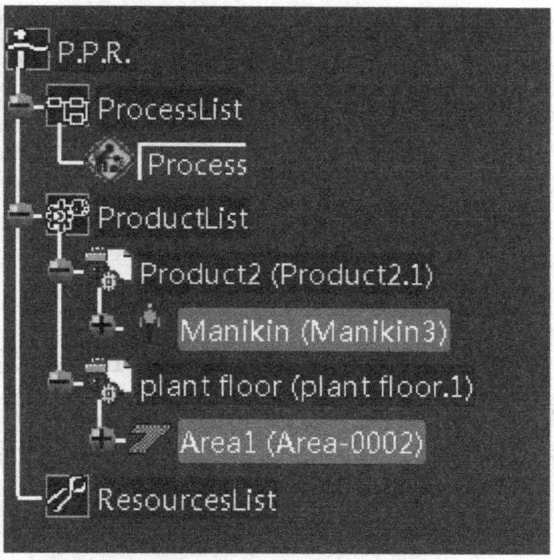

图 5-10 在 PPR 树中选择平面

⑥ 在行走对话框的 General（通用）选项卡中的 Spline Point（样条点）一栏里可以选择工人行走轨迹（即样条曲线）的构成方式，如图 5-11 所示，Point Continuity 为点连续，Tangent Continuity 为切线连续。

⑦ 将光标放置在工人模型上，可以看到光标由箭头变成了手形，这时单击左键便可选择第一个目标点，再选择一系列目标点后单击右键，便可生成工人行走轨迹的样条曲线。如图 5-12 所示，图中线条即工人的行走轨迹。

⑧ 在行走对话框的 General（通用）选项卡中激活 Collision free computation（无碰撞计算）命令，可通过设置 Collision Attributes（碰撞属性）中的 Search Intensity（搜索强度）、Clearance（间隙）和 Ignore collision with（忽略碰撞），单击 Compute（计算）按钮进行相关计算，如图

5-13 所示。

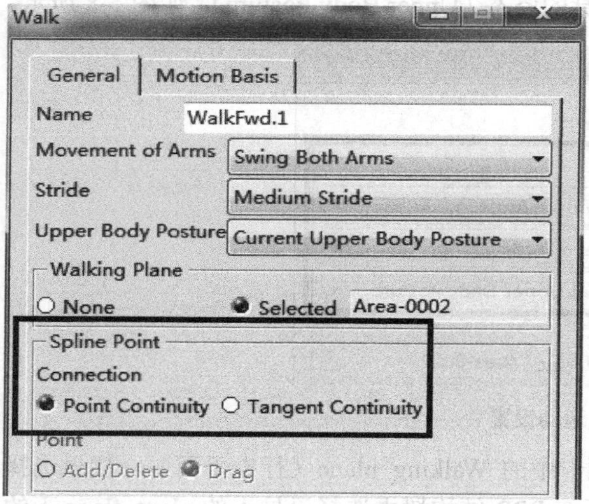

图 5-11　选择样条曲线构成方式

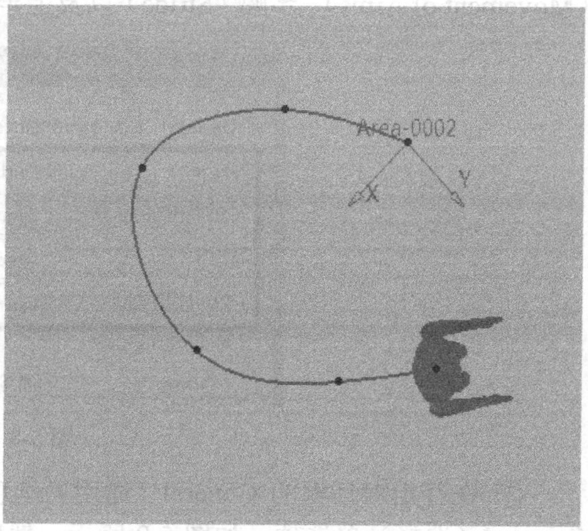

图 5-12　生成行走轨迹

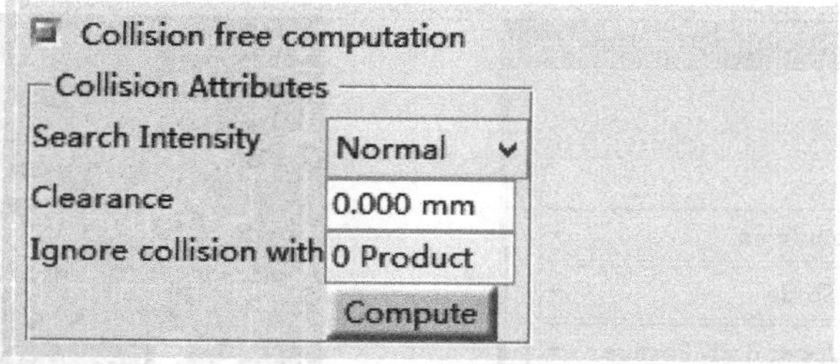

图 5-13　设置碰撞属性

⑨ 在行走对话框的 Motion Basis（运动基础）选项卡中，激活 Time Based（基于时间）命令，选择 Speed（速度）可设置人体模型运动的速度，选择 Time（时间）可设置人体模型完成此次行走运动的时间，如图 5-14 所示。

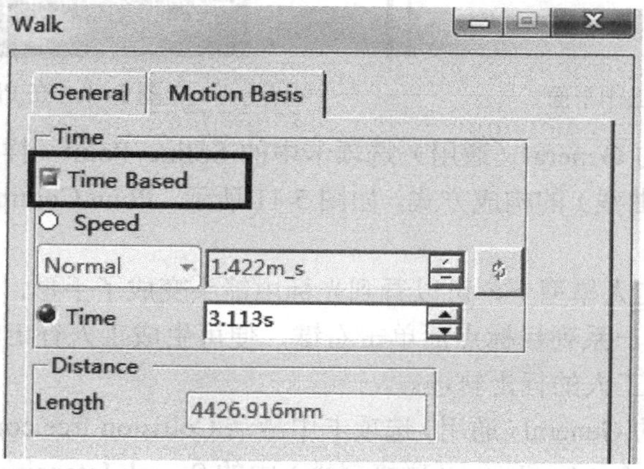

图 5-14　设置运动速度或时间

⑩ 确认所有参数设置无误后鼠标左键单击行走对话框左下方的 Generate Postures（生成

姿态）Generate Postures 按钮，即可生成一个前进行走的动作。

⑪ 鼠标左键单击 PPR 结构树上的 WalkFwd.1，如图 5-15 所示，再单击 Simulation（仿真）工具栏中的 Process Simulation（进程仿真）按钮，弹出图 5-16 所示的 Process Simulation（进程仿真）窗口，单击 Run（运行）按钮即可生成前进动作的动画仿真。

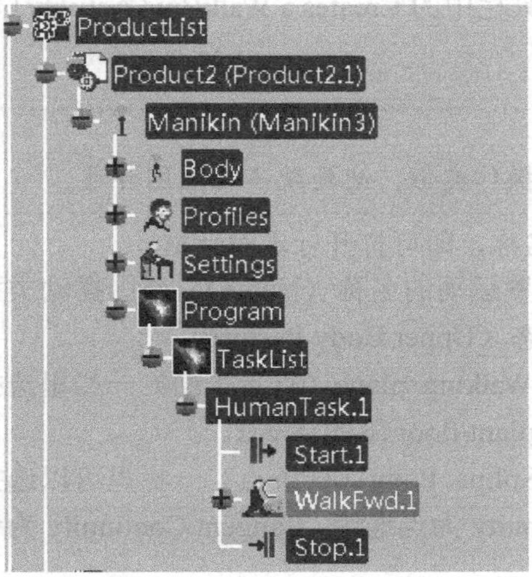

图 5-15 选择 WalkFwd.1

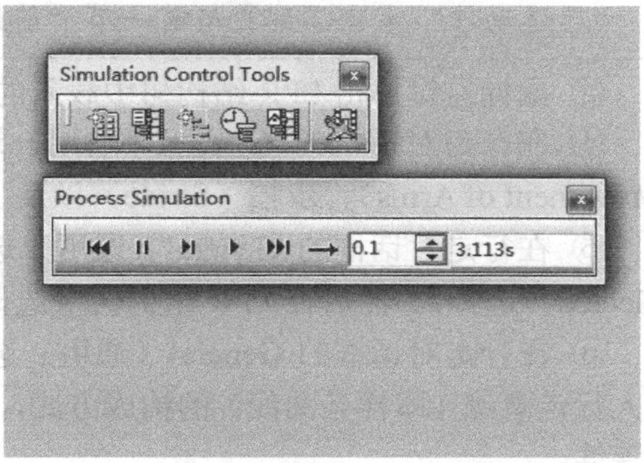

图 5-16 进程仿真窗口

⑫ 在 PPR 结构树上，可以将生成的前进动作展开，显示子动作，如图 5-17 所示。

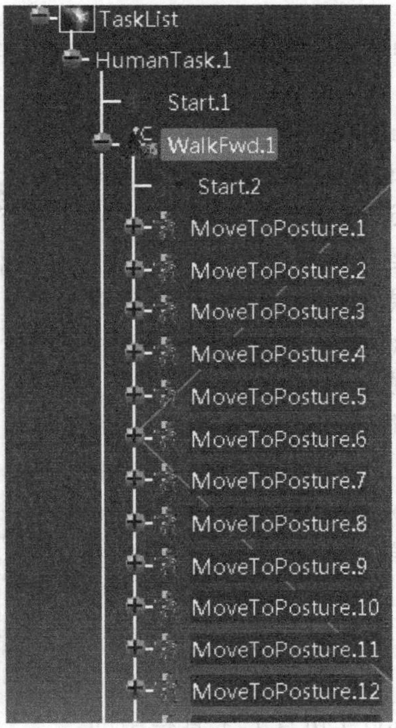

图 5-17 显示前进动作的子动作

⑬ 鼠标左键单击 Simulation（仿真）工具栏中的 Restore Initial State（恢复初始状态）按

钮，即可恢复工人的初始状态。

2. 后退动作

① 鼠标左键单击 Simulation（仿真）工具栏中的 Save Initial State（保存初始状态）按钮，即可保存工人的初始状态。

② 鼠标左键单击 Worker Activities（工人活动）工具栏中的 Creates a WalkBwd Activity（创建一个后退行走动作）按钮。

> **注 意**
>
> “后退动作”步骤②到⑫与前一节“前进动作”的操作类似，此处就不再配图详述。

③ 鼠标左键单击 PPR 结构树中载入的人体模型名称，即可打开行走对话框。

④ 在行走对话框的 General（通用）选项卡中设置运动的名称（Name）、胳膊摆动类型（Movement of Arms）、步幅（Stride）以及上半身的姿态（Upper Body Posture）。

⑤ 在行走对话框的 General（通用）选项卡中的 Walking plane（行走平面）一栏里选择 Selected（选择）。然后在 PPR 结构树中选择已导入的 plant floor 下的 Area1。

⑥ 在行走对话框的 General（通用）选项卡中的 Spline Point（样条点）一栏里可以选择工人行走轨迹（即样条曲线）的构成方式，Point Continuity 为点连续，Tangent Continuity 为切线连续。

⑦ 将光标放置在工人模型上，可以看到光标由箭头变成了手形，这时单击左键便可选择第一个目标点，再选择一系列目标点后单击右键，便可生成工人行走轨迹的样条曲线，绿色线条即工人的行走轨迹。

⑧ 在行走对话框的 General（通用）选项卡中激活 Collision free computation（无碰撞计算）命令，可进行无碰撞计算。

⑨ 在行走对话框的 Motion Basis（运动基础）选项卡中，激活 Time Based（基于时间）命令，选择 Speed（速度）可设置人体模型运动的速度，选择 Time（时间）可设置人体模型完成此次行走运动的时间。

⑩ 确认所有参数设置无误后鼠标左键单击行走对话框左下方的 Generate Postures（生成姿态）Generate Postures 按钮，即可生成一个后退行走的动作。

⑪ 鼠标左键单击 PPR 结构树上的 WalkBwd.1，如图 5-18 所示，再单击 Simulation（仿真）工具栏中的 Process Simulation（进程仿真）按钮，弹出 Process Simulation（进程仿真）窗口，单击 Run（运行）按钮即可生成后退动作的动画仿真。

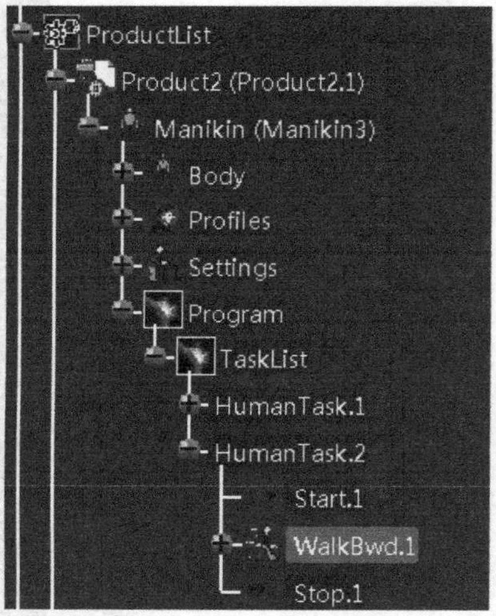

图 5-18　选择 WalkBwd.1

⑫ 在 PPR 结构树上，可以将生成的后退动作展开，显示子动作。

⑬ 鼠标左键单击 Simulation（仿真）工具栏中的 Restore Initial State（恢复初始状态）按钮，即可恢复工人的初始状态。

3．侧向行走动作

① 鼠标左键单击 Simulation（仿真）工具栏中的 Save Initial State（保存初始状态）按钮，即可保存工人的初始状态。

② 鼠标左键单击 Worker Activities（工人活动）工具栏中的 Creates a Side Step Activity（创建一个侧向行走动作）按钮。

> **注 意**
>
> “侧向前进动作”步骤②到⑫与前一节“前进动作”的操作类似，此处就不再配图详述。

③ 鼠标左键单击 PPR 结构树中载入的人体模型名称，即可打开行走对话框。

④ 在行走对话框的 General（通用）选项卡中设置运动的名称（Name）、步幅（Stride）及上半身的姿态（Upper Body Posture），如图 5-19 所示。与前进和后退不同的是，侧向行走没有胳膊摆动类型（Movement of Arms）的选择，因为侧向行走时一般是在搬运工件的情况下，故胳膊的姿势应是保持不变的。

⑤ 在行走对话框的 General（通用）选项卡中的 Walking plane（行走平面）一栏里选择 Selected（选择）单选项。然后在 PPR 结构树中选择已导入的 plant floor 下的 Area1。

⑥ 在行走对话框的 General（通用）选项卡中的 Spline Point（样条点）一栏里默认选择工人行走轨迹（即样条曲线）的构成方式为点连续（Point Continuity）。因为侧向行走总是直线行走，所以并不需要像前进和后退一样选择多个点形成样条曲线。

⑦ 将光标放置在工人模型上，可以看到光标由箭头变成了手形，这时单击左键便可选择第一个目标点，再选择第二个目标点后单击右键，便可生成工人行走轨迹的直线，绿色线条即工人的行走轨迹。

⑧ 侧向行走对话框没有 Collision free computation（无碰撞计算）选项，无法进行无碰撞计算。

⑨ 在行走对话框的 Motion Basis（运动基础）选项卡中，激活 Time Based（基于时间）命令，选择 Speed（速度）可设置人体模型运动的速度，选择 Time（时间）可设置人体模型完成此次行走运动的时间。

⑩ 确认所有参数设置无误后鼠标左键单击行走对话框左下方的 Generate Postures（生成姿态）Generate Postures 按钮，即可生成一个侧向行走的动作。

⑪ 鼠标左键单击 PPR 树上的 SideStep.1，如图 5-20 所示，再单击 Simulation（仿真）工具栏中的 Process Simulation（进程仿真）按钮，弹出 Process Simulation（进程仿真）窗口，单击 Run（运行）按钮即可生成侧向行走动作的动画仿真。

⑫ 在 PPR 结构树上，可以将生成的侧向行走动作展开，显示子动作。

⑬ 鼠标左键单击 Simulation（仿真）工具栏中的 Restore Initial State（恢复初始状态）按钮，即可恢复工人的初始状态。

4．自动行走动作

① 鼠标左键单击 Simulation（仿真）工具栏中的 Save Initial State（保存初始状态）按钮，即可保存工人的初始状态。

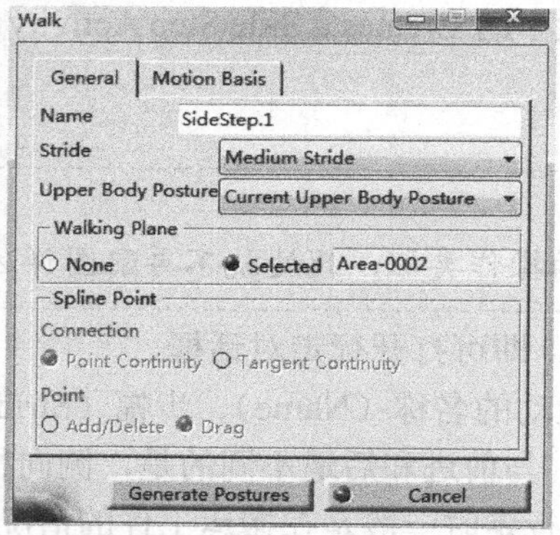

图 5-19　侧向行走的 Walk 对话框

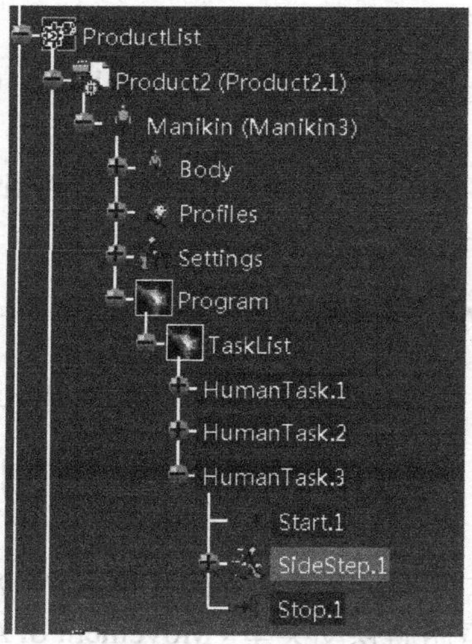

图 5-20　选择 Sidestep.1

② 鼠标左键单击 Worker Activities（工人活动）工具栏中的 Creates a Auto Walk Activity（创建一个自动行走动作）按钮。

③ 鼠标左键单击 PPR 结构树中载入的人体模型名称，即可打开行走对话框。

④ 在行走对话框的 General（通用）选项卡中设置运动的名称（Name）、胳膊摆动类型（Movement of Arms）、步幅（Stride）以及上半身的姿态（Upper Body Posture），如图 5-21 所示。

⑤ 在行走对话框的 Motion Basis（运动基础）选项卡中设置运动的速度或时间。

⑥ 确认所有参数设置无误后鼠标左键单击行走对话框左下方的 Create AutoWalk（创建自动行走）按钮，即可生成一个自动行走的任务。

⑦ 鼠标左键单击 PPR 结构树上的 AutoWalk.1，然后单击 Worker Activities（工人活动）工具栏中的 Create Move to Posture Activity（创建移动到姿势运动）按钮。弹出 MoveToPosture Activity（移动到姿势运动）对话框，如图 5-22 所示，单击对话框左下方的 Create Activity（创建运动）按钮，即可添加自由行走运动的初始姿态 MoveToPosture.1。

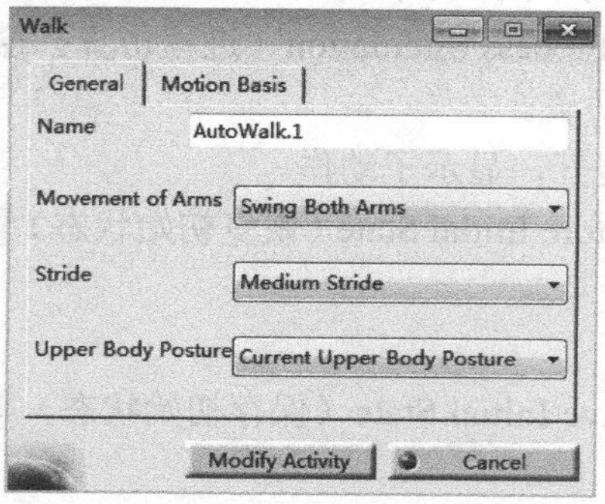

图 5-21　自由行走的 Walk 对话框

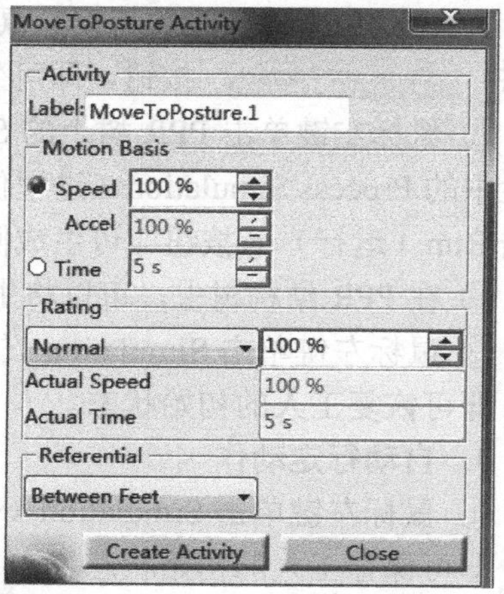

图 5-22　MoveToPosture Activity 对话框

⑧ 鼠标左键选择载入的人体模型，将人体模型移动到终点位置。

⑨ 重复步骤⑦，即可添加自由行走运动的终止姿态MoveToPosture.2。

⑩ 鼠标左键单击PPR结构树上的Human Task.4，如图5-23所示，再单击Simulation（仿真）工具栏中的Process Simulation（进程仿真）按钮，弹出Process Simulation（进程仿真）窗口，单击Run（运行）按钮即可生成自由行走动作的动画仿真。自动行走生成的也是直线路径。

⑪ 鼠标左键单击Simulation（仿真）工具栏中的Restore Initial State（恢复初始状态）按钮，即可恢复工人的初始状态。

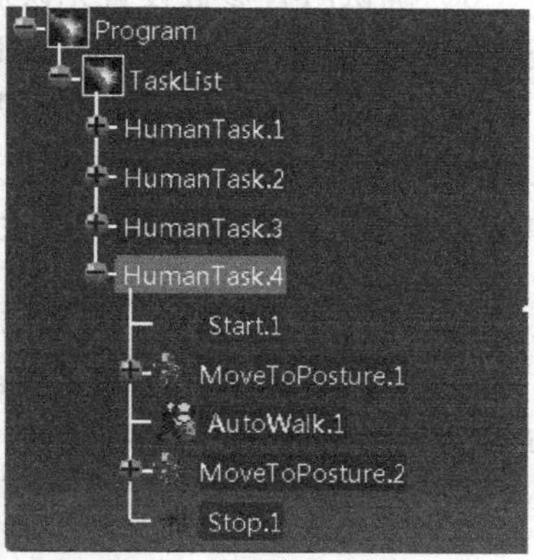

图5-23 选择Human Task.4

注 意

本小节中用到了Create Move To posture Activity功能来生成新的姿态。实际上本节讲到的行走动作都可以分解成一个个单独的姿态，这些姿态连贯起来便形成了行走的动作。读者可使用该功能创建需要的各种动作。

5. 按规律行走动作

① 鼠标左键单击Simulation（仿真）工具栏中的Save Initial State（保存初始状态）按钮，即可保存工人的初始状态。

② 鼠标左键单击Worker Activities（工人活动）工具栏中的Rule Based Walk（基于规律行走）按钮。

③ 鼠标左键单击PPR结构树中载入的人体模型名称，即可打开行走对话框。

④ 在行走对话框的General（通用）选项卡中设置运动的名称（Name）、胳膊摆动类型（Movement of Arms）、步幅（Stride）以及上半身的姿态（Upper Body Posture）。

⑤ 在行走对话框的General（通用）选项卡中的Walking plane（行走平面）一栏里选择Selected（选择）单选项，然后在PPR结构树中选择已导入的plant floor下的Area1。

⑥ 在行走对话框的General（通用）选项卡中的Spline Point（样条点）一栏里可以选择工人行走轨迹（即样条曲线）的构成方式，Point Continuity为点连续，Tangent Continuity为切线连续。

⑦ 将光标放置在工人模型上，可以看到光标由箭头变成了手形，这时单击左键便可选择第一个目标点，再选择一系列目标点后单击右键，便可生成工人行走轨迹的样条曲线，绿色线条即工人的行走轨迹。

⑧ 在行走对话框的General（通用）选项卡中激活Collision free computation（无碰撞计算）命令，可进行无碰撞计算。

⑨ 在行走对话框的Motion Basis（运动基础）选项卡中，激活Time Based（基于时间）命令，选择Speed（速度）可设置人体模型运动的速度，选择Time（时间）可设置人体模型完成此次行走运动的时间。

⑩ 确认所有参数设置无误后鼠标左键单击行走对话框左下方的 Generate Postures（生成姿态）Generate Postures 按钮，即生成了一个按规律行走的动作。系统默认命名为 WalkFwd.1。

⑪ 鼠标左键单击 PPR 结构树上的 WalkFwd.1，如图 5-24 所示，再单击 Simulation（仿真）工具栏中的 Process Simulation（进程仿真）按钮，弹出 Process Simulation（进程仿真）窗口，单击 Run（运行）按钮即可生成动画仿真。

注 意

与直接创建前进动作不同的是，按规律行走的过程中系统会自动判断合适的前进、后退或侧向行走的姿态进行插入，而不是只保持一个前进的动作到终点。

⑫ 在 PPR 结构树上，可以将生成的按规律行走动作展开，显示子动作。

⑬ 鼠标左键单击 Simulation（仿真）工具栏中的 Restore Initial State（恢复初始状态）按钮，即可恢复工人的初始状态。

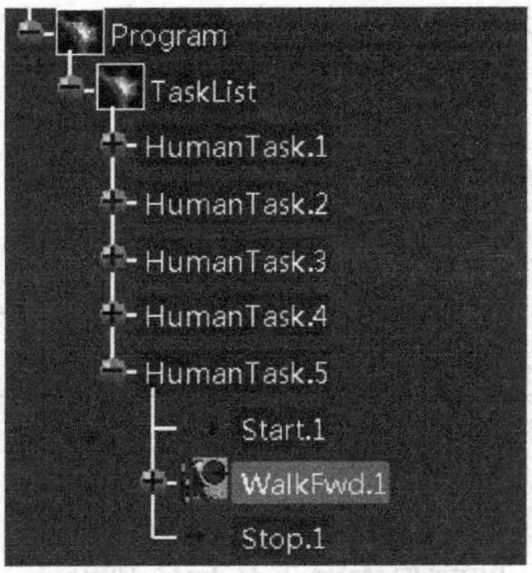

图 5-24　选择 WalkFwd.1 任务

5.2.2　拾取与放置动作仿真

拾取与放置动作仿真可以模拟工人将工件拿起与放下的动作，与上一节所讲到的行走动作配合可以实现将工件从一个位置搬运到另一个位置的动作仿真。具体操作步骤如下：

将人体模型（见附件中的 human）、一个平面（见附件中的 plant floor）和一个盒子（见附件中的 BOX）载入到 PPR 结构树中，如图 5-25 所示，模型文件路径为：【chapter5\model\human.CATProduct】、【chapter5\model\plant floor.CATProduct】和【chapter5\model\BOX.CATProduct】。

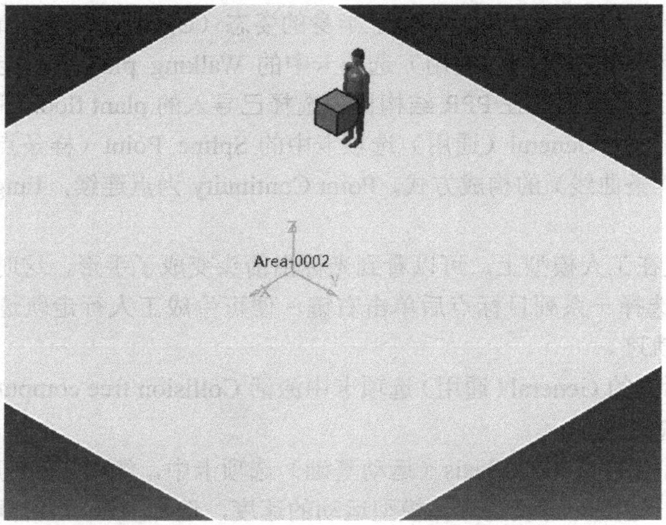

图 5-25　载入资源

1. 拾取动作

① 调整工人或盒子的位置使工件处在工人手部能接触到的范围内。

② 创建双手与盒子的约束。鼠标左键单击工人姿态（Manikin Posture）工具栏中的 Reach（到达）按钮，然后选择盒子的侧面，如图 5-26 所示。接着使用鼠标左键单击工人的左手，工人左手便移动到盒子的侧面，再次单击 Reach（到达）按钮，即可完成工人左手与盒子侧面的约束创建。

③ 类似步骤②，创建工人右手与盒子侧面的约束，使工人处于双手抱住盒子的姿态，如图 5-27 所示。

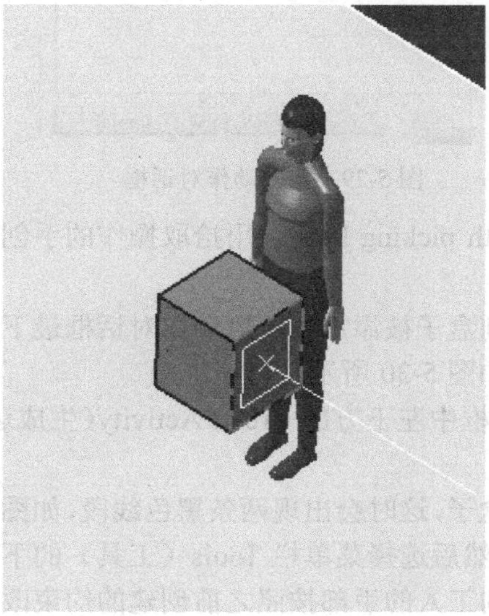

图 5-26 创建工人手部与盒子的约束

图 5-27 工人双手抱住盒子

注 意

当创建工人手部与盒子侧面的约束时，若创建后显示手臂与盒子是互相干涉的，可以使用人体模型姿态（Manikin Posture）工具栏中的 Forward Kinematics（正向运动）按钮进行局部调整，调整方法详见本书第 3 章。

④ 鼠标左键单击 Worker Activities（工人活动）工具栏中的 Create Move to Posture Activity（创建移动到姿势运动）按钮。然后选择载入的人体模型，弹出创建姿态对话框，单击对话框中左下方的 Create Activity（创建运动）按钮，即可创建抬升工件的初始姿态 MoveToPosture.1。

⑤ 鼠标左键单击 Worker Activities（工人活动）工具栏中的 Creates a Pick Activity（创建一个拾取动作）按钮，再在 PPR 结构树上选择步骤④中创建的 MoveToPosture.1，即可看到 PPR 结构树上自动创建的拾取任务 Pick.1，如图 5-28 所示。同时弹出 Pick Activity（拾取动作）对话框，如图 5-29 所示。

⑥ 拾取动作对话框中 Picking Hand（拾取操作的手）一栏里可以选定执行拾取动作的是工人的 Left（左手）、Right（右手）或 Both（双手）。在本例中使用的是双手，故勾选 Both（双手）单选项，并设定主要用的手为 Right（右手）。

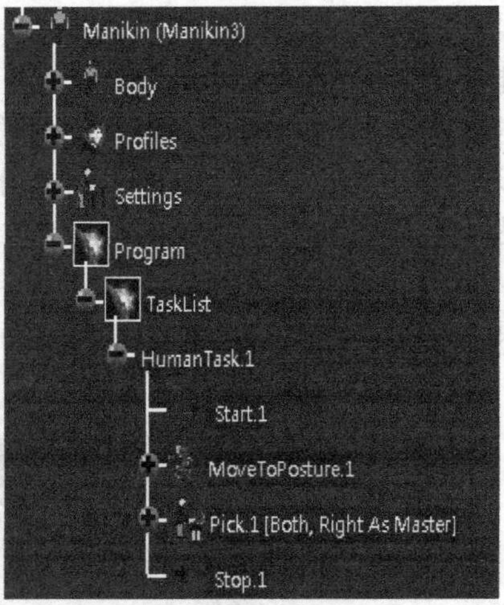

图 5-28　创建 Pick.1

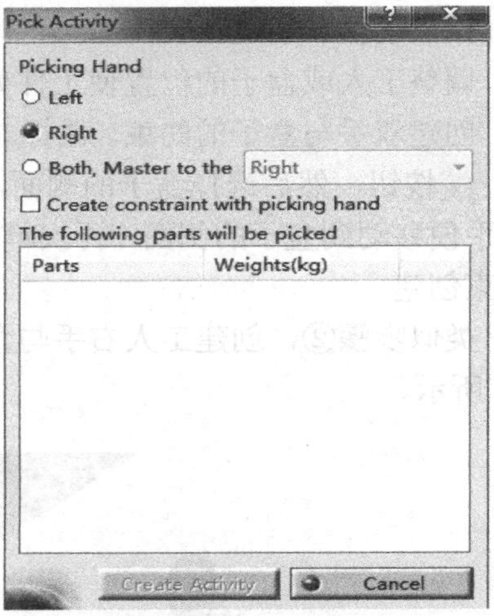

图 5-29　拾取动作对话框

⑦ 激活拾取动作对话框中的 Create constraint with picking hand（用拾取操作的手创建约束）命令，即可创建手部与被拾取物体之间的约束。

⑧ 鼠标左键单击被拾取的 BOX（盒子），可看到盒子被添加到拾取动作对话框最下方的零件栏中，该栏显示物体名称及重量（单位：kg），如图 5-30 所示。

⑨ 确认所有选项设置无误后，单击拾取动作对话框中左下方的 Create Activity（生成运动）按钮，即可生成一个拾取动作。

⑩ 在工人可以抬起物体的范围内竖直向上移动盒子，这时会出现两条黑色线段，如图 5-31 所示。该轨迹表示工人的手部跟随盒子的移动轨迹。然后选择菜单栏 Tools（工具）的下拉菜单中的 Update（更新）命令，激活该命令后可看到工人的手部按照之前创建的约束改变了位置。

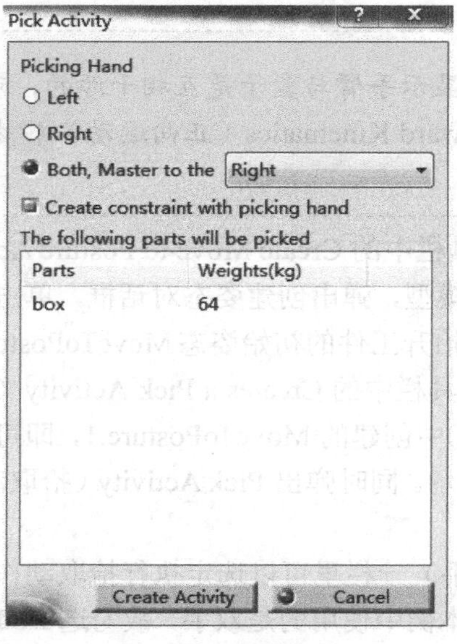

图 5-30　选择被拾取物体

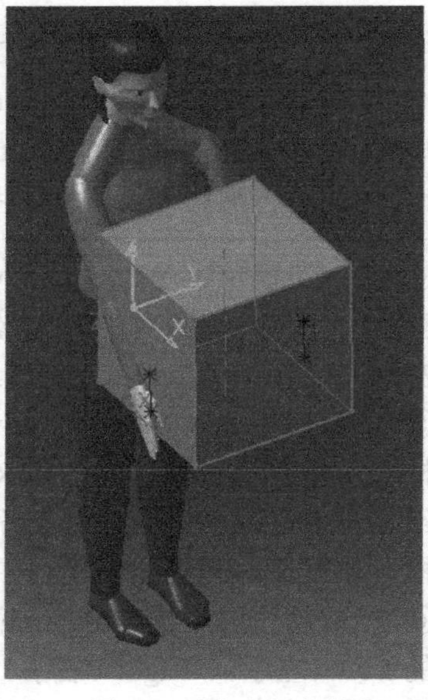

图 5-31　出现黑色线段

⑪ 鼠标左键单击PPR结构树上的Pick.1，再单击Worker Activities（工人活动）工具栏中的 Create Move to Posture Activity（创建移动到姿势运动）按钮，然后选择载入的人体模型，弹出创建姿态对话框，单击对话框中左下方的Create Activity（创建运动）按钮，创建拾取动作的最终姿态MoveToPosture.2。

⑫ 鼠标左键单击PPR结构树上的Human Task.1，如图5-32 所示，再单击 Simulation（仿真）工具栏中的 Process Simulation（进程仿真）按钮，弹出Process Simulation（进程仿真）窗口，单击Run（运行）按钮即可生成拾取动作的动画仿真。

⑬ 鼠标左键单击Simulation（仿真）工具栏中的Restore Initial State（恢复初始状态）按钮，即可恢复工人的初始状态。

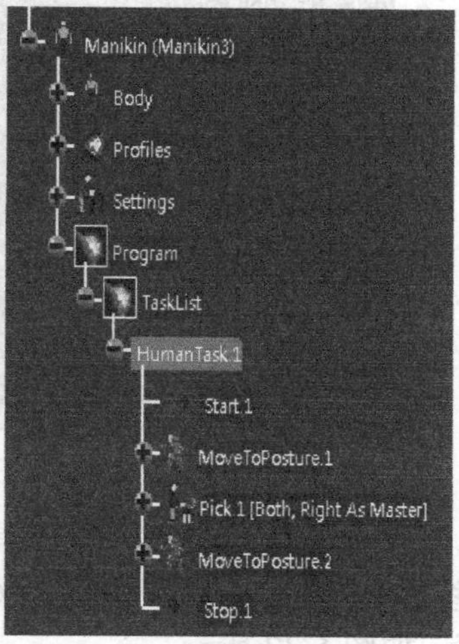

图5-32　选择Human Task.1

2．放置动作

① 在已建立拾取动作的基础上，插入新的资源 Platform and steps。在本例中只用到了Platform（平台），故只需将平台移动到盒子的下方，如图5-33所示。

图5-33　插入新资源

② 鼠标左键单击Worker Activities（工人活动）工具栏中的Create Move to Posture Activity（创建移动到姿势运动）按钮，然后选择PPR结构树中HumanTask.1下的MoveToPosture.2，弹出创建姿态对话框，单击对话框中左下方的Create Activity（创建运动）按钮，即可创建放置工件的初始姿态MoveToPosture.3。

③ 鼠标左键单击Worker Activities（工人活动）工具栏中Creates a Place Activity（创建一个放置运动）按钮，再在 PPR 结构树上选择步骤②中创建的 MoveToPosture.3，即可看到PPR结构树上自动创建的放置任务Place.1，如图5-34所示。同时弹出Place Activity（放置动作）对话框，如图5-35所示。

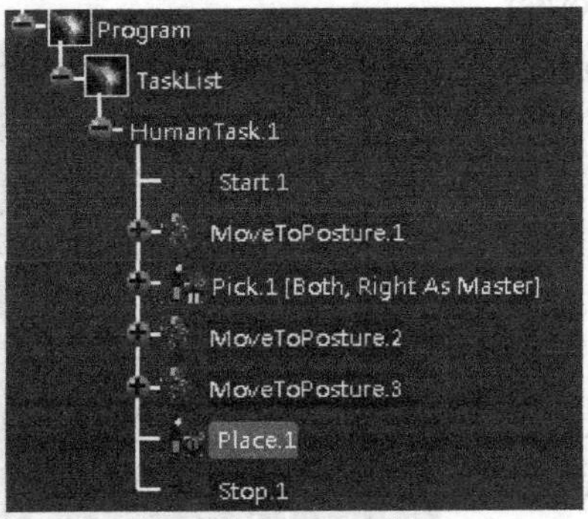

图 5-34　创建 Place.1 任务

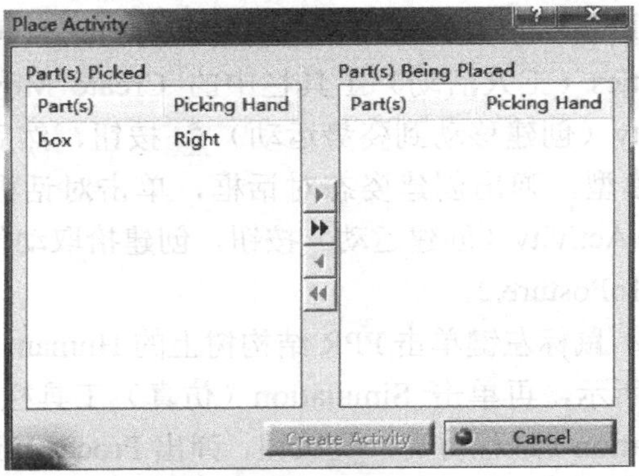

图 5-35　放置动作对话框

④ 选择菜单栏 Tools（工具）的下拉菜单中的 Layout Tools（布局工具）中的 Snap Resource（移动资源）命令，如图 5-36 所示。弹出 Define Reference Plane（From）定义参考平面对话框，如图 5-37 所示。

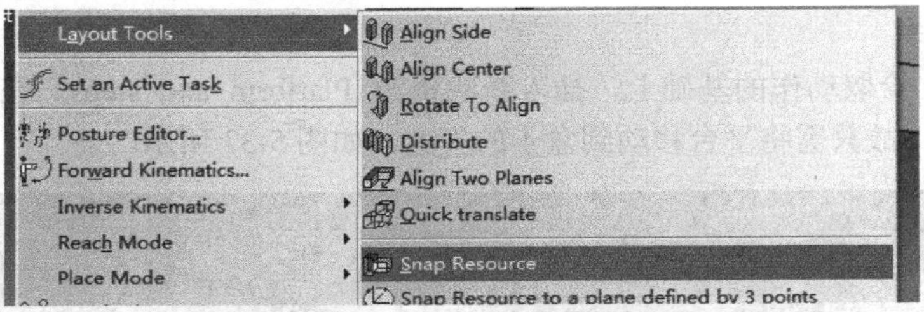

图 5-36　Snap Resource 命令

⑤ 选择 BOX（盒子）模型，单击图 5-37 所示对话框中的 Define 3 Point Plane（三点定义平面）按钮，然后选择 BOX（盒子）底面的三个点创建参考平面，完成后单击对话框下方的 OK（确定）按钮。

⑥ 与步骤⑤类似，选择 Platform（平台）上表面的三个点创建参考平面，完成后单击对话框下方的 OK（确定）按钮。

⑦ 完成步骤⑤和⑥后，出现 Snap Options（移动选项）对话框，如图 5-38 所示，完成约束设置后，单击对话框下方的 OK（确定）按钮。

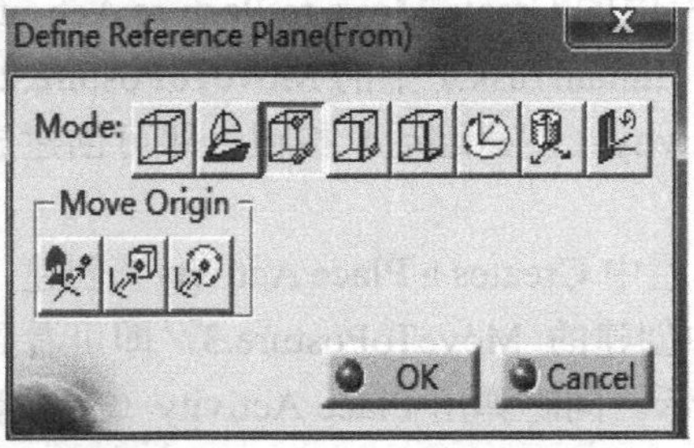

图 5-37　定义参考平面对话框

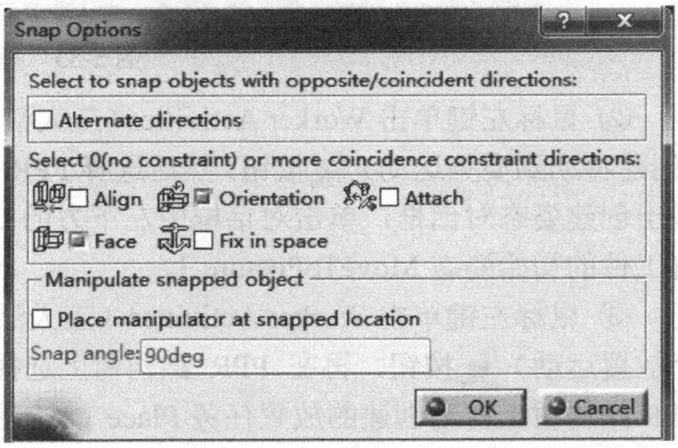

图 5-38　Snap Options 对话框

⑧ 在步骤③中弹出的放置动作对话框的左侧选择BOX（盒子），单击中间一栏的Add（添加）按钮，激活对话框下方的Create Activity（创建运动）命令，单击该命令即可生成一个放置动作。

⑨ 鼠标左键单击PPR结构树上的Human Task.1，再单击Simulation（仿真）工具栏中的Process Simulation（工艺仿真）按钮，弹出Process Simulation（工艺仿真）窗口，单击Run（运行）按钮即可生成拾取动作与放置动作的动画仿真。

⑩ 鼠标左键单击Simulation（仿真）工具栏中的Restore Initial State（恢复初始状态）按钮，即可恢复工人的初始状态。

注 意

1. 在任何情况下，拾取与放置动作是配合使用的。当删除一个拾取动作后，对应的放置动作也会被删除。
2. 当分别拿起两个物体时，对每一个物体都需要创建一个放置动作。

5.2.3 登台阶动作仿真

登台阶动作仿真可以模拟工人上/下台阶的动作。该动作与之前所讲到的行走、拾取物体、放置物体的动作相配合可实现将工件从一个相对较低的位置搬运到另一个相对较高的位置的运动过程。具体操作步骤如下：

将人体模型（见附件中的human）、一个平面（见附件中的plant floor）和一个台阶（见附件中的Platform and steps）载入到PPR树中，如图5-39所示，模型文件路径为：【chapter5\model\human.CATProduct】、【chapter5\model\plant floor.CATProduct】和【chapter5\model\Platform and steps.CATProduct】。

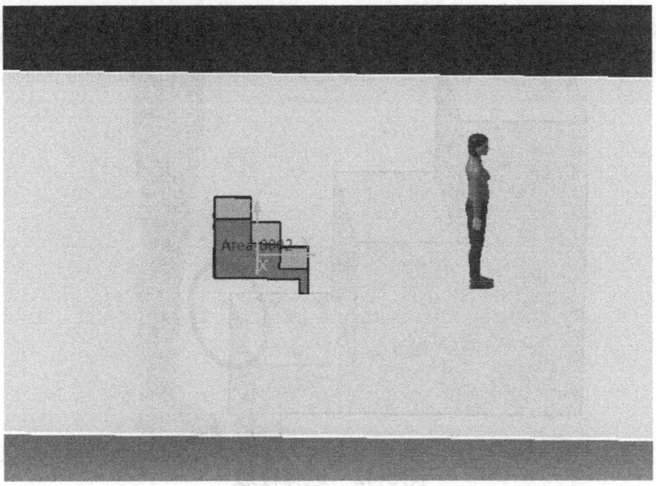

图5-39 载入资源

注 意

仿真时最大允许台阶高度为300mm。如果台阶高度超过了300mm，在生成动作时，将会出现错误警告。

1. 登台阶动作

① 调整工人的位置使工人正对台阶（可将罗盘拖动到人体模型上，便于调整模型的位置，如图 5-40 所示）。

② 鼠标左键单击 Simulation（仿真）工具栏中的 Save Initial State（保存初始状态）按钮，即可保存工人的初始状态。

③ 鼠标左键单击 Worker Activities（工人活动）工具栏中的 Creates a Climb Stair Activity（创建一个登台阶运动）按钮，再选择已载入的人体模型，即可看到 PPR 树上自动生成任务 HumanTask.1，如图 5-41 所示。

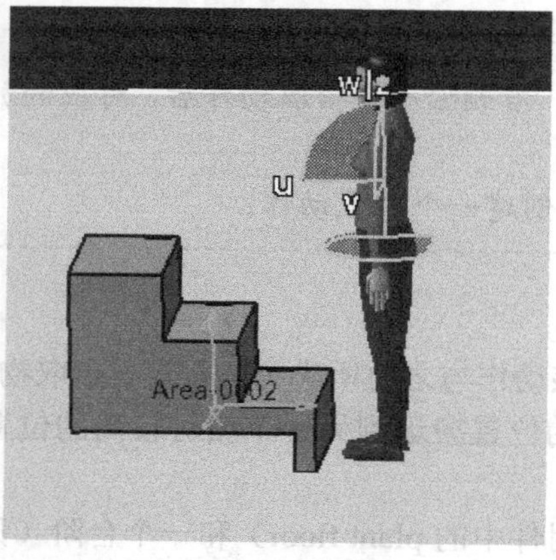

图 5-40　调整模型位置

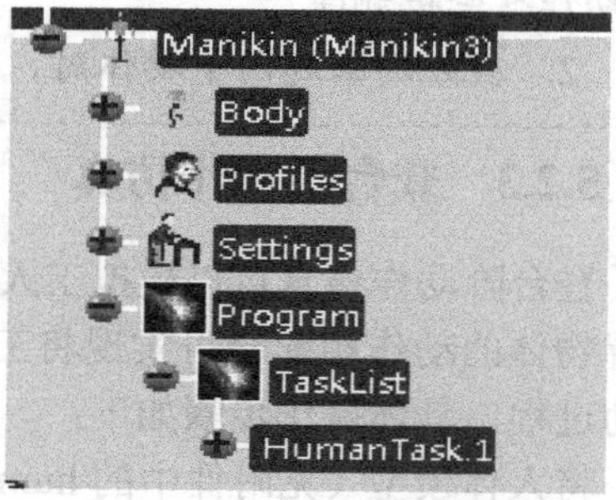

图 5-41　生成 HumanTask.1 任务

④ 在三维视图中，单击选择工人要登的第一个台阶的棱边（红色高亮显示），如图 5-42 所示。

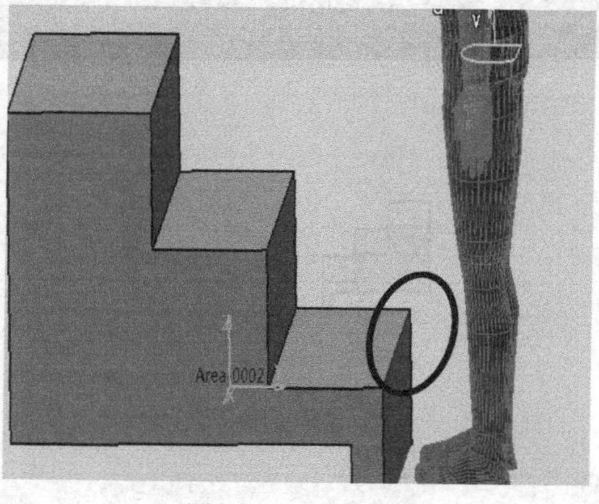

图 5-42　选择棱边

⑤ 重复步骤④，选择第二个台阶的棱边。

⑥ 此时出现如图 5-43 所示的警告，这是因为工人没有完全正对台阶的前表面，系统检测到无法避免的角度误差。单击“确定”按钮，系统便会自动调整人体模型与台阶的相对位置关系。

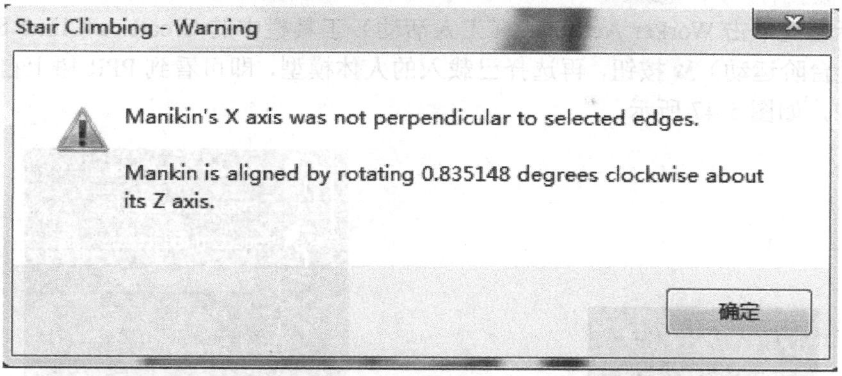

图 5-43　人体模型未正对台阶的警告

⑦ 弹出 Stair Climbing Options（登台阶选项）对话框，如图 5-44 所示。

⑧ 在 Stair Climbing Options（登台阶选项）对话框的 No of Steps（台阶数目）一栏里选择台阶的数目，在本例中是 3 个台阶。在 Arm Swing（胳膊摆动）一栏里可以选择胳膊的摆动方式，本例默认是 Swing Both Arms（摆动双臂）。在 First stepping leg（先迈的腿）一栏里可以选择先迈左腿还是右腿，本例默认是 Right Leg（先迈右腿）。

⑨ 确认所有参数设置无误后，单击 Stair Climbing Options（登台阶选项）对话框中下方的 Generate Posture（生成姿势）按钮，生成过程如图 5-45 所示，经过系统自动处理后，即可生成登台阶的动作。

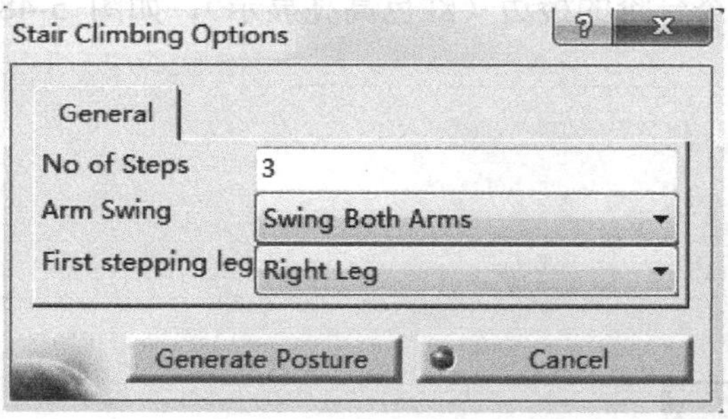

图 5-44　登台阶选项对话框

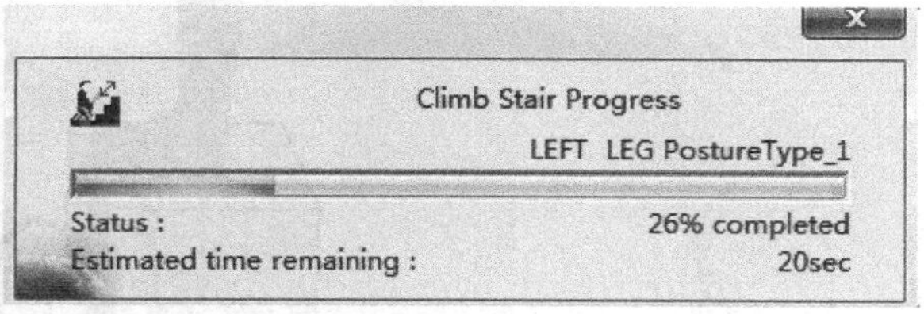

图 5-45　生成登台阶动作

⑩ 鼠标左键单击 PPR 结构树上的 Human Task.1，再单击 Simulation（仿真）工具栏中的 Process Simulation（进程仿真）按钮，弹出 Process Simulation（进程仿真）窗口，单击 Run（运行）按钮即可生成登台阶的动画仿真。

⑪ 鼠标左键单击 Simulation（仿真）工具栏中的 Restore Initial State（恢复初始状态）按钮，即可恢复工人的初始状态。

2．下台阶动作

① 调整工人的位置使工人面朝下台阶的方向，如图 5-46 所示（可将罗盘拖动到人体模型上，便于调整模型的位置）。

② 鼠标左键单击 Simulation（仿真）工具栏中的 Save Initial State（保存初始状态）按钮，即可保存工人的初始状态。

③ 鼠标左键单击 Worker Activities（工人活动）工具栏中的 Creates a Climb Stair Activity（创建一个登台阶运动）按钮，再选择已载入的人体模型，即可看到 PPR 树上自动生成任务 HumanTask.2，如图 5-47 所示。

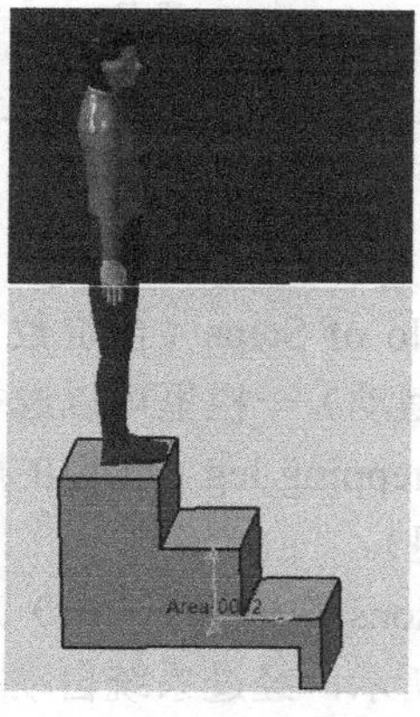

图 5-46　调整模型位置

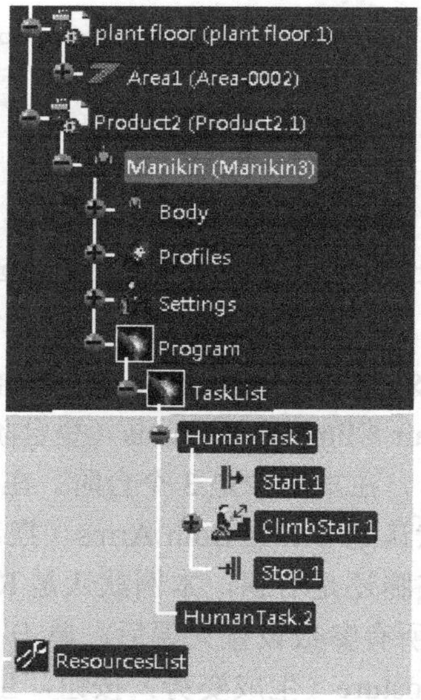

图 5-47　生成 HumanTask.2 任务

④ 在三维视图中，单击选择工人要登的第一个台阶的棱边（红色高亮显示），如图 5-48 所示。

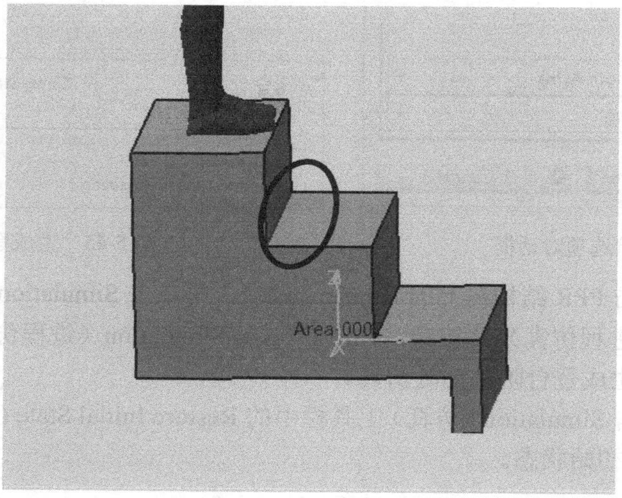

图 5-48　选择棱边

⑤ 重复步骤④，选择第二个台阶的棱边。

⑥ 此时出现如图 5-43 所示的警告，这是因为工人没有完全正对台阶的前表面，系统检测到无法避免的角度误差。单击“确定”按钮，系统便会自动调整人体模型与台阶的相对位置关系。

⑦ 弹出 Stair Climbing Options（登台阶选项）对话框。

⑧ 在 Stair Climbing Options（登台阶选项）对话框的 No of Steps（台阶数目）一栏里选择台阶的数目，在本例中是 3 个台阶。在 Arm Swing（胳膊摆动）一栏里可以选择胳膊的摆动方式，本例默认是 Swing Both Arms（摆动双臂）。在 First stepping leg（先迈的腿）一栏里可以选择先迈左腿还是右腿，本例默认是 Right Leg（先迈右腿）。

⑨ 确认所有参数设置无误后，单击 Stair Climbing Options（登台阶选项）对话框中下方的 Generate Posture（生成姿势）按钮，经过系统自动处理后，即可生成下台阶的动作。

⑩ 鼠标左键单击 PPR 结构树上的 Human Task.2，再单击 Simulation（仿真）工具栏中的 Process Simulation（进程仿真）按钮，弹出 Process Simulation（进程仿真）窗口，单击 Run（运行）按钮即可生成下台阶的动画仿真。

⑪ 鼠标左键单击 Simulation（仿真）工具栏中的 Restore Initial State（恢复初始状态）按钮，即可恢复工人的初始状态。

5.2.4 爬梯子动作仿真

爬梯子动作仿真可以模拟工人爬梯子的动作，使工人能攀爬有均匀横档的梯子。具体操作步骤如下：

将一个人体模型（见附件中的 human）、一个平面（见附件中的 plant floor）和一个梯子（见附件中的 Ladder）载入到 PPR 结构树中，如图 5-49 所示。模型文件路径为：【chapter5\model\human.CATProduct】、【chapter5\model\plant floor.CATProduct】和【chapter5\model\Ladder.CATProduct】。

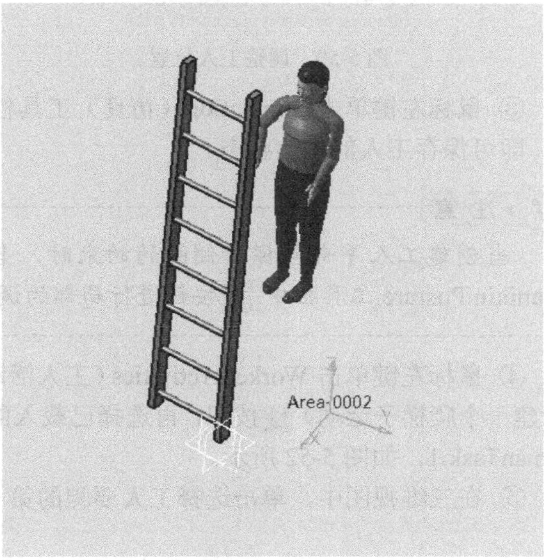

图 5-49 载入资源

注 意

仿真时最大允许两横档之间的距离为 300mm。如果超过了 300mm，在生成动作时，将会出现错误提示。

① 调整工人的位置使工人面向梯子，如图 5-50 所示（可将罗盘拖动到人体模型上，便于调整模型的位置）。

② 创建人体模型双手与梯子两侧的约束。鼠标左键单击 Manikin Posture（人体模型姿态）工具栏中的 Reach（到达）按钮，然后选择梯子的左侧，再单击工人的左手，可以看到工人的左手便移动到梯子的左侧，再次单击 Reach（到达）按钮即可创建工人左手与梯子左侧的约束。同样的方法创建工人右手与梯子右侧的约束，如图 5-51 所示。

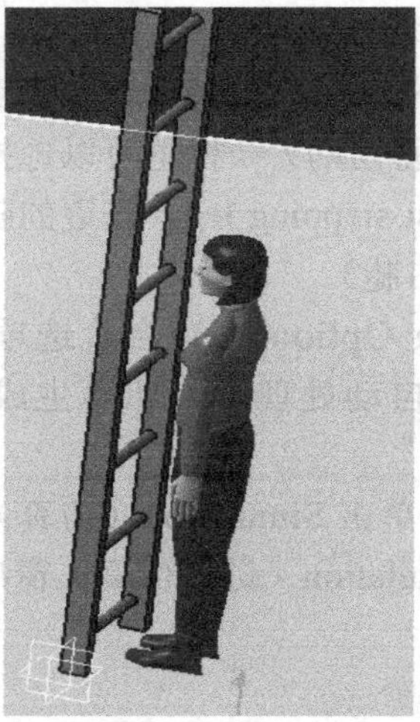

图 5-50　调整工人位置

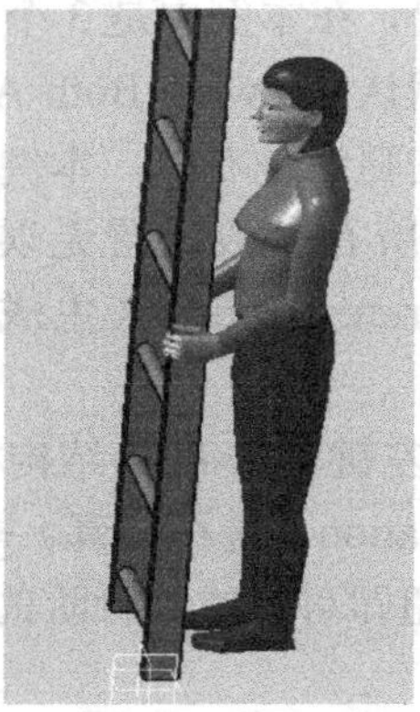

图 5-51　创建双手与梯子两侧的约束

③ 鼠标左键单击 Simulation（仿真）工具栏中的 Save Initial State（保存初始状态）按钮，即可保存工人的初始状态。

注 意

当创建工人手部与梯子侧面的约束时，若创建后显示手与梯子存在干涉，可以单击 Manikin Posture 工具栏中按钮进行局部的调整，调整方法详见本书第 3 章。

④ 鼠标左键单击 Worker Activities（工人活动）工具栏中的 Creates a Climb Ladder Activity（创建一个爬梯子运动）按钮，再选择已载入的人体模型，即可看到 PPR 树上自动生成任务 HumanTask.1，如图 5-52 所示。

⑤ 在三维视图中，单击选择工人要爬的第一个梯子的横档，如图 5-53 所示。

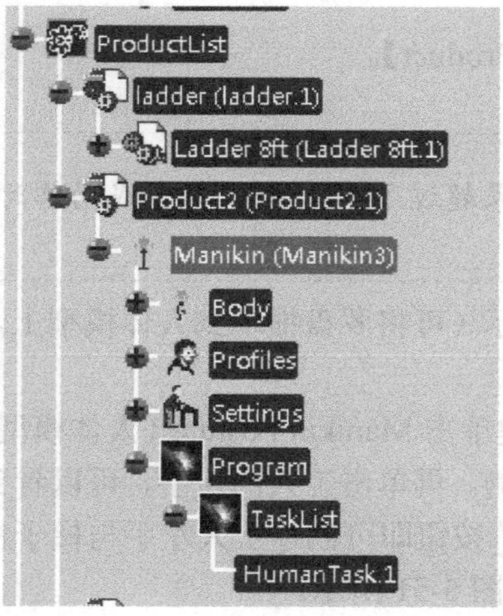

图 5-52　生成 HumanTask.1 任务

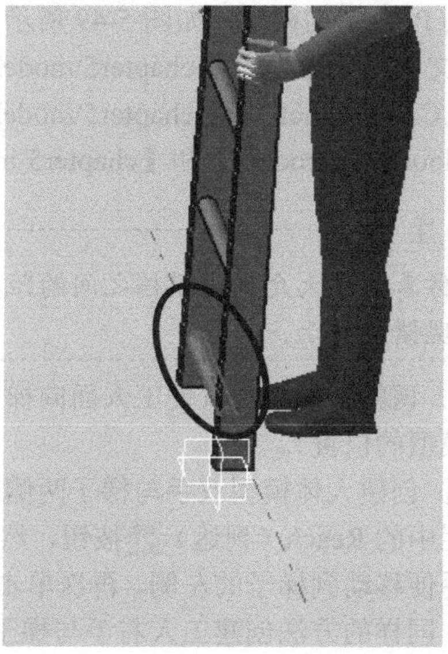

图 5-53　选择横档

⑥ 重复步骤⑤，选择第二个横档。

⑦ 此时出现如图 5-54 所示的警告，这是因为工人没有完全正对梯子的前表面，系统检测到无法避免的角度误差。单击“确定”按钮，系统便会自动调整人体模型与梯子的相对位置关系。

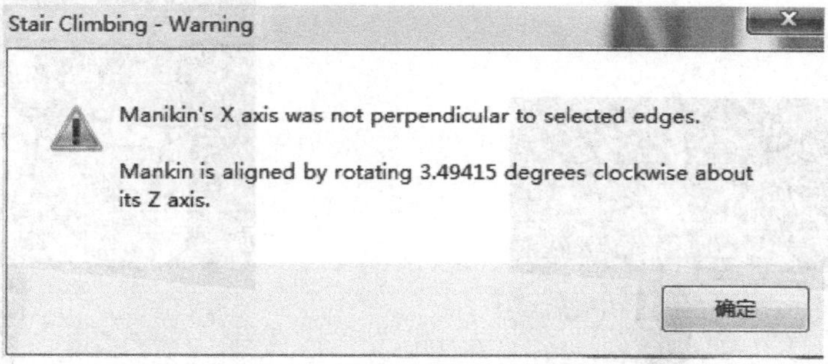

图 5-54　没有正对梯子的警告

⑧ 弹出 Ladder Climbing Options（爬梯子选项）对话框，如图 5-55 所示。

⑨ 在 Ladder Climbing Options（爬梯子选项）对话框的 No of Rungs（横档数目）一栏里选择梯子横档的数目，在本例中是 8 个。在 First stepping leg（先迈的腿）一栏里可以选择先迈左腿还是右腿，本例默认是 Right Leg（先迈右腿）。

⑩ 确认所有参数设置无误后，单击 Ladder Climbing Options（爬梯子选项）对话框中下方的 Generate Posture（生成姿势）按钮，经过系统自动处理后，即可生成爬梯子的动作。

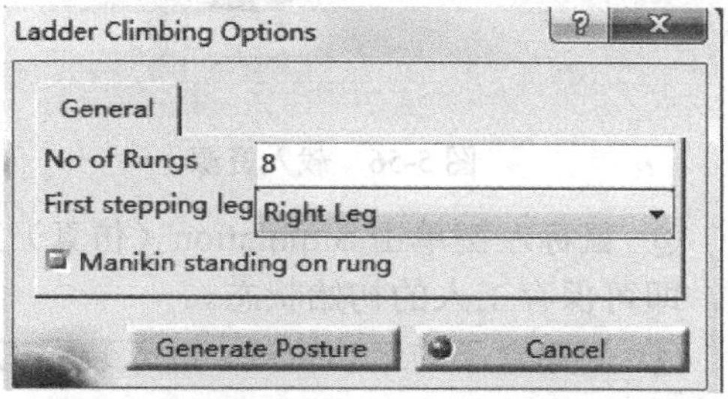

图 5-55　Ladder Climbing Options 对话框

⑪ 鼠标左键单击 PPR 结构树上的 Human Task.1，再单击 Simulation（仿真）工具栏中的 Process Simulation（进程仿真）按钮，弹出 Process Simulation（进程仿真）窗口，单击 Run（运行）按钮即可生成爬梯子的动画仿真。

⑫ 鼠标左键单击 Simulation（仿真）工具栏中的 Restore Initial State（恢复初始状态）按钮，即可恢复工人的初始状态。

5.2.5　轨迹跟踪动作仿真

轨迹跟踪动作仿真可以模拟工人根据物体运动的轨迹进行同步动作。具体操作步骤如下：

将人体模型（见附件中的 human）、一个平面（见附件中的 plant floor）和一个盒子（见附件中的 BOX）载入到 PPR 结构树中，如图 5-56 所示，模型文件路径为：【chapter5\model\human.CATProduct】、【chapter5\model\plant floor.CATProduct】和【chapter5\model\BOX.CATProduct】。

① 调整工人的位置使工人面朝盒子（可将罗盘拖动到人体模型上，以调整模型的位置）。

② 创建双手与盒子两侧的约束。鼠标左键单击 Manikin Posture（人体姿态模型）工具栏

中的 Reach（到达）按钮，选择盒子的侧面，然后单击工人的左手，可以看到工人左手便移动到盒子的左侧，再次单击 Reach（到达）按钮即可创建工人左手与盒子左侧的约束。同样的方法创建工人右手与盒子右侧的约束，如图 5-57 所示。

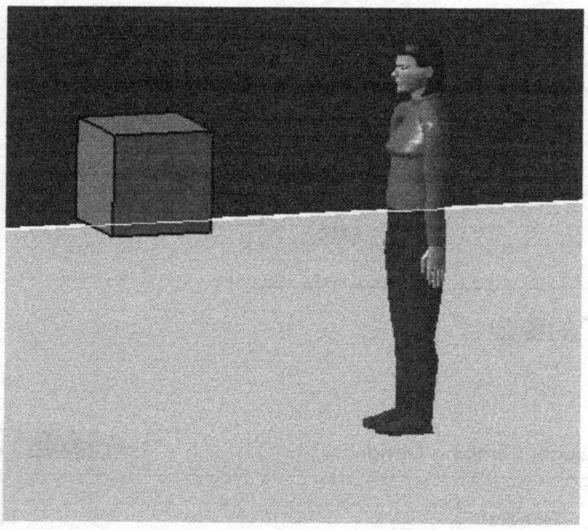

图 5-56　载入资源

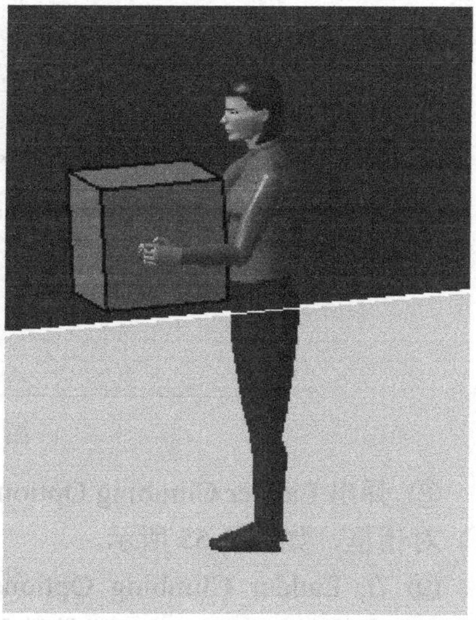

图 5-57　创建双手与盒子的约束

③ 鼠标左键单击 Simulation（仿真）工具栏中的 Save Initial State（保存初始状态）按钮，即可保存工人的初始状态。

④ 创建盒子的运动轨迹。进入装配工艺仿真工作界面，该界面的具体位置：Start（开始）→Digital Process for manufacturing（数字化制造工艺）→DPM - Assembly Process Simulation（装配工艺仿真），如图 5-58 所示。

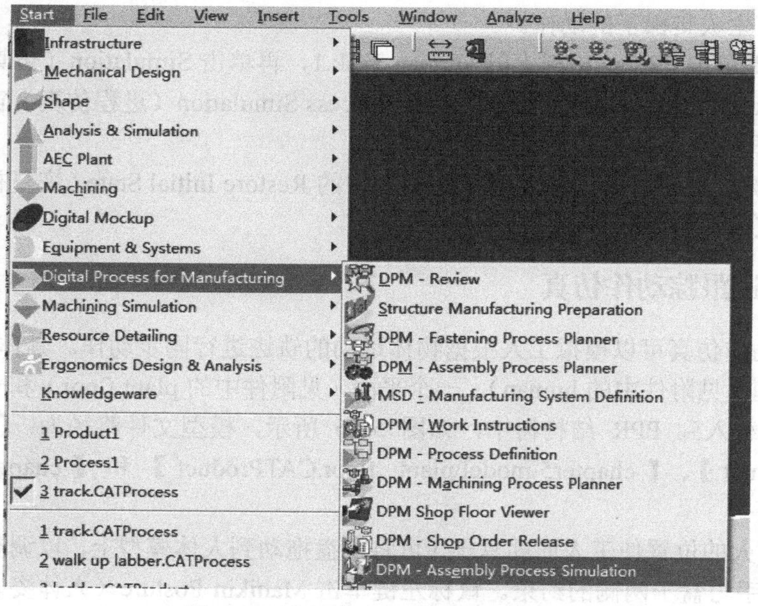

图 5-58　进入装配工艺仿真工作界面

⑤ 鼠标左键单击 Simulation Activity Creation（仿真活动创建）工具栏中的 Create a Move Activity（创建一个移动运动）按钮，如图 5-59 所示。单击 PPR 结构树上的 Process，即可自动生成一个装配运动活动 Assembly Motion Activity.3，如图 5-60 所示。

图 5-59 创建一个移动运动

⑥ 此时弹出三个对话框，分别为 Edit Shuttle（编辑穿梭）对话框、Manipulation（操作）工具栏和 Preview（预览）窗口，如图 5-61、图 5-62 和图 5-63 所示。

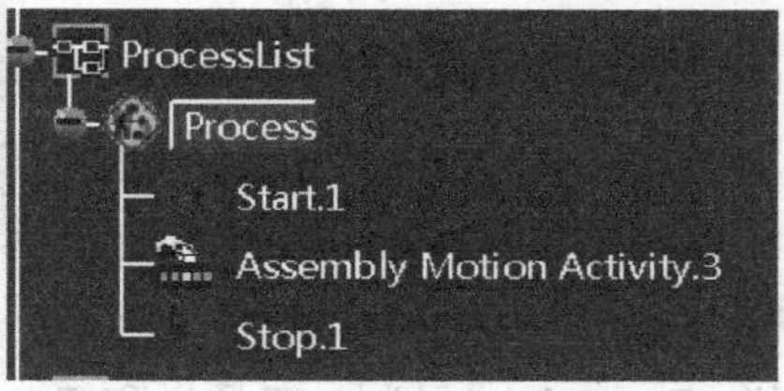

图 5-60 生成 Assembly Motion Activity.3

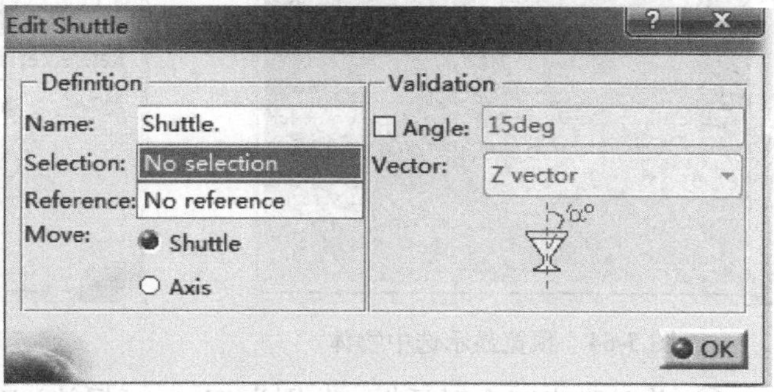

图 5-61 编辑穿梭对话框

图 5-62 操作工具栏

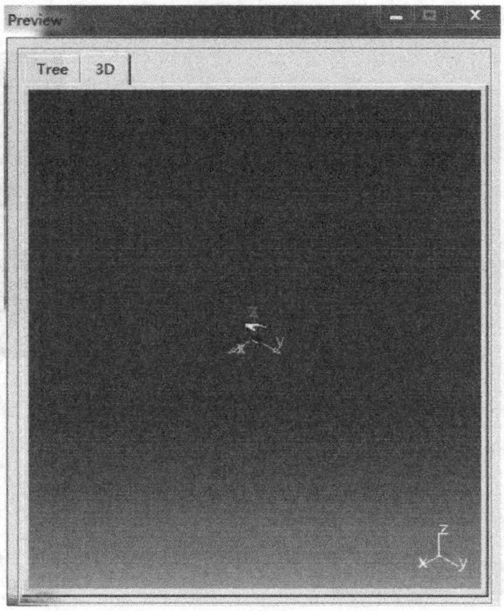

图 5- 63 预览窗口

⑦ 选择要移动的物体，本例中为BOX（盒子），预览窗口中出现被选中的物体，如图5-64所示。同时，编辑穿梭对话框中也会显示被选中的物体数量，完成设置后，单击OK（确定）按钮，如图5-65所示。

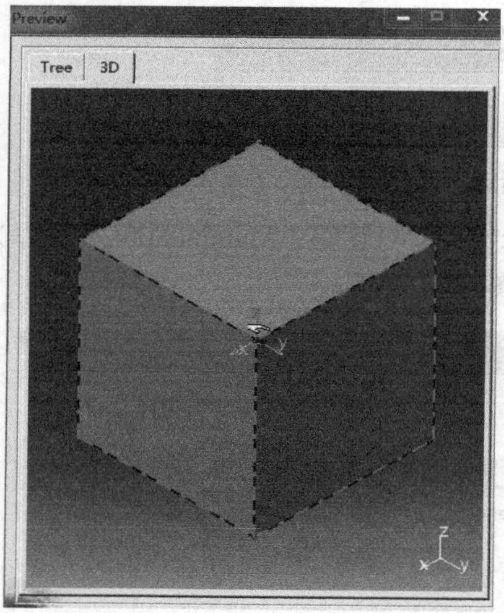

图5-64　预览显示选中物体

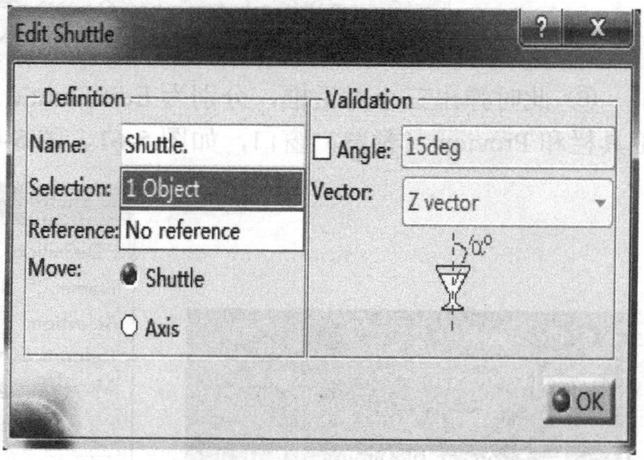

图5-65　编辑穿梭对话框

⑧ 此时弹出三个对话框，分别为Player（播放）工具栏、Recorder（录制）工具栏和Track（轨迹）对话框，如图5-66、图5-67和图5-68所示。同时罗盘自动移动到物体上，如图5-69所示。

图5-66　播放工具栏

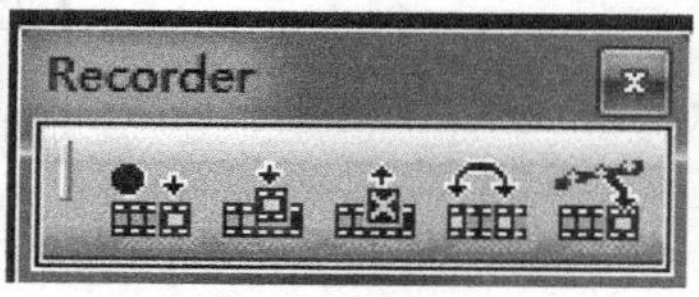

图5-67　录制工具栏

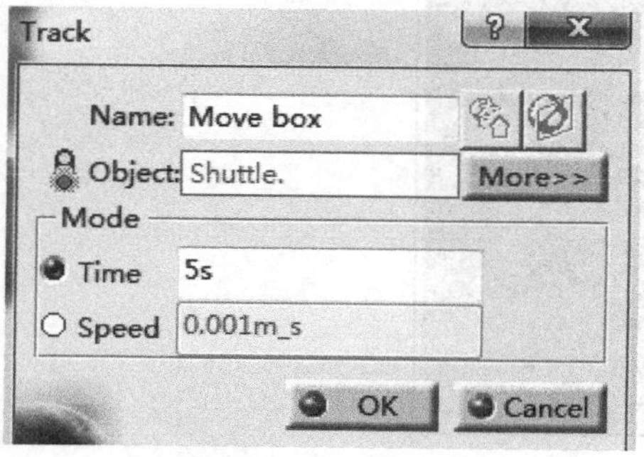

图5-68　轨迹对话框

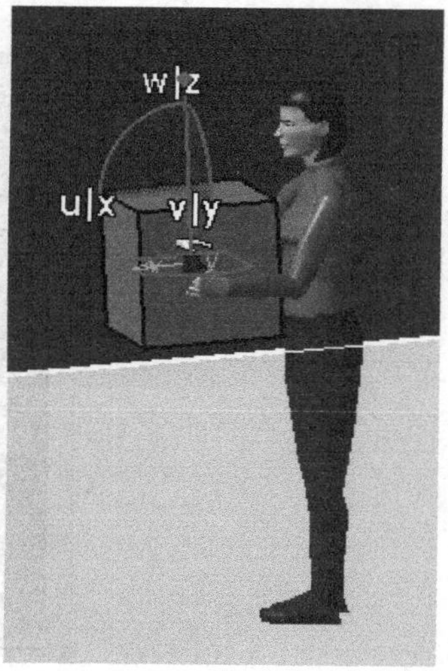

图5-69　罗盘移动到物体上

⑨ 利用罗盘直线移动盒子至合适位置，然后单击录制工具栏中的 Record（Insert）插入按钮记录盒子移动的轨迹，如图 5-70 所示。

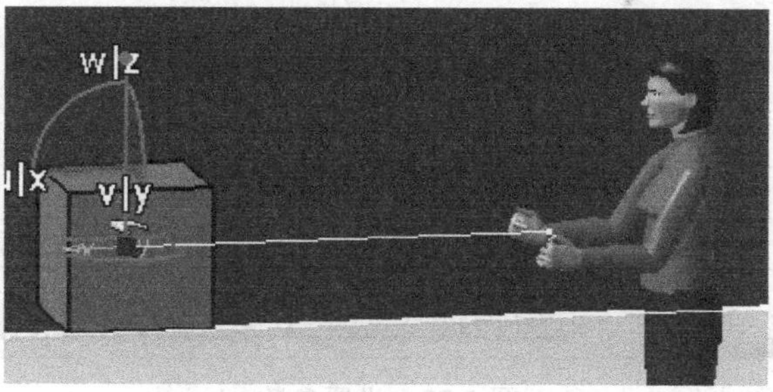

图 5-70 创建盒子移动轨迹

⑩ 在轨迹对话框里单击 OK（确定）按钮，完成盒子移动轨迹的创建。

注 意

若要创建更复杂的分段的轨迹，需要在每次移动物体后点一次录制工具栏的 Record（Insert）插入按钮来记录物体移动的完整轨迹。

⑪ 鼠标左键单击 Simulation（仿真）工具栏中的 Restore Initial State（恢复初始状态）按钮，即可恢复工人的初始状态。

⑫ 返回人体任务仿真（Human Task Simulation）工作界面：Start（开始）→Ergonomics Design & Analysis（人因工程设计和分析）→Human Task Simulation（人体任务仿真）。

⑬ 鼠标左键单击 Worker Activities（工人活动）工具栏中的 Creates a Track Trajectory Activity（创建一个跟踪轨迹运动）按钮，选择已载入的人体模型，再单击 PPR 结构树上生成的盒子的移动动作 Move box，如图 5-71 所示。弹出 Track Trajectory（轨迹跟踪）对话框，如图 5-72 所示。

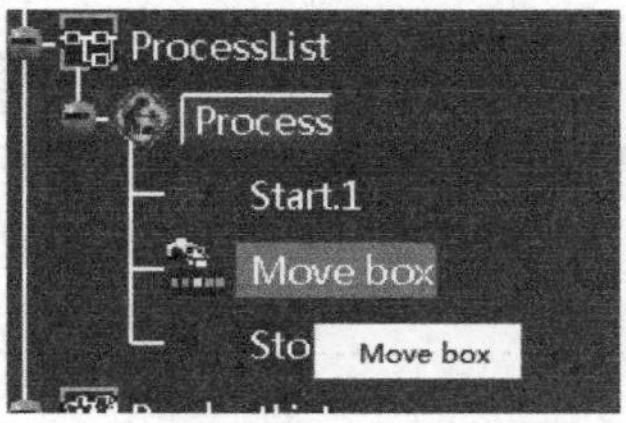

图 5-71 选择 Move box 动作

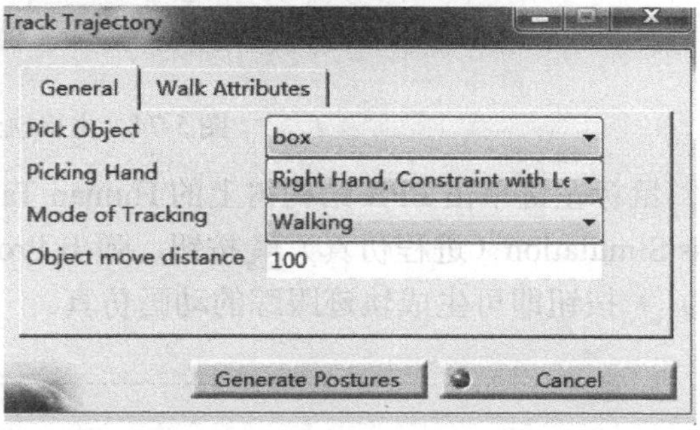

图 5-72 轨迹跟踪对话框

⑭ 在 Track Trajectory（轨迹跟踪）对话框的 General（通用）选项卡中可选择拾取物体的手（Picking hand），在 Mode of Tracking（跟踪模式）一栏里可选择合适的模式。在 Walk Attributes（行走属性）选项卡中选择行走平面（Walk plane），其余选项保持默认，如图 5-73 所示。

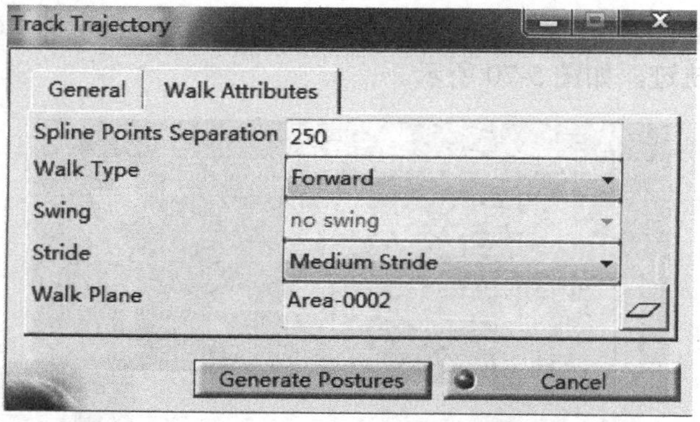

图 5-73　设置参数

⑮ 确认所有参数设置无误后，单击 Track Trajectory（轨迹跟踪）对话框下方的 Generate Postures（创建姿势）按钮，系统则自动生成以绿色分段线表示的工人行走的轨迹。同时弹出创建姿势对话框，如图 5-74 所示，单击 YES 按钮，即可生成一个工人对盒子运动轨迹进行自动跟踪的动作。

图 5-74　生成轨迹跟踪运动

⑯ 鼠标左键单击 PPR 结构树上的 Human Task.1，再单击 Simulation（仿真）工具栏中的 Process Simulation（进程仿真）按钮，弹出 Process Simulation（进程仿真）窗口，单击 Run（运行）按钮即可生成轨迹跟踪的动画仿真。

注 意

从 PPR 结构树上展开的轨迹跟踪子动作列表可以看出：轨迹跟踪动作其实是由拾取/放置动作和一系列运动到姿态（Move to Posture）的动作组成的。读者可利用这两个命令创建更复杂的轨迹跟踪动作。

5.2.6　线性跟踪动作仿真

线性跟踪动作仿真可以模拟工人对在生产线上运动的物体进行的操作。本例将要模拟仿真一个工人在移动的小车上拾取和放置扳手的过程。具体操作步骤如下：

将人体模型（见附件中的 human），一个小车（见附件中的 handcart）和一个扳手（见附件中的 spanner）载入到 PPR 结构树中，如图 5-75 所示。模型文件路径为：【chapter5\model\human.CATProduct】、【chapter5\model\handcart.CATProduct】和【chapter5\model\spanner.CATProduct】。

① 调整工人的位置使工人面向小车（可将罗盘拖动到人体模型上，便于调整模型的位置）。

② 创建人体模型右手与扳手上表面的约束。鼠标左键单击 Manikin Posture（人体姿态模型）工具栏中的 Reach（到达）按钮，选择扳手的侧面，然后单击人体模型的右手，可看到人体模型右手移动到扳手的上表面，再次单击 Reach（到达）按钮即可创建人体模型右手与扳手上表面的约束，如图 5-76 所示。

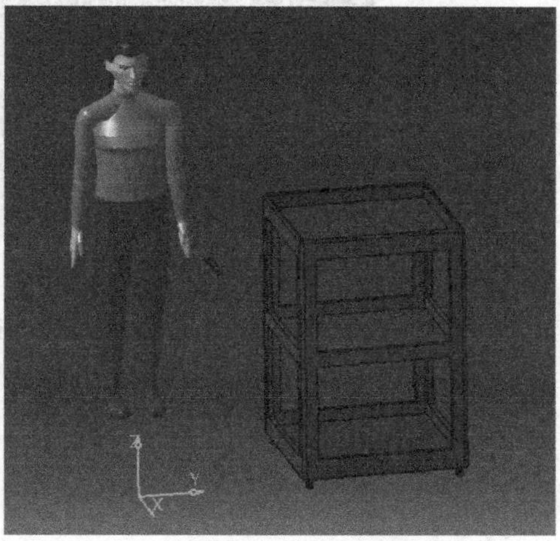

图 5-75　载入资源

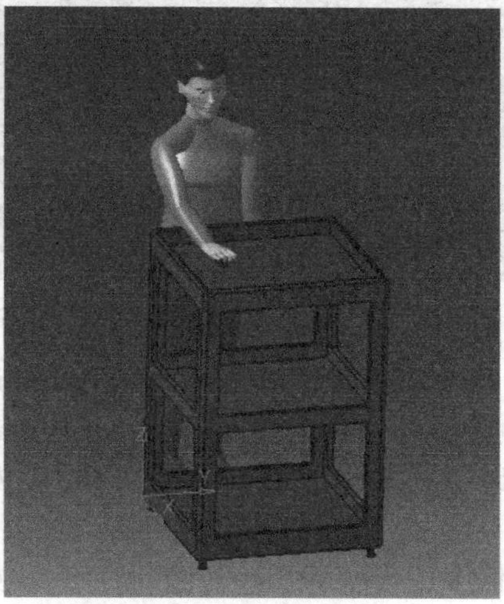

图 5-76　创建约束

③ 鼠标左键单击 Simulation（仿真）工具栏中的 Save Initial State（保存初始状态）按钮，即可保存工人的初始状态。

④ 创建小车的运动轨迹。进入装配工艺仿真工作界面，该界面的具体位置：Start（开始）→Digital Process for manufacturing（数字化制造工艺）→DPM - Assembly Process Simulation（装配工艺仿真）。

⑤ 鼠标左键单击仿真活动创建（Simulation Activity Creation）工具栏中的 Create a Move Activity（创建一个移动运动）按钮。单击 PPR 结构树上的 Process，即可自动生成一个装配运动活动 Assembly Motion Activity.4。

⑥ 选择要移动的物体，本例中为小车，预览窗口中出现被选中的物体，同时，编辑穿梭对话框中也会显示被选中的物体数量，完成设置后，单击 OK（确定）按钮。

⑦ 利用罗盘直线移动小车至合适位置，然后单击录制工具栏中的 Record（Insert）插入按钮记录小车移动的轨迹，如图 5-77 所示。在轨迹对话框中单击 OK 按钮，完成小车移动轨迹的创建。

⑧ 鼠标左键单击 Simulation（仿真）工具栏中的 Save Initial State（保存初始状态）按

钮，即可保存工人的初始状态。

⑨ 返回人体任务仿真（Human Task Simulation）工作界面：Start（开始）→ Ergonomics Design & Analysis（人因工程设计和分析）→ Human Task Simulation（人体任务仿真）。

⑩ 创建工人用右手将扳手拿起，移动一段距离后再放下的过程，并创建每个动作的姿态。具体可参照本章 5.2.2 小节的操作步骤。最终在 PPR 结构树上的显示结果如图 5-78 所示。

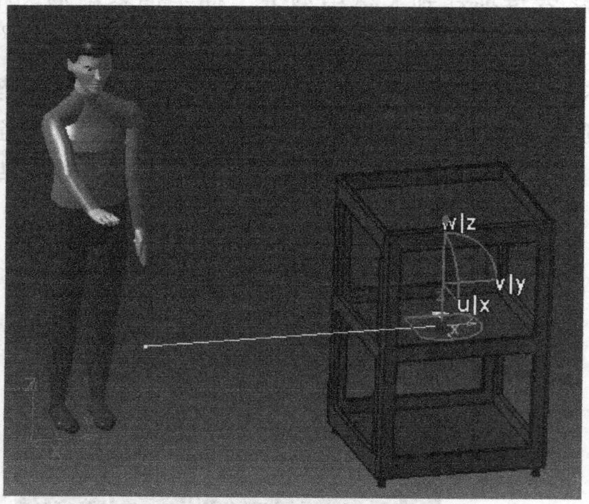

图 5-77　创建小车移动轨迹

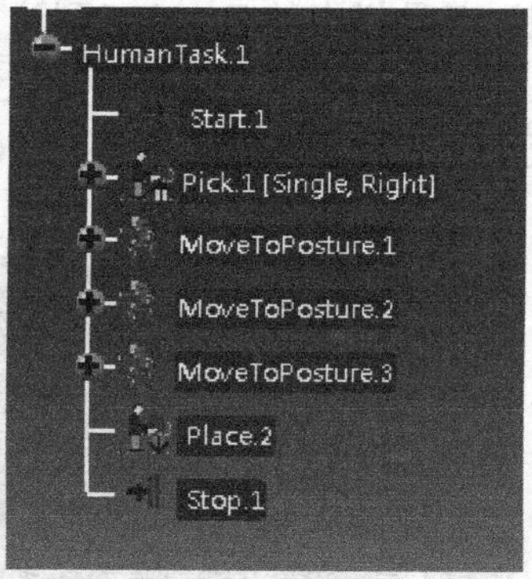

图 5-78　创建系列动作

⑪ 鼠标左键单击 Worker Activities（工人活动）工具栏中的 Creates Line Tracking Activities（创建线性跟踪运动）按钮，再单击 PPR 结构树上的 HumanTask.1，即可插入一个开始线性跟踪仿真的命令 BeginTrackLine.6，如图 5-79 所示。

⑫ 在 PPR 结构树上单击选择扳手模型的名称，弹出 Walk Type（行走方式）对话框。在本例中选择 Side Step（侧向行走），如图 5-80 所示，单击 OK（确定）按钮。

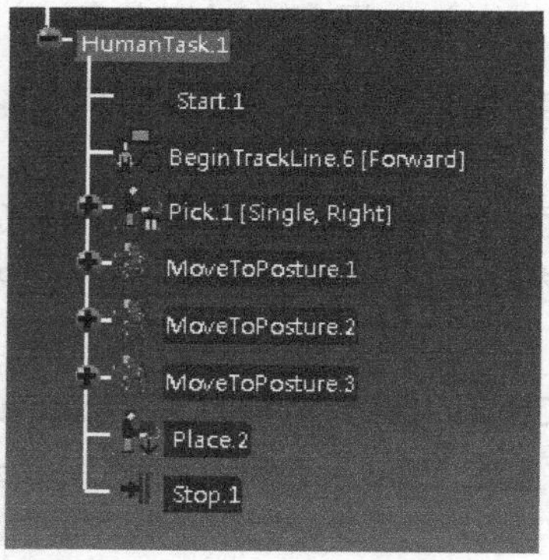

图 5-79　生成 BeginTrackLine.6

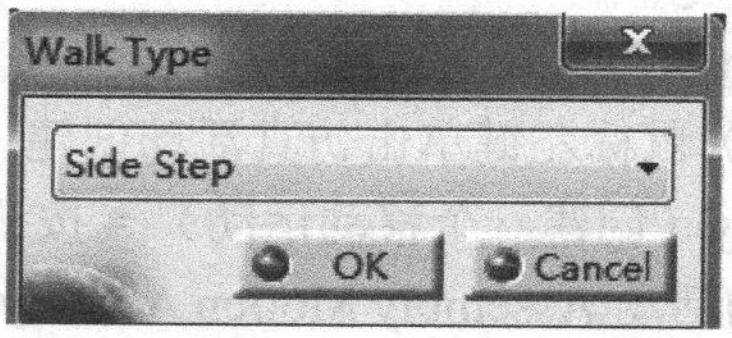

图 5-80　行走方式对话框

⑬ 在 PPR 结构树上单击放置动作 Place.2，即可在该动作后插入一个结束线性跟踪仿真的命令 EndTrackLine.3，如图 5-81 所示，完成线性跟踪动作的创建。

⑭ 如果要在移动过程中改变行走类型，可左键单击 Worker Activities（工人活动）工具栏中的 Changes Walk Type while Tracking Line（在线性跟踪中改变行走类型）按钮，再在 PPR

结构树上选择要插入的位置，则可弹出 Walk Type（行走方式）对话框，选择所需要的行走方式，单击 OK（确定）即可。完成后 PPR 结构树如图 5-82 所示。

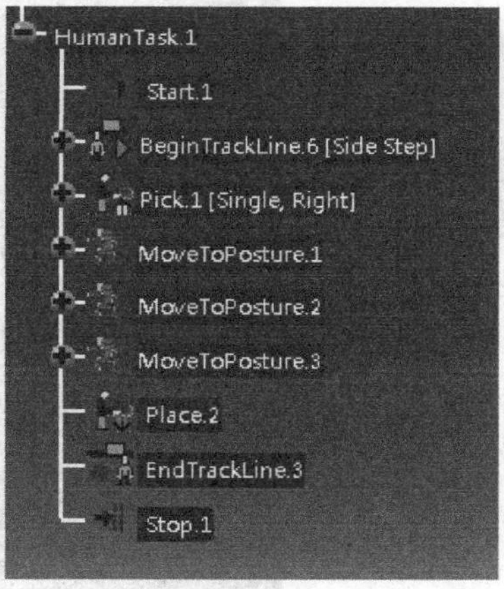

图 5-81　生成 EndTrackLine.3

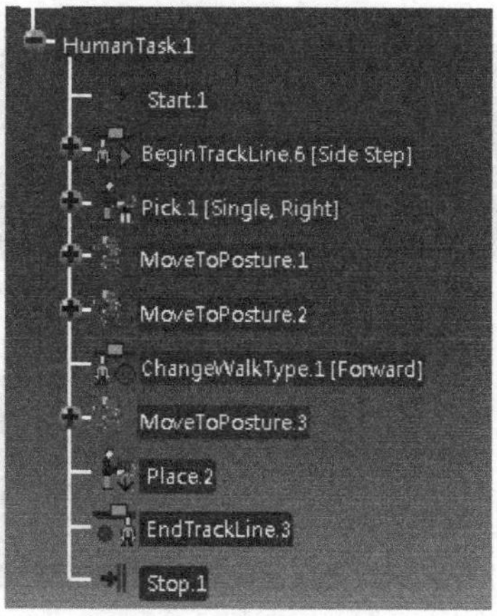

图 5-82　生成 ChangeWalkType.1

⑮ 单击工作界面右侧 Activity Management（运动管理）工具栏中的 Assign a Resource（分配资源）按钮，单击工人，再单击工艺过程（本例中为 Process.1），将工人活动添加到 Process（工艺过程）中。

⑯ 鼠标左键单击 Task Tools（任务工具）工具栏中的 Set an Active Task for the Manikin Associated Activity（设置人体模型相关的活动任务）按钮，选择 PPR 结构树上的 Process.1，弹出 Active Task（活动任务）对话框，选择工人及相应的任务，如图 5-83 所示，单击 OK 按钮确定。

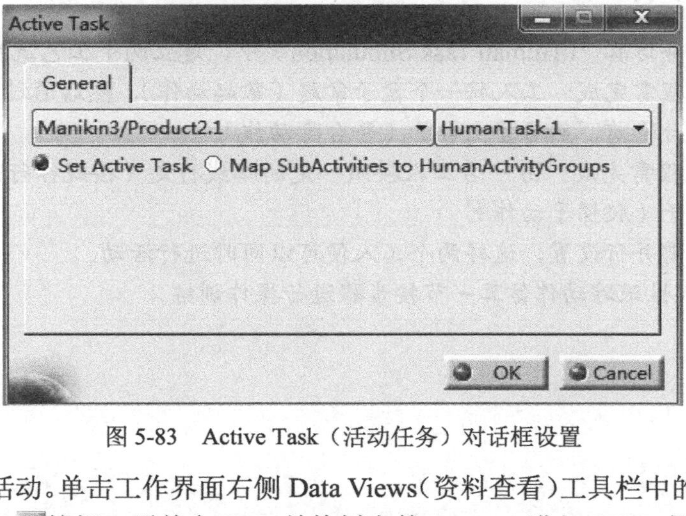

图 5-83　Active Task（活动任务）对话框设置

⑰ 设置并行活动。单击工作界面右侧 Data Views（资料查看）工具栏中的 Open PERT Chart（打开 PERT 图表）按钮，再单击 PPR 结构树上的 Process 进入 PERT 图表。单击 Activity Management（运动管理）工具栏中的 Link the selected Activities（连接被选择的运动）按钮可添加连线。如图 5-84 所示，将 Move Part.1 动作和工人任务 Process.1 并行设置。

⑱ 鼠标左键单击 PPR 结构树上 Process，如图 5-85 所示。再单击 Simulation（仿真）工

具栏中的Process Simulation（进程仿真）按钮，弹出Process Simulation（工艺仿真）窗口，单击Run（运行）按钮即可生成线性跟踪动作的动画仿真。

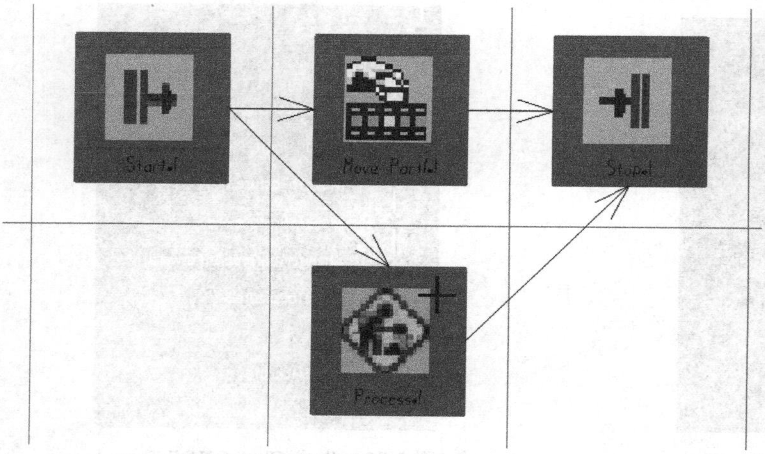

图 5-84　PERT 图表设置并行动作

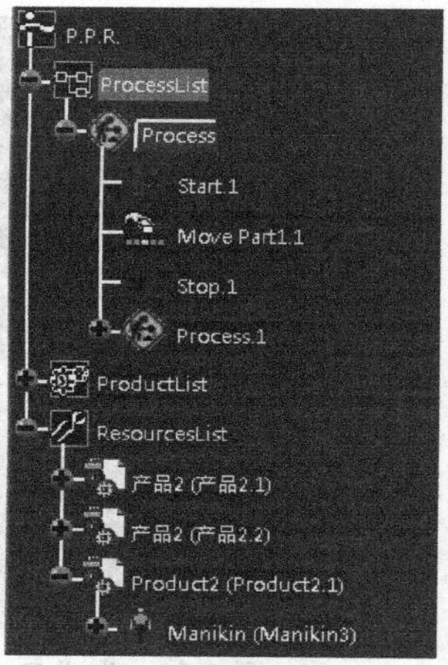

图 5-85　选择 Process 进程

注意

1. 当跟踪的直线改变方向时，行走类型必须改变，以适应直线方向的改变。
2. 必须先有 Begin Track line（开始线性跟踪）动作才能在 PPR 结构树上插入 Change Walk Type（改变行走方式）动作。

训练实例

（1）在人体任务仿真 （Human Task Simulation）中，建立两个工艺流程（Process）。

第一个工艺流程需完成：工人将一个盒子拿起（拿起动作），然后通过自由行走（自由行走动作）走到一个台阶前，然后登上台阶（登台阶动作）。

第二个工艺流程需完成：另一名工人按照一定的路线行走（按规律行走动作）到一个梯子前，然后爬上梯子（爬梯子动作）。

两个工艺流程需并行设置，这样两个工人便可以同时进行活动。

（2）将 5.2.6 线性跟踪动作仿真一节按步骤进行操作训练。

第 6 章

人体姿态分析

人体姿态分析（Human Posture Analysis）是人体建模（Human Builder）的辅助模块，可定性和定量分析人体姿态的各个方面。

本章主要学习人体姿态分析（Human Posture Analysis）模块中的姿态编辑、自由度编辑、角度界限编辑和首选角度编辑的基本操作，以及如何对姿态进行评估和优化。

6.1 基础工作环境

本节主要介绍人体姿态分析模块的主要功能和工作界面。

6.1.1 人体姿态分析功能简介

人体姿态分析（Human Posture Analysis）基于一流的人体建模系统，可以对人的整体或局部姿态进行检查、评分和优化，从而确定在某个具体的人机交互环境中操作者的最佳舒适度，并对其工效进行评定。友好的对话面板提供了人体模型各个部位的姿态信息，颜色编码技术能确保快速发现问题区域。该模块允许用户创建和保存自定义的舒适度和强度数据库，以满足不同的应用需求。

人体姿态分析的功能可分为如下四部分：

（1）姿态编辑；

（2）自由度的选择与编辑；

（3）角度界限与首选角度编辑；

（4）姿态评估与优化。

该模块的具体位置：Start（开始）→ Ergonomics Design & Analysis（人因工程设计和分析）→ Human Posture Analysis（人体姿态分析），如图 6-1 所示。

6.1.2 人体姿态分析工作界面

1. 进入人体姿态分析工作界面

① 使用人体建模（Human Builder）功能创建新的人体模型或直接对已创建的人体模型进行分析。

② 在左侧结构树中，鼠标左键双击 Manikin 人体模型的 Body 展开层级下任意需要分析的身体部位，即可进入人体姿态分析界面。

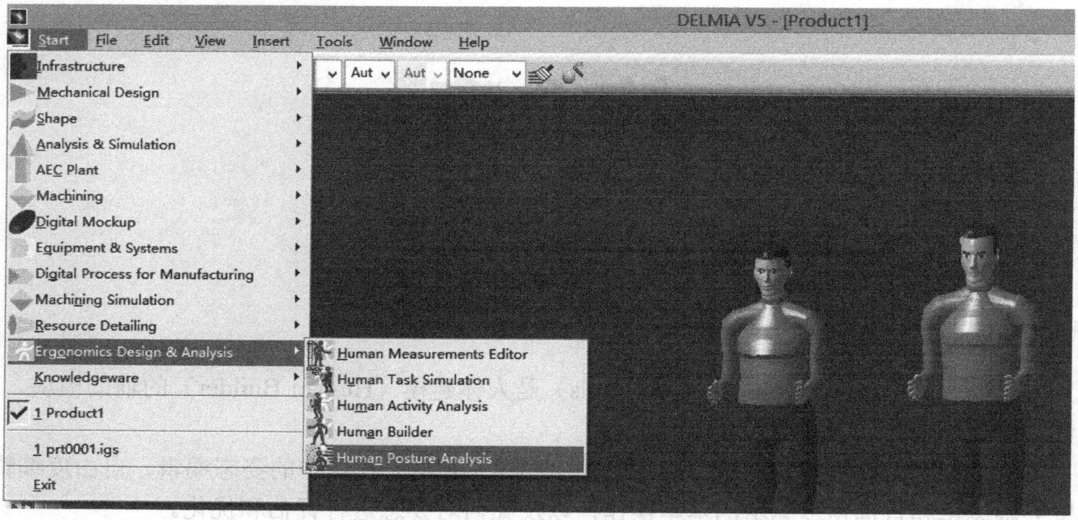

图 6-1　菜单栏中人体姿态分析选项

③ 除了步骤②所述方法，鼠标左键直接单击人体模型上需要分析的任意部位，亦可进入人体姿态分析界面。

④ 该界面仅显示待分析的人体模型，其他人体模型自动隐藏，如图 6-2 所示。

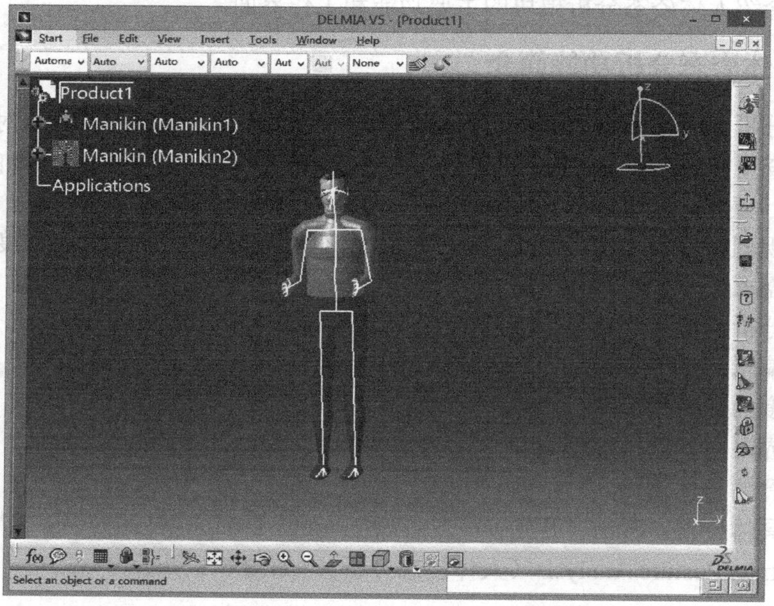

图 6-2　人体姿态分析工作界面

⑤ 其中，人体模型的各部分用白色线段表示，可根据用户需要选择显示或隐藏，具体方法如下：

- 在左侧结构树中，鼠标右键单击待编辑人体模型名称，在打开的快捷菜单中选择 Properties（特性）打开特性对话框。
- 在 Properties（特性）对话框中，单击选项 Display（显示）选项卡。

- 在 Rendering（表示）选项框中，可对 Segments（部位）进行勾选，单击对话框下方 Apply（应用），即可完成激活或取消显示，如图 6-3 所示。

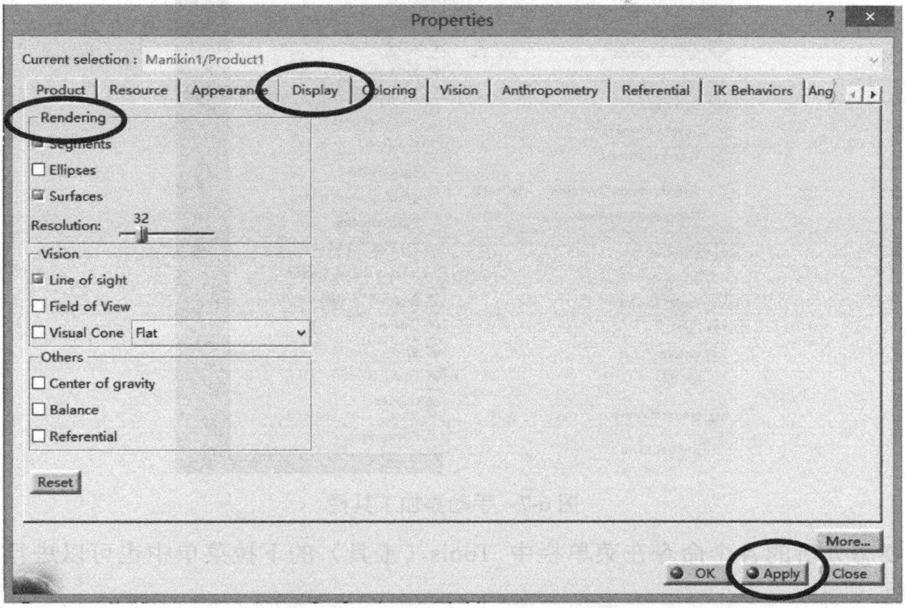

图 6-3 Properties 中 Display 选项

⑥ 除了步骤⑤所述方法，在工具栏中单击 Display（显示）按钮，可直接打开 Display（显示）对话框，以改变人体模型的显示特性。

2．人体姿态分析工作界面工具栏

人体姿态分析模块提供了以下方便用户进行人体模型姿态分析的工具：

① Angular Limitations（角度限制）工具栏：此工具栏便于用户在人体模型的特定部分上设置运动的上限和下限（以度为单位），如图 6-4 所示。

② Catalog（目录）工具栏：此工具栏便于用户保存新创建的姿态或重复使用已定义好的姿态，如图 6-5 所示。

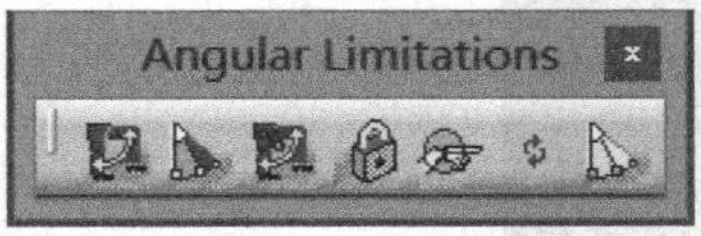

图 6-4 Angular Limitations 工具栏

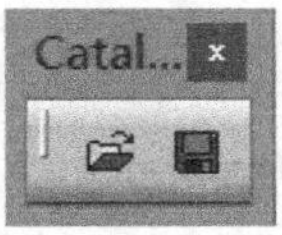

图 6-5 Catalog 工具栏

图 6-6 Postural Score Analysis 工具栏

③ Postural Score Analysis（姿态分数分析）工具栏：此工具栏便于用户以多种方式查看姿态的分数，从而有依据地进行姿态优化，如图 6-6 所示。

④ 其他工具栏则便于用户进行基础功能的操作，如 Exit Workbench（退出工作台）按钮，单击即可退出人体姿态分析工作界面；Posture Editor（姿态编辑）按钮，单击即可设定人体模型的姿态。

若进入人体模型姿态分析工作界面后，左侧工具条中未出现上述工具栏，可在菜单栏中 View（视图）→Toolbars（工具栏）子菜单中，自定义选择相应的工具，如图 6-7 所示。

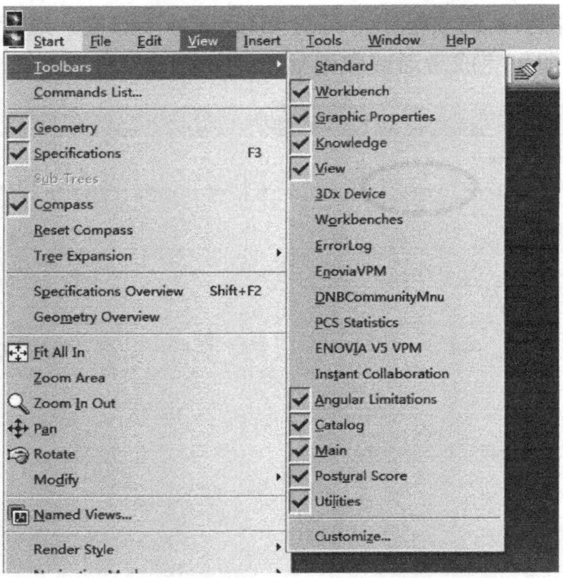

图 6-7 手动添加工具栏

人体姿态分析的各个命令在菜单栏中 Tools（工具）的下拉菜单中也可以进行查看，如图 6-8 所示。

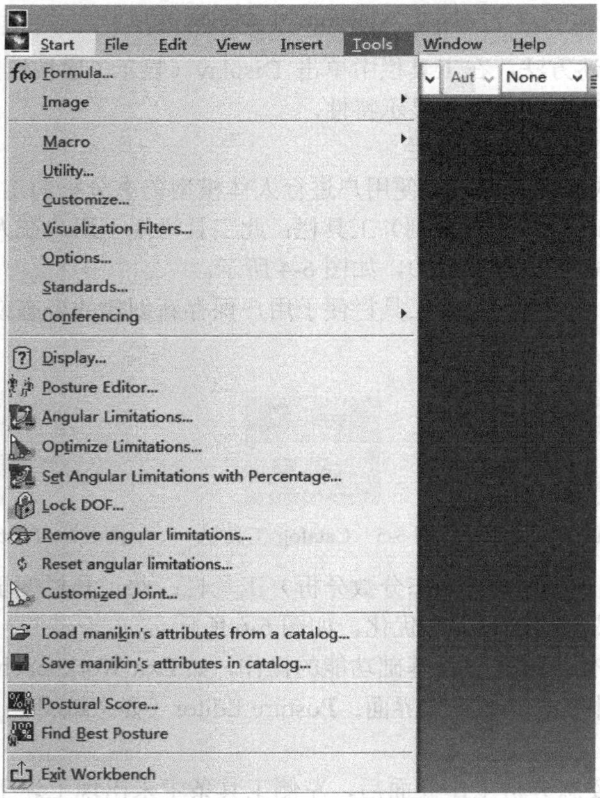

图 6-8 查看人体姿态分析命令

训练实例

（1）使用 Human Builder（人体建模）功能创建两个人体模型，一个为男性，另一个为女性。

（2）选定男性人体模型进行姿态分析，从 Human Builder（人体建模）工作界面进入 Human Posture Analysis（人体姿态分析）工作界面。

（3）修改人体模型的显示特性，熟悉 Properties（特性）对话框中 Display（显示）模块下的各个选项命令。

（4）简单熟悉 Human Posture Analysis（人体姿态分析）工作界面左侧各个工具栏中工具图标代表的命令含义。

6.2 姿态编辑

本节主要围绕 Posture Editor（姿势编辑器）的基本操作具体展示人体分析模块的姿态编辑功能。用户可利用该工具精确设定人体模型各部位的姿态。

6.2.1 进入姿势编辑器

Posture Editor（姿势编辑器）是用于在正向运动中移动人体模型指定部位的工具。人体模型的结构由 68 个铰接关节和 6 个连接关节组成（某关节运动范围取决于邻近关节的位置）。人体关节或自由度每次可以移动一步，该工具允许用户为每个关节的每个自由度的运动设定一个精确的值。

① 鼠标左键单击工作界面左侧工具栏中 Posture Editor（姿势编辑器）按钮。

② 鼠标左键单击人体模型中需要编辑的部位，即可打开 Posture Editor（姿势编辑器）对话框，如图 6-9 所示。

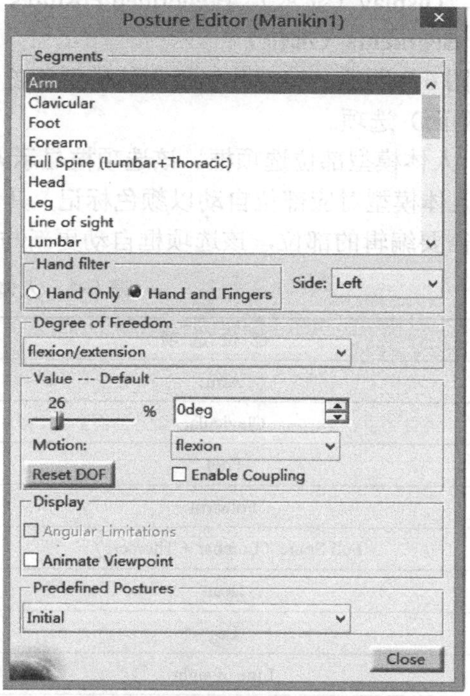

图 6-9 Posture Editor 对话框

③ 具体姿态编辑步骤，请读者参照本书第 3.3 节。

注 意

步骤①与步骤②互换亦可打开姿势编辑器对话框。

知识拓展

正向运动

正向运动（Forward Kinematics）是子物体跟随父物体的运动规律，即在正向运动时，子物体的运动跟随父物体运动，而子物体按自己的方式运动时，父物体不受影响。此概念可以理解为：如果模拟人体运动，则将人的躯干设为父物体，头部为子物体。当人躺下时，躯干（父物体）向下，则头部（子物体）也跟着向下运动；当头部（子物体）左右转动时，躯干（父物体）不受影响。

一个父物体可以有多个子物体，而一个子物体只能有一个父物体。以人体模型为例，躯干为父物体，上肢为躯干的子物体，而上臂为前臂的父物体，前臂为手部的父物体。

若要使用正向运动对人体模型设定姿势，则需要分别旋转各个关节，直到获得所需的姿势为止。例如，若要将手移到某个位置，则必须旋转多个手臂关节才能达到该位置。

6.2.2 姿势编辑对话框

姿势编辑对话框由五部分组成：Segments（部位）、Degree of Freedom（自由度）、Value（数值）、Display（显示）、Predefined Postures（预定姿态）。

1．Segments（部位）

如图6-9所示，该部分包括人体模型部位的下拉列表选项框、Hand Filter（手部筛选）和Side（侧面）选项。

① 人体模型部位选项框。该选项框显示人体各部位的名称，用户可选择需要编辑的人体部位，人体模型对应部位自动以颜色标记，具体选项如表6-1所示。用户亦可在人体模型上直接单击需要编辑的部位，该选项框自动更新与其保持一致。

表6-1 人体模型部位选项

部位选项	含义说明
Arm	上臂
Clavicular	锁骨（肩部）
Foot	脚
Forearm	前臂
Full Spine（Lumbar + Thoracic）	全脊椎（腰椎+胸椎）
Head	头部
Leg	小腿
Line of sight	视线
Lumbar	腰椎
Thigh	大腿
Thoracic	胸椎
Toes	脚趾
Hand	手掌
Thumb	拇指

续表

部位选项	含义说明
Index	食指
Middle Finger	中指
Annular	无名指
Auricular	小指

② Hand Filter（手部筛选）选项。该选项包括 Hand（手）和 Hand and Fingers（手和手指）。根据用户选择不同，人体模型部位的下拉列表选项框中所显示的部位也不同。例如，当选择 Hand（手）时，部位选项框中不显示手指相关选项。

③ Side（侧面）选项。在人体模型部位的下拉列表选项框中选择具有对称结构的部位时，该选项处于激活状态，可根据用户需要选择 Right（右侧）或 Left（左侧）。

注 意

1. Thumb（拇指）、Index（食指）、Middle Finger（中指）、Annular（无名指）、Auricular（小指）各有 3 个关节。

2. 个别椎骨不再详细列于 Segments 选项框或结构树中。为了便于用户选择，现在将其划分为两部分：腰椎和胸椎。全脊椎则为由腰椎和胸椎两部分组成的整体。

2. Degree of Freedom（自由度）

人体某个部位最多拥有三个自由度。例如，前臂有两个自由度，上臂有三个自由度。若选中人体模型的右侧上臂，在 Degree of Freedom（自由度）下拉选项中，用户可从三种类型中进行选择：

- flexion/extension（屈/伸）
- abduction/adduction（外展/内收）
- medial rotation/lateral rotation（内旋/外旋）

上述三种 DOF 类型，各具有特定的运动轴，如表 6-2 和图 6-10 所示。

表 6-2 DOF 的运动轴

DOF	运动轴
flexion/extension	横轴（Transversal Axis）
abduction/adduction	矢状轴（Sagittal Axis）
medial rotation/lateral rotation	冠状轴（Coronal Axis）

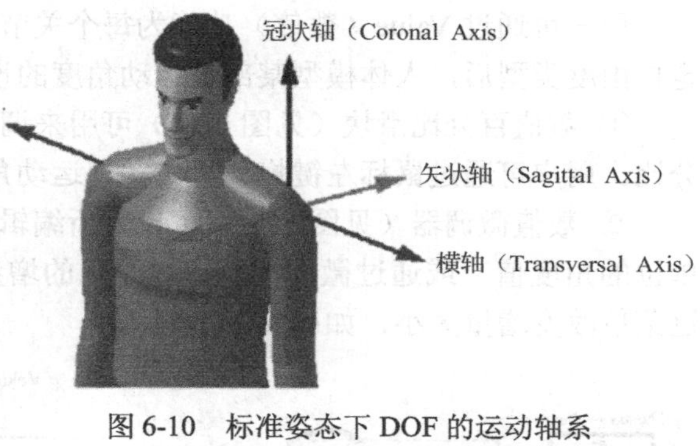

图 6-10 标准姿态下 DOF 的运动轴系

现以人体某些部位为例，说明各自由度的具体姿态，如图 6-11 所示。

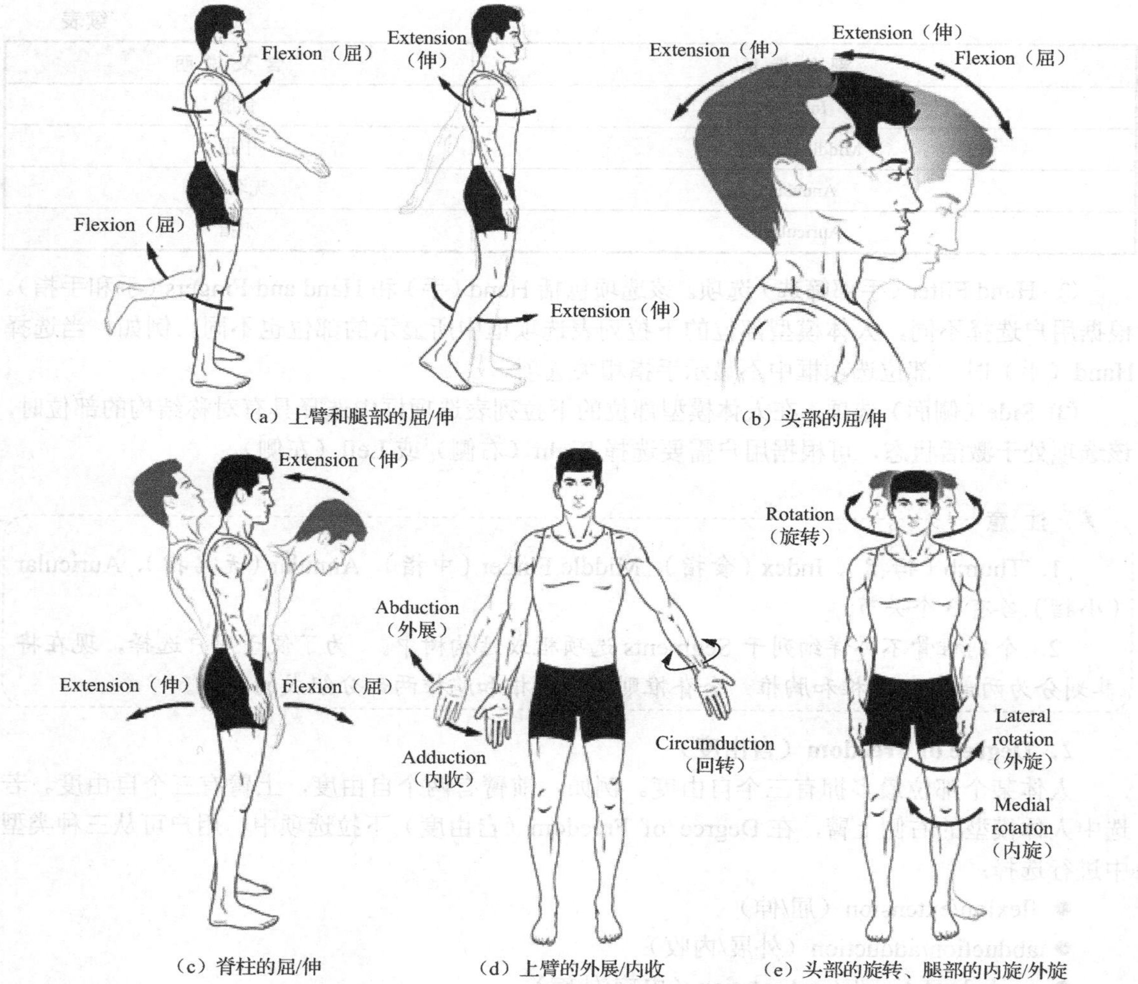

图 6-11　人体部位的自由度姿态

3．Value（数值）

用户可通过 Value（数值）功能为每个关节的每个自由度的运动设定一个精确的值。在选定自由度类型后，人体模型某部位运动角度的设定方式有两种：

① 数值百分比滑块（见图 6-12）可用来调节身体部位的运动角度占总运动角度范围的百分比。用户可通过鼠标左键拖动滑块实现运动角度的设定。

② 数值微调器（见图 6-12）可设定所编辑部位的运动角度。用户可通过键盘输入以度为单位的角度值，或通过微调控制器以一定的增量设定角度值（鼠标右键单击微调控制器可通过菜单改变增量大小，如图 6-13 所示）。

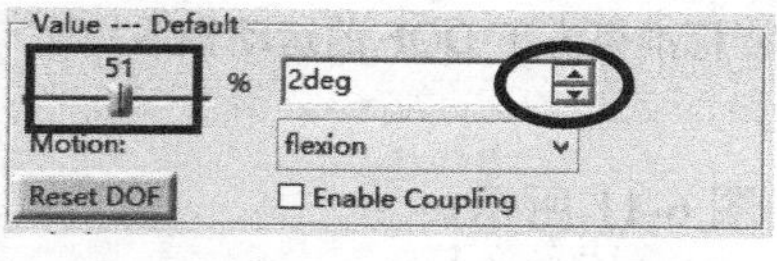

图 6-12　数值百分比滑块和数值微调器

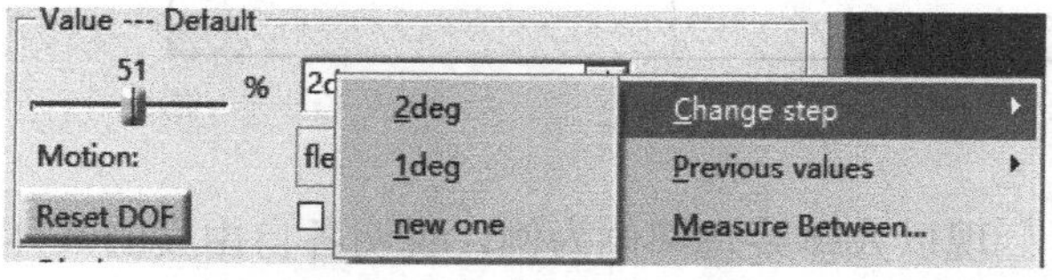

图 6-13　微调增量的设定

③ 用户可通过鼠标左键单击 Motion（运动）项中的 Reset DOF（重置自由度）Reset DOF，使选定部位的运动角度值恢复到初始状态。

④ Enable Coupling（连接）命令可连接人体模型的 5 对身体部位的运动范围（灵活性和功能性限制），即某部位的运动范围以另一部位的运动范围为条件而确定。具体部位有左右上臂、左右前臂、左右肩部、左右大腿、左右小腿。该命令默认状态为未激活，激活状态下仅改变指定部位的运动范围，对该部位和其他身体部位之间的关系没有丝毫影响。

4．Display（显示）

如图 6-14 所示，该部分包括 Angular Limitations（角度界限）和 Animate Viewpoint（动画视角）两个选项。

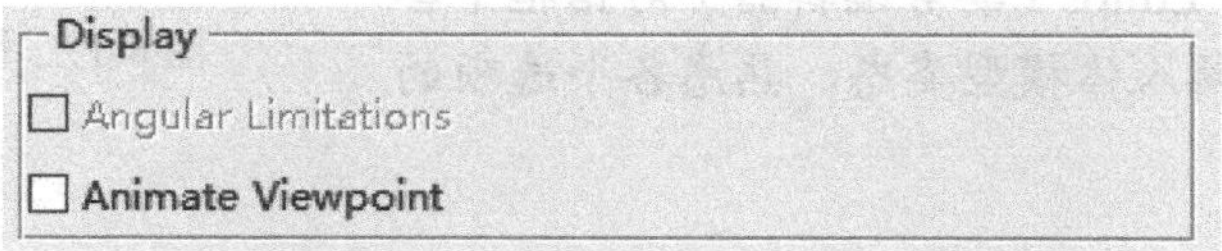

图 6-14　Display（显示）选项框

① Angular Limitations（角度界限）可显示或隐藏（默认状态）每个自由度的角度界限的图形表示。图 6-15 是角度界限（详见 6.4 节）的显示状态，上下两个箭头所限制的运动范围默认以人体测量中第 50 个百分位对应数据为依据。绿色箭头表示上限（170deg），黄色箭头表示下限（-60deg），蓝色箭头表示该部位当前所处的位置（0deg）。

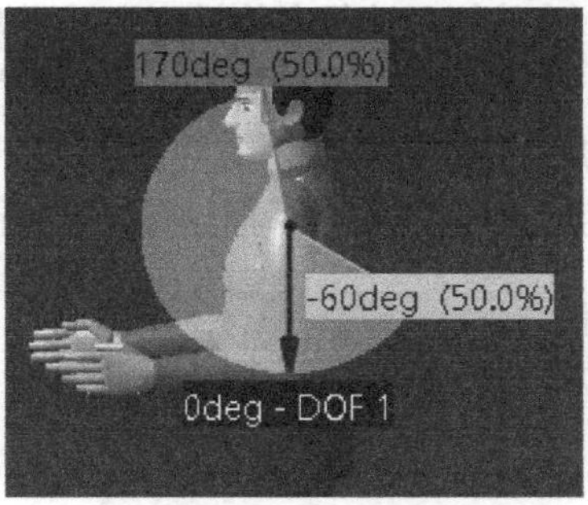

图 6-15　角度界限图形显示

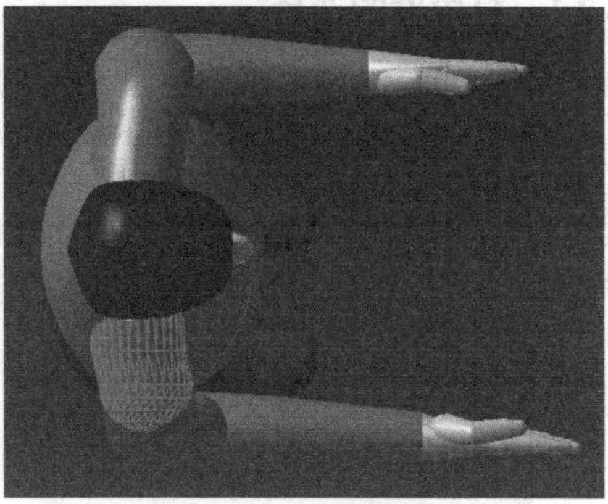

图 6-16　肩部最佳视图

② Animate Viewpoint（动态视角）能在某一自由度上放大所选部位并更改视角，以便为用户提供该自由度的最佳视图，如图 6-16 所示。在角度界限的图形显示状态下，可提高用户对蓝色箭头的操作能力。

5．Predefined Postures（预定姿态）

该功能可为人体模型设置预定义的姿态，在下拉菜单中共有五个选项：Initial（初始姿态）、Stand（站姿）、Sit（坐姿）、Span（平举）、Kneel（跪姿）。

其中，Initial（初始姿态）和 Sit（坐姿）可通过打开结构树中人体模型的快捷菜单进行设定，如图 6-17 所示。

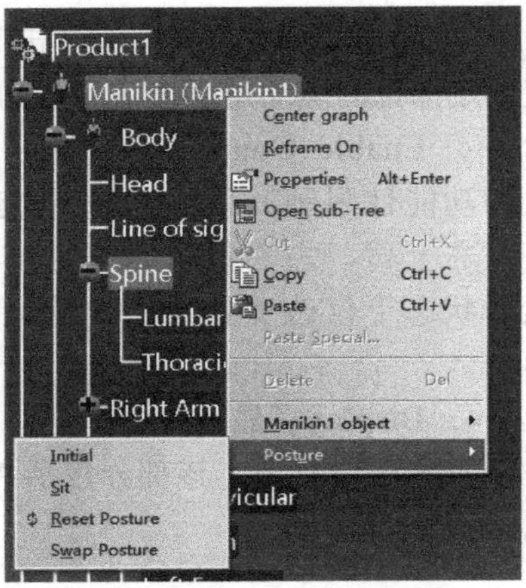

图 6-17 快捷菜单设定姿态

训练实例

（1）打开【chapter6\ exercise\exercise1.CATProduct】。

（2）选中【Manikin1】进入 Human Posture Analysis（人体姿态分析）工作界面。

（3）打开 Posture Editor（姿势编辑器）对话框，激活 Animate Viewpoint（动态视角）命令。

（4）利用 Posture Editor（姿势编辑器）对话框中各个模块的选项任意编辑人体模型姿态，熟悉各个选项的用法。

6.3 自由度的选择与编辑

本节主要介绍如何选择与编辑人体模型的自由度（Degree of Freedom，简称 DOF）以及不同部位自由度的运动形式。

6.3.1 自由度的选择

在人体姿态分析工作界面的右侧工具栏中，用户使用鼠标左键单击 Angular Limitations（角度界限）工具栏中的 Edit Angular Limitations（编辑角度界限）按钮，选择人体模型中需要编辑的部位，该部位则会显示角度界限图形（见图 6-15）。此时，用户可通过 Angular Limitations（角度界限）工具栏中的命令按钮对自由度进行选择和编辑，是根据最优首选角度优化角度界限，是根据百分比设定角度界限，是锁定自由度，是清除角度界限，对应对话框如图 6-18 所示。

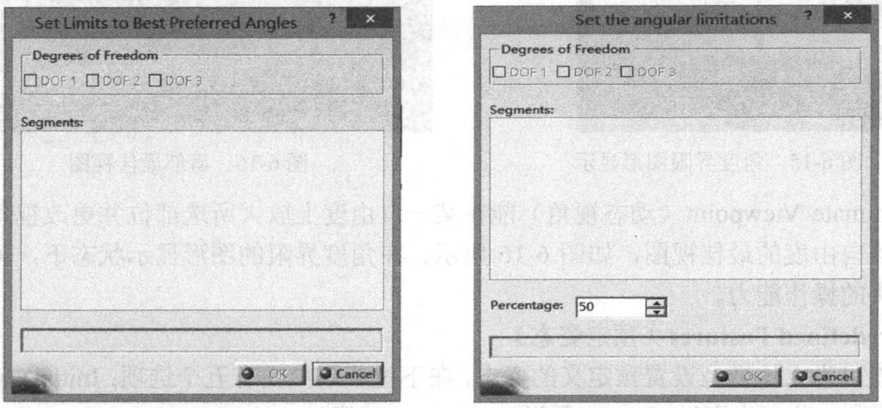

（a）根据最优首选角度优化角度界限　　（b）根据百分比设定角度界限

图 6-18 角度界限工具栏各命令对话框

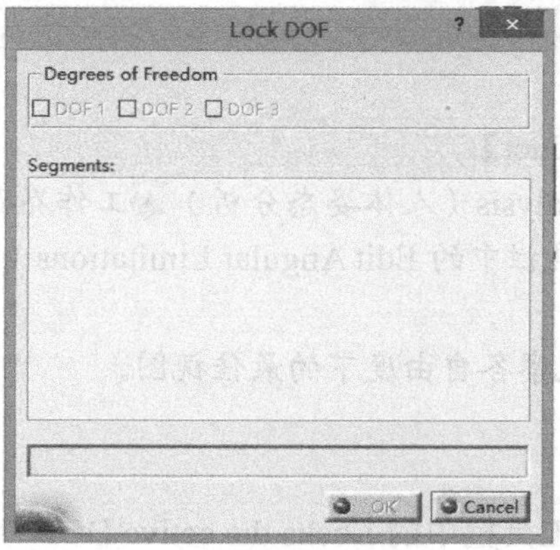

（c）锁定自由度

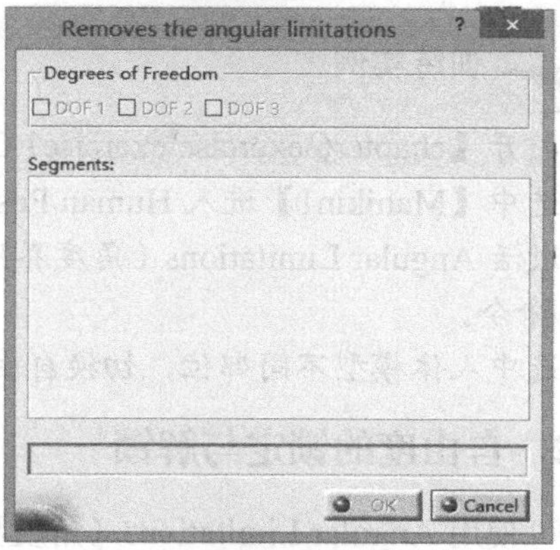

（d）清除角度界限

图 6-18 角度界限工具栏各命令对话框（续）

在角度界限图形显示范围内用鼠标右键单击而弹出的快捷菜单中可分别选择不同的自由度（见图 6-19），系统会自动缩放人体模型为用户提供该自由度的最佳视图，如图 6-20 所示（以人体右侧上臂为例）。

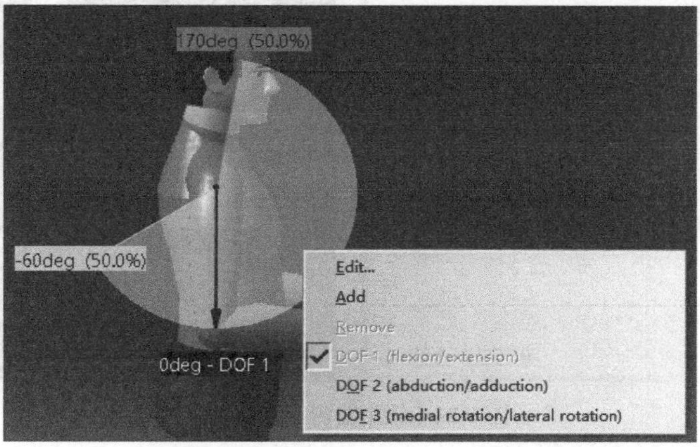

图 6-19 快捷菜单中自由度的选择

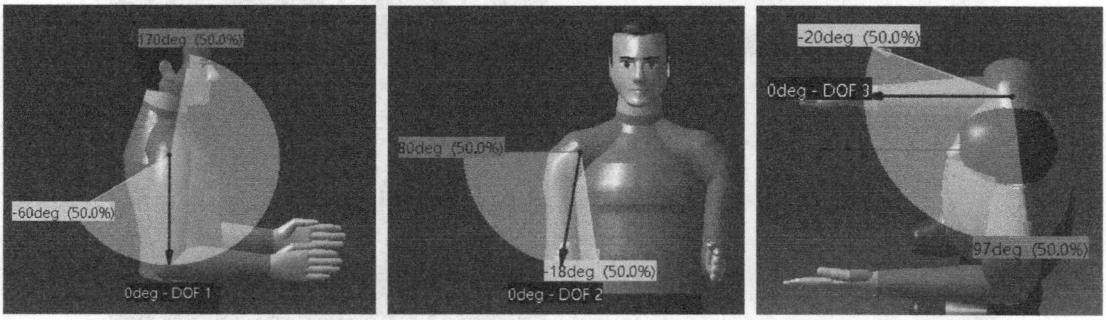

（a）DOF1 最佳视图 （b）DOF2 最佳视图 （c）DOF3 最佳视图

图 6-20 右侧上臂各自由度最佳视图

训练实例

（1）打开【chapter6\exercise\exercise1.CATProduct】。

（2）选中【Manikin1】进入 Human Posture Analysis（人体姿态分析）工作界面。

（3）激活 Angular Limitations（角度界限）工具栏中的 Edit Angular Limitations（编辑角度界限）命令。

（4）选中人体模型不同部位，切换自由度，观察各自由度下的最佳视图。

6.3.2 自由度的锁定与解锁

用户可使用 Angular Limitations（角度界限）工具栏中的 Locks the active DOF（锁定已激活的自由度）命令，将编辑完毕的自由度进行锁定，如图 6-21 所示。锁定后，该部位在锁定自由度的方向上不能进行任何操作。如需解锁重新进行自由度的编辑，用户可使用 Angular Limitations（角度界限）工具栏中的 Reset angular limitations（重置角度界限）命令，该命令不会改变已设定的运动角度，仅改变自由度被锁定的状态，如图 6-22 所示。

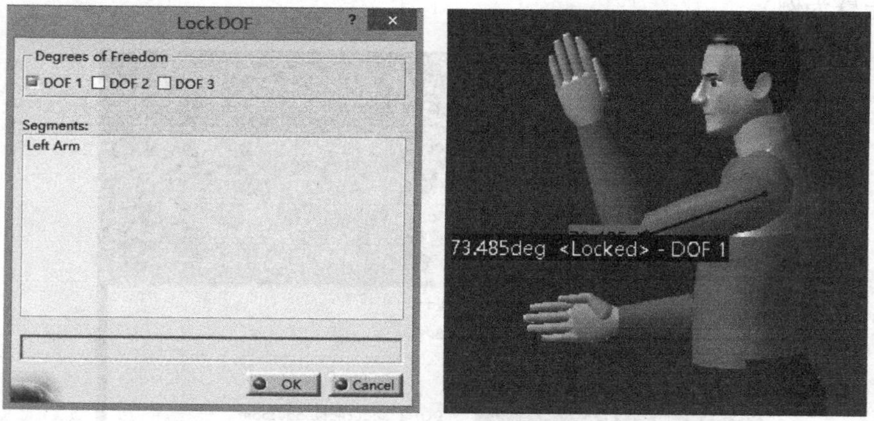

图 6-21　锁定左侧上臂 DOF1

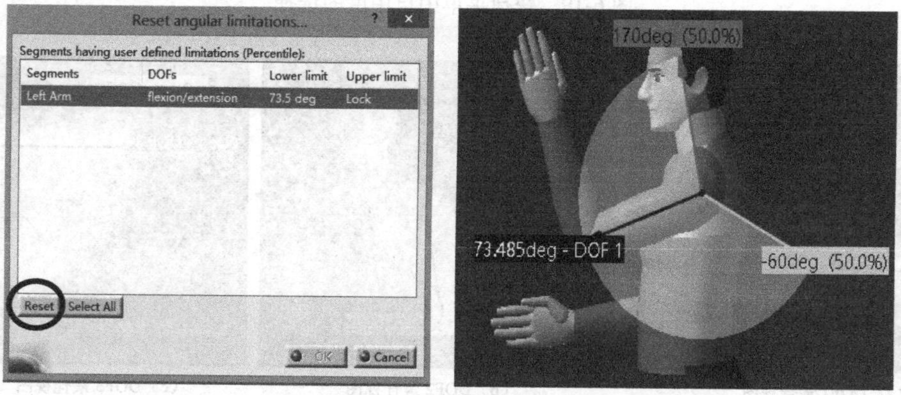

图 6-22　解锁左侧上臂 DOF1

6.3.3 人体模型各部位自由度运动形式

人体模型每个部位都有自由度，不同部位不仅自由度数目不同（最多 3 个），而且自由度的运动形式也不同。

人体躯干自由度和运动形式如表 6-3 所示，人体上肢自由度和运动形式如表 6-4 所示，人体下肢自由度和运动形式如表 6-5 所示，人体头部及视线自由度和运动形式如表 6-6 所示。

表 6-3 人体躯干自由度和运动形式

部 位	DOF	运 动 形 式	
Clavicular（肩部）	DOF1 flexion（前屈） extension（后扩）	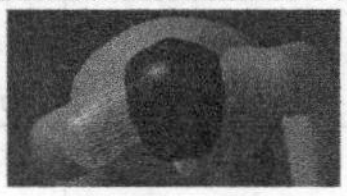 flexion（前屈）	 extension（后扩）
	DOF2 elevation（上提） depression（下压）	 elevation（上提）	 depression（下压）
Lumbar（腰椎）	DOF1 flexion（屈） extension（伸）	 flexion（屈）	 extension（伸）
	DOF2 lateral right（右倾） lateral left（左倾）	 lateral right（右倾）	 lateral left（左倾）
	DOF3 rotation right（右旋） rotation left（左旋）	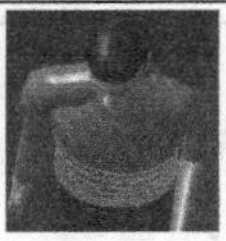 rotation right（右旋）	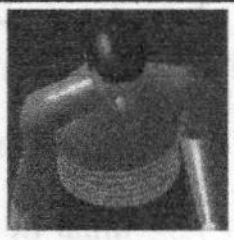 rotation left（左旋）
Thoracic（胸椎）	DOF1 flexion（屈） extension（伸）	 flexion（屈）	 extension（伸）
	DOF2 lateral right（右倾） lateral left（左倾）	 lateral right（右倾）	 lateral left（左倾）
	DOF3 rotation right（右旋） rotation left（左旋）	 rotation right（右旋）	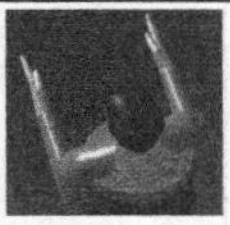 rotation left（左旋）

表 6-4　人体上肢自由度和运动形式

部　位	DOF	运动形式
Arm（上臂）	DOF1 flexion（屈） extension（伸）	 flexion（屈）  extension（伸）
	DOF2 abduction（外展） adduction（内收）	 abduction（外展）  adduction（内收）
	DOF3 medial rotation（内旋） lateral rotation（外旋）	 medial rotation（内旋）  lateral rotation（外旋）
Forearm（前臂）	DOF1 flexion（屈） （无 extension 方向调节）	 flexion（屈）
	DOF2 pronation（内旋） （无 supination 方向调节）	 pronation（内旋）
Hand（手掌）	DOF1 flexion（屈） extension（伸）	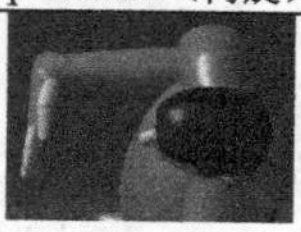 flexion（屈） 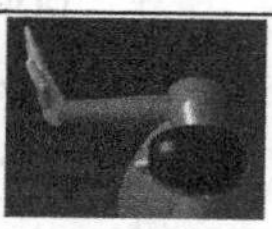 extension（伸）
	DOF2 radial deviation （桡侧屈） ulnar deviation（尺侧屈）	 radial deviation（桡侧屈） 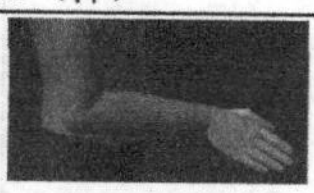 ulnar deviation（尺侧屈）
Thumb1（拇指关节 1）	DOF1 flexion（屈） extension（伸）	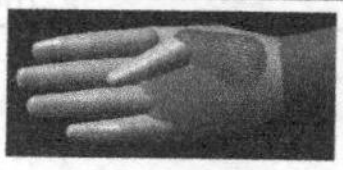 flexion（屈）  extension（伸）
	DOF2 abduction（展开） adduction（并拢）	 abduction（展开） 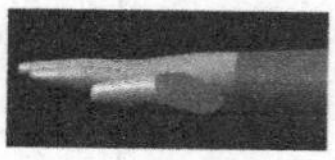 adduction（并拢）
Thumb2（拇指关节 2）	DOF1 flexion（屈） extension（伸）	 flexion（屈）  extension（伸）
Thumb3（拇指关节 3）	DOF1 flexion（屈） extension（伸）	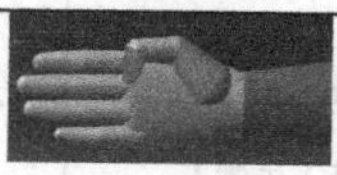 flexion（屈） 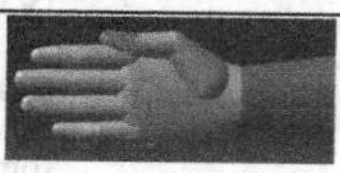 extension（伸）

表 6-5 人体下肢自由度和运动形式

部　位	DOF	运 动 形 式
Foot（脚部）	DOF1 dorsiflexion（上屈） plantar flexion（下屈）	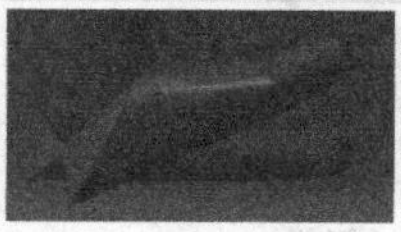  dorsiflexion（上屈）　plantar flexion（下屈）
	DOF2 eversion（外翻） inversion（内翻）	  eversion（外翻）　inversion（内翻）
Leg（小腿）	DOF1 flexion（屈） （无 extension 方向调节）	 flexion（屈）
	DOF2 medial rotation（内旋） lateral rotation（外旋）	 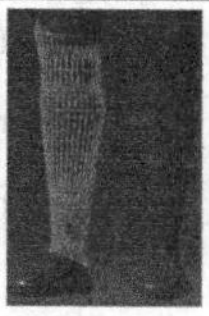 medial rotation（内旋）　lateral rotation（外旋）
Thigh（大腿）	DOF1 flexion（屈） extension（伸）	 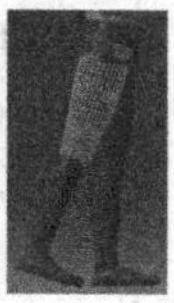 flexion（屈）　extension（伸）
	DOF2 abduction（外展） adduction（内收）	  abduction（外展）　adduction（内收）
	DOF3 medial rotation（内旋） lateral rotation（外旋）	  medial rotation（内旋）　lateral rotation（外旋）
Toes（脚趾）	DOF1 flexion（屈） hyper-extension（伸）	  flexion（屈）　hyper-extension（伸）

表 6-6 人体头部及视线自由度和运动形式

部　　位	DOF	运 动 形 式
Head（头部）	DOF1 flexion（俯首） extension（仰首）	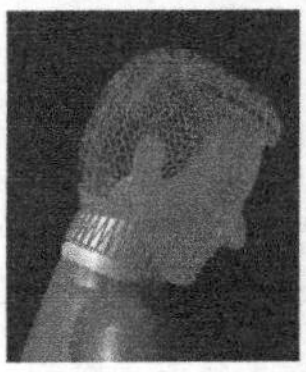 flexion（俯首） 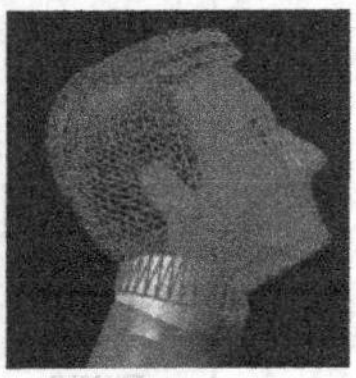 extension（仰首）
	DOF2 lateral right（右倾） lateral left（左倾）	 lateral right（右倾） 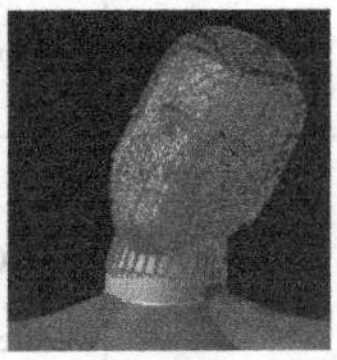 lateral left（左倾）
	DOF3 rotation right（右旋） rotation left（左旋）	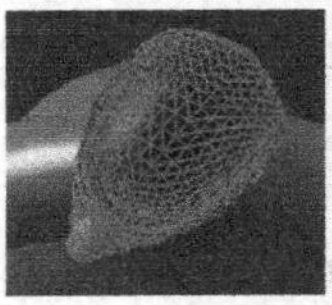 rotation right（右旋） 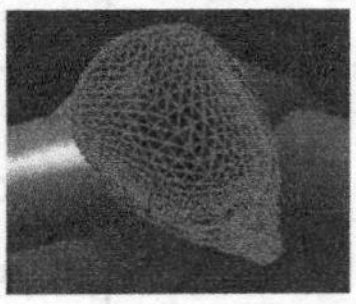 rotation left（左旋）
Line of sight（视线）	DOF1 up（向上） down（向下）	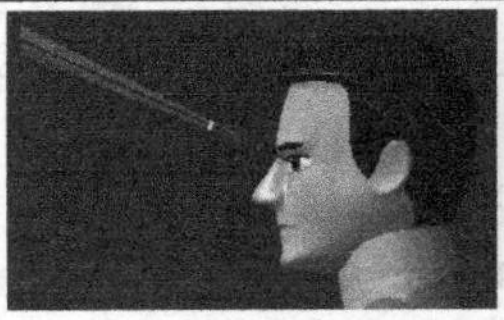 up（向上） 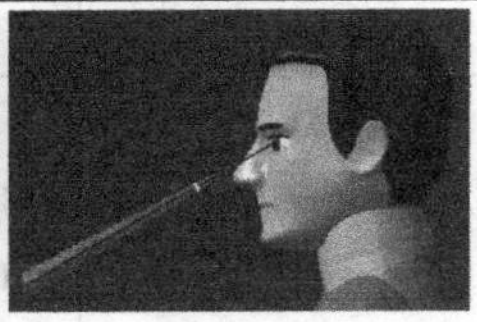 down（向下）
	DOF2 lateral right（向右） lateral left（向左）	 lateral right（向右）  lateral left（向左）

训练实例

（1）打开【chapter6\exercise\exercise1.CATProduct】。

（2）选中【Manikin1】进入 Human Posture Analysis（人体姿态分析）工作界面。

（3）打开 Posture Editor（姿势编辑器）对话框，激活 Animate Viewpoint（动态视角）命令。

（4）选中人体模型不同部位，切换自由度运动形式，与表 6-3、表 6-4、表 6-5 和表 6-6 进行对照，从而熟悉各部位不同自由度的运动形式。

6.4 角度界限与首选角度的编辑

本节主要介绍已激活自由度的角度界限的设定和首选角度的编辑。

6.4.1 角度界限的编辑

1．Angular Limitations（角度界限）对话框

Edit Angular Limitations（编辑角度界限）按钮在人体姿态分析工作界面右侧的 Angular Limitations（角度界限）工具栏中，用户使用鼠标左键单击该命令，选择人体模型中需要编辑的部位，该部位则会显示角度界限图形。当用户选择人体模型中另一个部位进行编辑时，上一个部位的角度界限显示会自动关闭。

① 鼠标左键双击角度界限显示图中的绿色或黄色箭头，即可打开 Angular Limitations（角度界限）对话框，如图 6-23 所示，对话框中显示待编辑部位的名称、自由度类型、运动范围的上下限值。

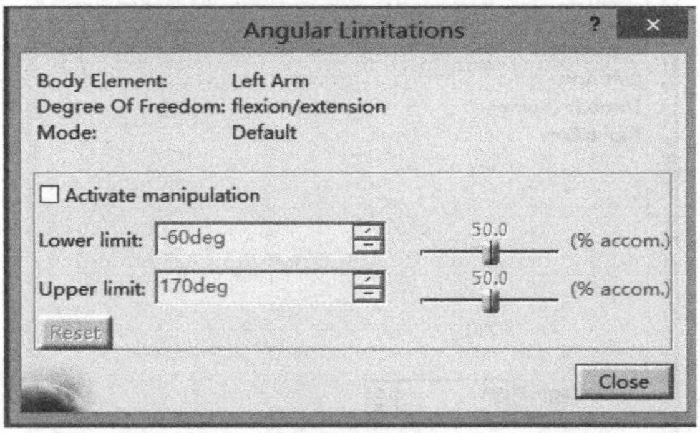

图 6-23 Angular Limitations（角度界限）对话框

② 鼠标左键勾选上述对话框中 Activate manipulation（激活操作）选项，激活该对话框，如图 6-24 所示。用户可用鼠标左键拖动百分位滑块或调节微调箭头来更改运动范围的上下限，单击 Reset（重置）按钮可恢复角度界限初始值。

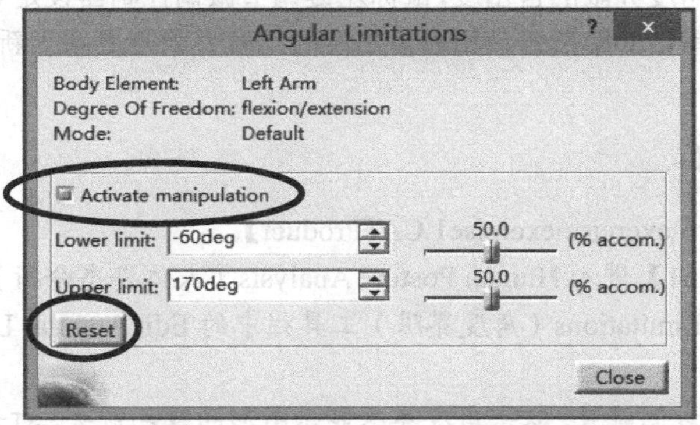

图 6-24 激活 Angular Limitations（角度界限）对话框

③ 设定完成后，单击 Close（关闭）按钮即可关闭对话框。单击工具栏中 Edit Angular Limitations（编辑角度界限）按钮，隐藏角度界限的图形显示。

2．百分比编辑角度界限

通过该功能可以根据用户定义的百分比对人体模型的一个或多个部位进行角度界限的编辑。

该百分比表示某具体应用的极限范围内的人口比例。在创建人体模型时，所有的角度界限都是以第 50 个百分位为准而设定的。所以，通过百分比的形式编辑角度界限，方便用户根据某特定应用的要求而缩小或扩大人口适用范围。

① 先选择人体模型中的一个待编辑部位，再通过鼠标左键+Ctrl 键对多个部位进行选择。

② 鼠标左键单击 Angular Limitations（角度界限）工具栏中的 Set Angular Limitations as a Percentage（百分比编辑角度界限）按钮，打开如图 6-25 所示的对话框。该对话框显示待编辑部位的名称、自由度及当前百分比。

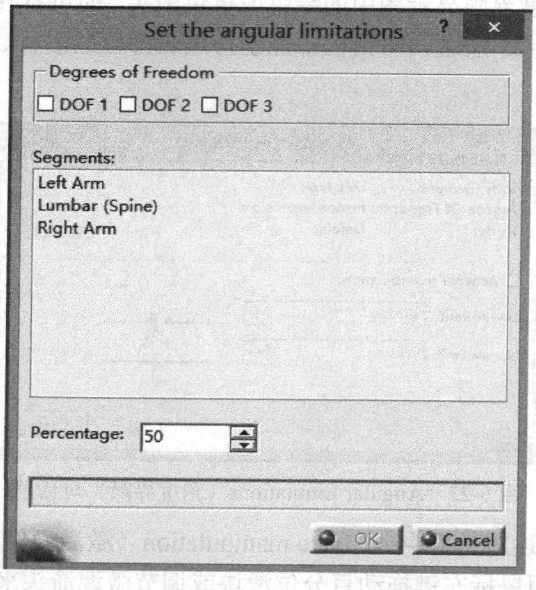

图 6-25　Set the angular limitations（设置角度界限）对话框

③ 选择需要设置角度界限的自由度，鼠标左键调节微调控制器设定 0~100 之间的百分比。

④ 设定完成后，单击 OK 按钮，相应自由度的角度界限则更新为新设定的百分比对应界限。

训练实例

（1）打开【chapter6\exercise\exercise1.CATProduct】。

（2）选中【Manikin1】进入 Human Posture Analysis（人体姿态分析）工作界面。

（3）激活 Angular Limitations（角度界限）工具栏中的 Edit Angular Limitations（编辑角度界限）命令。

（4）选中人体模型右侧前臂，双击角度界限显示图形的绿色箭头，打开 Angular Limitations（角度界限）对话框。

（5）激活对话框中的 Activate manipulation（激活操作）命令。

（6）将 Lower limit（下限）调至 20deg，Upper limit（上限）调至 110deg，单击 Close（关闭）按钮关闭对话框。

（7）单击 Angular Limitations（角度界限）工具栏中的 Edit Angular Limitations（编辑角度界限）按钮，使之处于未激活状态。

（8）选中结构树中 Manikin1 层级下的 Body，单击工具栏中的 Set Angular Limitations as a Percentage（百分比编辑角度界限）按钮，打开 Set the angular limitations（设置角度界限）对话框。

（9）将 DOF1、DOF2、DOF3 的百分比均设置为 90%，单击 OK（确定）按钮关闭对话框。

6.4.2 首选角度的编辑

通过将人体模型各部位的总运动范围划分为不同区域，软件可对当前人体姿态的整体和局部进行合理评估。通过首选角度编辑功能，用户可在各个自由度上定义多个区域。

1. 打开首选角度对话框

① Edit Preferred Angles（编辑首选角度）按钮在人体姿态分析工作界面右侧的 Angular Limitations（角度界限）工具栏中，用户使用鼠标左键单击该命令，选择人体模型中需要编辑的部位，该部位则会显示角度界限图形。

② 在人体模型角度界限图形的显示范围内用鼠标右键单击，弹出快捷菜单，如图 6-26 所示。

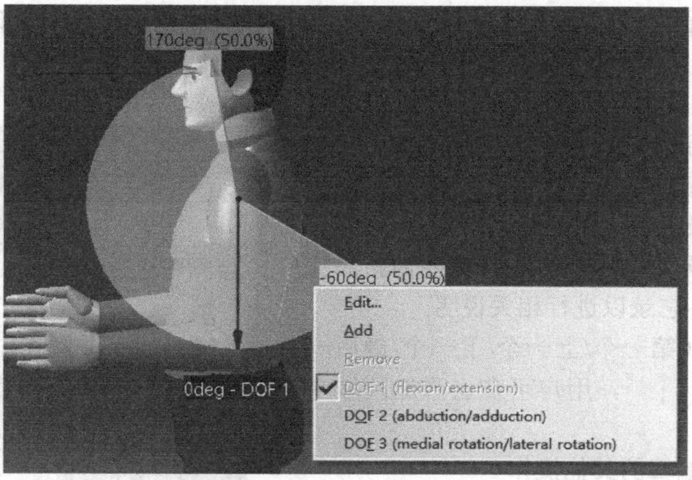

图 6-26 快捷菜单

③ 选择快捷菜单中 Add（添加）命令，可打开 Preferred Angles（首选角度）对话框。用户可在该部位运动范围内添加区域，并设定新添加区域的相关特性，如图 6-27 所示。

④ 选择快捷菜单中 Edit（编辑）命令，可打开 Preferred Angles（首选角度）对话框。待编辑的区域外围变为红色，用户可以编辑红色区域内的相关特性。

⑤ 当指定部位的运动范围被划分为两个及以上区域时，快捷菜单中出现 Remove 命令。用户可通过该命令移除已添加的区域。

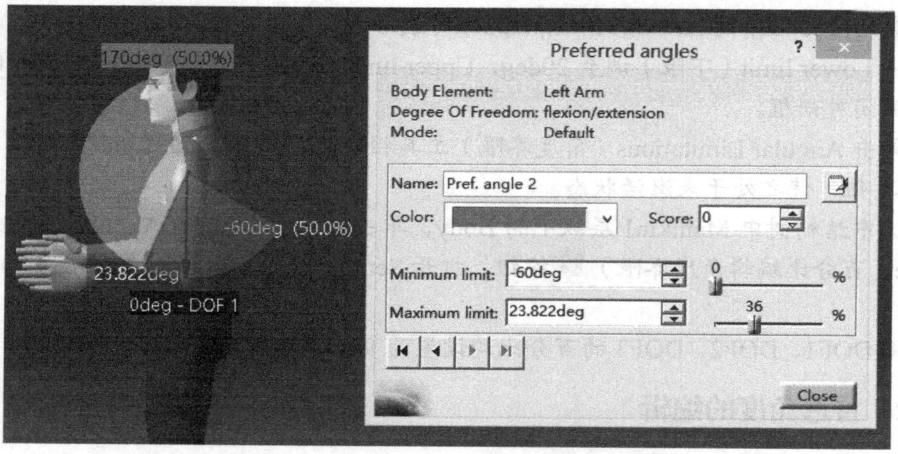

图 6-27 Preferred Angles（首选角度）对话框

2．首选角度对话框

Preferred Angles（首选角度）对话框（见图 6-27）可实现对首选角度相关特性的编辑，该对话框包含以下内容：

- Body Element（身体部位），待编辑部位的名称。
- Degree of Freedom（自由度），待编辑部位当前的自由度。
- Name（名称），修改或默认新添加区域的名称。
- Color（颜色），设置新添加区域的颜色。
- Score（分值），设置新添加区域的分值，系统将会根据该分值对人体姿态进行评估和优化。
- Minimum limit/Maximum limit（最小/最大界限），设置新添加区域的上下极限。用户亦可通过鼠标直接拖动区域之间箭头的位置改变区域极限。
- 备忘录选项 ，用户可根据需要为新添加区域设置备忘录以进行相关说明。
- 导航选项（第一个/上一个/下一个/最后一个） ，用户可在已添加区域中进行选择。

3．首选角度编辑的其他操作

在已编辑首选角度的人体模型部位用鼠标右键单击，打开快捷菜单，可完成对首选角度的 Reset（重置）、Mirror Copy（镜像复制）、Swap（交换）命令的操作，如图 6-28 所示。

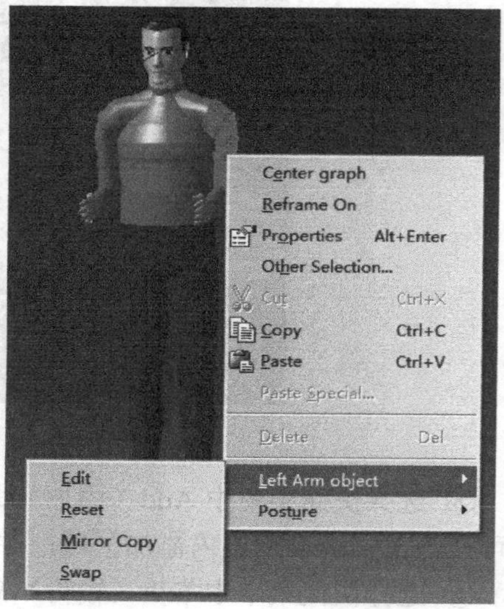

图 6-28 快捷菜单中首选角度编辑相关命令

① Reset（重置），该命令可使所选部位在该自由度上已编辑的首选角度恢复至默认状态，即在角度界限范围内只有一个分值为零的白色背景的首选角度。

② Mirror Copy（镜像复制），该命令可将所选部位在该自由度上已编辑的首选角度的相关特性复制到对称部位，如图 6-29 所示。对于人体非对称部位，该命令将不会显示在快捷菜单中。

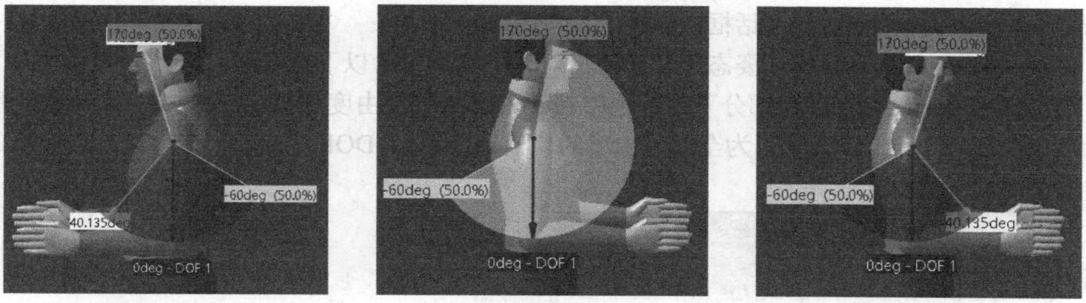

（a）已编辑首选角度的左上臂　（b）镜像复制前的右上臂　（c）镜像复制后的右上臂

图 6-29　镜像复制命令

③ Swap（交换），该命令可将所选部位与对称部位在该自由度上已编辑的首选角度的相关特性进行交换。对于人体非对称部位，该命令将不会显示在快捷菜单中。

训练实例

（1）打开【chapter6\exercise\exercise1.CATProduct】。

（2）选中【Manikin1】进入 Human Posture Analysis（人体姿态分析）工作界面。

（3）激活 Angular Limitations（角度界限）工具栏中的 Edit Angular Limitations（编辑角度界限）命令。

（4）选中人体模型右侧小腿，进行运动角度区域划分。

（5）添加首选角度，Name（名称）定义为 good，Color（颜色）定义为绿色，Score（分值）定义为 10，Maximum limit（最大界限）定义为 42deg，单击 Close（关闭）按钮关闭对话框。

（6）继续添加首选角度，Name（名称）定义为 bad，Color（颜色）定义为黄色，Score（分值）定义为 6，Maximum limit（最大界限）定义为 90deg。

（7）单击对话框中导航按钮，编辑新的运动区域，Name（名称）定义为 worst，Color（颜色）定义为红色，Score（分值）定义为 2，单击 Close（关闭）按钮关闭对话框。

（8）利用 Mirror Copy（镜像复制）命令将人体模型右侧小腿已编辑的首选角度的相关特性复制到左侧小腿。

6.5 姿态评估与优化

本节主要介绍人体姿态分析模块中姿态评估与优化功能。

6.5.1 姿态评估

姿态评估可对人体模型的姿态进行定量的分析，从而为设计最优姿态奠定理论基础。只要完成对人体模型一个或多个部位的首选角度编辑，即可使用该功能。

1. 姿态分数分析对话框

Open the Postural Score Panel（打开姿态分数面板）按钮在人体姿态分析工作界面右侧的 Postural Score（姿态分数）工具栏中，用户使用鼠标左键单击该命令，打开 Postural Score Analysis（姿态分数分析）对话框，如图 6-30 所示。

Postural Score Analysis（姿态分数分析）对话框具体包含以下内容：

① DOF（自由度），该部分下拉选项中有 5 种形式的自由度可供用户选择，如图 6-31 所示。其中 All DOF（average）为全部自由度的均值评估，All DOF（detailed）为全部自由度的详细评估。

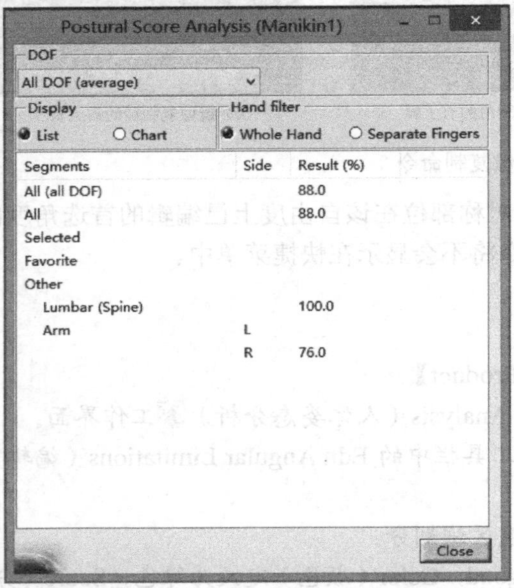

图 6-30　Postural Score Analysis 对话框

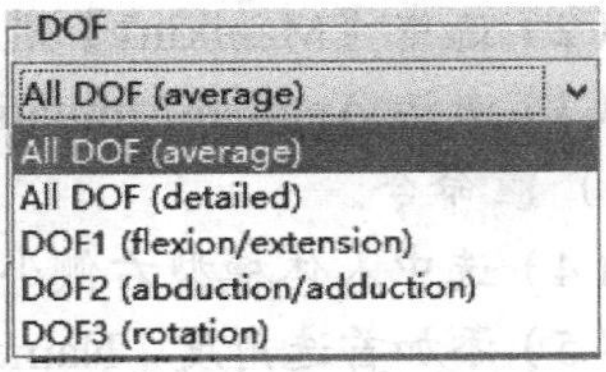

图 6-31　DOF 下拉选项

② Display（显示），包括 List（列表）和 Chart（图表）两种姿态分析的显示模式，如图 6-32 所示。

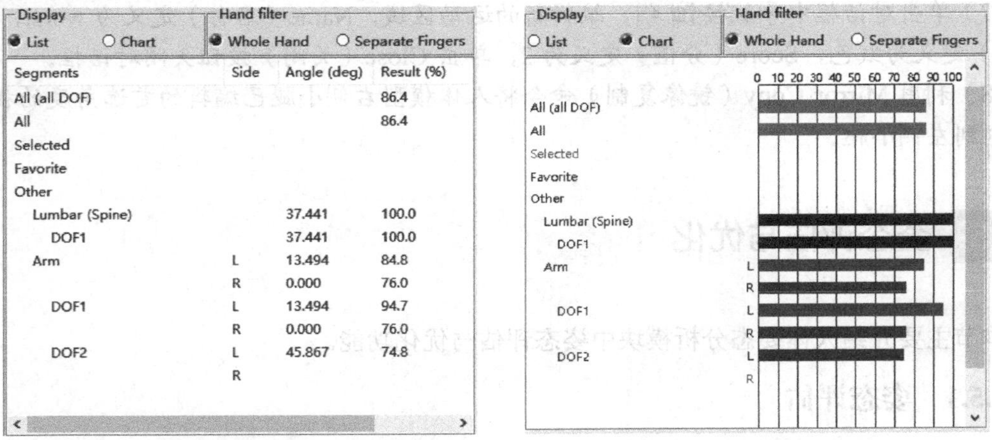

（a）List（列表）显示　　（b）Chart（图表）显示

图 6-32　Display（显示）的两种形式

姿态评估结果均以百分比的形式显示，百分比越大说明该姿态越舒服。List（列表）和 Chart（图表）显示均包含以下内容：

- All（all DOF）（全部自由度的评估结果）。该项结果为整个人体模型在当前姿态下所有自由度上的评估。
- All（全部）。该项结果为整个人体模型在当前姿态下选定的自由度下的评估。
- Selected（选择）。该项结果为所选择部位的姿态评估。如图 6-33 所示，选择 Lumbar（腰椎），则 Selected（选择）处显示该部位的评估结果。

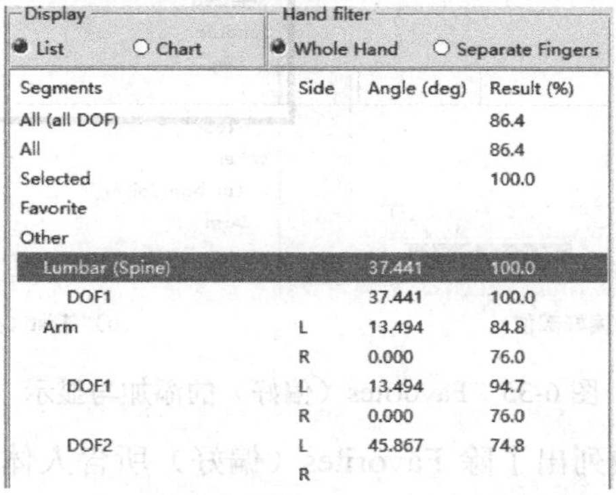

图 6-33 Selected（选择）项的显示

- Favorites（偏好）。用户可使用该项内容自定义添加人体部位，即使该部位未编辑首选角度。在菜单栏中依次单击下列选项：Tool（工具）→Options（选项）→Ergonomics Design（人因工程设计）→Human Posture Analysis（人体姿态分析）→Postural Score（姿态评估），如图 6-34 所示。

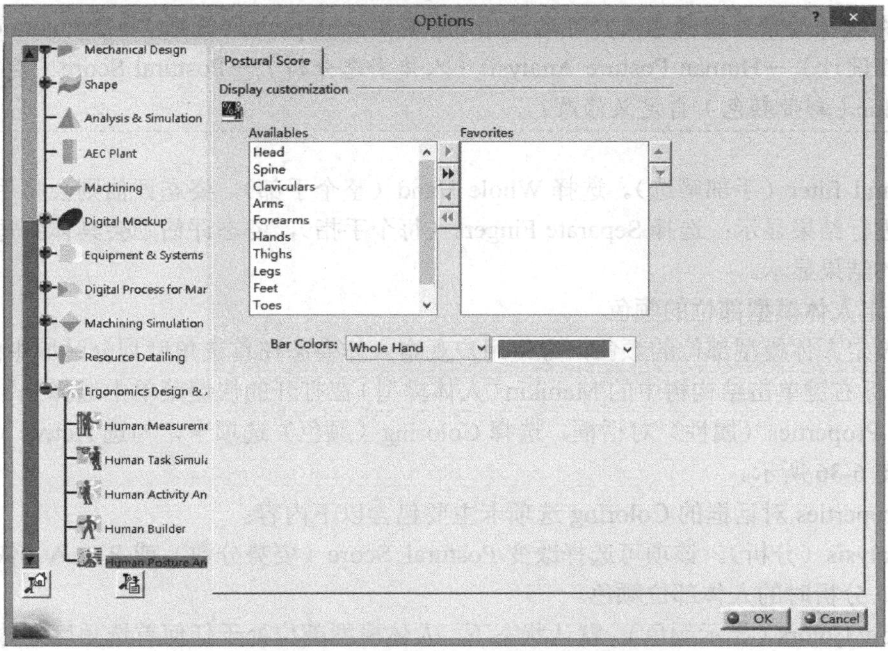

图 6-34 添加 Favorites（偏好）部位选项

在左栏中选中需要部位，用户可通过 ▶ 将该部位添加至右栏中，单击OK（确定）按钮，Postural Score Analysis（姿态分数分析）对话框的List（列表）显示则会自动更新，如图6-35所示。

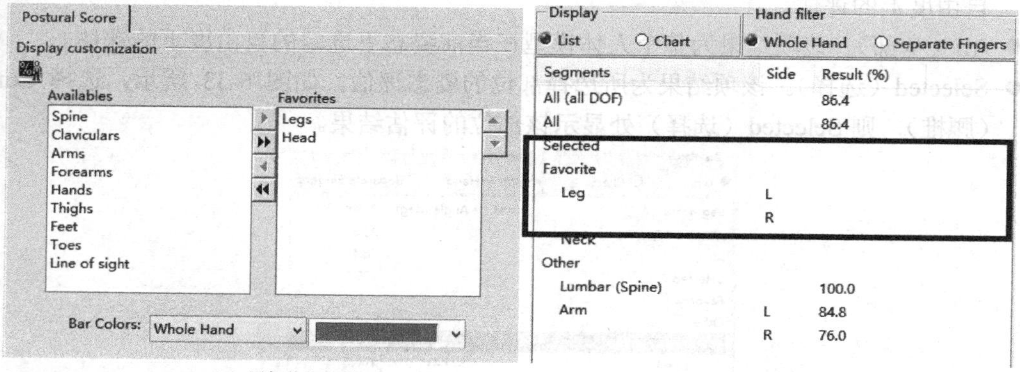

（a）添加偏好部位　　（b） List（列表）显示更新

图6-35　Favorites（偏好）的添加与显示

- Others（其他）。该项列出了除Favorites（偏好）所含人体部位的其他所有部位的评估结果。对于对称部位，L表示左侧，R表示右侧。Angle（角度）的数值表示在指定自由度下，该部位当前位置与角度极限中性位置的角度差。Score（分值）表示该部位当前位置所处的首选角度划分区域的相应分值。

注 意

Chart（图表）显示中，各个部位条形图的颜色与其首选角度所划分的区域颜色是一致的，其余分数项的条形图颜色用户可通过Tool（工具）→Options（选项）→Ergonomics Design（人因工程设计）→Human Posture Analysis（人体姿态分析）→Postural Score（姿态评估）→Bar Color（彩带颜色）自定义修改。

③ Hand filter（手部筛选）。选择Whole Hand（整个手部），姿态评估则会将手指和手掌作为整体进行结果显示；选择Separate Fingers（每个手指），姿态评估则会具体到每个手指的每个关节的结果显示。

2．设定人体模型部位的颜色

通过设定人体模型部位的颜色，方便用户观察人体姿态在首选角度划分区域中的位置。

① 鼠标右键单击结构树中的Manikin（人体模型）在打开的快捷菜单中选择Properties（属性），打开Properties（属性）对话框，选择Coloring（颜色）选项卡，勾选Active（激活）选项框，如图6-36所示。

② Properties对话框的Coloring选项卡主要包含以下内容：

- Analysis（分析）。该项可选择改变Postural Score（姿势分数）或RULA（快速上肢评估）分析时的人体部位颜色。
- Show Colors（显示颜色）。默认状态下，人体模型部位处于任何首选角度划分区域都不显示与其对应的颜色。All选项表示人体模型部位处于不同的首选角度划分区域时显示不同的颜色，如图 6-37 所示。All but Maximum Scores 选项表示人体模型部位除了不显示位于分值最高的区域的颜色外，显示其余区域的颜色。

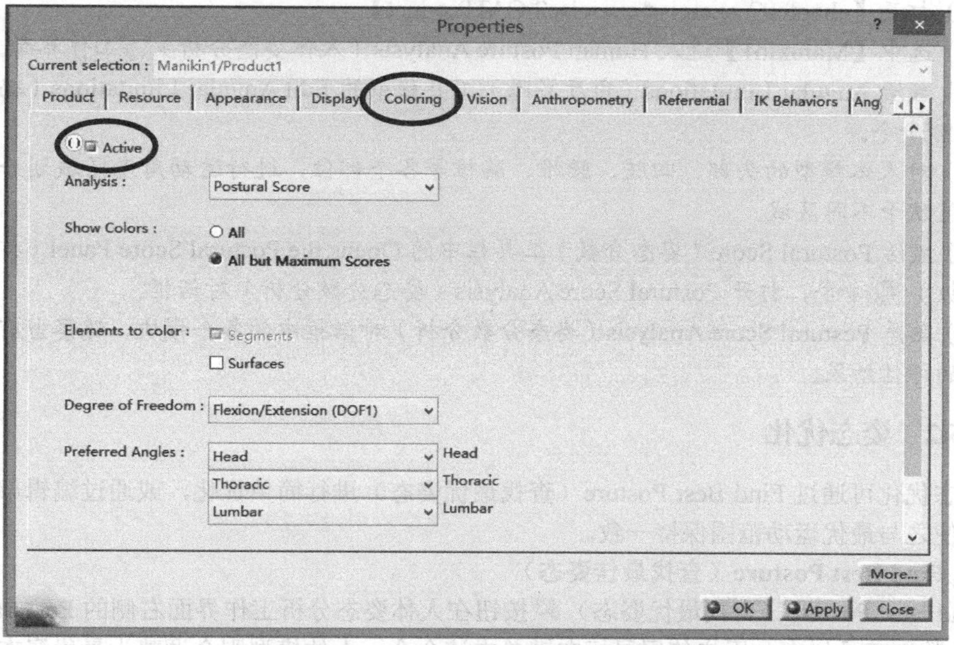

图 6-36 Properties（属性）对话框

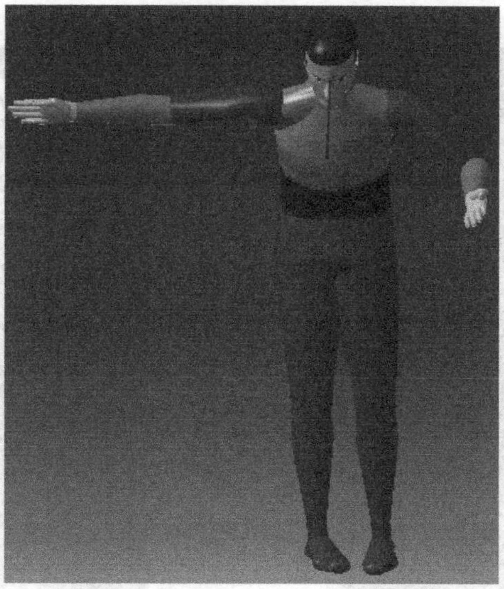

图 6-37 All 选项显示人体颜色

- Elements to color（颜色显示元素）。Segments 选项表示在部位枝节上显示，Surfaces 选项表示在部位表面显示。
- Degree of Freedom（自由度）。该项可对已编辑首选角度的部位的自由度进行选择，在该自由度上，人体模型部位在不同位置会显示相应区域的颜色。

训练实例

（1）打开【chapter6\ exercise\exercise2.CATProduct】。

（2）选中【Manikin1】进入 Human Posture Analysis（人体姿态分析）工作界面。

（3）激活 Angular Limitations（角度界限）工具栏中的 Edit Angular Limitations（编辑角度界限）命令。

（4）对人体模型的头部、四肢、腰椎、胸椎等各个部位，进行运动角度区域划分，将不同的分值赋予不同区域。

（5）激活 Postural Score（姿态分数）工具栏中的 Opens the Postural Score Panel（打开姿态分数面板）命令，打开 Postural Score Analysis（姿态分数分析）对话框。

（6）熟悉 Postural Score Analysis（姿态分数分析）对话框中的各个模块，观察当前人体模型姿态的评估结果。

6.5.2 姿态优化

姿态优化可通过 Find Best Posture（查找最优姿态）进行简单优化，或通过编辑部位的角度界限使之与最优运动范围保持一致。

1. Find Best Posture（查找最佳姿态）

Find Best Posture（查找最优姿态）按钮在人体姿态分析工作界面右侧的 Postural Score（姿态分数）工具栏中，用户使用鼠标左键单击该命令，人体模型则会调整为最优姿态，如图 6-38 所示。此时，人体模型 各个部位处于首选角度中评估结果最优的区域，对应评估结果如图 6-39 所示。

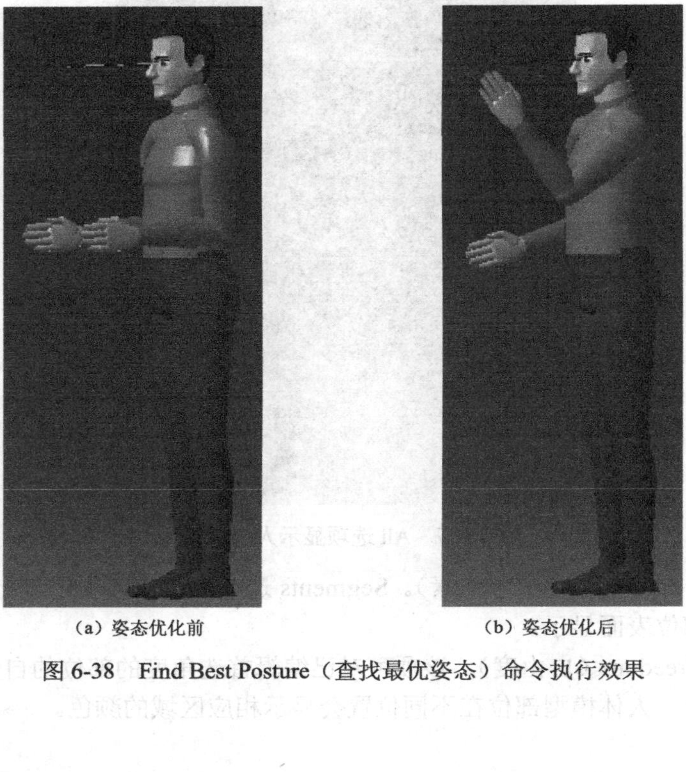

（a）姿态优化前　　（b）姿态优化后

图 6-38　Find Best Posture（查找最优姿态）命令执行效果

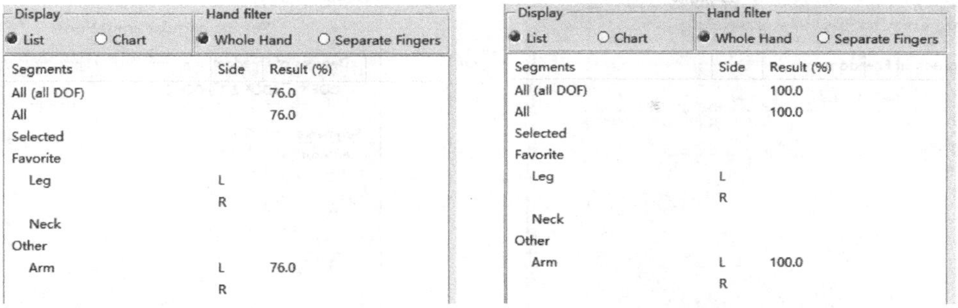

（a）姿态优化前评估结果　　（b）姿态优化后评估结果

图 6-39　姿态分数分析结果

如果人体模型未进行首选角度的编辑或已经执行过优化命令，则会有图 6-40 所示信息显示。

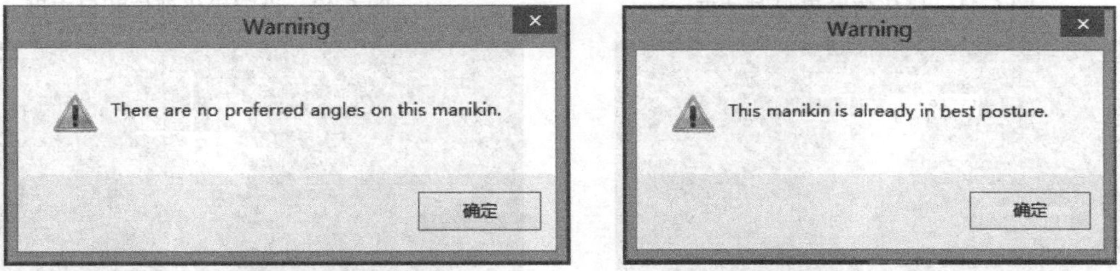

（a）未进行首选角度编辑提示　　（b）重复执行优化命令提示

图 6-40　优化命令失败信息提示

如果人体某部位的自由度被锁定，执行优化命令后，该部位则仍处于原位置，不会得到相应的优化。

2．Optimize Limitations（优化角度界限）

用户使用此命令之前需要建立首选角度，具体步骤请参考 6.4.2。

① Optimize Limitations（优化角度界限）按钮在人体姿态分析工作界面右侧的 Angular Limitations（角度界限）工具栏中，用户使用鼠标左键单击该命令，打开如图 6-41 所示对话框。

② 鼠标左键选择需要优化的一个或多个人体部位，对话框中 Segments（部位）自动更新相应部位名称，Degrees of Freedom（自由度）选项框被激活，用户可设定所选部位的自由度进行角度界限的优化，Percentage（百分比）可以调节运动范围适用的人口比例，如图 6-42 所示。

③ 完成上述步骤后，单击 OK 按钮，系统会在已创建首选角度的区域中查找，将该部位在该自由度上的角度界限设置为包含最高姿态分数的区域范围，即无论人体姿态如何改变，都将处于“舒适区域”内，如图 6-43 所示。

④ 若用户需要重新设定角度界限范围，可使用右侧 Angular Limitations（角度界限）工具栏中的 Reset angular limitations（重置角度界限）命令即可。

⑤ 用户使用 Optimize Limitations（优化角度界限）命令时，人体部位的姿态可能会发生改变，以此体现优化的结果，如图 6-44 所示。

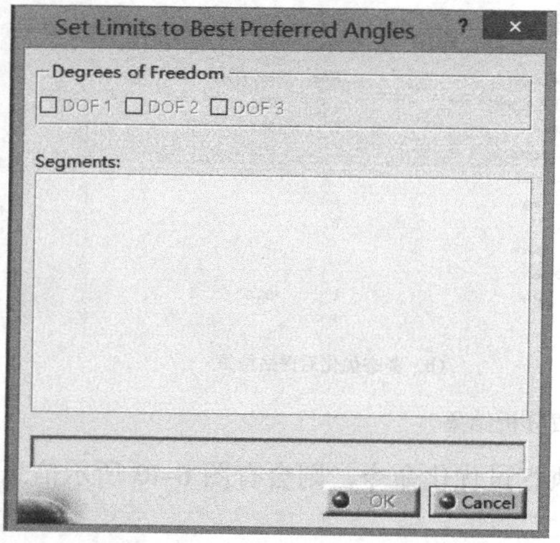

图 6-41　优化角度界限对话框

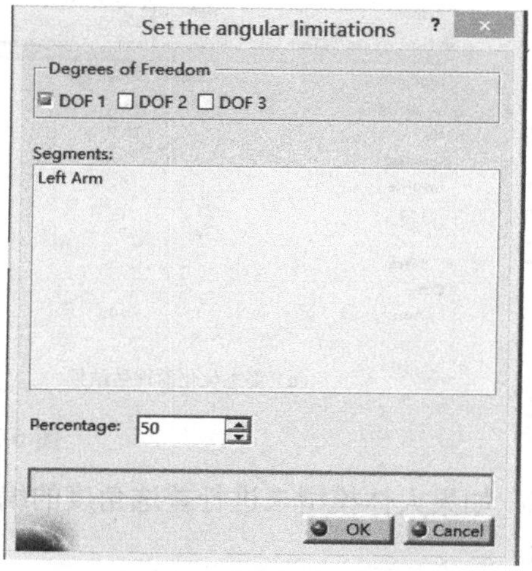

图 6-42　设定优化部位和自由度

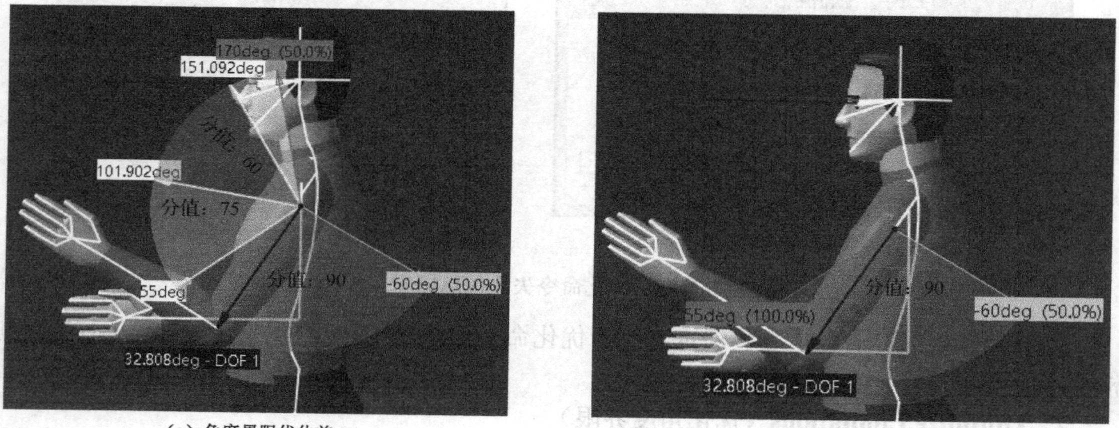

（a）角度界限优化前　　（b）角度界限优化后

图 6-43　优化角度界限

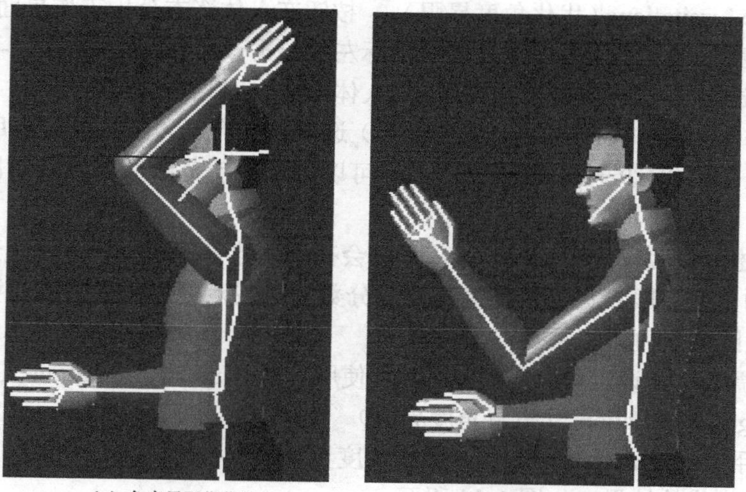

（a）角度界限优化前　　（b）角度界限优化后

图 6-44　优化角度界限改变人体姿态

⑥ Optimize Limitations（优化角度界限）命令可对整个人体模型进行优化。用户只需选择结构树 Manikin（人体模型）展开列表中的 Body（身体）即可实现对各个部位已设定好首选角度的区域进行优化。

训练实例

（1）打开【chapter6\exercise\exercise2.CATProduct】。

（2）选中【Manikin1】进入 Human Posture Analysis（人体姿态分析）工作界面。

（3）激活 Angular Limitations（角度界限）工具栏中的 Edit Angular Limitations（编辑角度界限）命令。

（4）对人体模型的头部、四肢、腰椎、胸椎等各个部位，进行运动角度区域划分，将不同的分值赋予不同区域。

（5）利用 Find Best Posture（查找最优姿态）命令优化当前姿态。

（6）利用 Optimize Limitations（优化角度界限）命令优化当前姿态的角度界限。

第7章

人体活动分析

人体活动分析（Human Activity Analysis）是基于 V5 的人体建模方案的重要模块之一，可对人体静态姿态和人体复杂任务活动中的各要素进行评估，拥有一系列专门分析人体模型如何与虚拟环境中的物体进行交互的工具和方法。

本章主要学习人体活动分析（Human Activity Analysis）模块中的人体模型仿真功能和人因分析功能。

7.1 基础工作环境

本节主要介绍人体活动分析模块主要功能和工作界面。

7.1.1 人体活动分析功能简介

人体活动分析（Human Activity Analysis）能够利用各种先进的人体工程学分析工具，结合相关标准，全面评估人机系统中人的具体表现，从而帮助用户最大限度地优化某设计中人的舒适度、安全性和工作绩效。

人体活动分析重点在于研究工作人员如何与工作环境中的物体相互作用，用户可对人体部位负载和人体模型运动方式进行设定，并分析以下运动因素：

- 抬举/放下（Lifting/ Lowering）
- 推/拉（Pushing/ Pulling）
- 搬运（Carrying）

为了用户可以准确高效地利用该模块预测和优化人的表现，DELMIA 中具体包含以下评估工作人员绩效的人体工程学分析工具：

- RULA（Rapid Upper Limb Assessment） Analysis，快速上肢评估分析
- Lift-Lower Analysis，抬举/放下分析
- Push-Pull Analysis，推/拉分析
- Carry Analysis，搬运分析
- Biomechanics Single Action Analysis，生物力学单一动作分析

该模块的具体位置：Start（开始）→ Ergonomics Design & Analysis（人因工程设计和分析）→ Human Activity Analysis（人体活动分析），如图 7-1 所示。

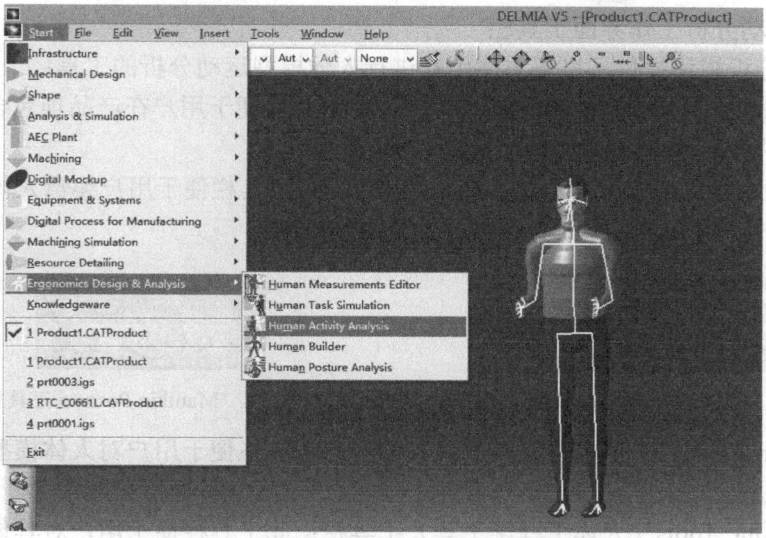

图 7-1　菜单栏中人体活动分析的选项

7.1.2　人体活动分析工作界面

1．进入人体活动分析工作界面

① 用户只能对含有人体模型的产品项（product）进行人体活动分析，所以用户可以使用人体建模（Human Builder）功能创建新的含人体模型的产品项或直接打开已创建的含人体模型的产品项进行分析。

② 在菜单栏中依次单击：Start（开始）→Ergonomics Design & Analysis（人因工程设计和分析）→Human Activity Analysis（人体活动分析），即可进入人体活动分析工作界面，如图 7-2 所示。

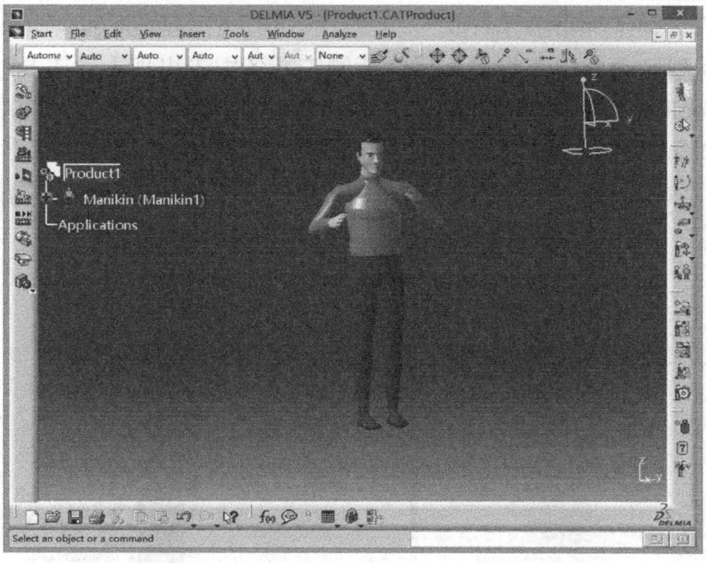

图 7-2　人体活动分析工作界面

2．人体活动分析工作界面工具栏

人体活动分析模块提供了以下方便用户进行人体模型运动分析的工具：

① Filtered Selection（过滤选择）工具栏：此工具栏便于用户在产品项包含内容过多时，对所需要编辑的产品项进行快速选择，如图 7-3 所示。

② Manikin Posture（人体模型姿态）工具栏：此工具栏便于用户编辑人体模型的姿态，如图 7-4 所示。

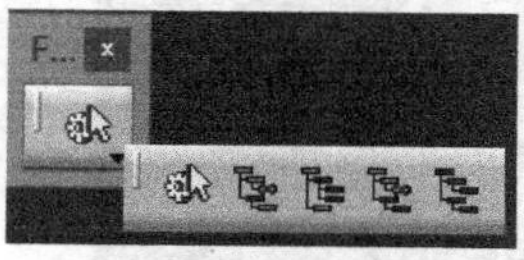

图 7-3　Filtered Selection 工具栏

图 7-4　Manikin Posture 工具栏

③ Manikin Tools（人体模型工具）工具栏：此工具栏便于用户对人体模型相关属性进行编辑，如图 7-5 所示。

④ Ergonomic Tools（人体工程学工具）工具栏：此工具栏便于用户对具体的应用设计进行人体工程学分析，为本章的重点内容，如图 7-6 所示。

图 7-5　Manikin Tools 工具栏

图 7-6　Ergonomic Tools 工具栏

⑤ Manikin Workspace Analysis（人体模型工作空间分析）工具栏：此工具栏便于用户对人体模型工作空间的相关数据进行测量，如图 7-7 所示。

⑥ Manikin Simulation（人体模型仿真）工具栏：此工具栏便于用户实现人体模型的运动仿真，如图 7-8 所示。

图 7-7　Manikin Workspace Analysis 工具栏

图 7-8　Manikin Simulation 工具栏

若进入人体模型运动分析工作界面后，两侧工具条中未出现上述工具栏，可在菜单栏中 View（视图）→Toolbars（工具栏）子菜单中，自定义选择相应的工具，如图 7-9 所示。人体活动分析的部分命令在菜单栏中 Tools（工具）的下拉菜单中也可以进行查看，如图 7-10 所示。

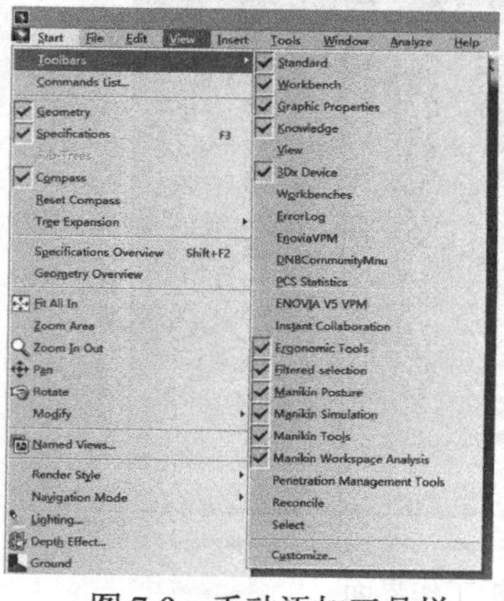

图 7-9　手动添加工具栏

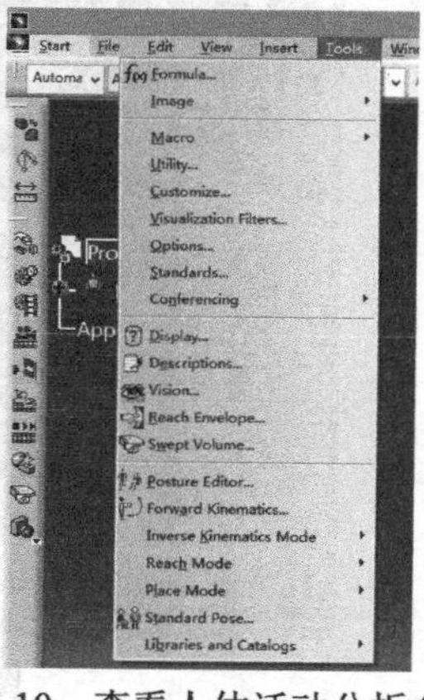

图 7-10　查看人体活动分析命令

训练实例

（1）使用 Human Builder（人体建模）功能创建一个人体模型。

（2）选定人体模型进行运动分析，从 Human Builder（人体建模）工作界面进入 Human Activity Analysis（人体活动分析）工作界面。

（3）简单熟悉 Human Activity Analysis（人体活动分析）工作界面左侧各个工具栏中工具图标代表的命令含义。

7.2 人体模型仿真

本节主要介绍人体活动分析模块中的人体模型仿真（Manikin Simulation）功能，用户可使用该功能对人体模型进行运动仿真。

图 7-11 Manikin Simulation 工具栏

该工具栏位于人体活动分析工作界面右侧，如图 7-11 所示，是 Shuttle（飞梭），是 Simulation（仿真），是 Generate Replay（生成重放），是 Generate Radio（生成录像），是 Replay（重放），是 Track（轨迹），是 Play a Simulation（播放仿真），是 Clash（冲突），是 Creates a swept volume from manikin movements（由人体运动创建扫掠体积），是 Clash detection（冲突检测）。

7.2.1 Shuttle（飞梭）命令简介

一个 Shuttle（飞梭）是由用户选择的一组产品项定义而成的一个整体，可以进行自定义存储，并且可以在结构树中通过名称进行标识。

1. 创建 Shuttle（飞梭）

① 打开【chapter7\model\shuttle.CATProduct】，选中【Manikin1】进入 Human Activity Analysis（人体活动分析）工作界面。

② 鼠标左键单击工具栏中的 Shuttle（飞梭）按钮，然后按住 Shift 键的同时在结构树中选择需要移动的产品项，如图 7-12 所示，选择 Manikin 和 Part1。

③ 除了上述方法，可以先按住 Shift 键在结构树中选择需要移动的产品项，然后单击工具栏中的 Shuttle（飞梭）按钮。

④ 在完成步骤②或③的同时，操作界面出现以下内容：

- Preview（预览）窗口，包括被选中产品项的结构树（Tree）和 3D 显示模式的切换以及一个三维坐标轴系，如图 7-13 所示。
- Manipulation（操作）工作栏，如图 7-14 所示。
- Edit Shuttle（飞梭编辑）对话框，如图 7-15 所示。

⑤ 在 Edit Shuttle（飞梭编辑）对话框中，Definition（定义）模块中的 Name（名称）可由用户自定义。若激活 Validation（确认）模块中的 Angle（角度）选项，则可编辑该 Shuttle（飞梭）轴线的最大旋转角度。Vector（向量）选项随着 Angle（角度）选项的激活而自动激活，用户可选择 X/Y/Z Vector。其中，Angle（角度）与 Vector（向量）的关系如图 7-16 所示。

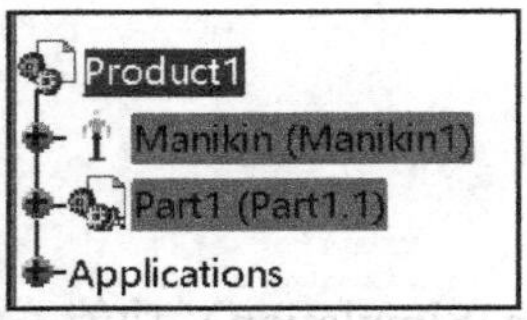

图 7-12　结构树中的产品项

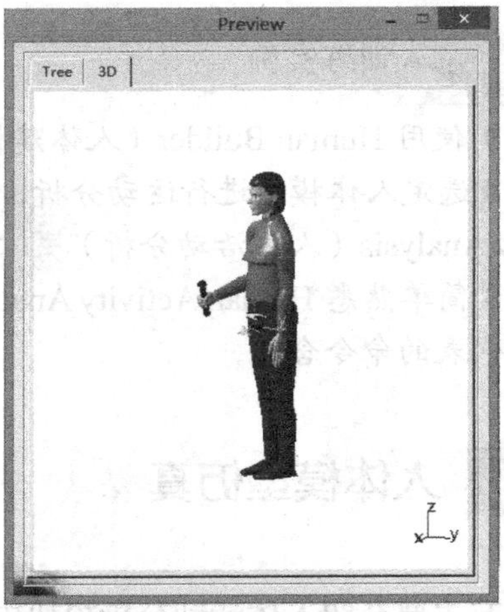

图 7-13　Preview（预览）窗口

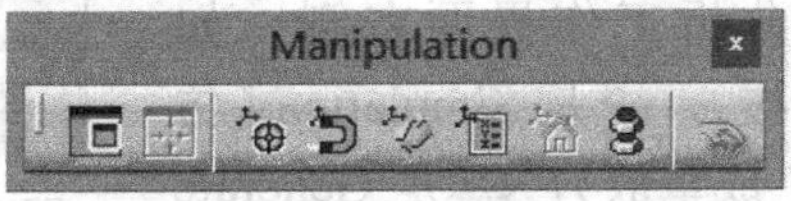

图 7-14　Manipulation（操作）工作栏

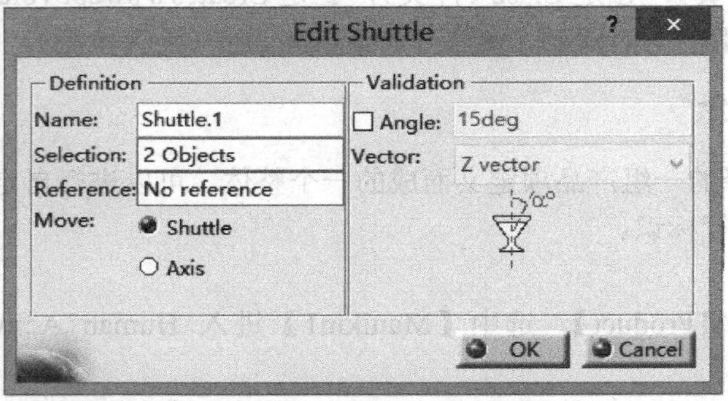

图 7-15　Edit Shuttle（飞梭编辑）对话框

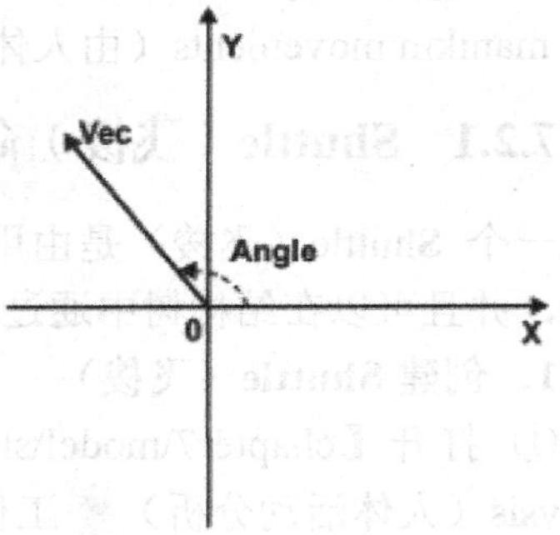

图 7-16　角度与向量的关系

⑥ 在 Edit Shuttle（飞梭编辑）对话框中完成相关设置后，单击 OK（确定）OK 按钮即可完成 Shuttle（飞梭）的创建。

⑦ 用户可在工作界面的结构树和工作区域观察到已创建的 Shuttle（飞梭），如图 7-17 所示。

2．移动 Shuttle（飞梭）

① 鼠标左键双击结构树中已创建的 Shuttle.1，弹出 Edit Shuttle（飞梭编辑）对话框、Preview（预览）窗口和 Manipulation（操作）工具栏。

② 默认情况下，3D 罗盘与该运动飞梭的坐标轴是对齐的，且移动 Shuttle（飞梭）命令处于激活状态。故用户只需移动罗盘即可将 Shuttle（飞梭）移动到所需位置，如图 7-18 所示。

③ 单击 Manipulation（操作）工具栏的 Reset（重置）按钮，Shuttle（飞梭）则恢复到初始位置。

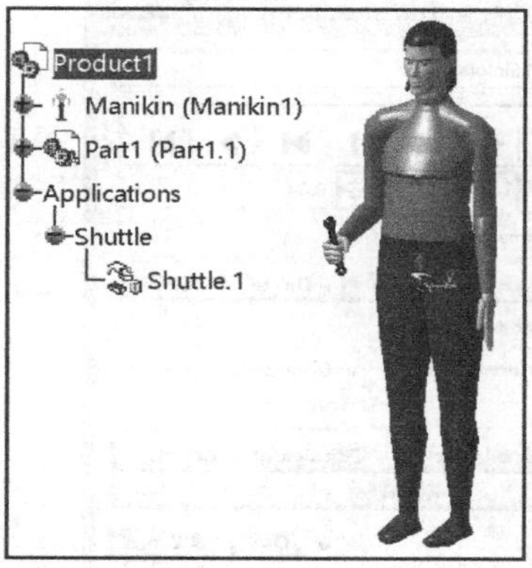

图 7-17 Shuttle（飞梭）的创建

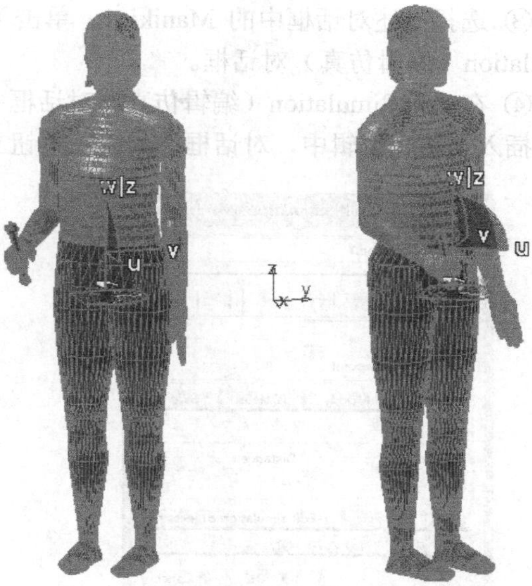

图 7-18 Shuttle（飞梭）的移动

训练实例

（1）打开【chapter7\exercise\exercise1.CATProduct】。

（2）选中【Manikin1】进入 Human Activity Analysis（人体活动分析）工作界面。

（3）选择【Manikin1】和【Part5.1】，然后单击工具栏中的 Shuttle（飞梭）按钮。

（4）利用 Manipulation（操作）工作栏和 Edit Shuttle（飞梭编辑）对话框对创建的 Shuttle（飞梭）进行操作与编辑，熟悉其各个命令的含义。

7.2.2 Simulation（仿真）命令简介

该命令用于生成和记录一个人体运动仿真。

① 打开【chapter7\model\simulation.CATProduct】，如图 7-19 所示。

② 鼠标左键单击工具栏中的 Simulation（仿真）按钮，弹出 Select（选择）对话框。该对话框中显示可用于仿真的所有人体模型名称，如图 7-20 所示。

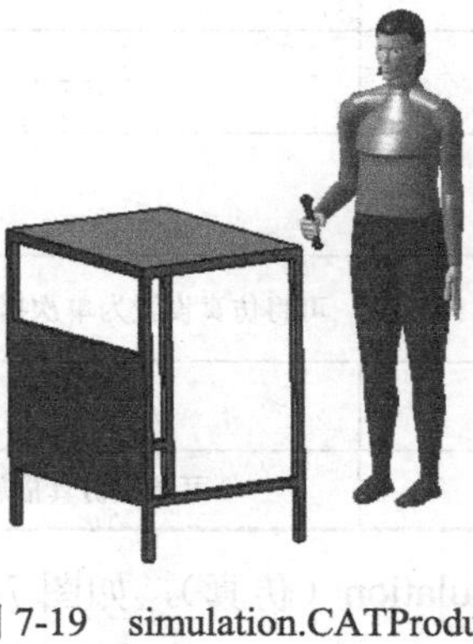

图 7-19 simulation.CATProduct

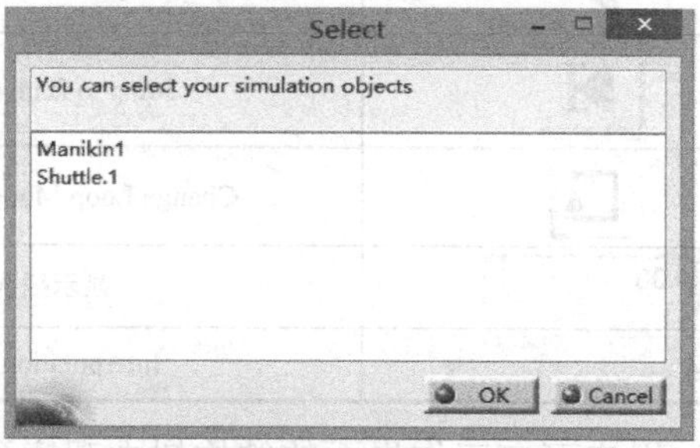

图 7-20 Select（选择）对话框

③ 选择上述对话框中的 Manikin1，单击 OK（确定）按钮，弹出如图 7-21 所示的 Edit Simulation（编辑仿真）对话框。

④ 在 Edit Simulation（编辑仿真）对话框中，单击 Insert（插入）按钮可将人体模型当前姿态插入至仿真编辑中，对话框中的灰色按钮立即自动激活，如图 7-22 所示。

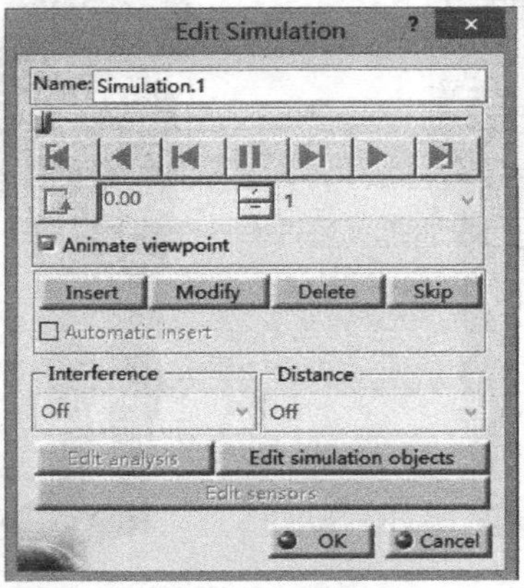

图 7-21　Edit Simulation（编辑仿真）对话框

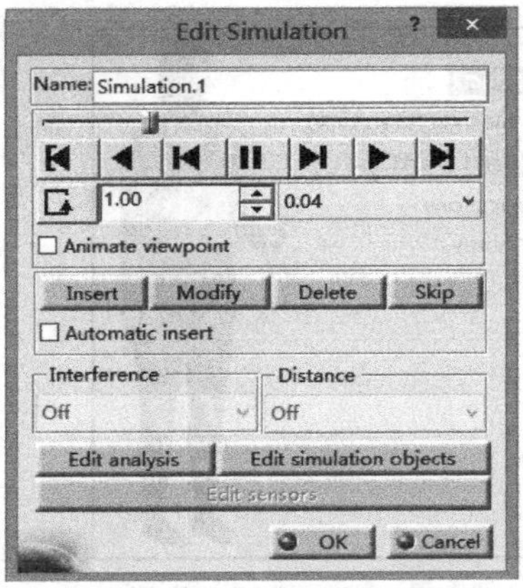

图 7-22　激活对话框命令

⑤ 编辑人体模型姿态或使用工具栏中的 Load from a Human Catalog（从人体模型目录中下载）命令加载已保存的人体模型姿态，不断重复步骤④，将所有需要进行仿真的姿态插入至仿真编辑中。

⑥ Edit Simulation（编辑仿真）对话框中各个按钮的功能如表 7-1 所示。

表 7-1　Edit Simulation（编辑仿真）对话框中按钮的功能

按钮图例	按钮含义	说　明
	Jump to Start（跳转至开始）	—
	Play Backward（向后播放）	—
	Step Backward（向后一步）	—
	Pause（停止）	—
	Step Forward（向前一步）	—
	Play Forward（向前播放）	—
	Jump to End（跳转至结尾）	—
	Change Loop Mood（改变循环模式）	可将仿真设置为单次播放或连续播放
4.00	显示插入姿态总数	—
0.04	Interpolation Step（步长）	可调整仿真播放速率

⑦ 用户可在工作界面的结构树中观察到已创建的 Simulation（仿真），如图 7-23 所示。

训练实例

（1）打开【chapter7\exercise\exercise1.CATProduct】。

（2）选中【Manikin1】进入 Human Activity Analysis（人体活动分析）工作界面。

（3）单击工具栏中的 Simulation（仿真）按钮，选择【Manikin1】。

（4）利用 Edit Simulation（编辑仿真）对话框创建【Manikin1】的简单运动姿态，熟悉其各个命令的含义。

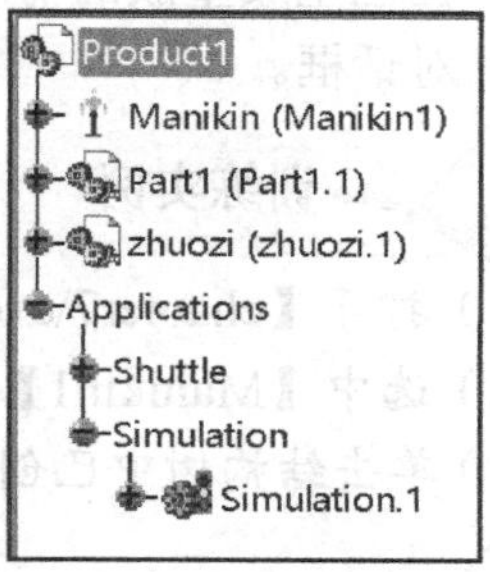

图 7-23　Simulation（仿真）的创建

7.2.3　Generate Replay（生成重放）命令简介

该功能主要可以将已建立的仿真过程编译为重放文件。一旦建立某仿真过程的重放文件，之后对该仿真的修改将不会对此重放文件产生任何影响，用户可根据重放文件进行反复的观察与分析。

① 鼠标左键单击结构树中已创建的 Simulation.1。

② 鼠标左键单击工具栏中的 Generate Replay（生成重放）按钮，弹出图 7-24 所示 Player（播放器）和图 7-25 所示 Replay Generation（重放生成）对话框。

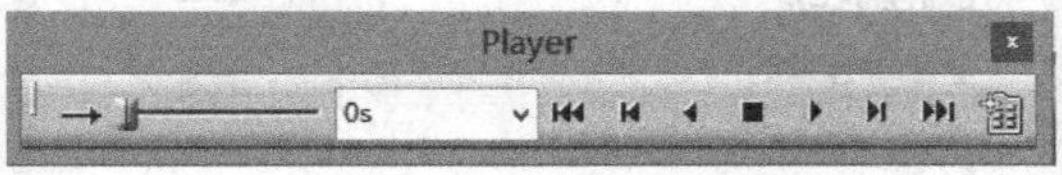

图 7-24　Player（播放器）

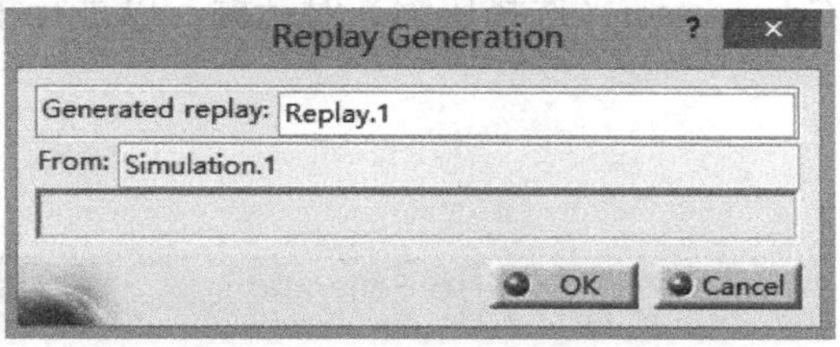

图 7-25　Replay Generation（重放生成）对话框

③ Player（播放器）工具提供了播放运动仿真的功能，同时显示播放时长。

④ Replay Generation（重放生成）对话框提供了重放文件名（可修改）和仿真文件名，单击 OK（确定）按钮即可生成重放。

⑤ 当需要重放该运动仿真时，鼠标左键双击结构树中的对应名称，如图 7-26 所示，选择 Replay.1，出现图 7-27 所示 Replay（重放）对话框。该对话框中按钮功能与表 7-1 所示相似。

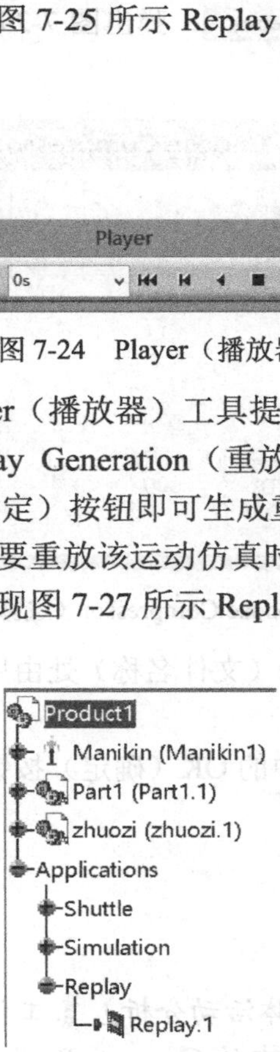

图 7-26　Replay（重放）的创建

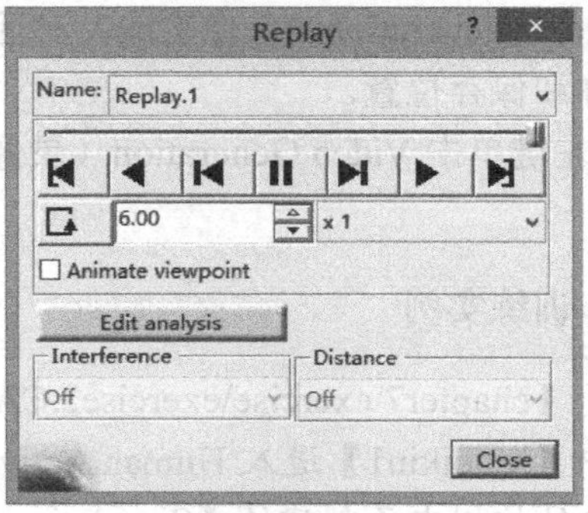

图 7-27　Replay（重放）对话框

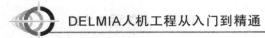

⑥ 在已生成重放的情况下，单击工具栏中的 Replay（重放）按钮，亦可打开 Replay（重放）对话框。

训练实例

（1）打开【chapter7\exercise\exercise2.CATProduct】。

（2）选中【Manikin1】进入 Human Activity Analysis（人体活动分析）工作界面。

（3）单击结构树中已创建的【Simulation.1】，激活工具栏中的 Generate Replay（生成重放）命令。

（4）利用 Replay Generation（重放生成）对话框创建【Simulation.1】的重放，熟悉其各个命令的含义。

7.2.4 Generate Radio（生成录像）命令简介

该命令用于生成一个人体运动仿真的录像，需在仿真已建立的基础上完成。

① 鼠标左键单击结构树中已创建的 Simulation.1。

② 鼠标左键单击工具栏中的 Generate Radio（生成录像）按钮，弹出图 7-24 所示 Player（播放器）和图 7-28 所示 Video Generation（录像生成）对话框。

③ 鼠标左键单击上述对话框中的 Setup（创建）按钮，弹出图 7-29 所示 Choose Compressor（选择压缩）对话框，以进行相关设置。

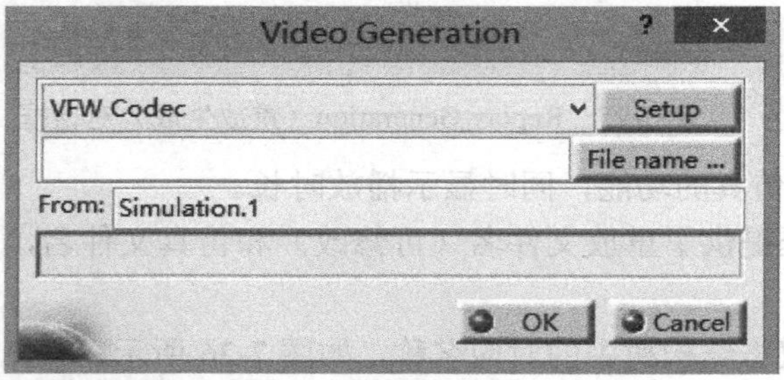

图 7-28 Video Generation（录像生成）对话框

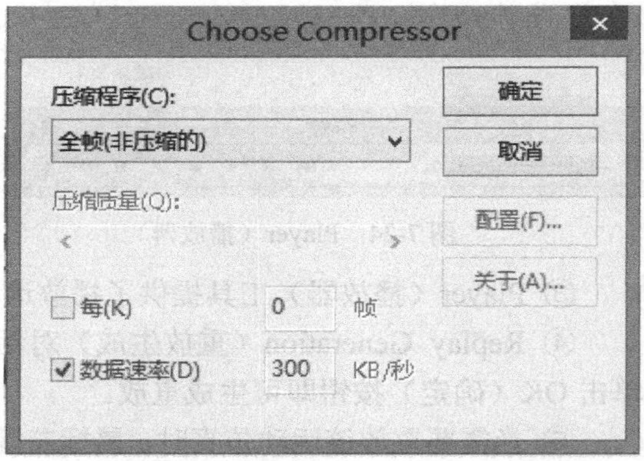

图 7-29 Choose Compressor（选择压缩）对话框

④ 在 Video Generation（录像生成）对话框中，File name（文件名称）处由用户自定义设置录像的名称和保存位置。

⑤ 鼠标左键单击 Video Generation（录像生成）对话框中的 OK（确定）按钮，仿真录像即可生成。

训练实例

（1）打开【chapter7\exercise\exercise2.CATProduct】。

（2）选中【Manikin1】进入 Human Activity Analysis（人体活动分析）工作界面。

（3）单击结构树中已创建的【Simulation.1】，激活工具栏中的 Generate Radio（生成录像）

命令。

（4）利用 Video Generation（视频生成）对话框创建【Simulation.1】的录像，熟悉其各个命令的含义。

7.2.5 Track（轨迹）命令简介

该功能可使人体模型某部位或某物体按照设定的路径完成移动。

① 建立如图 7-30 所示的模型，包括人体模型、海绵块和桌子。根据此模型，创建人使用海绵块擦拭桌子的轨迹。擦拭过程中，手部与海绵块应始终保持接触。

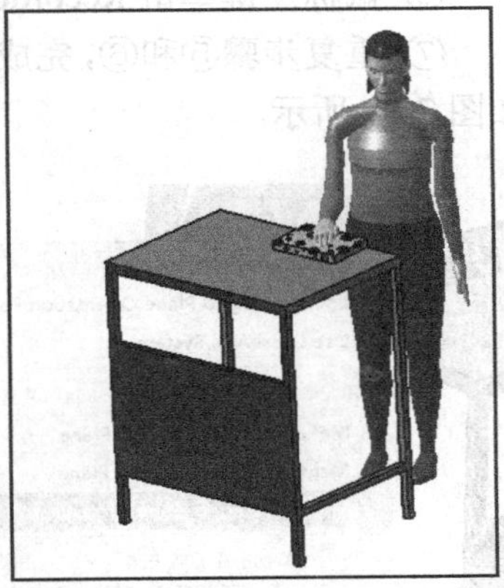

图 7-30 场景布置

② 为了实现海绵块与人体模型手部的接触关系，单击 Mankind Tools（人体模型工具）工具栏中的 Attach/Detach（连接/分离）按钮，依次选择海绵块和人体模型的右手。此时，弹出图 7-31 所示对话框，单击 OK（确定）按钮，即可完成海绵块与手部的连接。

③ 鼠标左键单击 Track（轨迹）按钮，弹出图 7-32 所示 Recorder（记录）工具栏、图 7-33 所示 Player（播放器）和图 7-34 所示 Track（轨迹）对话框。如图 7-35 所示，在 Track（轨迹）对话框中的 Object（目标）一栏选定人体模型的移动部位（此例中为右手），在 Interpolater（插入器）中选择 Spline（曲线），弹出图 7-36 所示 Manipulation（操作）工具栏。

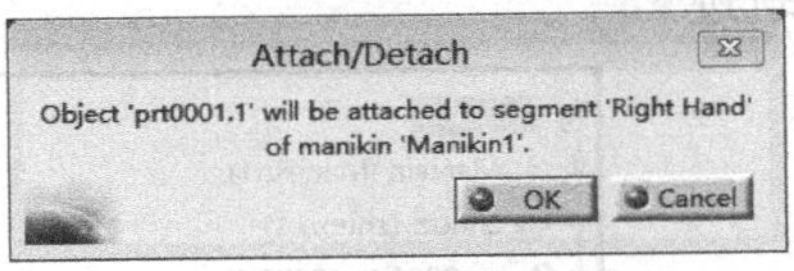

图 7-31 Attach/Detach（连接/分离）对话框

图 7-32 Recorder（记录）工具栏

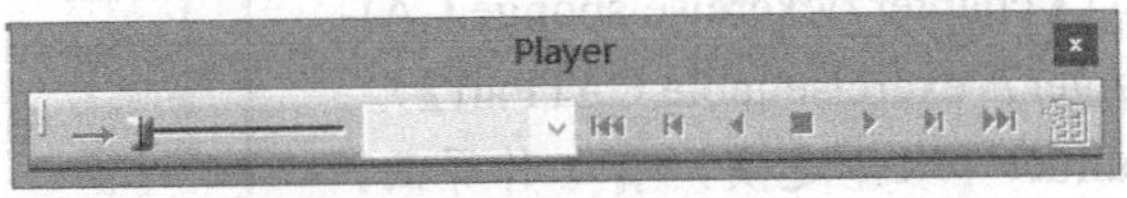

图 7-33 Player（播放器）

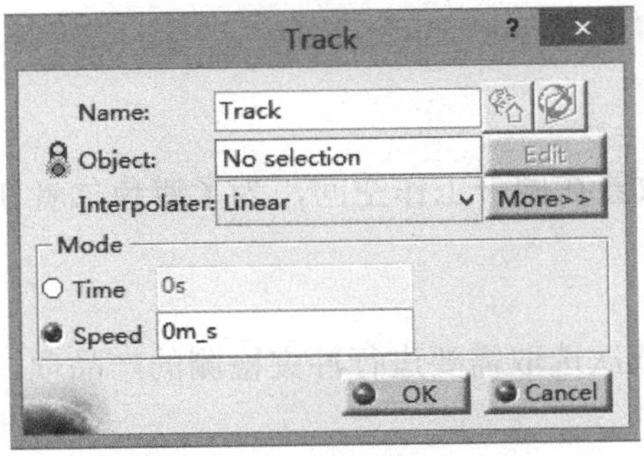

图 7-34 Track（轨迹）对话框

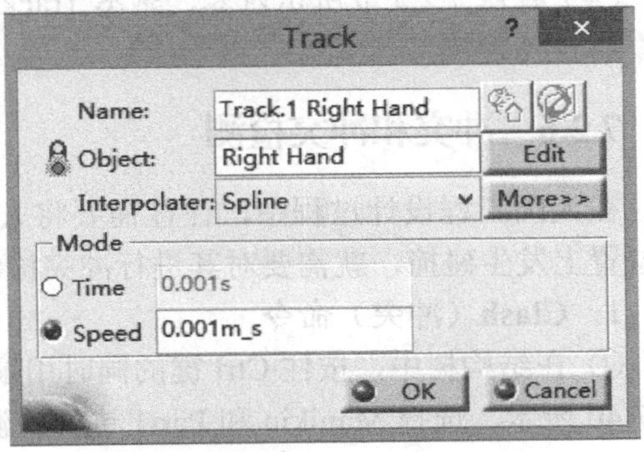

图 7-35 定义 Track（轨迹）对话框

④ 使用鼠标右键在 3D 罗盘处单击，出现快捷菜单，选择 Make Privileged Plane Most Visible（使优先平面视野最佳），如图 7-37 所示。将鼠标指针放在 3D 罗盘上，使该平面变成橙色。

图 7-36 Manipulation（操作）工具栏

⑤ 按住鼠标左键并拖动 3D 罗盘，右手和海绵块将随之移动，移动的轨迹即仿真运动的轨迹。

⑥ 鼠标左键单击 Recorder（记录）工具栏中的 Record（记录）按钮。

⑦ 重复步骤⑤和⑥，完成图 7-38 所示运动轨迹的设定，且该轨迹设定将显示在结构树中，如图 7-39 所示。

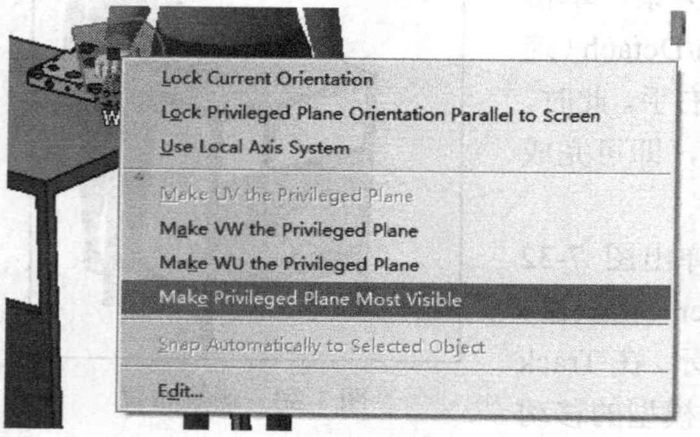

图 7-37 快捷菜单

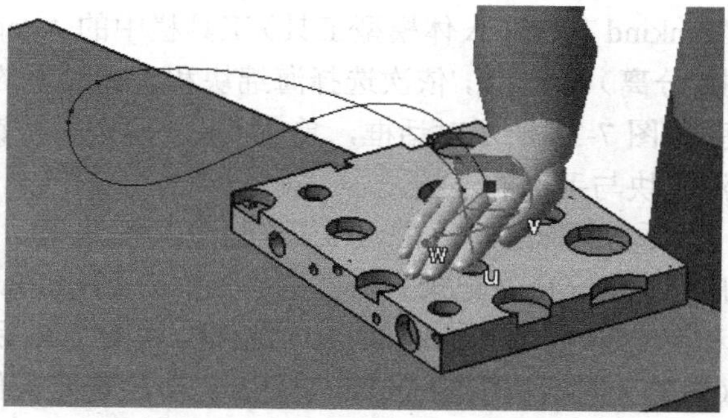
图 7-38 设定运动轨迹

⑧ 利用 Player（播放器）即可播放上述过程的轨迹运动。

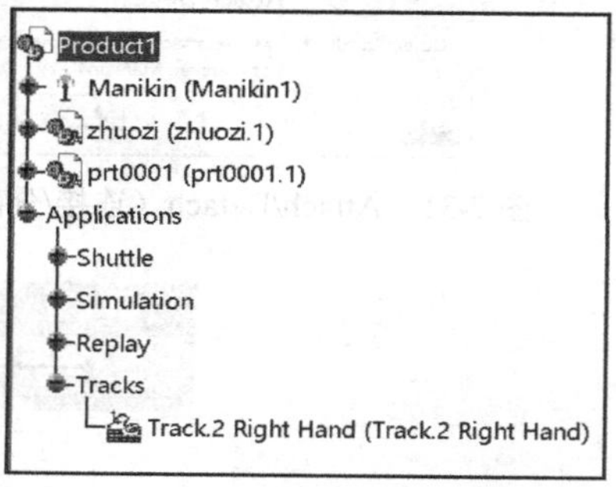

图 7-39 Track（轨迹）的创建

训练实例

（1）新建文件，类型为 Product，命名为【track】。

（2）插入模型海绵（【chapter7\exercise\sponge.CATProduct】）和桌子（【chapter7\ exercise\table.CATPart】）。

（3）进入 Human Builder（人体建模）工作界面，插入一个人体模型。

（4）按照 7.2.5 节所示内容，熟悉 Track（轨迹）命令的操作过程。

7.2.6 冲突和冲突检测

在人因工程设计过程中，往往需要将人和机器放置在同一工作空间，为了避免二者在空间位置上发生碰撞，就需要对其进行冲突检测。

1. Clash（冲突）命令

① 在结构树中，按住 Ctrl 键的同时用鼠标左键依次选取需要进行冲突检测的产品项，如图 7-40 所示，选择 Manikin 和 Part1 进行检测。

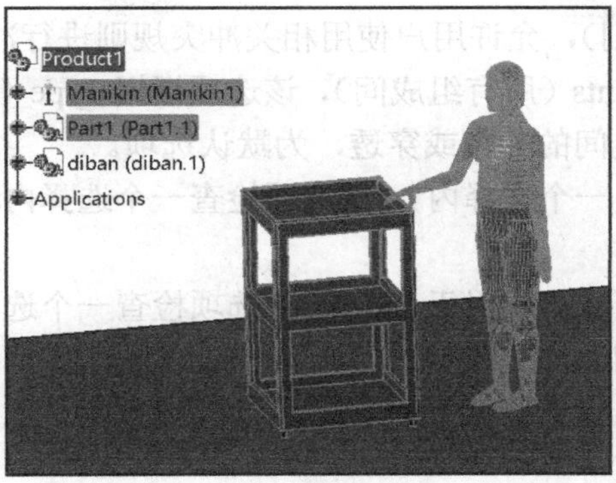

图 7-40　场景布置

② 鼠标左键单击工具栏中的 Clash（冲突）按钮，弹出 Check Clash（冲突检测）对话框，如图 7-41 所示。

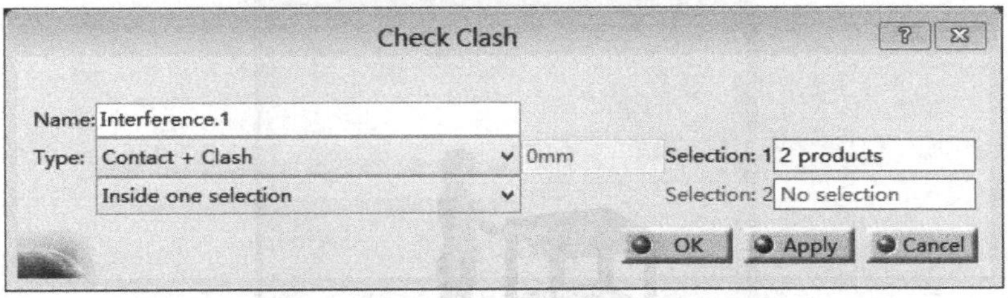

图 7-41　Check Clash（冲突检测）对话框

③ 该对话框中包含下列反映分析条件的内容：

- Name（名称）模块，系统默认或用户自定义此次冲突检测的名称。
- Type（类型）模块，用户可选择不同的类型作为检测条件，具体说明如下：

✧ Contact+Clash（接触+冲突），检查已选定的产品项是否占用同一空间区域以及是否存在联系。

✧ Clearance + Contact + Clash（空隙+接触+冲突），除了检查已选定的产品项是否占用同一空间区域以及是否存在联系之外，该选项还会检查它们是否处于彼此周围的空闲区域。当该类型被选中时，空闲区域的大小在图 7-42 所示文本框中显示，且可由用户自定义编辑。

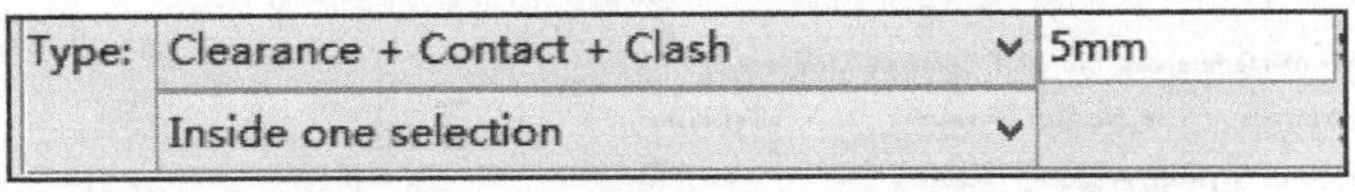

图 7-42　Clearance + Contact + Clash（空隙+联系+冲突）选项

✧ Authorized Penetration（许可穿透），检查已选定的产品项中是否存在某一产品项穿透另一个产品项，且穿透的距离超出定义的距离。当该类型被选中时，定义距离的大小在图 7-43 所示文本框中显示，且可由用户自定义编辑。

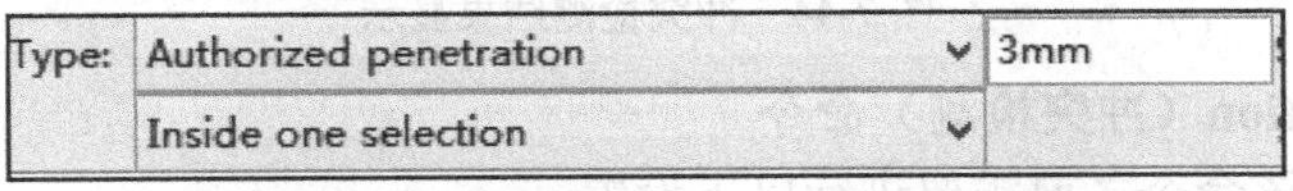

图 7-43　Authorized Penetration（许可穿透）选项

✧ Clash rule（冲突规则），允许用户使用相关冲突规则进行冲突检测。

✧ Between all components（所有组成间），该选项根据 Type（类型）列表中的选择检查所有已选定的产品项之间的冲突或穿透，为默认选项。

✧ Inside one selection（一个选择内），该选项检查一个选择内选定的产品项之间的冲突或穿透。

✧ Selection against all（选择相对于全部），该选项检查一个选择内选定的产品项与其他未被选定的产品项之间的冲突或穿透。

✧ Between two selections（两个选择间），该选项检查两个选择内选定的产品项之间的冲突或穿透。

④ 选定 Type（类型）后，单击 Apply（应用）按钮即可完成冲突检测，如图 7-44 所示，弹出 Preview（预览）窗口和 Results（结果）扩展对话框。

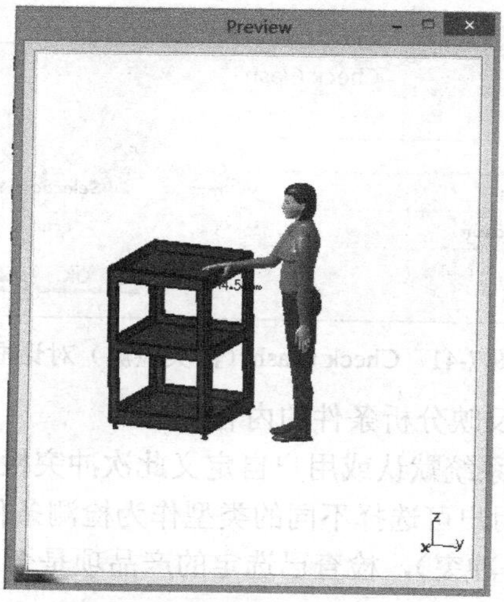

（a）Preview（预览）窗口

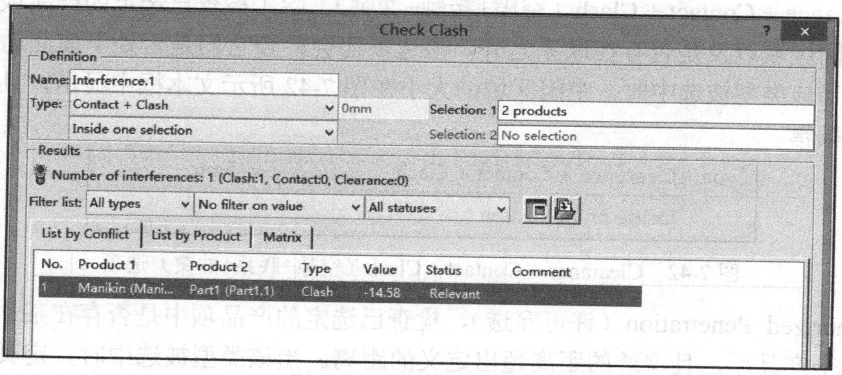

（b）Results（结果）扩展对话框

图 7-44　冲突检测结果显示

2．Clash Detection（冲突检测）命令

① 用户在执行该命令之前需要进行以下设置：

● 在主菜单栏中依次点选 Tools（工具）→Options（选项），弹出 Options（选项）对话框。

- 在该对话框左侧树状目录下依次选择 Digital Mockup（数字模型）→DMU Fitting（DMU 配置）。
- 选择 DMU Manipulation（DMU 操作）选项卡，激活 Clash Feedback（干涉反馈）选项栏中的 Clash Beep（干涉提示），如图 7-45 所示。

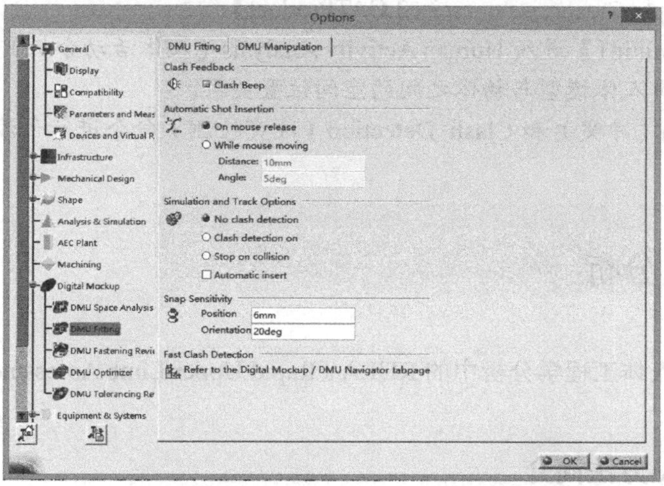

图 7-45 激活 Clash Beep（干涉提示）

② 鼠标左键单击工具栏中的 Clash detection（On）【冲突检测（开）】按钮，将 3D 罗盘移动至人体模型参考点处，拖动人体模型使之与其余产品项出现重合，则冲突部分出现高亮轮廓，如图 7-46 所示。

③ 如果想要避免人体模型与其他产品项发生冲突，且在即将产生冲突时停止人体模型的移动，则可使用 Clash Detection（Stop）【冲突检测（停止）】功能。

- 鼠标左键单击工具栏中的 Clash detection（Stop）【冲突检测（停止）】按钮。
- 将 3D 罗盘移动至人体模型参考点处，拖动人体模型向其余产品项靠近。
- 当人体模型与某产品项发生接触时，则无法继续移动人体模型。如果继续拖动罗盘，则只会显示冲突部分的高亮轮廓，如图 7-47 所示。

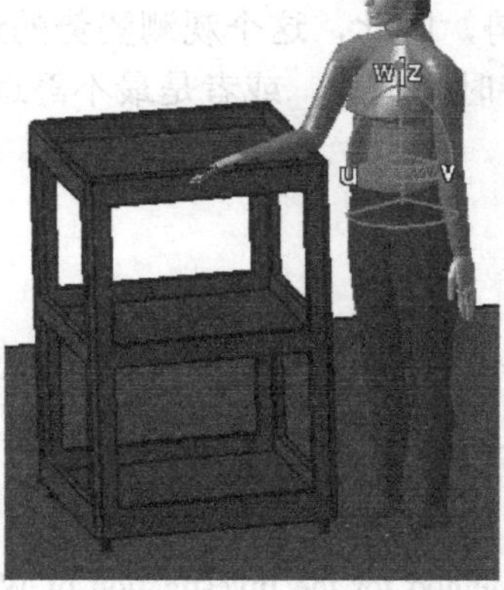

图 7-46 Clash detection（On）【冲突检测（开）】

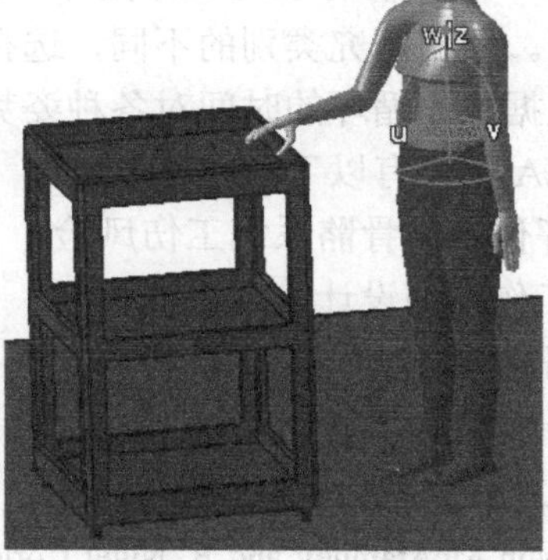

图 7-47 Clash detection（Stop）【冲突检测（停止）】

④ 如果不再需要进行干涉检验，单击工具栏中的 Clash detection（Off）【冲突检测（关）】按钮即可，再出现冲突部分将不会显示高亮轮廓。

训练实例

（1）打开【chapter7\exercise\exercise3.CATProduct】。

（2）选中【Manikin1】进入 Human Activity Analysis（人体活动分析）工作界面。

（3）自定义编辑人体模型与物体之间的空间位置关系。

（4）利用 Clash（冲突）和 Clash Detection（冲突检测）命令进行干涉检验，熟悉其各个命令的含义。

7.3 RULA 分析

本节主要介绍人体工程学分析中的 RULA（Rapid Upper Limb Assessment）Analysis，即快速上肢评估分析。

7.3.1 RULA 方法简介

RULA（Rapid Upper Limb Assessment）是由诺丁汉大学职业工效学研究所的 Lynn McAtamney 和 E. Nigel Corlett 于一篇 1993 年发表的论文中提出[①]。该方法主要是通过对人体各部分的姿势、用力情况和肌肉的使用情况的研究来评估由于工作原因造成人体上肢肌肉骨骼损伤的风险大小，并通过在制衣行业对制衣工人进行抽样试验，从而验证了该方法的有效性。

RULA 是一种以工作姿势为研究目标的方法，经过多次改进，已经成为评估相对稳定姿势状态工作的应用最广的方法，工作任务包括面对屏幕或计算机的操作、制造、售货以及其他长时间站立或者坐姿状态的工作。RULA 提供了一个工作中肌肉骨骼系统负荷率和颈部上肢工伤风险的简单计算工具，将某个状态下的姿势、力和活动需求由一个风险分数评级表示，可以对不同任务的工伤风险进行量化。风险评级分数区间为 1 分到 7 分。7 个分数分成 4 组，每组制定不同的风险干预级别。

RULA 的评估对象是工作循环中某个时刻的工作姿势，因此，这个观测姿势的选择是十分重要的。根据研究类别的不同，选择的姿势应该是保持时间最长，或者是最不舒适的姿势，或者是根据工作循环的时间对各种姿势的加权平均。

RULA 主要有以下四方面用途：

- 评估肌肉骨骼系统工伤风险
- 工作空间设计前后对比
- 评价结果
- 职业安全教育

① Lynn McAtamney and E. Nigel Corlett. RULA: A Survey Method for the Investigation of Work-related Upper Limb Disorders. Applied Ergonomics, vol. 24, issue 2 (1993) pp. 91-99.

7.3.2 RULA 工具简介

DELMIA 中的 RULA 分析功能主要分析人体在一定负荷下，上肢运动的某个姿态是否可被接受，并给出该姿态下相关的人体工程学评价。

1．RULA 分析对话框普通显示

① 选择需要分析的人体模型。

② 鼠标左键单击位于 Human Activity Analysis （人体活动分析）工作界面左侧 Ergonomic Tools（人体工程学工具）工具栏中的 RULA Analysis（快速上肢评估分析）按钮，打开 RULA Analysis 对话框，如图 7-48 所示。

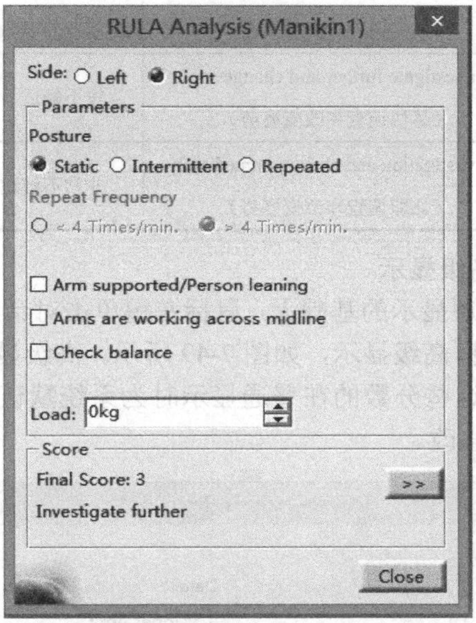

图 7-48 RULA Analysis 对话框

③ 该对话框中包含下列反映分析条件和分析结果的内容：

- Side（侧面）模块，包含 Left（左侧）和 Right（右侧）两个选项，表示系统将对选中的人体模型的左侧或右侧上肢进行分析。
- Parameters（参数）模块，用户可对下列所给参数进行设定：

✧ Posture（姿势），包含 Static（静态）、Intermittent（间断）、Repeated（重复）三种对人体工作姿态描述的预定选项，用户需选择其中一种最符合设计情况的选项；

✧ Repeat Frequency（重复频率），包含“< 4 Times/min”（每分钟小于 4 次）和“> 4 Times/min”（每分钟大于 4 次）两个选项，用于设定人在工作中的运动频率；

✧ Arm supported/Person leaning（手臂有支撑/人体倾斜）、Arms are working across midline（手臂穿过身体中线）、Check balance（检查平衡性），用户可根据设计情况进行选择，该选择会影响评估结果的最终得分。

✧ Load（负荷），用户可通过调节微调控制器的箭头或直接输入数字，设定人体上肢的负荷量，单位为千克。

- Score（分数）模块，显示 Final Score（最终得分）的数值及相应色块，并给出与分数级别相匹配的建议，如图 7-48 所示，Final Score（最终得分）为 3，对应色块为黄色，建议为 Investigate further（进一步调查），表明该姿势有待研究，可能需要改变。具体分数级别如表 7-2 所示。

表 7-2　RULA 评估分数说明

级　别	分　数	颜　色	建　　议	说　　明
Ⅰ	1～2	绿	Acceptable （可接受的）	较舒适。如果不保持过长的时间或过度重复此姿势，则可以接受
Ⅱ	3～4	黄	Investigate further （进一步调查）	稍有不适。有进一步调查研究的必要，如有必要需要改动姿势
Ⅲ	5～6	橙	Investigate further and change soon （尽快调查和改变姿势）	较不舒适。需尽快进行调查研究，改善姿势
Ⅳ	7	红	Investigation and change immediately （立即调查和改变姿势）	非常不舒适。应立即进行调查研究，改变姿势

2．RULA 分析对话框高级显示

在 RULA 分析对话框普通显示的基础上，鼠标左键单击对话框 Score（分数）模块的 >> 按钮，即为 RULA 分析对话框高级显示，如图 7-49 所示。高级显示增加了 Details（细节）模块，显示具体部位的分数。这些分数的在普通显示时为系统默认设置，高级显示中用户可根据设计情况进行部分选项的修改。

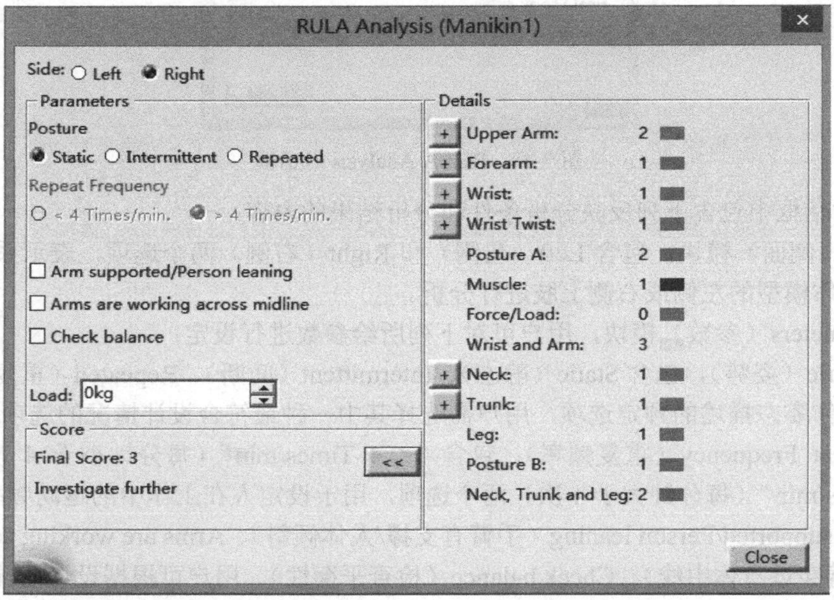

图 7-49　RULA 分析对话框高级显示

鼠标左键单击对话框 Details（细节）模块某部位前的 + 按钮，展开该部位的具体选项，如图 7-50 所示。

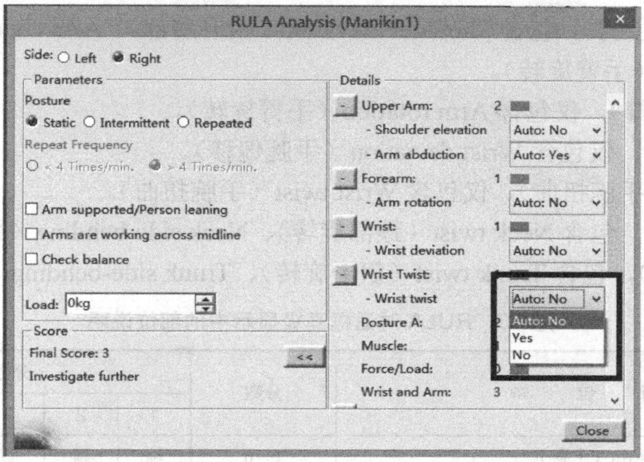

图 7-50 RULA 分析对话框选项展开

每个选项的下拉选项中包含“Auto：Yes/No（自动：是/否）”“Yes（是）”“No（否）”三个选项。“Auto：Yes/No（自动：是/否）”是系统根据 Tools（工具）→Options（选项）→Ergonomics Design & Analysis（人因工程设计和分析）→Human Activity Analysis（人体活动分析）中定义的参数（见图 7-51），并结合人体模型姿势给出的自动设置；“Yes（是）”选项表明无论人体模型姿势如何都强制该部位处于指定状态；“No（否）”选项表明无论人体模型姿势如何都强制该部位不处于指定状态。该设置会影响各个部位的得分，各个部位的得分会影响 RULA 最终得分。

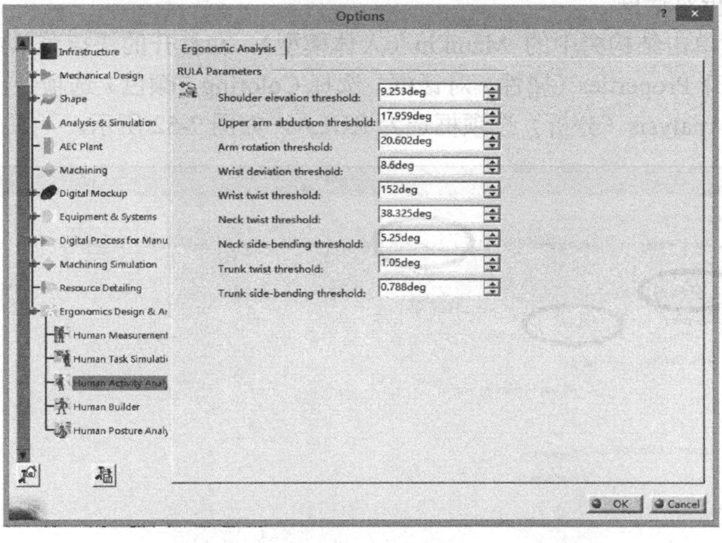

图 7-51 RULA 参数定义

图 7-51 中的 9 个阈值参数将 RULA 中涉及的评分问题转换为角度的比较。系统在进行 RULA 分析时，软件将人体模型某部位某自由度的角度值与 RULA 参数设置中定义的阈值进行比较，从而判断该部位所处的状态。 如果用户认为默认阈值对某部位是不合适的，则可以对该值进行修改，修改后的值将被用于下一个 RULA 分析中的分值计算。

高级显示中六个部位所示分数与对应色块如表 7-3 所示，所包含的具体选项说明如下：

- Upper Arm（上臂），包含 Shoulder elevation（抬升肩部）、Arm abduction （手臂外扩）、Arm rotation（手臂旋转）。
- Forearm（前臂），仅包含 Arm rotation（手臂旋转）。
- Wrist（手腕），仅包含 Wrist deviation（手腕偏移）。
- Wrist Twist（手腕扭曲），仅包含 Wrist twist（手腕扭曲）。
- Neck（颈部），包含 Neck twist（颈部旋转）、Neck side-bending（颈部侧弯）。
- Trunk（躯干），包含 Trunk twist（躯干旋转）、Trunk side-bending（躯干侧弯）。

表 7-3 RULA 对话框高级显示中的部位说明

部位	分数	分数对应颜色					
		1	2	3	4	5	6
Upper Arm（上臂）	1～6	绿	绿	黄	黄	红	红
Forearm（前臂）	1～3	绿	黄	红			
Wrist（手腕）	1～4	绿	黄	橙	红		
Wrist Twist（手腕扭曲）	1～2	绿	红				
Neck（颈部）	1～6	绿	绿	黄	黄	红	红
Trunk（躯干）	1～6	绿	绿	黄	黄	红	红

3．设定人体模型颜色显示

通过设定人体模型部位的颜色显示，方便用户快速观察人体姿态的 RULA 得分结果而无须打开 RULA 分析对话框。

① 鼠标右键单击结构树中的 Manikin（人体模型），在打开的快捷菜单中选择 Properties（属性）选项，打开 Properties（属性）对话框，选择 Coloring（颜色）选项卡，勾选 Active（激活）选项框，将 Analysis（分析）选项框选为 RULA，如图 7-52 所示。

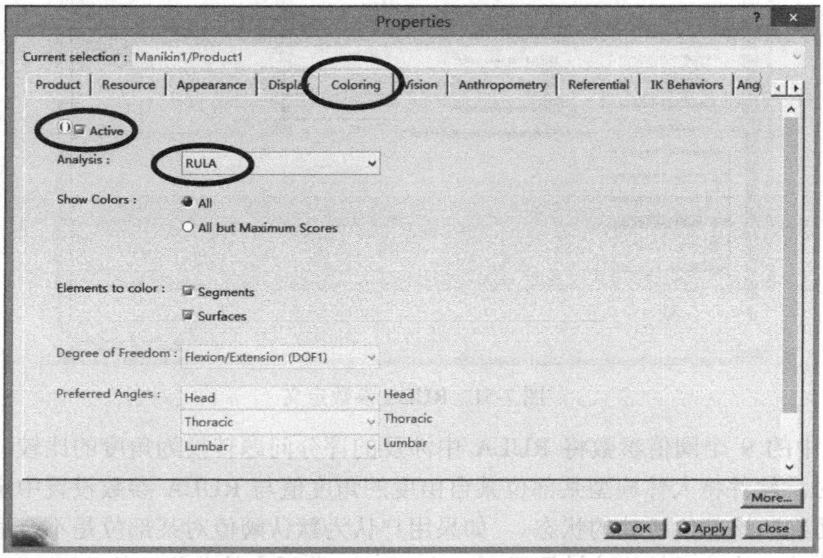

图 7-52 Properties（属性）对话框

② Show Colors（显示颜色）选项组，All 选项表示所有经 RULA 分析的人体模型部位均显示相应的颜色，如图 7-53 所示。All but Maximum Scores 选项表示所有经 RULA 分析的人体模型部位只显示 RULA 分析结果较差（分值较高）的部位相应的颜色，如图 7-54 所示。

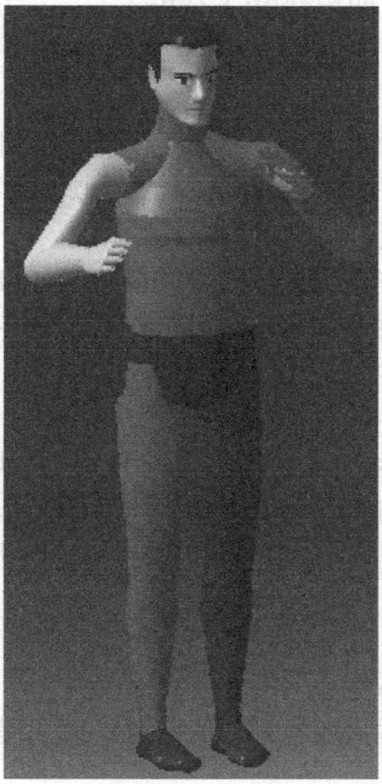

图7-53　All选项结果显示

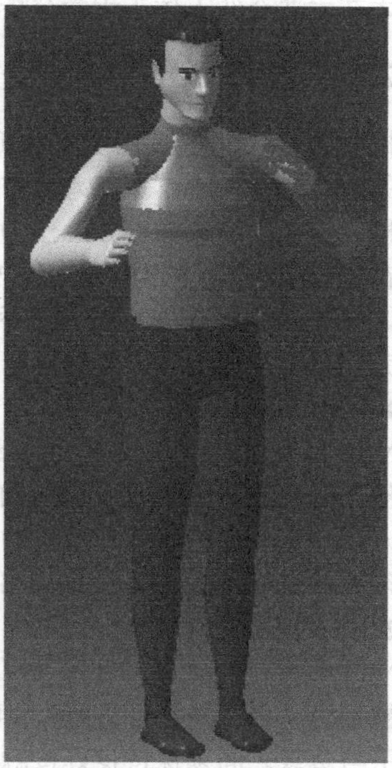

图7-54　All but Maximum Scores选项结果显示

③ Elements to color（颜色显示元素）选项组，Segments 表示在部位枝节上显示，Surfaces 表示在部位表面显示。Segments 被选中时，Surfaces 选项自动激活，反之亦然。

训练实例

（1）打开【chapter7\exercise\exercise4.CATProduct】。

（2）选中【Manikin1】进入 Human Posture Analysis（人体姿态分析）工作界面。

（3）激活 Angular Limitations（角度界限）工具栏中的 Edit Angular Limitations（编辑角度界限）命令。

（4）添加对【Manikin1】的上肢、手部、腰椎和胸椎部位的角度界限的编辑。

（5）重复步骤（2）和（3），添加对【Manikin2】的上肢、手部、腰椎和胸椎部位的角度界限的编辑。

（6）选中【Manikin1】进入 Human Activity Analysis（人体活动分析）工作界面。

（7）激活 RULA Analysis（快速上肢评估分析）命令，对【Manikin1】和【Manikin2】进行 RULA 分析。

（8）根据当前姿态的 RULA 分析结果，优化【Manikin1】和【Manikin2】的姿态。

7.4 抬举/放下分析

本节主要介绍人体工程学分析中的 Lift-Lower Analysis，即抬举/放下分析。

7.4.1 抬举/放下分析方法简介

抬举/放下分析主要用于评估工作人员举升和放下物体的运动姿势的相关风险，得到人员作业的安全负荷大小，保证人员作业安全，满足人因工程学的要求。与 RULA 类似，抬举/放下分析会提供一个最终得分，作为是否需要对现有姿势进行优化的依据。

在进行抬举/放下分析时，用户需要在三种理论基础上进行选择，即 NIOSH 1981、NIOSH 1991、Snook - Ciriello 理论。这三种理论作为分析依据均需要人体运动的初始姿态和最终姿态才能完成分析得出结论。每种理论的说明如下：

1．NIOSH 1981

NIOSH 1981 是 NIOSH（National Institute for Occupational Safety and Health，国家职业安全与健康研究所）于 1981 年发表的一个用于分析双手对称抬举的代数方程。该方程成立的条件是人体两手抬举的负载是对称的，两手之间的距离小于 75 厘米（约 30 英寸），两手与负载之间须保持良好接触，且上身姿态无弯曲。

2．NIOSH 1991

NIOSH 1991 是 NIOSH 于 1991 年发表的一个用于分析双手不对称抬举的代数方程。该方程也被称为“修正的举升方程”，可解决一定程度上双手抬举负载不对称的问题。该方程亦要求两手与负载之间须保持良好接触。

3．Snook - Ciriello

Snook 和 Ciriello 理论是基于 S. Snook 和 V. Ciriello 所做的一项研究，该分析方法需要输入人体运动的初始姿态和最终姿态，人体两手抬举的负载须对称，具体动作（抬举或放下）则取决于负载在工作空间的位置移动。

7.4.2 抬举/放下分析工具简介

DELMIA 中的抬举/放下分析功能主要评估工作人员抬举和放下物体的运动姿势的相关风险，并给出安全合理的负荷范围。

1．抬举/放下分析对话框

① 选择需要分析的人体模型。

② 鼠标左键单击位于 Human Activity Analysis（人体活动分析）工作界面左侧 Ergonomic Tools（人体工程学工具）工具栏中的 Lift-Lower Analysis（抬举/放下分析）按钮，打开抬举/放下分析对话框，如图 7-55 所示。

③ 该对话框中包含下列反映分析条件和分析结果的内容：

- Posture（姿势）模块，包含 Initial（初始）和 Final（终止）两个选项，用于 Record/Modify（记录/修改）人体运动的初始姿态和终止姿态。完成姿势编辑和记录后，Initial（初始）和 Final（终止）选项可实现人体模型两种姿势之间的切换。如果人体模型的姿势未考虑指导理论适用的条件，对话框则会显示警告消息，如图 7-56 所示。该警告表明，在默认选择 NIOSH 1981 理论的情况下，当前设置的人体终止姿势中的两手抬举是不对称的。

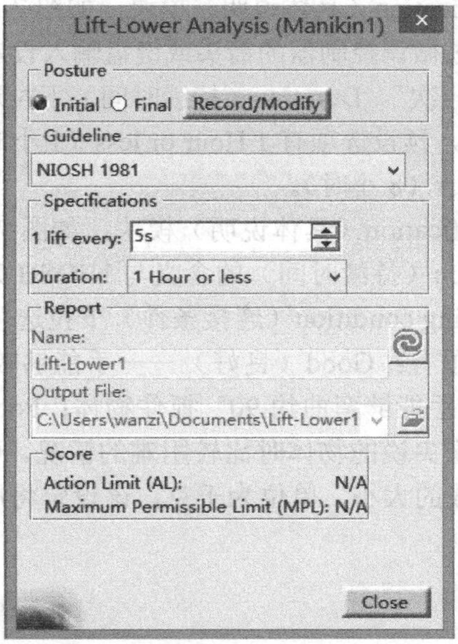

图 7-55　抬举/放下分析对话框

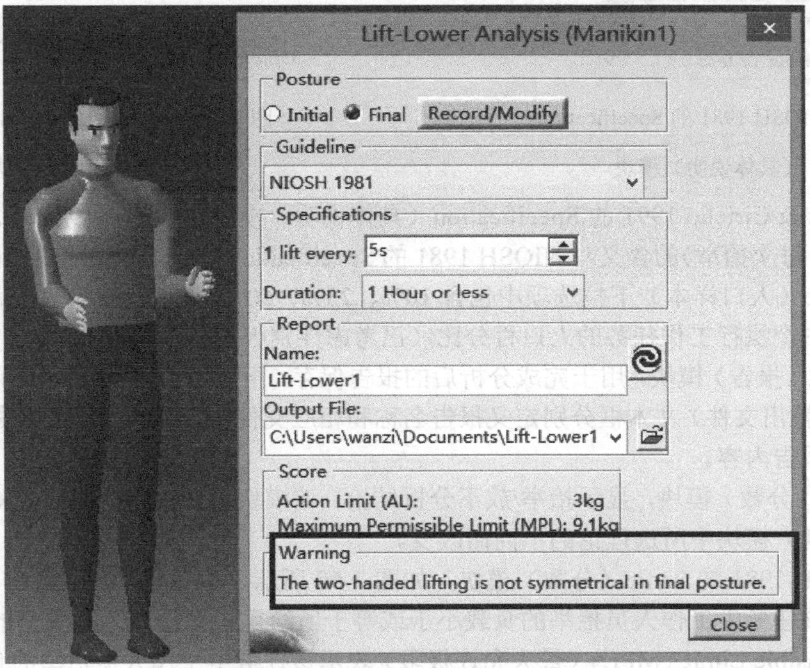

图 7-56　姿势与条件不符时的警告消息

- Guideline（指导原则）模块，下拉选项中包含 NIOSH 1981、NIOSH 1991 和 Snook &

Ciriello 1991三种理论，用户需选择合适的指导理论完成相关分析。

- Specification（具体说明）模块，该模块区域的内容将随着Guideline（指导原则）模块中所选理论的不同而改变，用户需输入与所选理论适用条件相匹配的数据。

✧ NIOSH 1981的Specification（具体说明）模块，如图7-57所示。1 lift every（每次抬举）文本框，用户可通过微调控制器的箭头或键盘输入设定抬举的周期，如“1 lift every：5s”表示“每5s举升一次”。Duration（持续时间）下拉选项，用于设置一天内的工作时间（以小时为单位），预设选项有1 Hour or less（1小时或更少）、2 Hours or less（2小时或更少）和8 Hours（8小时）。

✧ NIOSH 1991的Specification（具体说明）模块，如图7-58所示。其中，1 lift every（每次抬举）与Duration（持续时间）的含义与NIOSH 1981的Specification（具体说明）模块相同。Coupling condition（连接条件）下拉选项，将手与物体之间的连接关系进行量化，所含选项有：Good（良好）——手能够较轻松地环绕物体且抓握较舒适；Fair（一般）——手能够弯曲约90°抓住物体；Poor（较差）——手抓握形状不规则、体积较大或边缘尖锐的物体时比较困难的情况。Object weight（物体重量）文本框，用户可设定负载的大小，单位为千克，该设定将用于抬举指数（Lifting Index）的计算。

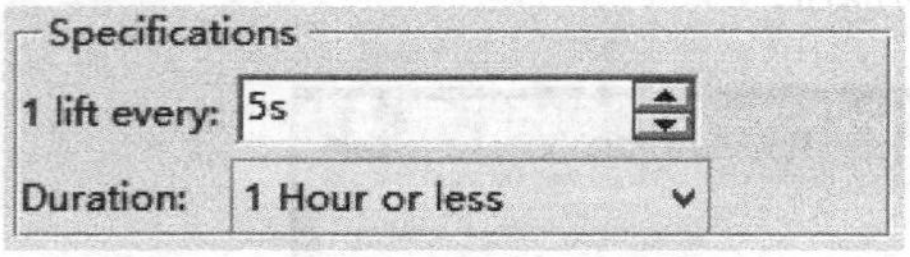

图7-57 NIOSH 1981的Specification（具体说明）模块

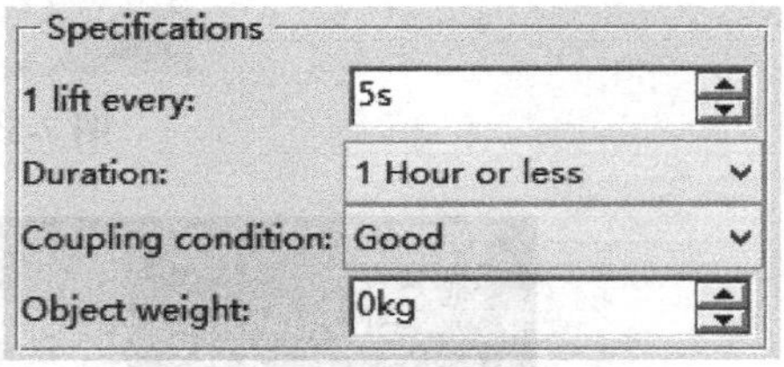

图7-58 NIOSH 1991的Specification（具体说明）模块

✧ Snook & Ciriello 1991的Specification（具体说明）模块，如图7-59所示。其中，1 lift every（每次抬举）的含义与NIOSH 1981的Specification（具体说明）模块相同。Population sample（人口样本）下拉选项中包含10%、25%、50%、75%，90%五个百分比，表示能够安全执行工作任务的人口百分比（已考虑性别因素）。

- Report（报告）模块，用于完成分析后的报告保存，用户可通过Name（名称）和Output File（输出文件）文本框分别定义报告名称和相应文件的保存位置，单击按钮可不断更新报告内容。

- Score（分数）模块，显示抬举/放下分析结论。该模块区域的内容将随着Guideline（指导原则）模块中所选理论的不同而改变。

✧ NIOSH 1981的Score（分数）模块，如图7-60所示。Action Limit（AL）（行动极限）表示该任务中工作人员抬举的负载小于或等于所给重量即被认为是安全的。Maximum Permissible Limit（MPL）（最大允许极限）表示该任务中工作人员抬举的负载大于或等于所给重量即被认为是危险的，并且需要及时控制和调整。

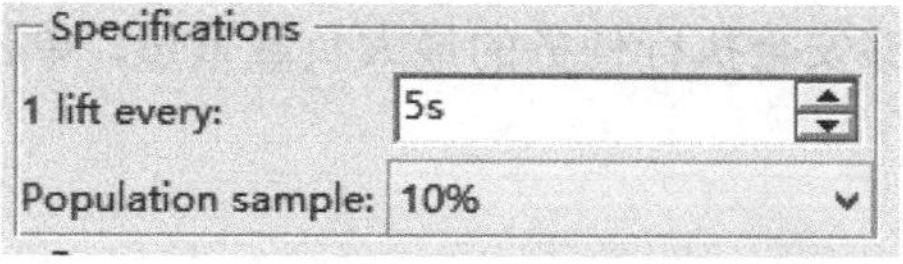

图 7-59 Snook & Ciriello 1991 的 Specification（具体说明）模块

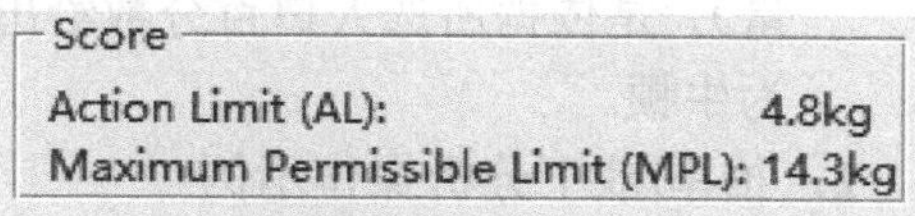

图 7-60 NIOSH 1981 的 Score（分数）模块

✧ NIOSH 1991 的 Score（分数）模块，如图 7-61 所示。Origin（起点）模块是基于人体模型的初始姿势得出的结论。Recommended Weight Limit（RWL）（推荐重量极限）表示健康的工作人员可以无风险抬举并维持一段时间的负载重量；Lifting Index（LI）（抬举指数）是一个描述物理压力水平的参数，与 Object weight（物体重量）有关。Destination（终点）模块是基于人体模型的终止姿势得出的结论。Recommended Weight Limit（RWL）（推荐重量极限）表示健康的工作人员可以无风险抬举的负载重量。单击 >> 按钮可查看分析过程中用到的各种参数，如图 7-62 所示，有 RWL = LC * HM * VM * DM * AM * FM * CM ，LI=Object weight/RWL。

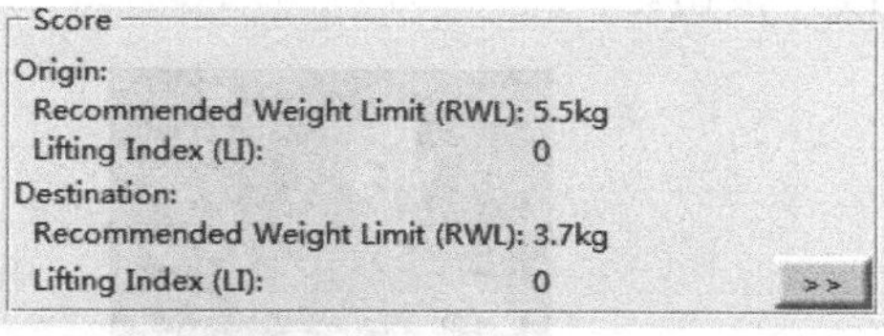

图 7-61 NIOSH 1991 的 Score（分数）模块

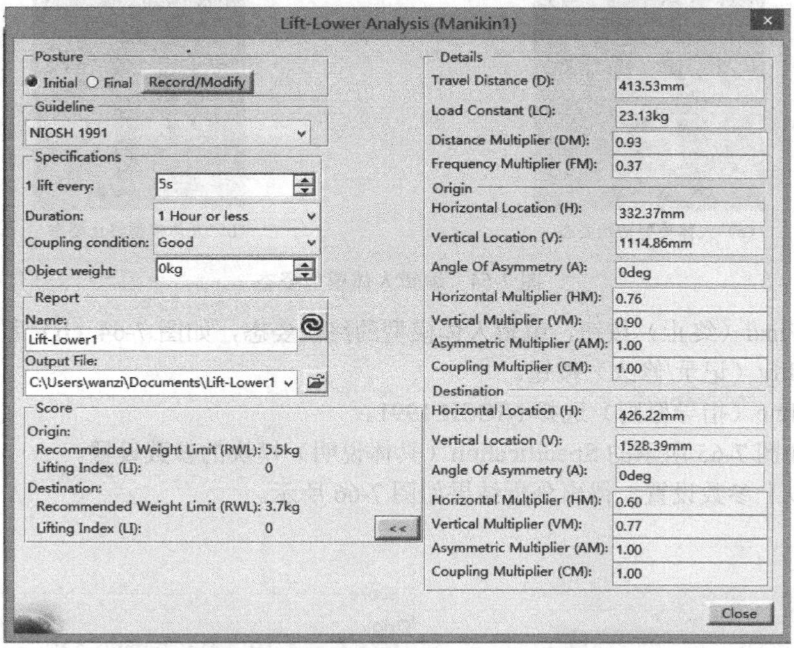

图 7-62 抬举/放下分析对话框高级显示

✧ Snook & Ciriello 1991 的 Score（分数）模块，如图 7-63 所示。Maximum Acceptable Weight（最大可接受重

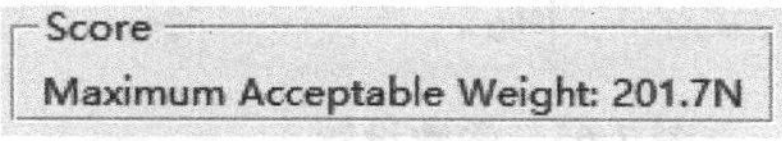

图 7-63 Snook & Ciriello 1991 的 Score（分数）模块

量），是依据所选人口百分数给出的工作人员能够安全执行任务的最大负载重量，单位为牛顿。

2．抬举/放下分析操作示例

① 选择需要分析的人体模型Manikin1。

② 鼠标左键单击Ergonomic Tools（人体工程学工具）工具栏中的Lift-Lower Analysis（抬举/放下分析）按钮，打开抬举/放下分析对话框。

③ 编辑人体模型的初始姿态，如图 7-64（a）所示，完成后单击 Record/Modify（记录/修改）按钮。

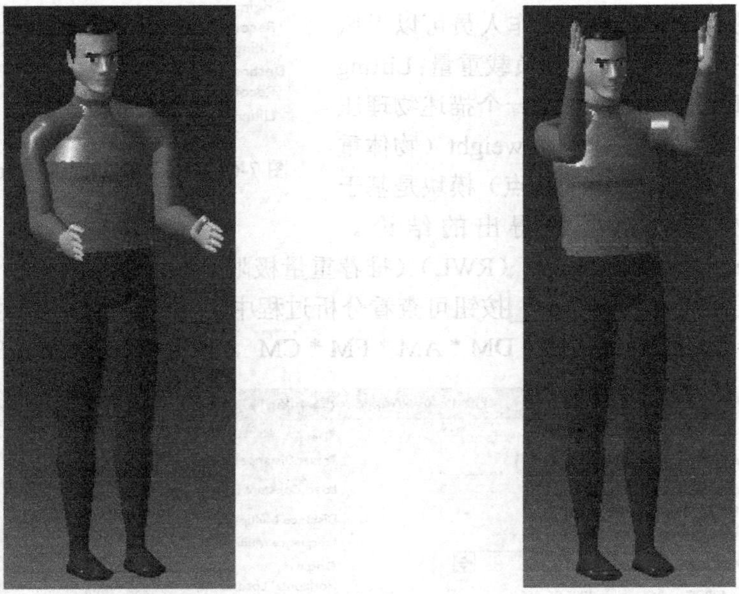

（a）人体模型初始姿态　　（b）人体模型终止姿态

图 7-64　编辑人体模型姿态

④ 点选 Final（终止）按钮，编辑人体模型的终止姿态，如图 7-64（b）所示，完成后单击 Record/Modify（记录/修改）按钮。

⑤ Guideline（指导原则）选择 NIOSH 1991。

⑥ 完成如图 7-65 所示的 Specification（具体说明）模块的参数设置。

⑦ 根据以上参数设置，得出分析结果如图 7-66 所示。

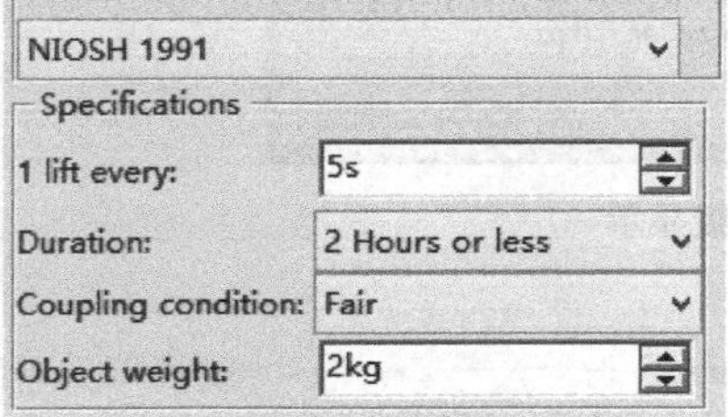

图 7-65　参数设置

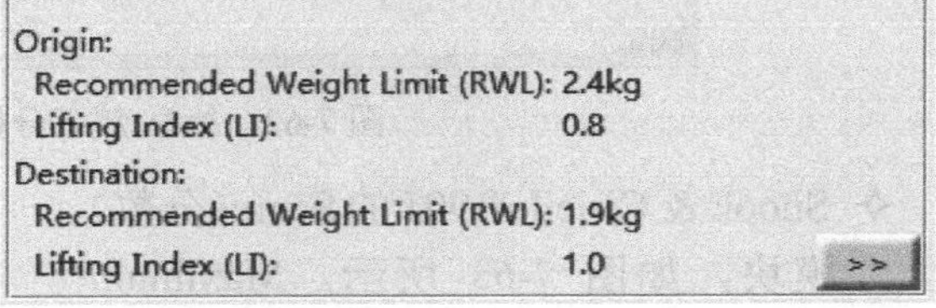

图 7-66　分析结果

训练实例

（1）打开【chapter7\exercise\exercise4.CATProduct】。

（2）选中【worker1】进入 Human Posture Analysis（人体姿态分析）工作界面。

（3）激活 Angular Limitations（角度界限）工具栏中的 Edit Angular Limitations（编辑角度界限）命令。

（4）添加对【worker1】的上肢、手部、腰椎和胸椎部位的角度界限的编辑。

（5）选中【worker1】进入 Human Activity Analysis（人体活动分析）工作界面。

（6）激活 Lift-Lower Analysis（抬举/放下分析）命令，对【worker1】进行升降分析。

7.5 推/拉分析

本节主要介绍人体工程学分析中的 Push-Pull Analysis，即推/拉分析。

7.5.1 推/拉分析方法简介

推/拉分析是基于 S. Snook 和 V. Ciriello 二人的研究成果建立的。为了保证工作人员在安全的状态下完成任务，可通过推/拉分析将实际数据与执行该任务的安全负荷（人体所能承受的力）进行比较，从而评定工作负荷的大小是否合理。

对于推动物体的工作任务，工作人员手部垂直高度的定义有如下三种：

- 从地面至手的高度约为 635 毫米（约 25 英寸）；
- 从地面至手的高度约为 889 毫米（约 35 英寸）；
- 从地面至手的高度约为 1346.2 毫米（约 53 英寸）。

7.5.2 推/拉分析工具简介

DELMIA 中的推/拉分析功能主要评估工作人员推动和拉动物体的运动姿势的相关风险，并给出安全合理的负荷范围。该功能通过设置推/拉分析对话框参数及选项来实现。

① 选择需要分析的人体模型。

② 鼠标左键单击位于 Human Activity Analysis（人体活动分析）工作界面左侧 Ergonomic Tools（人体工程学工具）工具栏中的 Push-Pull Analysis（推/拉分析）按钮，打开推/拉分析对话框，如图 7-67 所示。

③ 该对话框中包含下列反映分析条件和分析结果的内容：

- Guideline（指导原则）模块，下拉选项中仅有 Snook & Ciriello 1991 为推/拉分析提供理论基

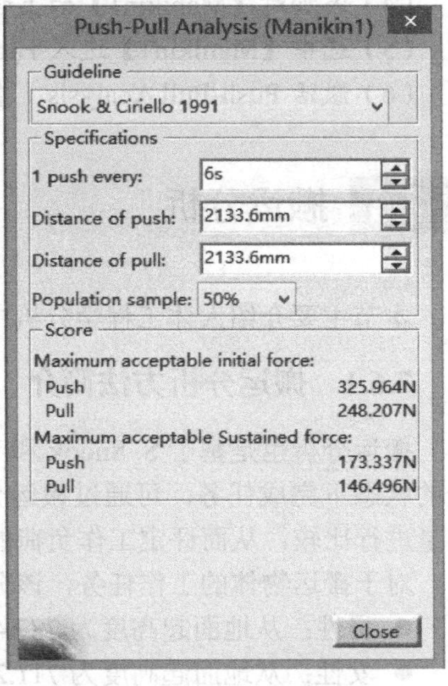

图 7-67 推/拉分析对话框

础。

- Specification（具体说明）模块，用户需输入与 Snook & Ciriello 1991 理论适用条件相匹配的数据。

✧ 1 push every（每推一次）文本框，用户可通过微调控制器的箭头或键盘输入设定推动的周期，如“1 push every：6s”表示“每 6s 推动一次”。

✧ Distance of push（推动距离）文本框，用户可通过微调控制器的箭头或键盘输入设定推动物体的距离，可设定的最小距离为 2100 毫米。

✧ Distance of pull（拉动距离）文本框，用户可通过微调控制器的箭头或键盘输入设定拉动物体的距离，可设定的最小距离为 2100 毫米。

✧ Population sample（人口样本）下拉选项，其中包含 10%、25%、50%、75%、90%五个百分比，表示能够安全执行工作任务的人口百分比（已考虑性别因素）。

- Score（分数）模块，根据相关参数的设定显示推/拉分析的结论。

✧ Maximum acceptable initial force（可接受的最大初始力），该值表示使物体由静止到运动状态人体最大所能接受的推力和拉力，单位为牛顿。

✧ Maximum acceptable sustained force（可接受的最大持续力），该值表示使物体维持运动状态人体最大所能接受的推力和拉力，单位为牛顿。

训练实例

（1）打开【chapter7\exercise\exercise4.CATProduct】。

（2）选中【Manikin1】进入 Human Posture Analysis（人体姿态分析）工作界面。

（3）激活 Angular Limitations（角度界限）工具栏中的 Edit Angular Limitations（编辑角度界限）命令。

（4）添加对【Manikin1】的上肢、手部、腰椎和胸椎部位的角度界限的编辑。

（5）选中【Manikin1】进入 Human Activity Analysis（人体活动分析）工作界面。

（6）激活 Push-Pull Analysis（推/拉分析）命令，对【Manikin1】进行推/拉分析。

7.6 搬运分析

本节主要介绍人体工程学分析中的 Carry Analysis，即搬运分析。

7.6.1 搬运分析方法简介

搬运分析也是基于 S. Snook 和 V. Ciriello 二人的研究成果建立的。为了保证工作人员在安全的状态下完成任务，可通过搬运分析将实际数据与执行该任务的工作人员所能承受的最大重量进行比较，从而评定工作负荷的大小是否合理。

对于搬运物体的工作任务，该分析根据人员性别分别给出两种搬运的垂直高度：

- 男性：从地面起高度为 787.4 毫米（约 31 英寸）处和 1117.6 毫米（约 44 英寸）处。
- 女性：从地面起高度为 711.2 毫米（约 28 英寸）处和 1041.4 毫米（约 41 英寸）处。

7.6.2 搬运分析工具简介

DELMIA 中的搬运分析功能主要评估工作人员搬运物体的运动姿势的相关风险，并给出安全合理的负荷范围。该功能通过设置搬运分析对话框参数及选项来实现。

① 选择需要分析的人体模型。

② 鼠标左键单击位于 Human Activity Analysis（人体活动分析）工作界面左侧 Ergonomic Tools（人体工程学工具）工具栏中的 Carry Analysis（搬运分析）按钮，打开搬运分析对话框，如图 7-68 所示。

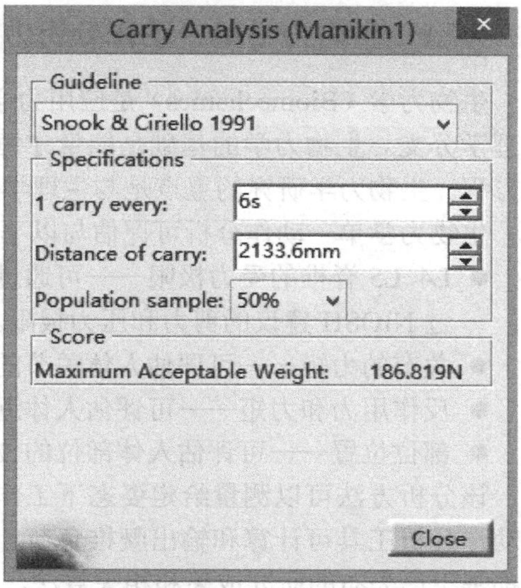

图 7-68 搬运分析对话框

③ 该对话框中包含下列反映分析条件和分析结果的内容：

- Guideline（指导原则）模块，下拉选项中仅有 Snook & Ciriello 1991 为搬运分析提供理论基础。
- Specification（具体说明）模块，用户需输入与 Snook & Ciriello 1991 理论适用条件相匹配的数据。

✧ 1 carry every（每搬运一次），用户可通过微调控制器的箭头或键盘输入设定搬运的周期，如“1 carry every：6s”表示“每 6s 搬运一次”。

✧ Distance of carry（搬运距离），用户可通过微调控制器的箭头或键盘输入设定搬运物体的距离，可设定的最小距离为 2100 毫米。

✧ Population sample（人口样本），下拉选项中包含 10%、25%、50%、75%、90%五个百分比，表示能够安全执行工作任务的人口百分比（已考虑性别因素）。

- Score（分数）模块，根据相关参数的设定显示搬运分析的结论。Maximum Acceptable Weight（可接受的最大重量），该值表示在保证安全性的前提下人体最大所能搬运的物体的重量，单位为牛顿。

训练实例

（1）打开【chapter7\exercise\exercise4.CATProduct】。

（2）选中【worker1】进入 Human Posture Analysis（人体姿态分析）工作界面。

（3）激活 Angular Limitations（角度界限）工具栏中的 Edit Angular Limitations（编辑角度界限）命令。

（4）添加对【worker1】的上肢、手部、腰椎和胸椎部位的角度界限的编辑。

（5）选中【worker1】进入 Human Activity Analysis（人体活动分析）工作界面。

（6）激活 Carry Analysis（搬运分析）命令，对【worker1】进行搬运分析。

7.7 生物力学单一动作分析

本节主要介绍人体工程学分析中的 Biomechanics Single Action Analysis，即生物力学单一动作分析。

7.7.1 生物力学单一动作分析方法简介

生物力学（Biomechanics）是应用力学原理和方法对生物体中的力学问题定量研究的生物物理学分支。生物力学的基础是能量守恒、动量定律、质量守恒三定律并加上描写物性的本构方程。生物力学研究的重点是与生理学、医学有关的力学问题。

生物力学单一动作分析可评估与以下生物力学数据相关的风险因素：

- L4-L5 脊椎的受力极限——可通过评估当前姿势以确定人体 L4-L5 脊椎的受力是否超过 NIOSH 建议的剪力和压力极限。
- 关节的力矩——可评估人体关节的受力情况。
- 反作用力和力矩——可评估人体近端和远端部分的反作用力和力矩。
- 部位位置——可评估人体部位的位置、角度、重心等数据。

该分析方法可以测量给定姿态下工作人员的生物力学数据。根据给定姿态，生物力学单一动作分析工具可计算和输出腰椎负荷、腹部压力、人体关节的受力和扭矩等信息，所有输出都基于已公布的研究成果和相关算法。

7.7.2 生物力学单一动作分析工具简介

DELMIA 中的生物力学单一动作分析功能主要评估工作人员执行工作任务的过程中，某给定动作与生物力学有关的要素，从而为动作的优化设计提供依据。该功能通过设置生物力学单一动作分析对话框参数及选项来实现。

① 选择需要分析的人体模型。

② 鼠标左键单击位于 Human Activity Analysis（人体活动分析）工作界面左侧 Ergonomic Tools（人体工程学工具）工具栏中的 Biomechanics Single Action Analysis（生物力学单一动作分析）按钮，打开生物力学单一动作对话框，如图 7-69 所示。该对话框中包含 Summary（总结）选项卡、L4-L5 Spine Limit（L4-L5 脊椎极限）选项卡、Joint Moment Strength Data（关节力矩数据）选项卡、Reaction Forces and Moments（反作用力和力矩）选项卡、Segment Positions（部位位置）选项卡、Export（输出）按钮和 Close（关闭）按钮。

③ Summary（总结）选项卡模块，显示人体在当前姿势下总体的生物力学分析信息，具体包括如下内容：

- L4-L5 Moment（L4-L5 力矩），即第 4、第 5 节脊椎所承受的力矩，单位为牛顿•米（N•m）。
- L4-L5 Compression（L4-L5 压力），即第 4、第 5 节脊椎所承受的压力，单位为牛顿（N）。该分析结果还包括 Body Load Compression（身体负荷压力）、Axial Twist Compression（轴向扭转力）和 Flex/Ext Compression（弯曲力），单位均为牛顿（N）。
- L4-L5 Joint Shear（L4-L5 剪力），即第 4、第 5 节脊椎所承受的剪力，单位为牛顿（N）。

- Abdominal Force（腹部受力），即人体腹部所承受的力，单位为牛顿（N）。
- Abdominal Pressure（腹部压强），即人体腹部所承受的压强，单位为牛顿/平方米（N/m²）。
- Ground Reaction（地面反作用力），包括地面对人体模型全身、左脚和右脚在 X、Y、Z 三个坐标方向的反作用力（即支撑力），单位为牛顿（N）。

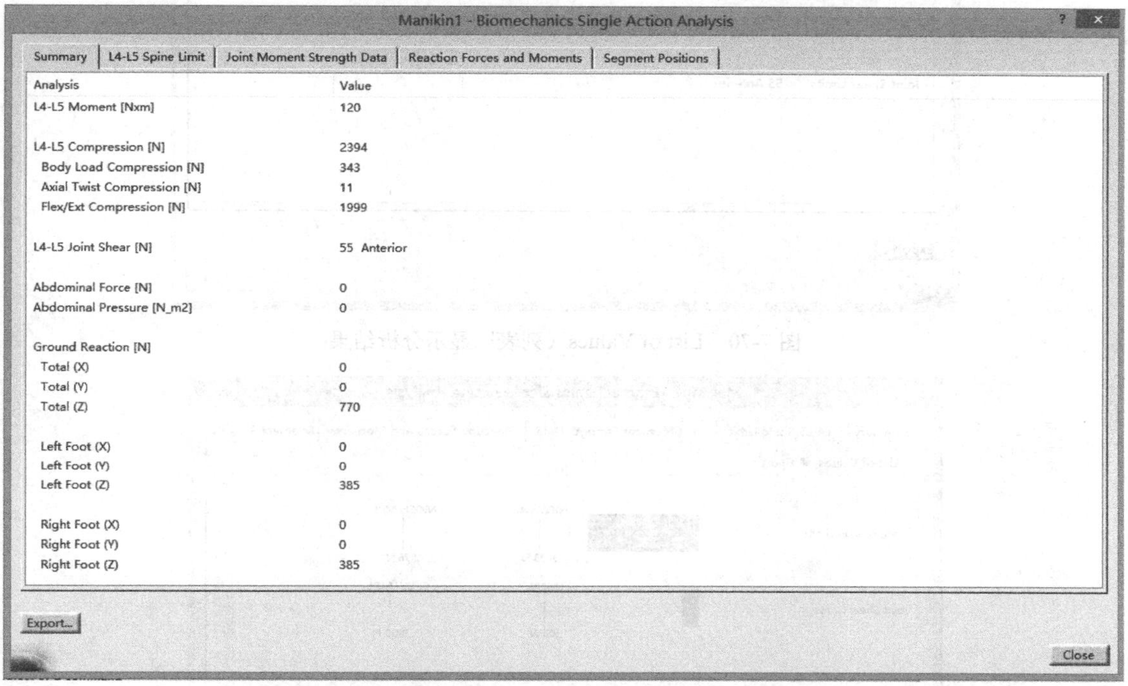
Manikin1 - Biomechanics Single Action Analysis
Summary
L4-L5 Spine Limit
Joint Moment Strength Data
Reaction Forces and Moments
Segment Positions
Analysis
Value
L4-L5 Moment [Nxm]
120
L4-L5 Compression [N]
2394
Body Load Compression [N]
343
Axial Twist Compression [N]
11
Flex/Ext Compression [N]
1999
L4-L5 Joint Shear [N]
55 Anterior
Abdominal Force [N]
0
Abdominal Pressure [N_m2]
0
Ground Reaction [N]
Total (X)
0
Total (Y)
0
Total (Z)
770
Left Foot (X)
0
Left Foot (Y)
0
Left Foot (Z)
385
Right Foot (X)
0
Right Foot (Y)
0
Right Foot (Z)
385
Export...
Close

图 7-69　生物力学单一动作对话框

④ L4-L5 Spine Limit（L4-L5 脊椎极限）选项卡模块，显示人体模型在当前姿势下第 4、第 5 节脊椎所受压力是否超过 NIOSH 规定的行动极限（Action Limit，AL）与最大可接受极限（Maximum Permissible Limit，MPL），所受剪力是否超过滑铁卢大学（UW）规定的 AL 与 MPL。具体内容如下：

- 系统默认以 List of Values（列表）的形式显示，如图 7-70 所示，Compression Limits（压力极限）为脊椎所承受的压力极限，Joint Shear Limits（关节剪力极限）为脊椎所承受的剪力极限，单位均为牛顿（N）。
- 用户可选择以 Chart（图）的形式显示，如图 7-71 所示，图形可更直观地说明脊椎的受力极限与规定标准之间的关系。

⑤ Joint Moment Strength Data（关节力矩数据）选项卡模块，以 Askew、An、Morreyh 和 Chao（1987）对肘部的研究，Koski 和 McGill（1994）对肩部的研究，Troup 和 Chapman（1969）对腰部的研究为理论依据，得到各个关节的力矩和无法完成该项工作任务的人口百分比。

- 系统默认以 List of Values（列表）的形式显示，如图 7-72 所示。列表项有 Joint（关节）、DOF（自由度）、Moment（力矩）、% Pop.Not Capable（无法完成工作的人口百分比）、Mean（平均值）、S.D（标准偏差）和 Reference（参考）等项目。其中，关节与自由度的对应关系如表 7-4 所示。

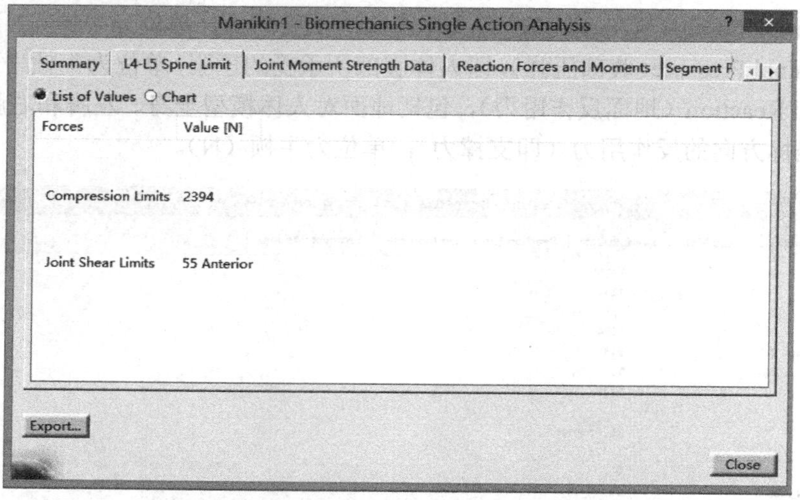

图 7-70 List of Values（列表）显示分析结果

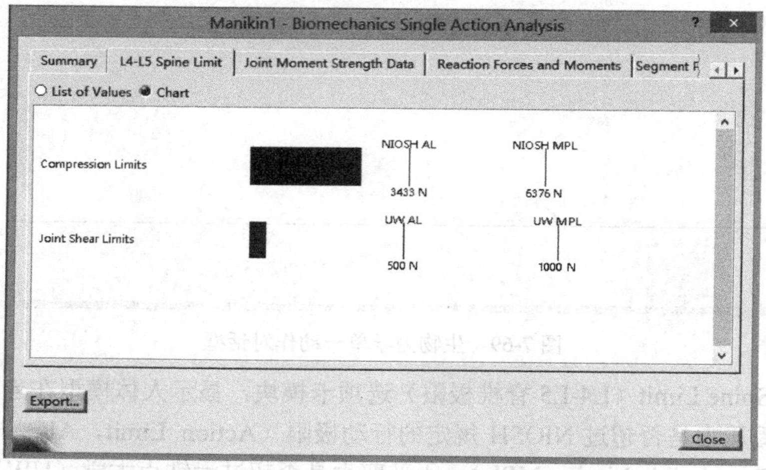

图 7-71 Chart（图表）显示分析结果

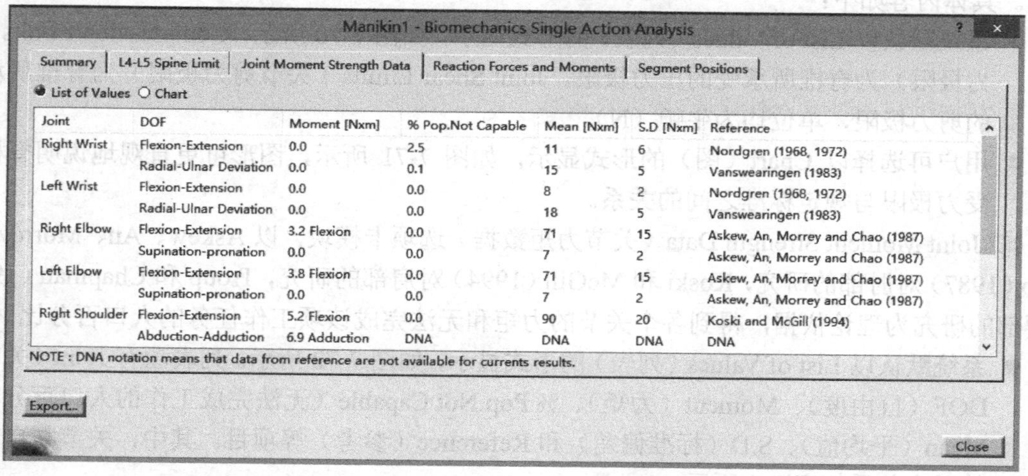

图 7-72 Joint Moment Strength Data（关节力矩数据）模块列表显示

表 7-4 关节和自由度的对应关系

关　节	自 由 度
Right Wrist（右腕）	Flexion-Extension（屈—伸）
	Radial-Ulnar Deviation（桡侧—尺侧屈）
Left Wrist（左腕）	Flexion-Extension（屈—伸）
	Radial-Ulnar Deviation（桡侧—尺侧屈）
Right Elbow（右肘）	Flexion-Extension（屈—伸）
	Supination-pronation（外旋—内旋）
Left Elbow（左肘）	Flexion-Extension（屈—伸）
	Supination-pronation（外旋—内旋）
Right Shoulder（右肩）	Flexion-Extension（屈—伸）
	Abduction-Adduction（外展—内收）
	Internal-external rotation（向内—向外旋转）
Left Shoulder（左肩）	Flexion-Extension（屈—伸）
	Abduction-Adduction（外展—内收）
	Internal-external rotation（向内—向外旋转）
Lumbar（L4-L5）【腰椎（L4-L5）】	Flexion-Extension（屈—伸）
	Right-left lateral bend（向右—向左倾斜）
	Right-left twist（向右—向左扭转）

- 用户可选择以 Chart（图）的形式显示，如图 7-73 所示。纵轴为人体各个关节的相应自由度，横轴为无法完成工作任务的人口百分比。

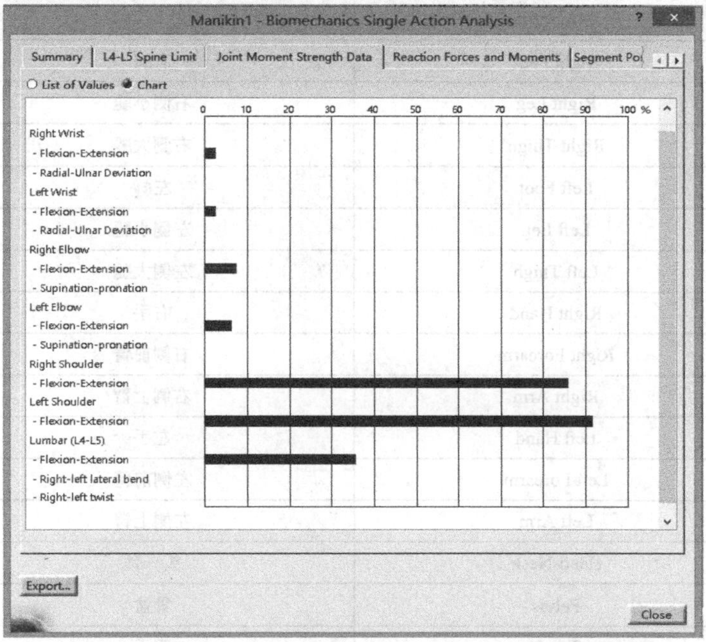

图 7-73　Joint Moment Strength Data（关节力矩数据）模块图表显示

⑥ Reaction Forces and Moments（反作用力和力矩）选项卡模块，显示人体近端和远端部位在 X、Y、Z 三个坐标方向的反作用力及力矩，如图 7-74 所示。列表项包括 Segment（部位）、Proximal Force（近端受力）、Distal Force（远端受力）、Proximal Moment（近端力矩）和 Distal Moment（远端力矩）等项目。其中，具体部位说明如表 7-5 所示。

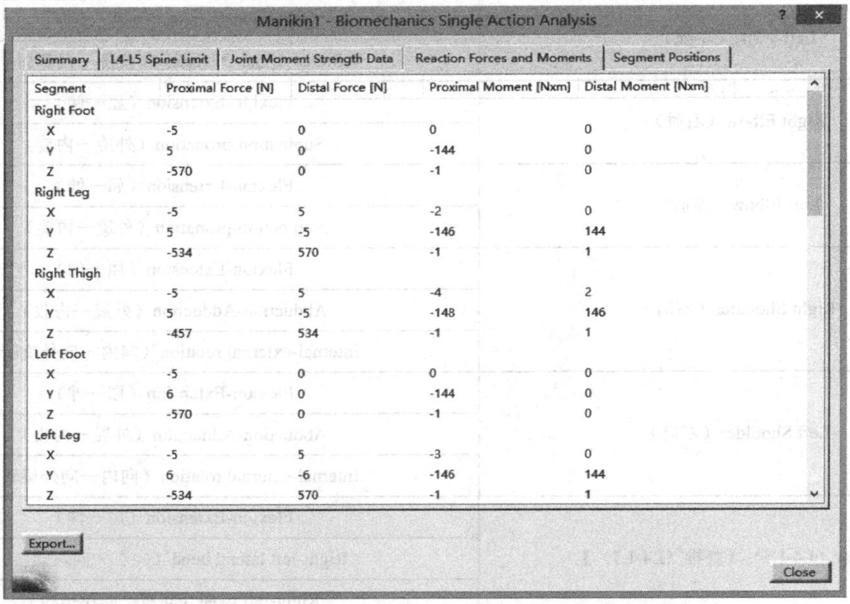

图 7-74　Reaction Forces and Moments（反作用力和力矩）模块

表 7-5　Reaction Forces and Moments（反作用力和力矩）模块的人体部位说明

Segment	说　明
Right Foot	右脚
Right Leg	右侧小腿
Right Thigh	右侧大腿
Left Foot	左脚
Left Leg	左侧小腿
Left Thigh	左侧大腿
Right Hand	右手
Right Forearm	右侧前臂
Right Arm	右侧上臂
Left Hand	左手
Left Forearm	左侧前臂
Left Arm	左侧上臂
Hand-Neck	头—颈
Pelvis	骨盆
Trunk	躯干

⑦ Segment Positions（部位位置）选项卡模块，显示人体各个部位的坐标值，如图 7-75 所示。列表项包括 Proximal Coordinates（近端坐标）、Distal Coordinates（远端坐标）、XZ plane angle（XZ 平面角度）、YZ plane angle（YZ 平面角度）、Center of gravity coordinates（重心坐标）、Length（长度）。

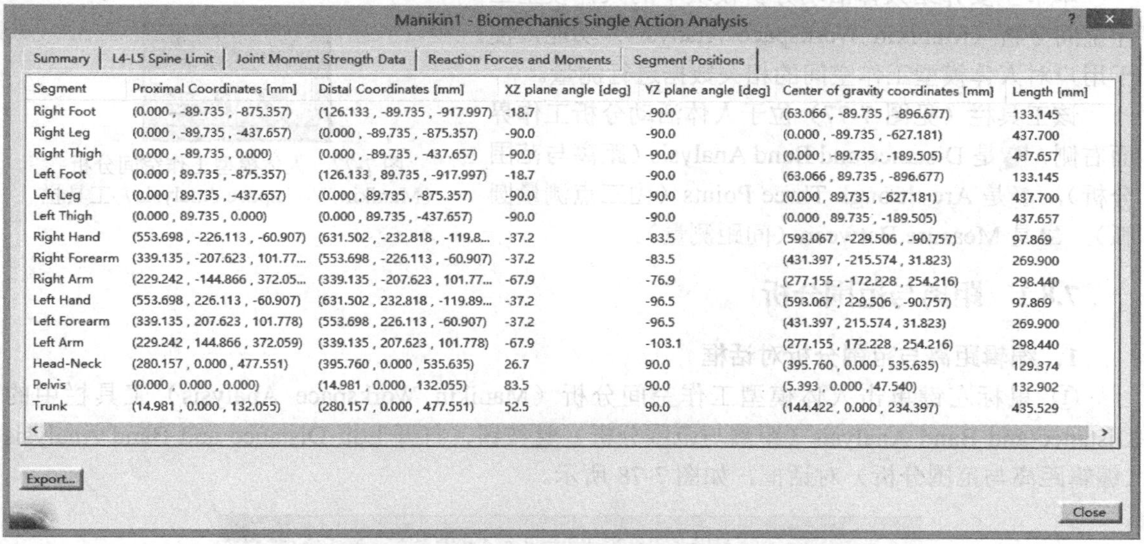

Segment	Proximal Coordinates [mm]	Distal Coordinates [mm]	XZ plane angle [deg]	YZ plane angle [deg]	Center of gravity coordinates [mm]	Length [mm]
Right Foot	(0.000 , -89.735 , -875.357)	(126.133 , -89.735 , -917.997)	-18.7	-90.0	(63.066 , -89.735 , -896.677)	133.145
Right Leg	(0.000 , -89.735 , -437.657)	(0.000 , -89.735 , -875.357)	-90.0	-90.0	(0.000 , -89.735 , -627.181)	437.700
Right Thigh	(0.000 , -89.735 , 0.000)	(0.000 , -89.735 , -437.657)	-90.0	-90.0	(0.000 , -89.735 , -189.505)	437.657
Left Foot	(0.000 , 89.735 , -875.357)	(126.133 , 89.735 , -917.997)	-18.7	-90.0	(63.066 , 89.735 , -896.677)	133.145
Left Leg	(0.000 , 89.735 , -437.657)	(0.000 , 89.735 , -875.357)	-90.0	-90.0	(0.000 , 89.735 , -627.181)	437.700
Left Thigh	(0.000 , 89.735 , 0.000)	(0.000 , 89.735 , -437.657)	-90.0	-90.0	(0.000 , 89.735 , -189.505)	437.657
Right Hand	(553.698 , -226.113 , -60.907)	(631.502 , -232.818 , -119.8...	-37.2	-83.5	(593.067 , -229.506 , -90.757)	97.869
Right Forearm	(339.135 , -207.623 , 101.77...	(553.698 , -226.113 , -60.907)	-37.2	-83.5	(431.397 , -215.574 , 31.823)	269.900
Right Arm	(229.242 , -144.866 , 372.05...	(339.135 , -207.623 , 101.77...	-67.9	-76.9	(277.155 , -172.228 , 254.216)	298.440
Left Hand	(553.698 , 226.113 , -60.907)	(631.502 , 232.818 , -119.89...	-37.2	-96.5	(593.067 , 229.506 , -90.757)	97.869
Left Forearm	(339.135 , 207.623 , 101.778)	(553.698 , 226.113 , -60.907)	-37.2	-96.5	(431.397 , 215.574 , 31.823)	269.900
Left Arm	(229.242 , 144.866 , 372.059)	(339.135 , 207.623 , 101.778)	-67.9	-103.1	(277.155 , 172.228 , 254.216)	298.440
Head-Neck	(280.157 , 0.000 , 477.551)	(395.760 , 0.000 , 535.635)	26.7	90.0	(395.760 , 0.000 , 535.635)	129.374
Pelvis	(0.000 , 0.000 , 0.000)	(14.981 , 0.000 , 132.055)	83.5	90.0	(5.393 , 0.000 , 47.540)	132.902
Trunk	(14.981 , 0.000 , 132.055)	(280.157 , 0.000 , 477.551)	52.5	90.0	(144.422 , 0.000 , 234.397)	435.529

图 7-75　Segment Positions（部位位置）模块

⑧ Export（输出）选项，使用 Export... 按钮可将生物力学分析数据保存在文本文件中。鼠标左键单击该按钮，打开 Exports Results（输出结果）对话框，如图 7-76 所示，选择要保存的数据，单击 OK 按钮，用户可自定义文件名称和保存位置，完成信息保存。

图 7-76　输出结果对话框

训练实例

（1）打开【chapter7\exercise\exercise4.CATProduct】。

（2）选中【Manikin2】进入 Human Posture Analysis（人体姿态分析）工作界面。

（3）激活 Angular Limitations（角度界限）工具栏中的 Edit Angular Limitations（编辑角度界限）命令。

（4）添加对【Manikin2】的上肢、手部、腰椎和胸椎部位的角度界限的编辑。

（5）重复步骤（2）和（3），添加对【worker1】的上肢、手部、腰椎和胸椎部位的角度界限的编辑。

（6）进入 Human Activity Analysis（人体活动分析）工作界面。

（7）激活 Biomechanics Single Action Analysis（生物力学单一动作分析）命令，分别对【Manikin2】和【worker1】进行生物力学单一动作分析。

7.8 人体模型工作空间分析

本节主要介绍人体活动分析模块中的人体模型工作空间分析（Manikin Workspace Analysis）功能，便于用户对人体模型工作空间的相关数据进行测量。

该工具栏（见图 7-77）位于人体活动分析工作界面右侧，是 Distance and Band Analysis（距离与范围分析），是 Arc through Three Points（由三点测量圆弧），是 Measure Between（间距测量）。

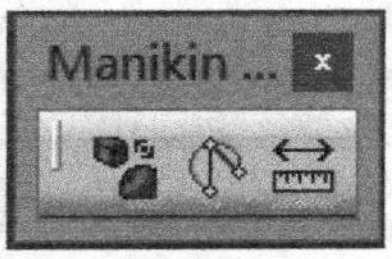

图 7-77　人体模型工作空间分析（Manikin Workspace Analysis）工具栏

7.8.1　距离与范围分析

1. 编辑距离与范围分析对话框

① 鼠标左键单击人体模型工作空间分析（Manikin Workspace Analysis）工具栏中的 Distance and Band Analysis（距离与范围分析）按钮，打开 Edit Distance and Band Analysis（编辑距离与范围分析）对话框，如图 7-78 所示。

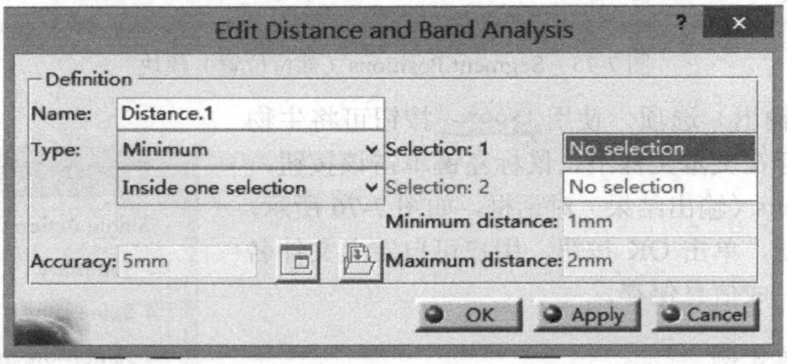

图 7-78　Edit Distance and Band Analysis（编辑距离与范围分析）对话框

② 该对话框中包含下列反映分析条件的内容：

- Name（名称），显示本次测量分析的名称，系统默认或用户自定义均可。
- Type（类型），用户可根据需要选择一种测量类型进行具体分析。类型选项包括：

✧ Minimum（最小距离），可测量最小距离。

✧ Along X（沿 X 轴），可测量沿 X 轴方向的距离。

✧ Along Y（沿 Y 轴），可测量沿 Y 轴方向的距离。

✧ Along Z（沿 Z 轴），可测量沿 Z 轴方向的距离。

✧ Band Analysis（范围分析），可对用户定义的范围进行分析。

✧ Inside one selection（在一个选择内），测量一个选择内产品项之间的距离。系统将测量 Selection：1（选择：1）中的每一个产品之间的距离，最终得出符合所选 Type（类型）的结果。

✧ Between two selections（在两个选择间），测量两个选择内产品项之间的距离。系统将测量 Selection：1（选择：1）中的每一个产品相对于 Selection：2（选择：2）中的每一个产品之间的距离，最终得出符合所选 Type（类型）的结果。

✧ Selection against all（选择相对于全部），测量一个选择与其余产品之间的距离。系统将测量未被选择的每一个产品与 Selection：1（选择：1）中的每一个产品之间的距离，最终得出符合所选 Type（类型）的结果。

- Selection：1（选择：1），该选项始终处于激活状态，用户可自由选择需要测量的对象，且至少选择两个产品项。
- Selection：2（选择：2），该选项只有在 Type（类型）被选为 Between two selections（在两个选择间）时才会被激活，且至少选择 1 个产品项。
- Minimum/Maximum distance（最小/最大距离），该选项只有在 Type（类型）被选为 Band Analysis（范围分析）时才会被激活，用户可自定义最小和最大距离。
- Accuracy（精度），该选项只有在 Type（类型）被选为 Band Analysis（范围分析）时才会被激活，用户可自定义范围分析的精度。
- Results Window（结果窗口）按钮，当测量对象和测量类型选定后，该按钮被激活，单击可显示测量结果。
- Export As（输出）按钮，当测量对象和测量类型选定后，该按钮被激活，单击可保存测量结果。

2．距离分析

人体模型工作空间分析（Manikin Workspace Analysis）功能的距离分析（Distance Analysis）可以对两产品项（product）之间的最小距离或沿 X/Y/Z 轴方向的距离进行测量，如图 7-79 所示。

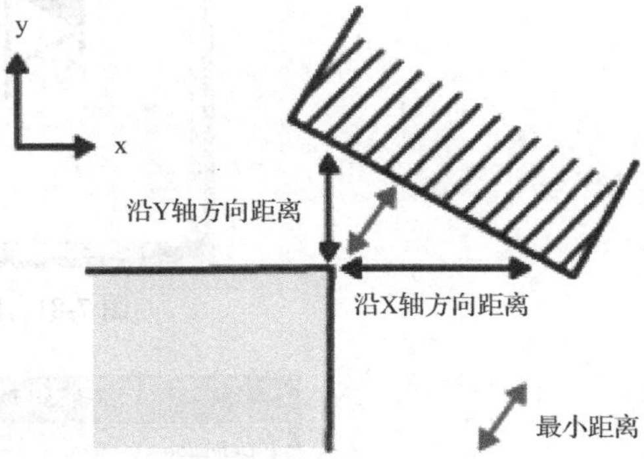

图 7-79 最小距离与沿轴距离

① 鼠标左键单击 Distance and Band Analysis（距离与范围分析），打开 Edit Distance and Band Analysis（编辑距离与范围分析）对话框。

② Type（类型）选择 Minimum（最小距离）—Inside one selection（在一个选择内）。

③ Selection：1（选择：1）中选择如图 7-80 所示的两个产品项。

④ 鼠标左键单击 Apply（应用）Apply 按钮，打开 Preview 结果预览窗口，显示所选产品项之间的最小距离，如图 7-81 所示。编辑距离与范围分析对话框扩展为图 7-82，显示测量的结果、两测量点坐标的差值及点的坐标。

⑤ 选择不同的 Type（类型）进行距离分析：

- Type（类型）选择 Along Y（沿 Y 轴）—Inside one selection（在一个选择内）。Selection：1（选择：1）中仍选择图 7-80 所示的两个产品项。单击 Apply（应用）Apply 按钮，打开结果预览窗口，如图 7-83 所示。编辑距离与范围分析对话框扩展为图 7-84。
- Type（类型）选择 Minimum（最小距离）—Between two selections（在两个选择间）。如图 7-85 所示，Selection：1（选择：1）中选择 Product 1 和 Product 2，Selection：2（选择：2）中选择 Product 3。单击 Apply（应用）Apply 按钮，打开结果预览窗口，

如图 7-86 所示。编辑距离与范围分析对话框扩展为图 7-87。

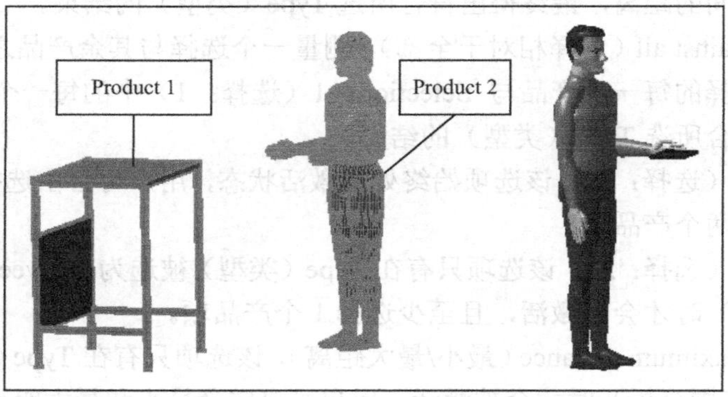

图 7-80　产品项的选择（1）

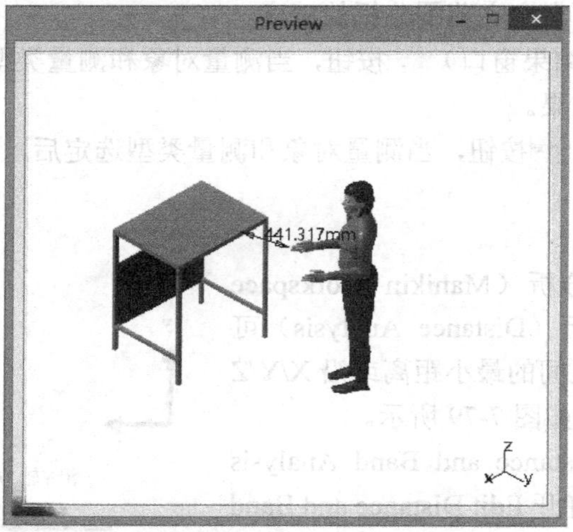

图 7-81　Preview（预览）窗口（1）

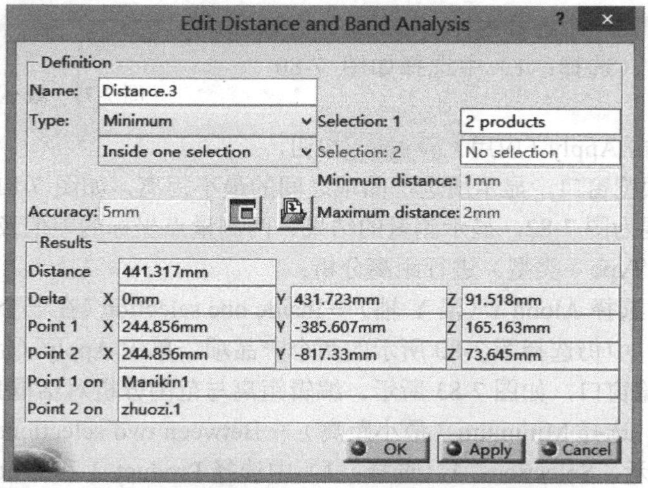

图 7-82　编辑距离与范围分析对话框扩展显示（1）

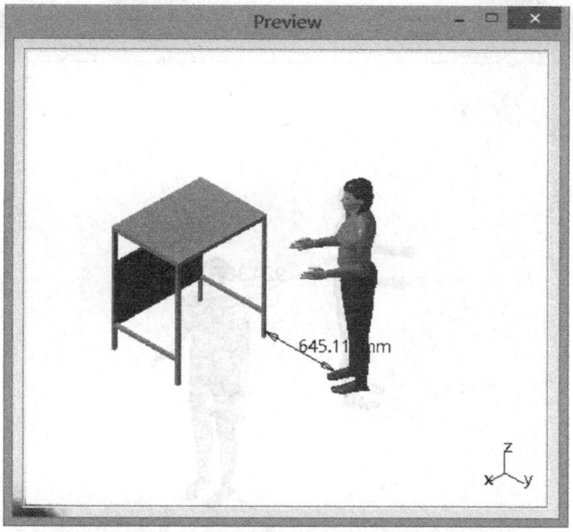

图 7-83　Preview（预览）窗口（2）

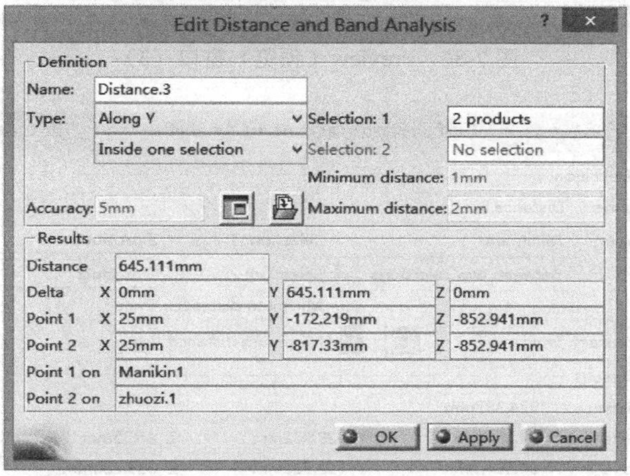

图 7-84　编辑距离与范围分析对话框扩展显示（2）

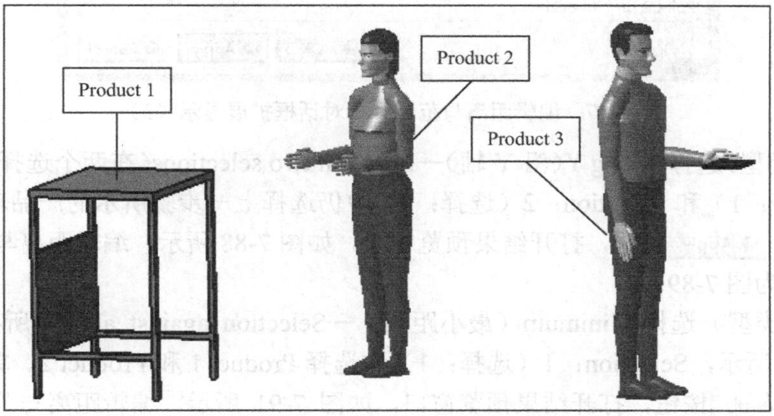

图 7-85　产品项的选择（2）

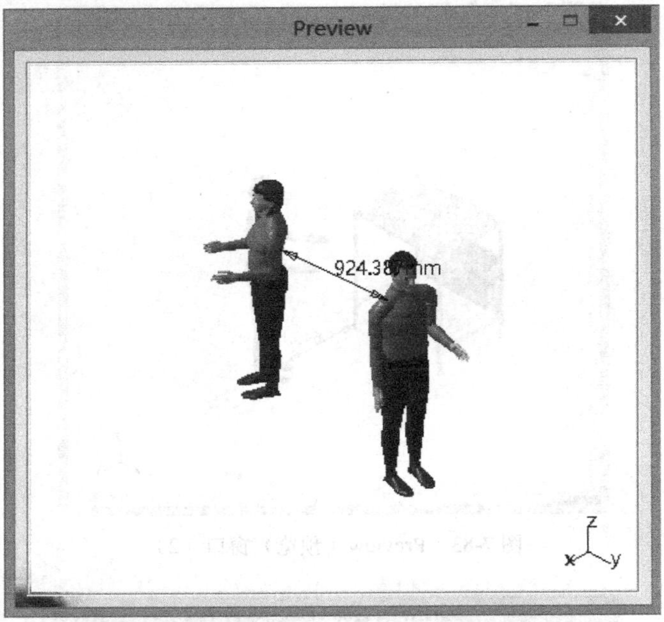

图 7-86　Preview（预览）窗口（3）

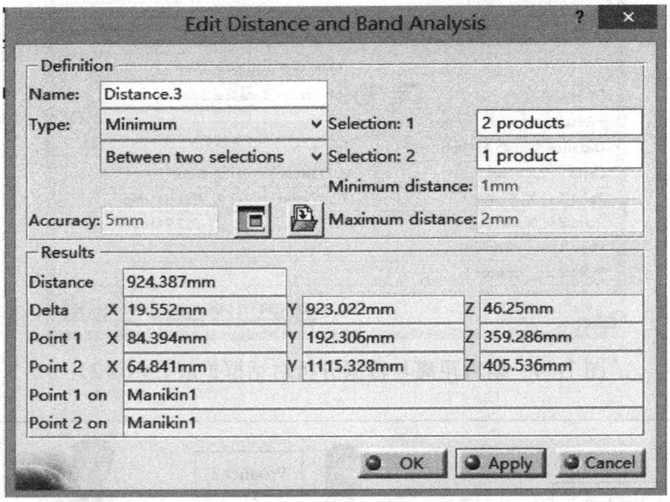

图 7-87　编辑距离与范围分析对话框扩展显示（3）

- Type(类型)选择 Along Y(沿 Y 轴)—Between two selections(在两个选择间)。Selection：1（选择：1）和 Selection：2（选择：2）中仍选择上一步骤所示的产品项。单击 Apply（应用）Apply 按钮，打开结果预览窗口，如图 7-88 所示。编辑距离与范围分析对话框扩展为图 7-89。
- Type（类型）选择 Minimum（最小距离）—Selection against all（在所有选择间）。如图 7-90 所示，Selection：1（选择：1）中选择 Product 1 和 Product 2。单击 Apply（应用）Apply 按钮，打开结果预览窗口，如图 7-91 所示。编辑距离与范围分析对话框扩展为图 7-92。

图 7-88　Preview（预览）窗口（4）

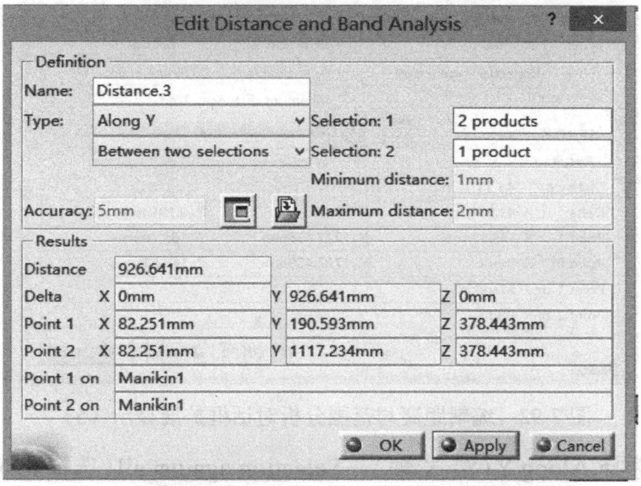

图 7-89　编辑距离与范围分析对话框扩展显示（4）

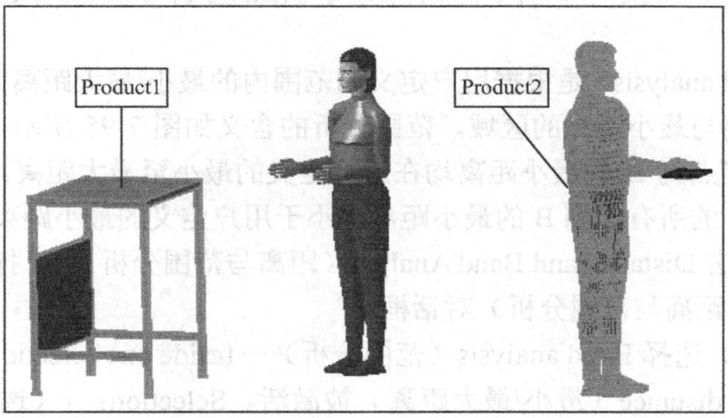

图 7-90　产品项的选择（3）

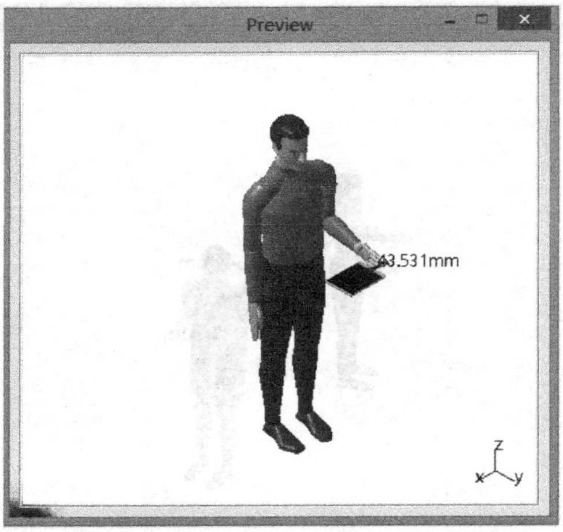

图 7-91 Preview（预览）窗口（5）

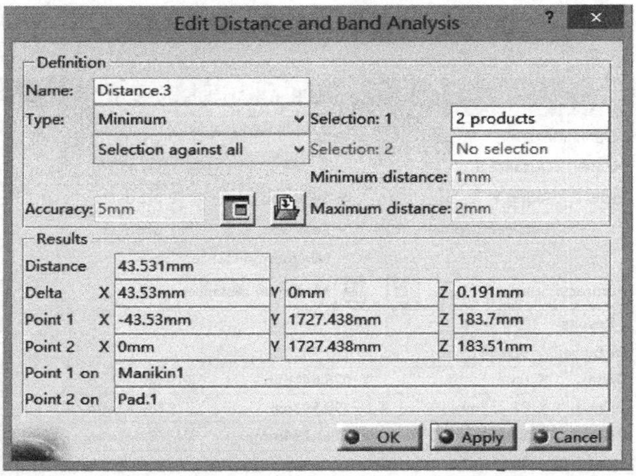

图 7-92 编辑距离与范围分析对话框扩展显示（5）

- Type（类型）选择 Along Y（沿 Y 轴）—Selection against all（选择相对于全部）。Selection：1（选择：1）中仍选择图 7-90 所示的产品项。单击 Apply（应用）Apply 按钮，打开结果预览窗口，如图 7-93 所示。编辑距离与范围分析对话框扩展为图 7-94。

3．范围分析

范围分析（Band analysis）是根据用户定义的范围内的最小/最大距离来计算和显示相对应的产品项上最大距离与最小距离的区域。范围分析的含义如图 7-95 所示，A 的绿色区域（图中浅色部分）的所有点到 B 的最小距离均在用户定义的最小至最大距离范围内；A 的红色区域（图中深色部分）的所有点到 B 的最小距离均小于用户定义的最小距离。

① 鼠标左键单击 Distance and Band Analysis（距离与范围分析），打开 Edit Distance and Band Analysis（编辑距离与范围分析）对话框。

② Type（类型）选择 Band analysis（范围分析）—Inside one selection（在一个选择内），Minimum/Maximum distance（最小/最大距离）被激活。Selection：1（选择：1）中选择如图 7-96 所示的两个产品项。

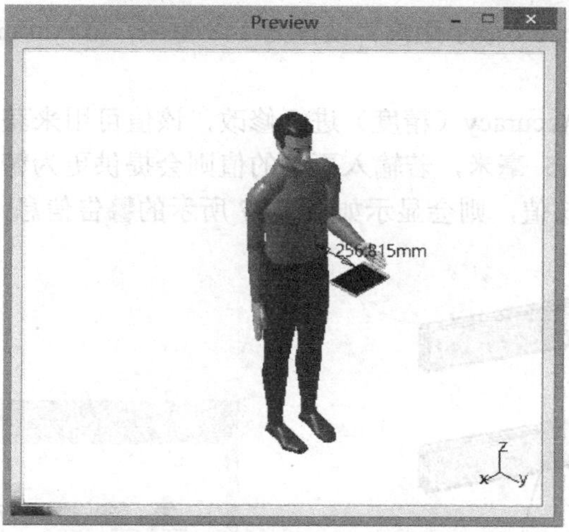

图 7-93　Preview（预览）窗口（6）

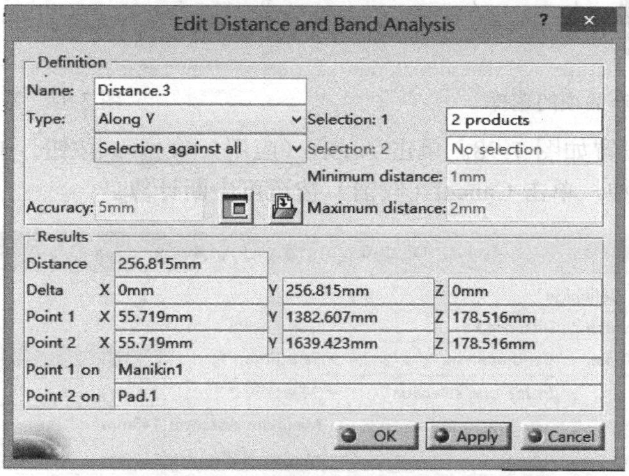

图 7-94　编辑距离与范围分析对话框扩展显示（6）

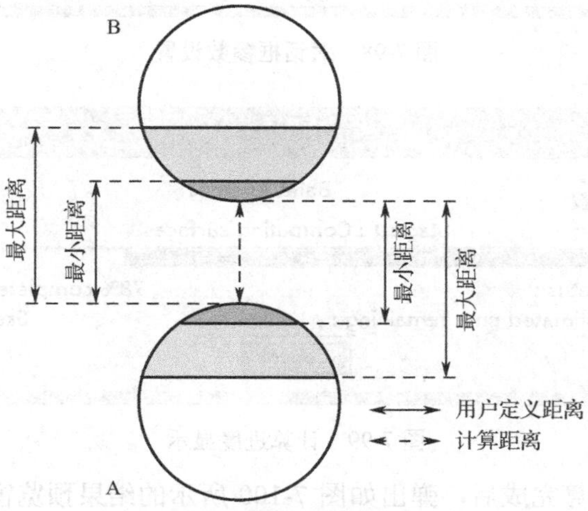

图 7-95　范围分析的含义

③ 将 Minimum distance（最小距离）设置为 148 毫米，Maximum distance（最大距离）设置为 150 毫米。

④ 如有需要，可对 Accuracy（精度）进行修改，该值可用来获得范围分析中红色和绿色的表面区域。默认设置为 5 毫米，若输入更小的值则会提供更为精确的结果。可设置的最小精度为 0.1 毫米，若低于该值，则会显示如图 7-97 所示的警告信息。

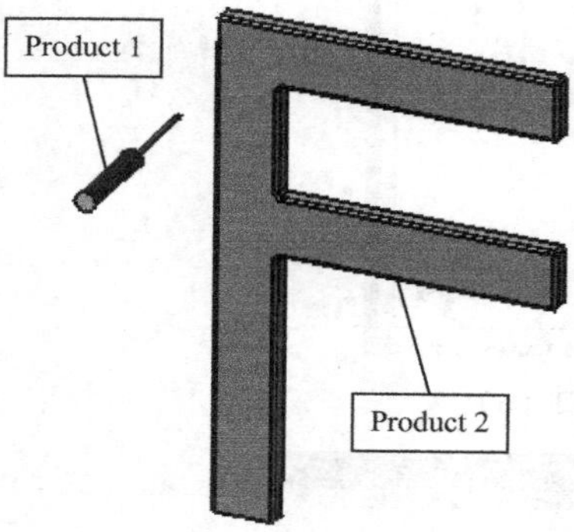

图 7-96　产品项的选择

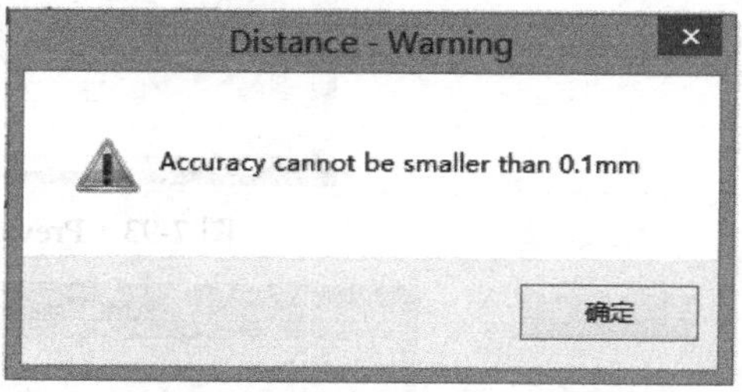

图 7-97　警告信息

⑤ 对话框参数设置如图 7-98。单击 Apply（应用）Apply 按钮，弹出如图 7-99 所示进度条进行计算过程监控，单击 Cancel（取消）按钮可中断计算。

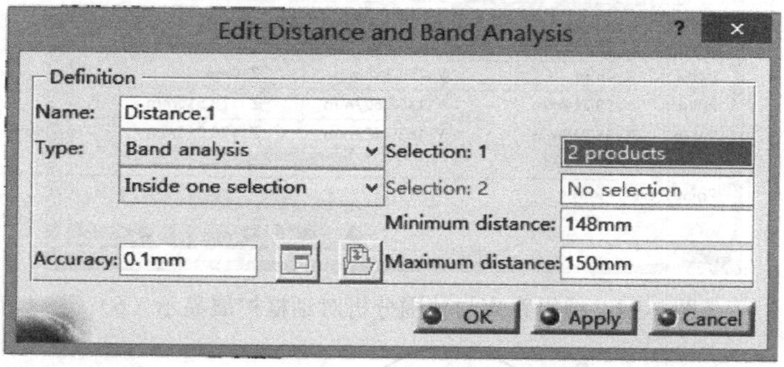

图 7-98　对话框参数设置

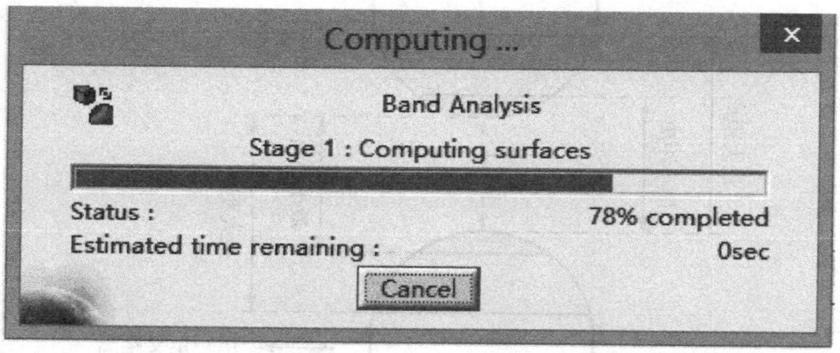

图 7-99　计算进度显示

⑥ 表面区域范围计算完成后，弹出如图 7-100 所示的结果预览窗口，编辑距离与范围分析对话框扩展为图 7-101。

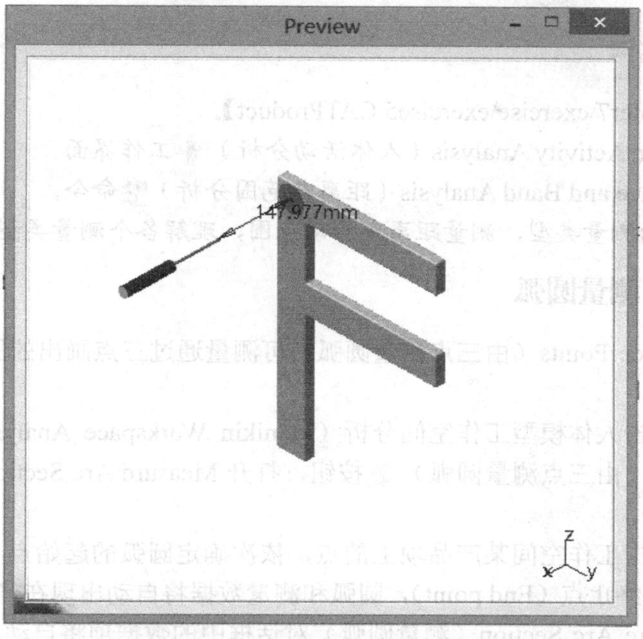

图 7-100 Preview（预览）窗口

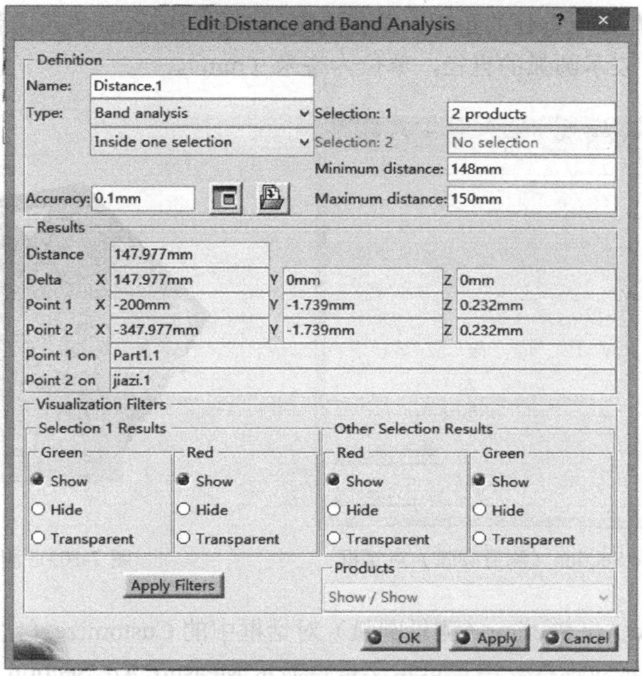

图 7-101 编辑距离与范围分析对话框扩展显示

⑦ 在图 7-101 所示的编辑距离与范围分析对话框中包含的 Visualization Filters（可视化过滤器）模块可使用户更好地观察范围分析中的绿色和红色区域，设置适当的选项可 Show（显示）、Hold（隐藏）、Transparent（透明化）对应的绿色或红色区域，其中，Selection 1 表示测量分析时用户第一个选择的产品项。

训练实例

（1）打开【chapter7\exercise\exercise5.CATProduct】。

（2）进入 Human Activity Analysis（人体活动分析）工作界面。

（3）激活 Distance and Band Analysis（距离与范围分析）命令。

（4）选择不同的测量类型，测量距离或活动范围，理解各个测量类型的含义。

7.8.2　由三点测量圆弧

Arc through Three Points（由三点测量圆弧）可测量通过三点画出的圆弧的长度、半径和角度。

① 鼠标左键单击人体模型工作空间分析（Manikin Workspace Analysis）工具栏中的 Arc through Three Points（由三点测量圆弧）按钮，打开 Measure Arc Section（测量圆弧）对话框，如图 7-102 所示。

② 鼠标左键单击工作空间某产品项上的点，依次确定圆弧的起始点（Start point）、中心点（Center point）和终止点（End point），圆弧和测量数据将自动出现在产品项上，如图 7-103 所示。同时，Measure Arc Section（测量圆弧）对话框中的数据项将自动填充，如图 7-104 所示。Length 表示圆弧的长度，单位为毫米（mm）；Angle 表示圆弧的角度，单位为度（deg）；Angle at vertex 表示圆弧顶点处的角度，单位为度（deg）；Radius 表示圆弧的半径，单位为毫米（mm）；Diameter 表示圆弧的直径，单位为毫米（mm）。

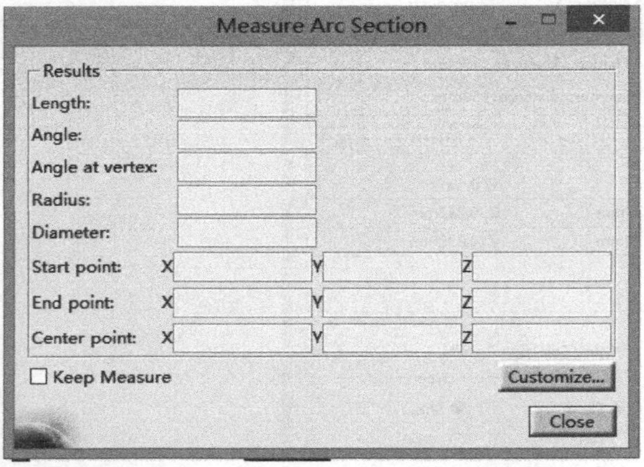

图 7-102　Measure Arc Section（测量圆弧）对话框

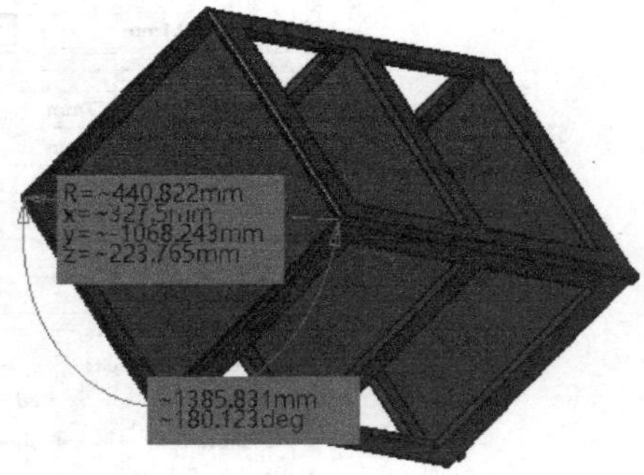

图 7-103　测量结果显示

③ 单击 Measure Arc Section（测量圆弧）对话框中的 Customize（定制）Customize... 按钮，弹出图 7-105 所示对话框，用户可定义是否显示 Measure Arc Section（测量圆弧）对话框中的某些数据项。

④ 选择 Measure Arc Section（测量圆弧）对话框中的 Keep Measure（保持测量）选项 □ Keep Measure，则本次测量将会在关闭 Measure Arc Section（测量圆弧）对话框后依然显示在工作界面左侧的结构树中，如图 7-106 所示。

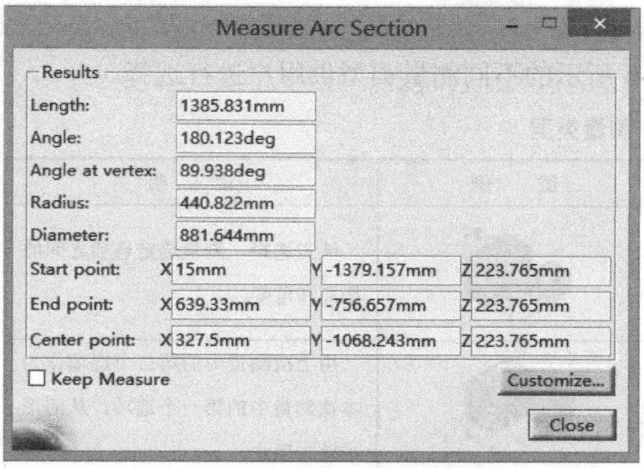

图 7-104 自动填充数据后的对话框

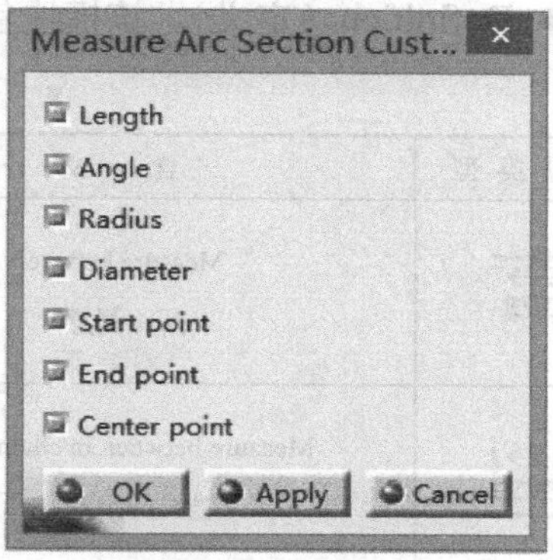

图 7-105 Measure Arc Section Customize 对话框

训练实例

（1）打开【chapter7\exercise\exercise5.CATProduct】。

（2）进入 Human Activity Analysis（人体活动分析）工作界面。

（3）激活 Arc through Three Points（由三点测量圆弧）命令，对产品项进行相关测量。

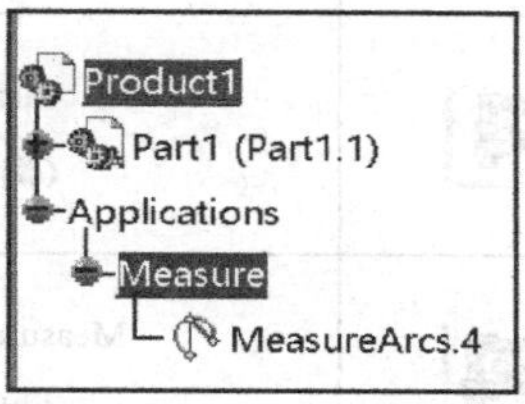

图 7-106 结构树中测量的显示

7.8.3 间距测量

Measure Between（间距测量）可测量用户选择的产品项的距离，包括点、边、面等元素之间的距离或角度。

① 鼠标左键单击人体模型工作空间分析（Manikin Workspace Analysis）工具栏中的 Measure Between（间距测量）按钮，打开 Measure Between（间距测量）对话框，如图 7-107 所示。

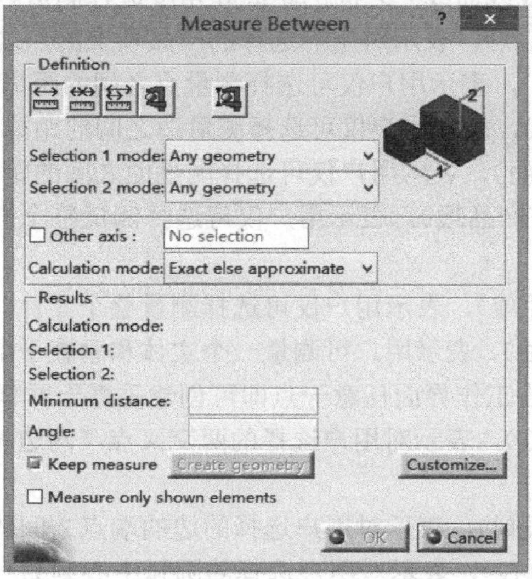

图 7-107 Measure Between（间距测量）对话框

② 该对话框中包含下列反映测量条件的内容：

● Definition（定义），该模块包括如表 7-6 所示的不同测量类型供用户进行选择。

表 7-6　测量类型

测量类型	含　义	图　例	说　明
	Measure between （间距测量）		缺省选择，测量选定选项之间的距离和角度。
	Measure between in chain mode （链式间距测量）		用上次测量中的第二个选项作为本次测量中的第一个选项，从而形成链式尺寸。
	Measure between in fan mode （扇形间距测量）		始终以第一次测量中的第一个选项为参考，新测量中仅能改变第二个选项。
	Measure item （测量项目）		仅有一个测量选项，可测量其长度、面积等。
	Measure the thickness （测量厚度）		仅有一个测量选项，可测量其厚度。

● Selection 1/2 mode（选择 1/2 模式），该模块的下拉菜单中包括以下测量条件：

✧ Any geometry（任何几何体），缺省选项，表示对用户选择的任何产品项之间的距离和角度进行测量。

✧ Any geometry，infinite（任何几何体，无限），表示对用户选择的任何产品项所在的无限几何（平面、直线或曲线）之间的距离和角度进行测量。

✧ Picking point（拾取点），表示对用户选择的产品项上的点之间的距离进行测量。

✧ Point only（仅有点），表示用户仅可选择测量点之间的距离。

✧ Edge only（仅有边），表示用户仅可选择测量边之间的距离和角度。

✧ Surface only（仅有面），表示用户仅可选择测量面之间的距离和角度。

✧ Product only（仅有产品项），表示用户仅可选择测量整个产品（product）之间的距离和角度。

✧ Part only（仅有零件项），表示用户仅可选择测量整个零件（part）之间的距离和角度。

✧ Picking axis（拾取轴），表示用户可测量一个实体和垂直于屏幕的无限长直线之间的距离和角度（只需单击工作界面任意一点即可创建垂直于屏幕的无限长直线）。

✧ Intersection（交叉点），表示对用户选择的两交叉点（两边相交或边与面相交）之间的距离进行测量。

✧ Edge limits（边缘限制），表示对用户选择的边的端点之间的距离进行测量。

✧ Arc center（圆弧中心），表示对用户选择的圆弧中心到另一选择项之间的距离进行测量。

✧ Coordinate（坐标），表示测量 Selection 1 和 Selection 2 输入坐标之间的距离，如图 7-108 所示。

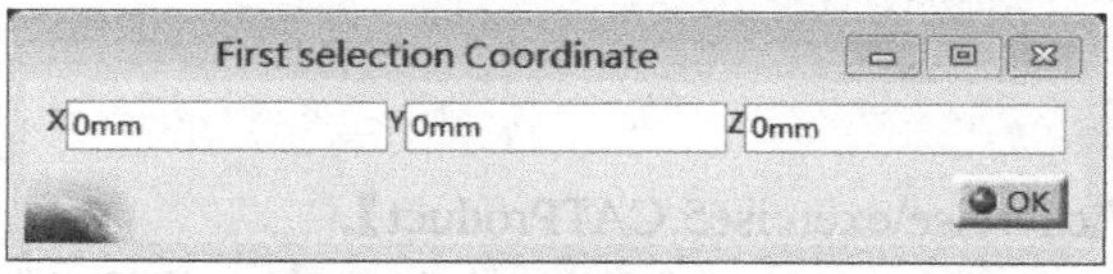

图 7-108　Coordinate（坐标）对话框

✧ Center of 3 points arc（由三点确定的圆弧的中心），表示对用户定义的由三点确定的圆弧中心到另一选择项之间的最小距离进行测量。

● Other axis（其他轴系），激活该命令，可选择以其他坐标轴为基准进行测量分析。

● Calculation mode（计算模式），该模块可对计算模式进行设定，从而影响测量结果的准确性，具体包括：

✧ Exact else approximation（准确或近似），缺省选项。若系统能给出准确的测量结果则显示准确结果，否则显示近似结果。

✧ Exact（准确），当测量规则对象时，测量结果为准确显示。

✧ approximation（近似），当测量不规则对象时，测量结果为近似显示。

● Results（结果），该模块显示测量选项和测量结果，具体包括：

✧ Calculation mode（计算模式），显示用户已设定的计算模式。

✧ Selection 1/2（选择 1/2），当用户完成对所需测量项的选择后，测量项的类型和具体位置将会自动显示出来。

✧ Minimum distance（最小距离），显示测量结果中的最小距离。

✧ Angle（角度），显示测量结果中的角度。

● Customize（定制），单击该命令，用户可在弹出的对话框中定义是否显示 Measure Between（间距测量）对话框中的某些数据项，具体设置如图 7-109 所示。

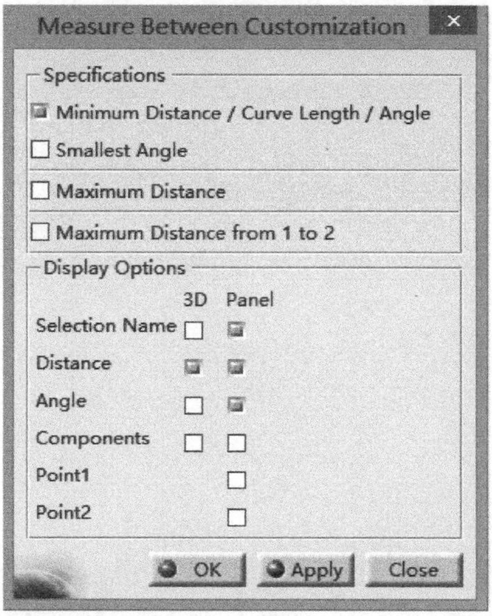

图 7-109　Measure Between Customize（定制）对话框

- Keep Measure（保持测量），激活该命令，则测量结果将会保留在选定的产品对象上，并显示在工作界面左侧的结构树中。

训练实例

（1）打开【chapter7\exercise\exercise5.CATProduct】。

（2）进入 Human Activity Analysis（人体活动分析）工作界面。

（3）激活 Measure Between（间距测量）命令。

（4）选择不同的测量类型进行测量，理解各个测量类型的含义。

第 8 章 人因工效实例分析

DELMIA 作为一款具有较强模拟仿真功能的三维设计软件，其应用涵盖了航空、航天、汽车和船舶等几乎所有机械产品的数字化制造。

其中，DELMIA 的人机工程模块就是利用数字化环境中的任务仿真及分析工具，指定工作人员在完成某个装配操作过程中的作业行为、行走路线和工作负荷，对各种典型作业姿态和装配行为进行模拟及定性定量分析，并在此基础上准确地评估工艺和工装的人机性能及工作人员的劳动生产率。

本章主要对人因工程实例在 DELMIA 中的具体应用进行分析，综合展现该软件中人机工程模块的各项功能。

8.1 赛车中的人因分析

在赛车的设计过程中，非常有必要对赛车进行基于驾驶适应性的人因工程分析和设计，从而为赛车手提供一个舒适、安全、省力的驾驶环境。

本节将以建立的简易赛车模型和赛车手人体模型为基础，利用 DELMIA 中的人机工程模块进行人因分析。

8.1.1 场景建立与模型编辑

1. 场景准备

① 鼠标左键依次单击菜单栏中的 File（文件）→New（新建），弹出如图 8-1 所示对话框，选择 Product（产品）类型，单击 OK 按钮，命名为【chapter8.1】，完成新建。

② 在步骤①新建工作界面左侧的结构树中，将鼠标光标移至 chapter8.1 处右击，弹出快捷菜单，使用鼠标左键依次单击菜单中的 Components（构件）→Existing Components（已建构件），如图 8-2 所示，浏览文件夹【chapter8】，选择【Kart.CATProduct】和【ground. CATProduct】，导入图 8-3 所示简易赛车和地面模型。

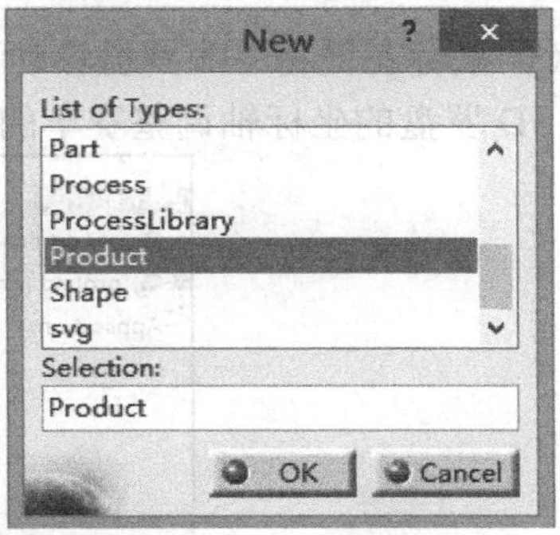

图 8-1　新建文件对话框

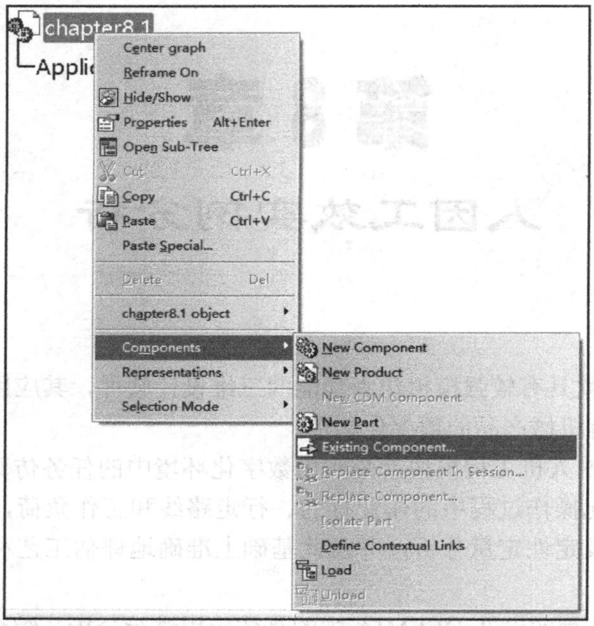

图 8-2　导入产品项

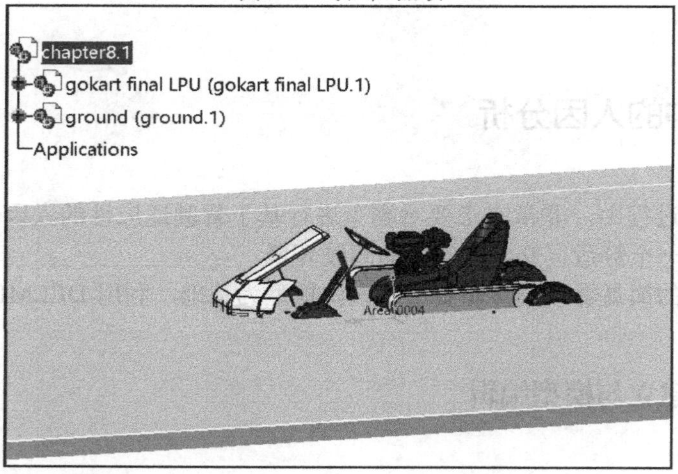

图 8-3　简易赛车和地面模型

③ 鼠标左键将 3D 罗盘移动至赛车模型车胎底部，然后选中结构树中的赛车模型名称，根据 3D 罗盘的坐标轴调整赛车的位置，完成赛车模型放置，如图 8-4 所示。

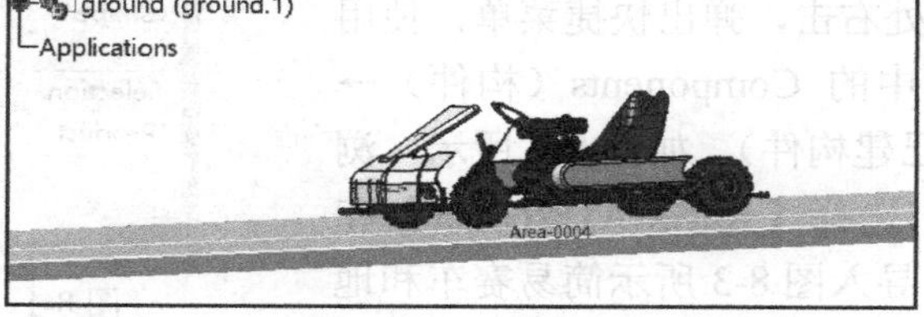

图 8-4　模型移动与放置

2. 创建人体模型

① 鼠标左键在菜单栏中依次单击：Start（开始）→ Ergonomics Design & Analysis（人因工程设计和分析）→ Human Builder（人体建模），进入人体建模工作界面。

② 鼠标左键单击工作界面左侧工具栏中的 Inserts a new manikin（插入新的人体模型）按钮，弹出New Manikin（新建人体模型）对话框，将Father product（父系产品项）选为chapter8.1，Manikin Name（人体模型名称）修改为 driver，Gender（性别）为 Man（男性），Percentile（百分位）定义为 50%，Population（人口）选为 Chinese（Taiwan）（中国台湾人），如图 8-5 所示，单击 OK 按钮，完成人体模型的创建。

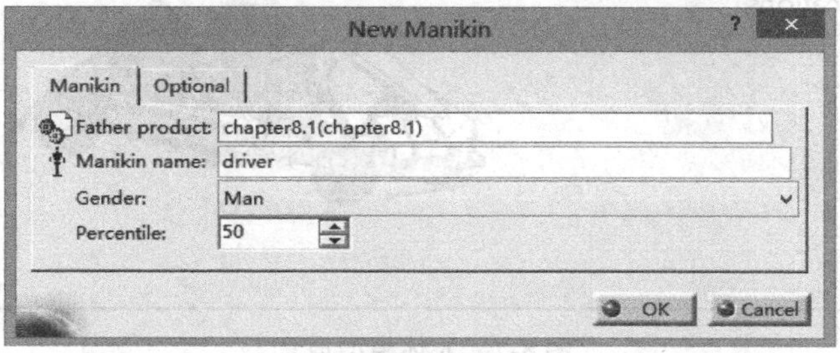

（a）人体模型属性设置 1

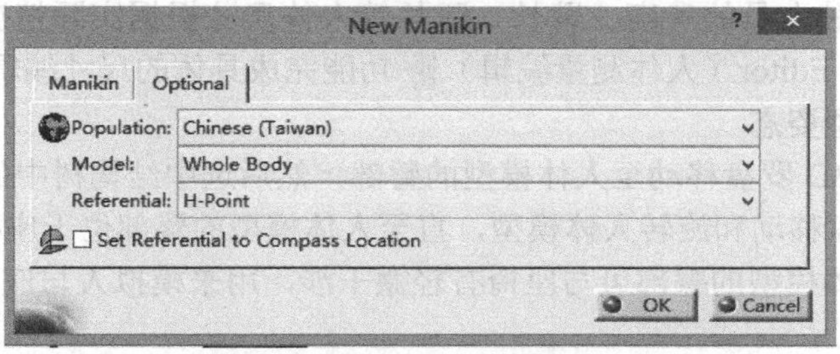

（b）人体模型属性设置 2

图 8-5 新建人体模型

③ 步骤②插入的人体模型的默认位置如图 8-6 所示。

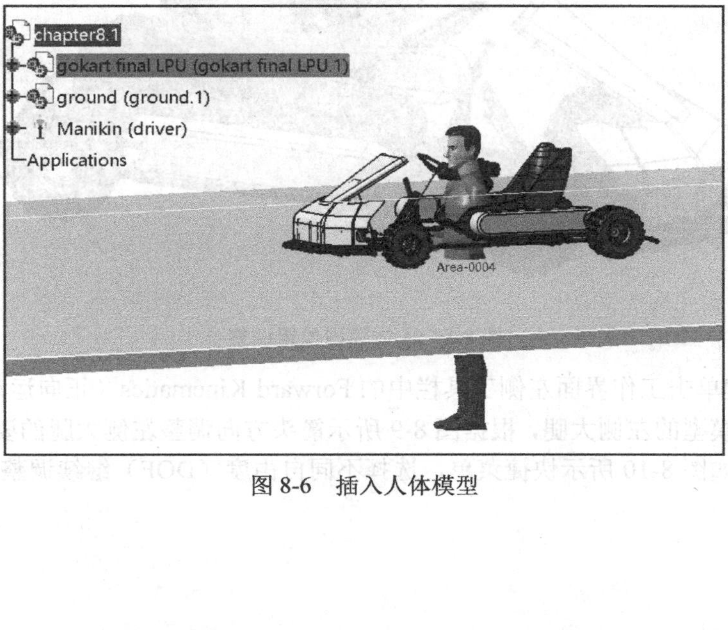

图 8-6 插入人体模型

④ 鼠标左键单击工作界面左侧工具栏中的 Place Mode（放置模式）按钮，将 3D 罗盘移动至驾驶员座位上，然后单击人体模型，再次单击 Place Mode（放置模式）按钮，完成人体模型放置，如图 8-7 所示。

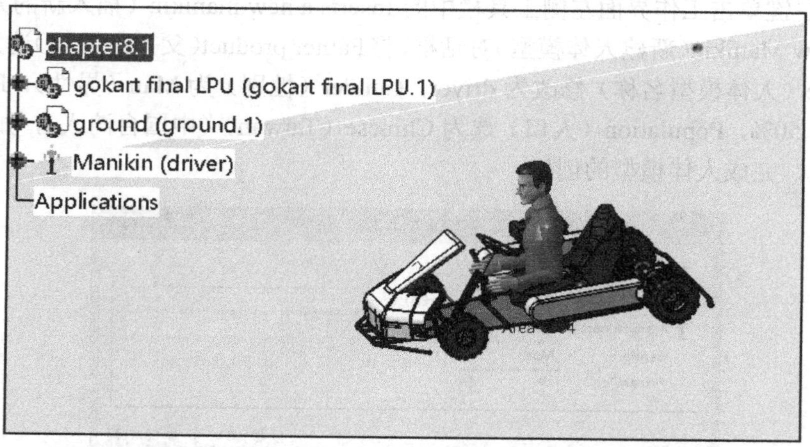

图 8-7　人体模型放置

⑤ 若需要对驾驶人员的身高、臂长、腿长等人体尺寸根据实际情况进行定制，可使用 Human Measurements Editor（人体测量编辑）功能完成具体的尺寸编辑。

3．编辑人体模型姿态

① 鼠标左键将 3D 罗盘移动至人体模型的臀部，然后选中结构树中的人体模型名称。

② 利用 3D 罗盘移动和旋转人体模型，直至人体模型的臀部位于座椅的合适位置，如图 8-8 所示。其中，人体模型的臀部可与座椅有轻微干涉，用来模拟人与座椅之间的挤压。

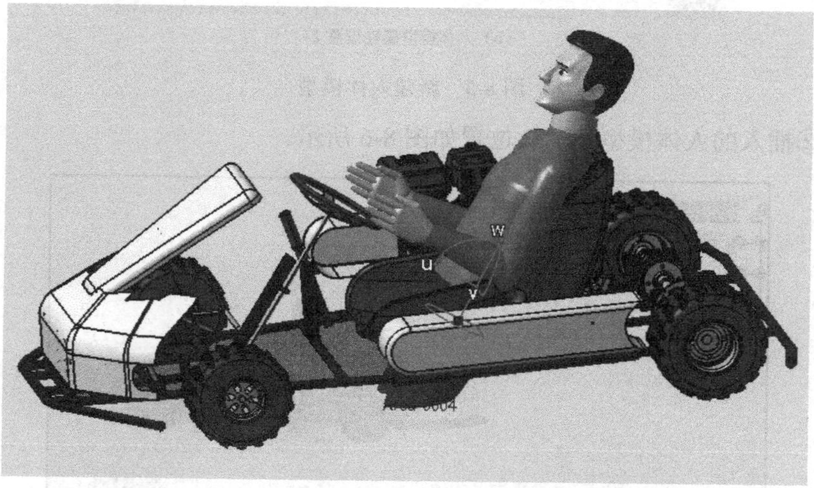

图 8-8　人体模型位置调整

③ 鼠标左键单击工作界面左侧工具栏中的 Forward Kinematics（正向运动）按钮，然后左键单击人体模型的左侧大腿，根据图 8-9 所示箭头方向调整左侧大腿的姿势。在大腿处单击鼠标右键弹出如图 8-10 所示快捷菜单，选择不同自由度（DOF）继续调整。

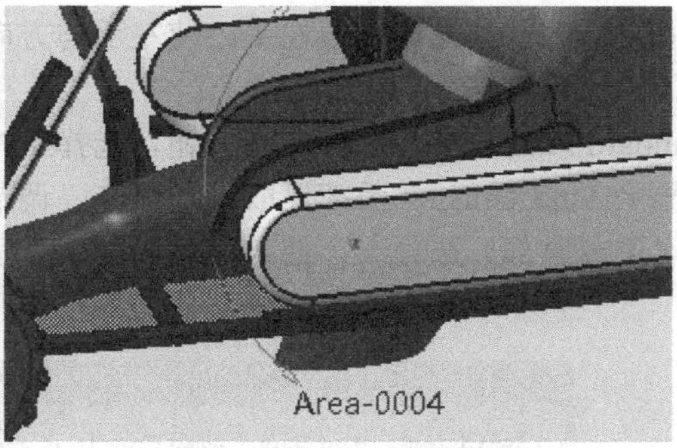

图 8-9 调节人体模型左侧大腿位置

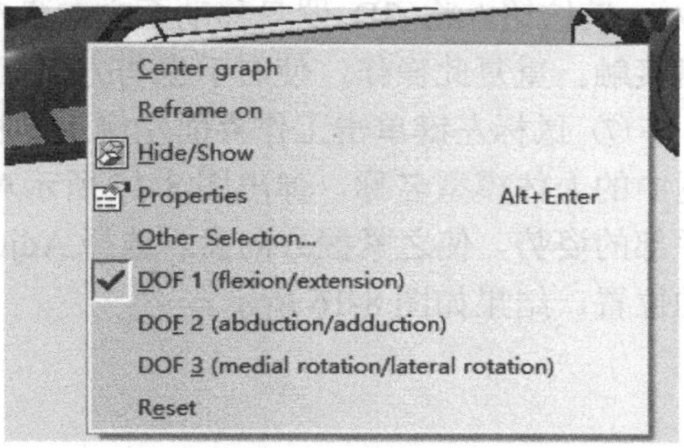

图 8-10 自由度的选择

④ 重复步骤③中的操作，调整人体模型左侧小腿至合适的位置，并且微调左脚使之与离合器轻微接触，结果如图 8-11 所示。

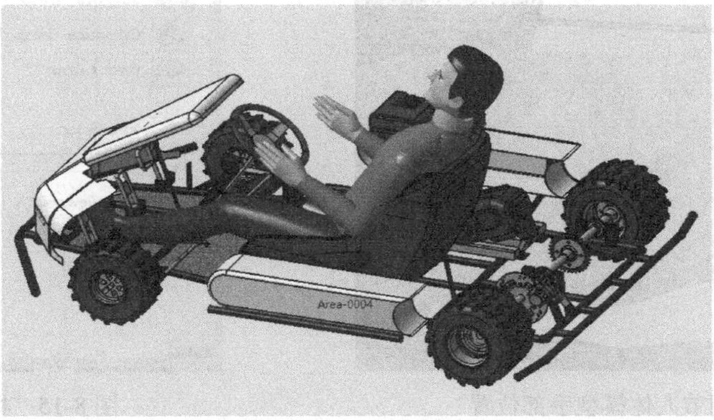

图 8-11 调节人体模型左侧小腿位置

⑤ 使用鼠标左键选中人体左侧大腿，然后单击右键弹出图 8-12 所示快捷菜单，选择 Posture（姿势）→Mirror Copy Posture（镜像复制姿势），迅速改变人体模型右侧大腿的姿势。重复步骤③中的操作，调整人体模型右侧小腿至合适的位置，并且微调右脚使之与油门轻微接触，结果如图 8-13 所示。

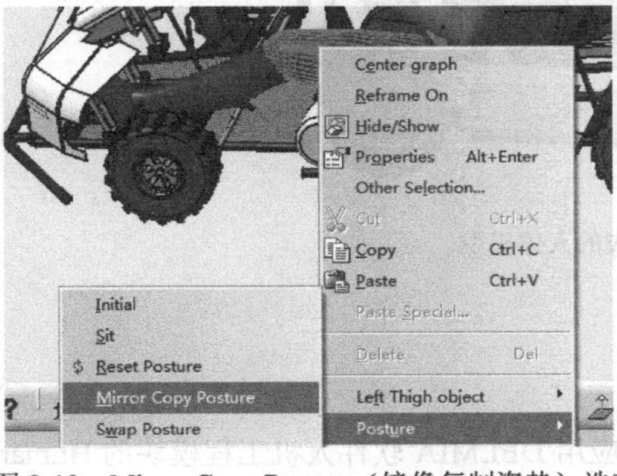

图 8-12 Mirror Copy Posture（镜像复制姿势）选项

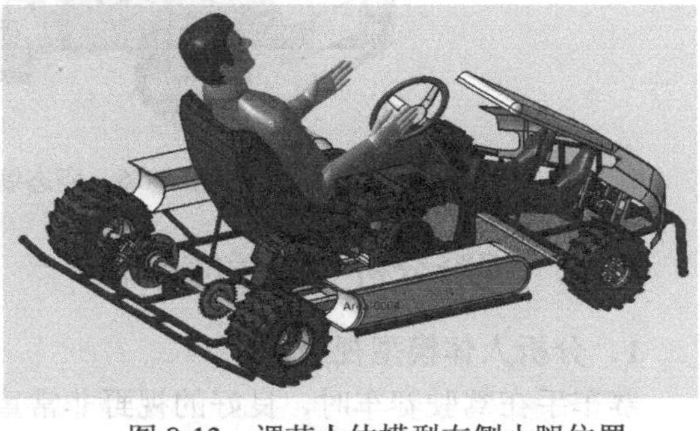

图 8-13 调节人体模型右侧小腿位置

⑥ 鼠标左键单击工作界面左侧工具栏中的 Reach（position & orientation）（位置及方向定

位）按钮，将 3D 罗盘移动至方向盘左侧合适位置，再单击人体模型左手，使左手与方向盘接触。重复此操作，使右手也与方向盘接触，结果如图 8-14 所示。

⑦ 鼠标左键单击工作界面左侧工具栏中的 Standard Pose（标准姿势）按钮，选择结构树中的人体模型名称，弹出图 8-15 所示对话框。选择 Hand Grasp（手部抓取）选项卡，调节手部的姿势，使之紧握方向盘。选择 Adjust Elbow（调节肘部）选项卡，使人体肘部处于合适的位置，结果如图 8-16 所示。

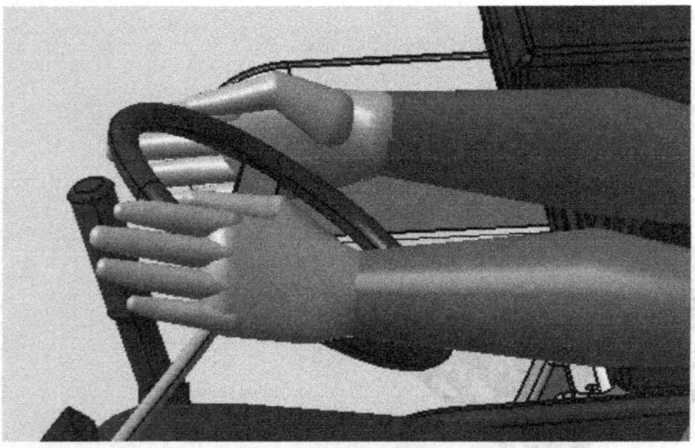

图 8-14 调节人体模型手部位置

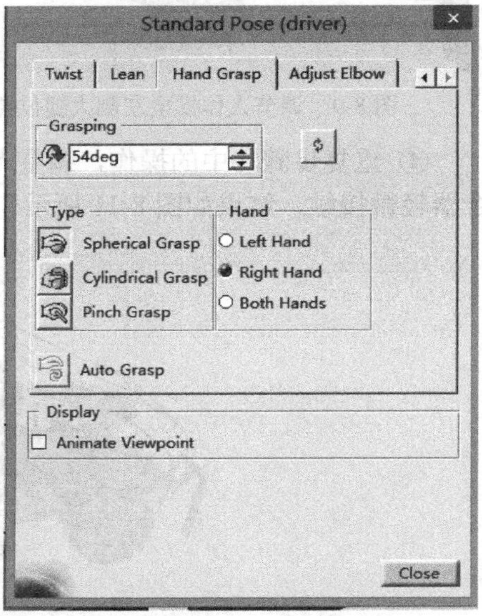

图 8-15 标准姿势对话框

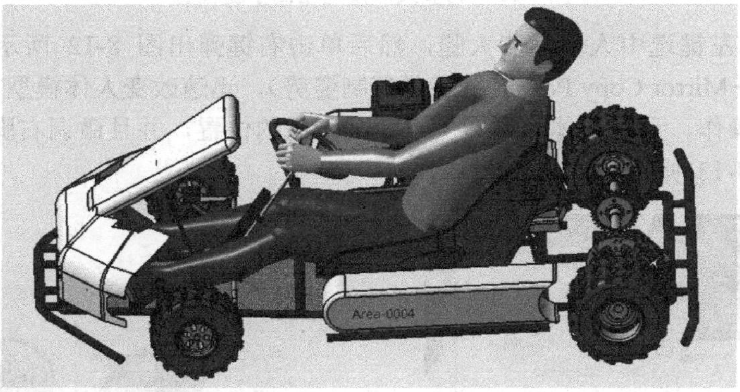

图 8-16 姿态编辑完成的人体模型

8.1.2 视野分析与舒适度评估

1. 分析人体模型视野

赛车手在驾驶赛车时，良好的视野非常重要。应用 DELMIA 软件人机工程模块的 Human Activity Analysis（人体活动分析）中的视野工具，可对人体模型的动态视野进行模拟和仿真。

① 鼠标左键在菜单栏中依次单击：Start（开始）→Ergonomics Design & Analysis（人

因工程设计和分析）→ Human Activity Analysis（人体活动分析），进入人体活动分析工作界面。

② 鼠标左键单击工作界面左侧工具栏中的 Open Vision Window（打开视野窗口）按钮，然后选中结构树中的人体模型名称，弹出图 8-17 所示视野窗口。

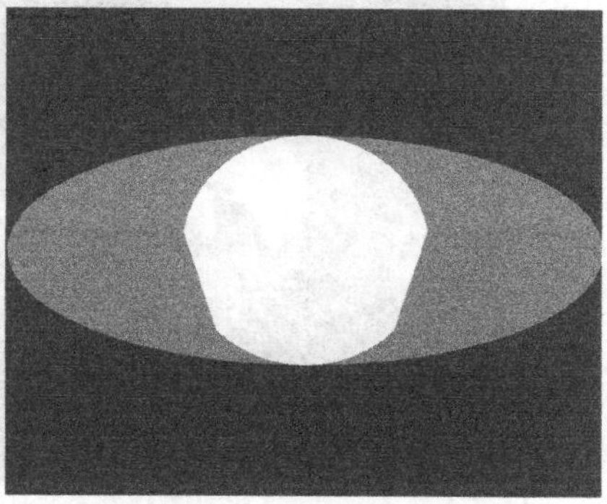

图 8-17　人体模型视野窗口

③ 鼠标左键选择结构树中的人体模型名称，单击右键弹出快捷菜单，改变人体模型的属性，使之显示视线、视野和视锥，如图 8-18 所示。

④ 鼠标左键单击工作界面左侧工具栏中的 Inverse Kinematics Worker Frame Mode（逆向运动操作者框架模式）按钮，然后选中人体模型的视线。将 3D 罗盘拖动至视线处，利用罗盘坐标轴改变人体模型的视野。如图 8-19 所示，对第 50 百分位的驾驶员而言，前方、左右两侧路况和踏板均在其可视范围内。

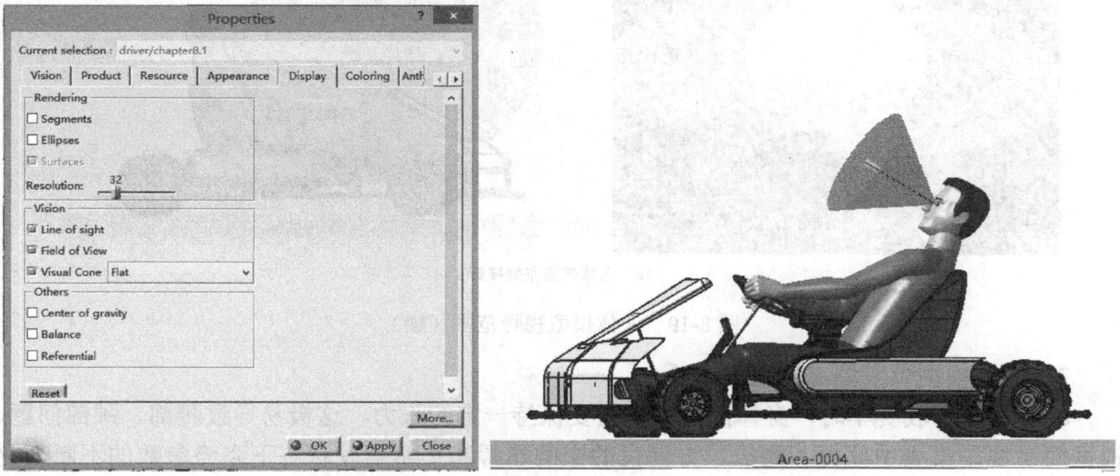

图 8-18　修改人体模型显示属性

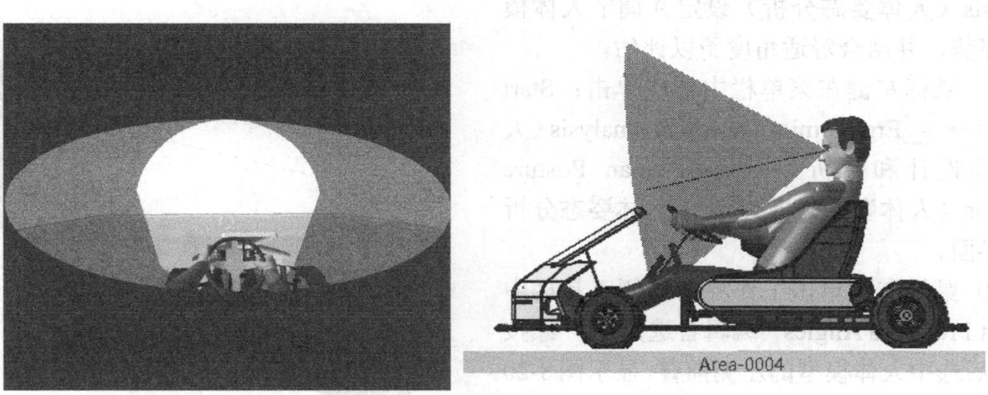

（a）人体模型前方视野

图 8-19　人体模型视野范围

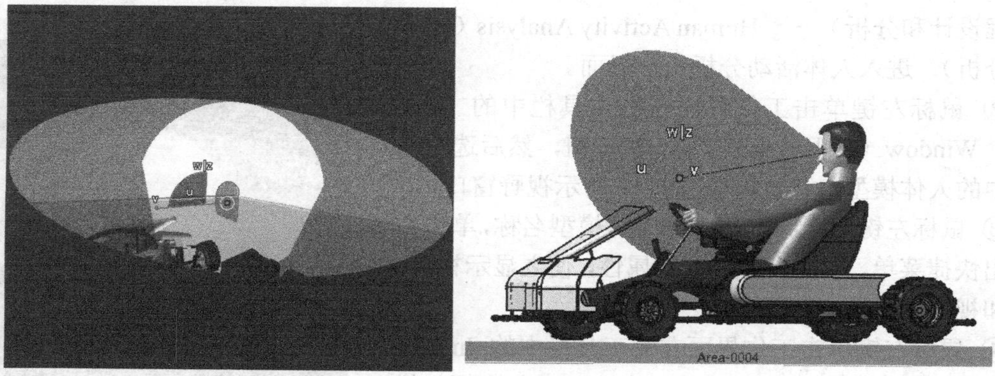

（b）人体模型右侧视野

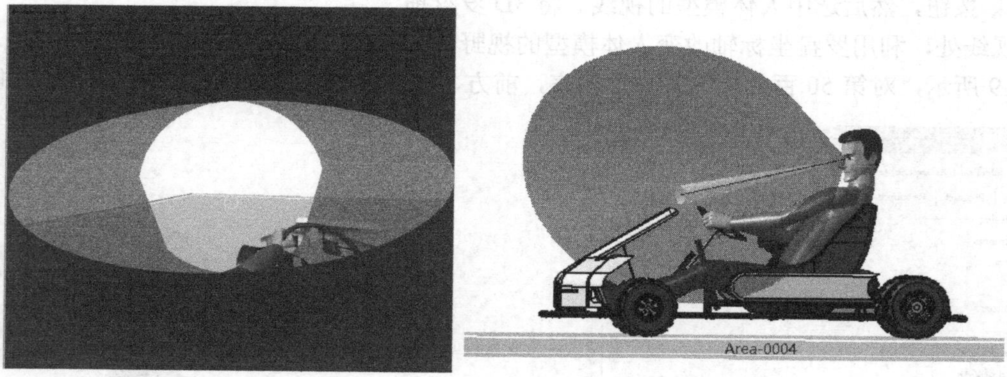

（c）人体模型左侧视野

图 8-19　人体模型视野范围（续）

2．人体模型驾驶姿态舒适性分析

赛车手在驾驶赛车时，身体部分关节需要保持一定的张力，这极易导致腰部、颈部问题。根据简易赛车模型中座椅、踏板、方向盘的空间布置和正常驾驶状态下姿势参数的不断变化从而得出赛车手驾驶时的舒适区域。应用 DELMIA 软件人机工程模块的 Human Posture Analysis（人体姿态分析）设定并调节人体模型的姿势，并结合舒适角度予以评估。

① 鼠标左键在菜单栏中依次单击：Start（开始）→ Ergonomics Design & Analysis（人因工程设计和分析）→ Human Posture Analysis（人体姿态分析），进入人体姿态分析工作界面。

② 鼠标左键单击工作界面左侧工具栏中的 Edit Preferred Angles（编辑首选角度）按钮，然后选中人体模型的左侧前臂，显示图 8-20 所示的角度界限图形。

③ 在如图 8-20 所示的角度界限范围内单

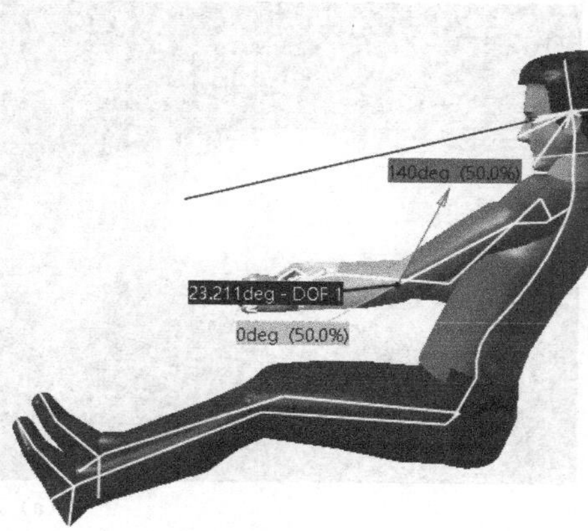

图 8-20　人体模型左侧前臂的角度界限显示

击鼠标右键弹出快捷菜单，选择 Add（添加），打开 Preferred Angles（首选角度）对话框，在左侧前臂运动范围内添加区域，并设定新添加区域的相关特性，如图 8-21 所示。

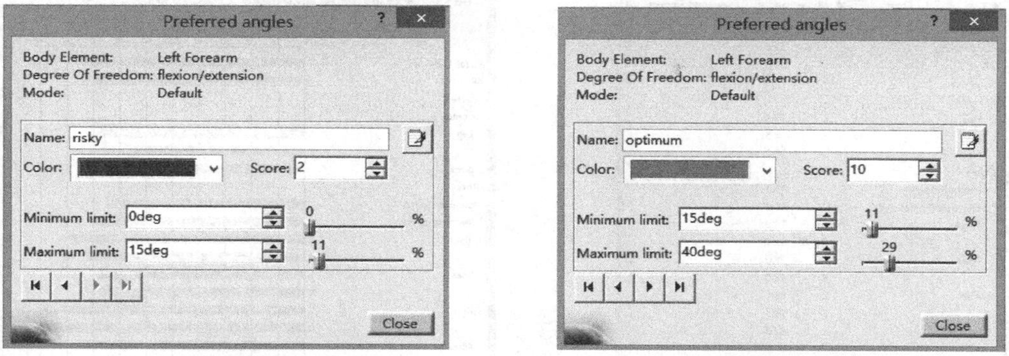

（a）添加首选角度“risky”　　（b）添加首选角度“optimum”

图 8-21　添加首选角度

④ 重复上述操作，完成人体模型眼部、胸椎、腰椎、四肢等各个部位的首选角度编辑。

⑤ 鼠标左键单击工作界面左侧工具栏中的 Opens the Postural Score Panel（打开姿态分数面板）按钮，得到系统对当前人体模型姿态的评估结果，如图 8-22 所示，得分越高表示舒适性越好。

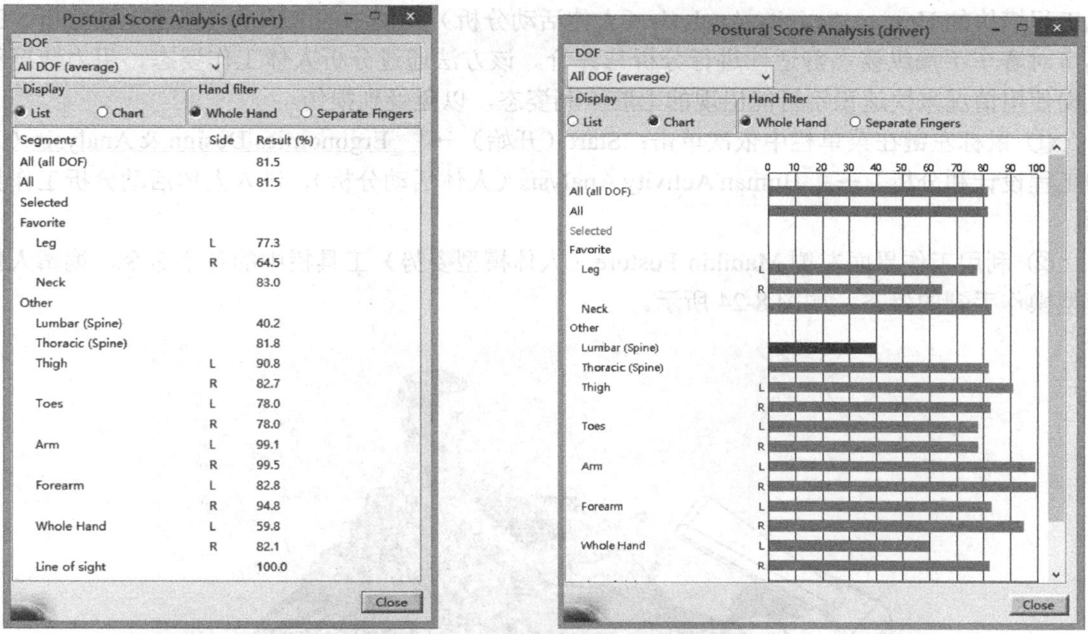

（a）评估结果的 List（列表）显示　　（b）评估结果的 Chart（图表）显示

图 8-22　当前姿态的评估结果

由图 8-22 可知，人体模型腰部舒适性较差，故对腰部的姿势稍做调整，重新进行姿态评估，结果如图 8-23 所示。

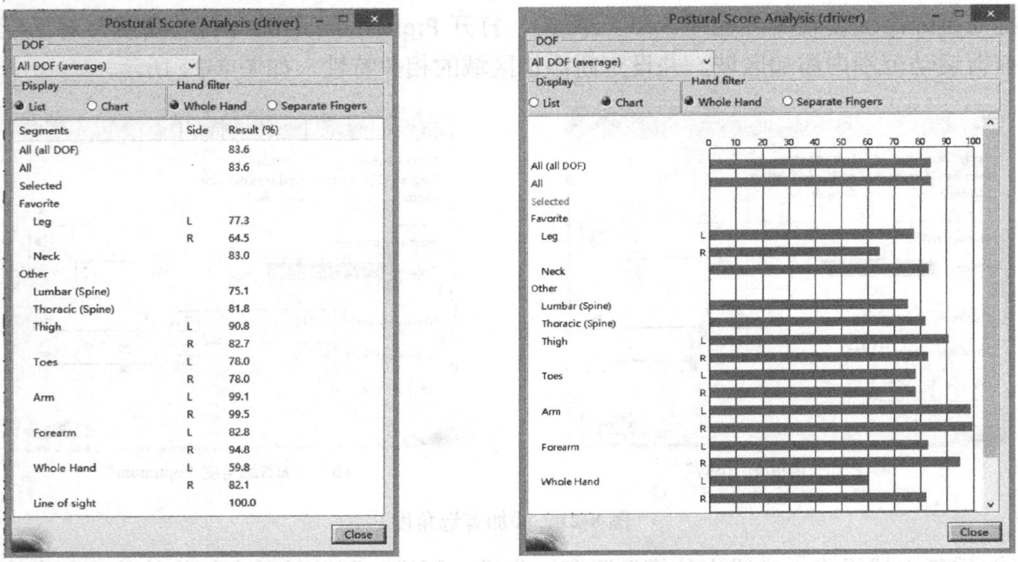

（a）评估结果的 List（列表）显示　　　　（b）评估结果的 Chart（图表）显示

图 8-23　姿态调整后的评估结果

3．人体模型操纵姿态舒适性分析

赛车手在驾驶赛车时，必要情况下需要操纵手刹完成一系列动作。应用 DELMIA 软件人机工程模块的 Human Activity Analysis（人体活动分析）功能中的 RULA（快速上肢分析）工具可对赛车手操纵姿态舒适性进行分析与评价。该方法通过分析人体工作姿态、用力情况和肌肉使用情况来快速识别可能出现的上肢不利姿态，以免受到损伤。

① 鼠标左键在菜单栏中依次单击：Start（开始）→ Ergonomics Design & Analysis（人因工程设计和分析）→ Human Activity Analysis（人体活动分析），进入人体活动分析工作界面。

② 利用工作界面左侧 Manikin Posture（人体模型姿势）工具栏中的各个命令，编辑人体模型操作手刹的姿态，如图 8-24 所示。

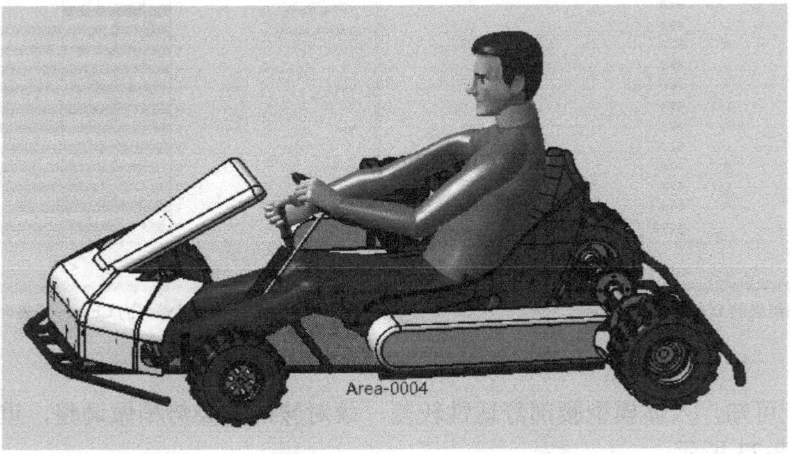

图 8-24　人体模型操作手刹的姿态

③ 选择结构树中的人体模型名称，鼠标左键单击工作界面左侧 Ergonomic Tools（人体工程学工具）工具栏中的 RULA Analysis（快速上肢评估分析）按钮，打开 RULA 分析对话框，设定相关参数，得出分析结论如图 8-25 所示。分析表明，该姿势对于赛车手而言稍微有些不舒适，有进一步调查研究的必要。

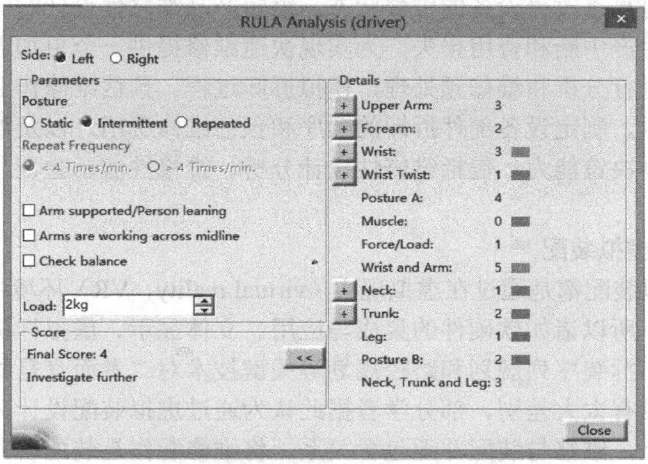

（a）人体模型左侧 RULA 分析结果

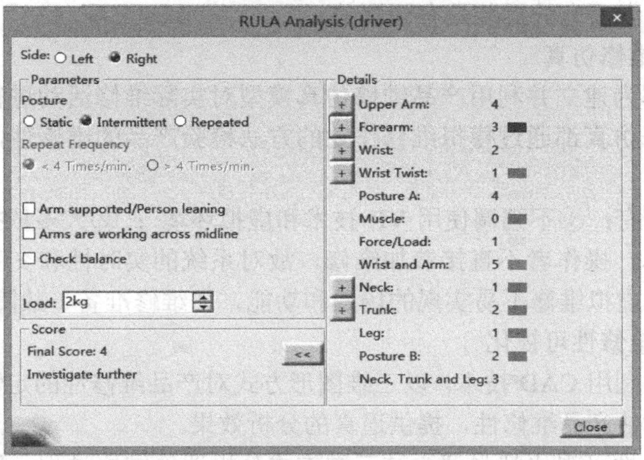

（b）人体模型右侧 RULA 分析结果

图 8-25　人体模型 RULA 分析结果

8.2　飞机虚拟维修中的人因分析

飞机的维修性是由产品设计赋予的使之维修简便、迅速、经济的重要质量特性，其好坏重点在于产品的研制过程，在于产品的分析与验证。利用 DELMIA 进行维修性并行设计已成为有效的设计手段。

本节将以飞机的虚拟维修为例，利用 DELMIA 中的人机工程模块进行人因分析。

8.2.1 虚拟维修

虚拟维修是虚拟技术近年来的一个重要研究方向，目的是通过采用计算机仿真和虚拟现实技术在计算机上真实展现装备的维修过程。

虚拟维修技术可显著改善设备的维修状态，缩短产品维修性设计时间，降低因维修事前决策不当等造成的生产中断和费用损失，为实现快速维修提供一个更加逼真的维修模型；还可以对设备的故障进行分析和维修预处理，模拟拆卸过程。预估维修作业的时间、配置维修资源、选择维修工具、制定设备部件拆卸的顺序和预估维修费用，以及增强装备寿命周期各阶段关于维修的各种决策能力，包括维修性设计分析、维修性演示验证、维修过程核查、维修训练实施等。

1．虚拟维修与虚拟装配

虚拟维修和虚拟装配都是通过在虚拟现实（virtual reality，VR）环境中移动和操作虚拟对象实现过程仿真的，所以诸如软硬件的集成与应用、立体显示、虚拟样机几何建模、碰撞检测、约束动态管理、拆装序列规划和路径规划等关键技术对二者而言是相同的。仅从几何和拓扑层面看，二者没有太大差别。部分学者据此认为通过虚拟装配设计环境可以完成对维修工作的评价。事实上，维修与装配并无包含关系，将维修看作是装配研究的一部分内容，与维修的含义明显不符，实质上缩小了维修概念的范围。尽管虚拟维修和虚拟装配研究的都是产品拆装过程，但二者研究的拆装是有区别的。

2．虚拟维修与维修仿真

维修仿真可理解为建立并利用产品维修仿真模型对实际维修活动进行实验研究或定量分析。虚拟维修与维修仿真都通过模拟维修作业的方法检验产品的维修性，二者具有相同的基本技术特征。

维修仿真的特点有：①不强调使用 VR 技术和虚拟环境 ；②大多依据预定的或规划的维修过程完成动作仿真，操作者不直接参加维修，故对系统的实时性和交互性要求不高；③可通过动画等方式实现虚拟维修不易实现的场景和功能，如维修准备、故障诊断等。

3．虚拟维修与维修性可视化

维修性可视化是利用 CAD 技术，以三维图形方式对产品维修性的定性特征进行分析的技术。它能及时分析评估产品维修性，提供逼真的分析效果。

虚拟维修与维修性可视化都强调通过三维方式分析评价维修过程，但维修性可视化并不强调使用 VR 技术，一般认为维修性可视化更倾向于非沉浸式的维修仿真，如采用虚拟人等技术。

虚拟维修技术出现至今，能解决的问题涉及维修性工程、维修保障工程、人机工程、维修训练、产品支援等多个专业。其应用领域包括航空航天、汽车、舰船、核电、通用机械、家具、家用电器等诸多行业。在应用效果上，它不仅不断提高分析精度，演示效果更加逼真，而且大幅提高了相关工作的自动化程度，缩短了研制周期，提高了产品质量，降低了研制费用。

8.2.2 基于 DELMIA 的飞机虚拟维修

维修性属于产品设计特性，对于飞机等大型复杂装备尤为重要。但在传统的维修性工作模式下，维修性分析评估依赖于物理样机，致使维修缺陷发现得相对较晚。随着数字样机和 VR 等技术的发展，综合这些技术形成的虚拟维修技术为改变上述状况提供了契机。

利用 DELMIA 进行维修性并行设计，主要是通过观察虚拟人在虚拟环境中对特定的维修活动进行仿真，从而发现可能存在的维修性设计缺陷，提出改进建议，进而可以在装备设计阶段就对原始设计方案进行修改。此外，使用虚拟维修还具有辅助维修保障资源的配置决策、辅助制定维修规程以及提供维修训练等功能。

1．场景准备

虚拟场景构建是为维修过程仿真及维修性分析与验证建立的一个近似现实的虚拟空间，它应以真实的维修现场为参考，并满足逼真性、交互性等基本要求。虚拟维修场景主要由数字样机、工具模型、虚拟人员和环境模型等组成。建立的某型号飞机的虚拟维修场景如图 8-26 所示。其中，虚拟维修人员模型可以利用 DELMIA 的 Human Builder（人体建模）模块创建。

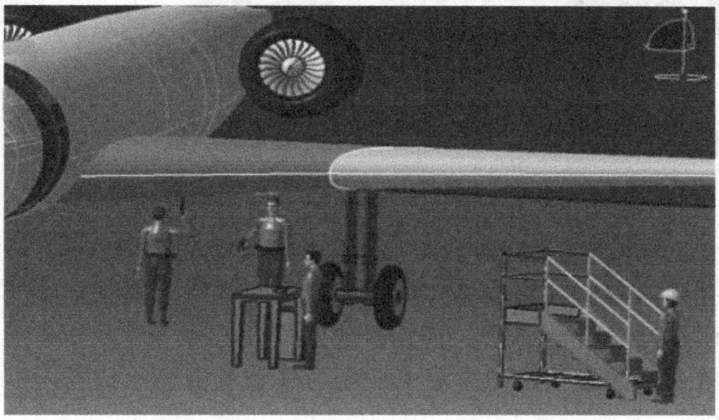

图 8-26　飞机虚拟维修场景

2．维修仿真过程

维修仿真过程主要应用了 DELMIA 中的 Human Task Simulation（人体任务仿真）模块，主要由数字样机和虚拟人员的行为来实现维修有关活动或过程的模拟，是维修活动在虚拟环境下的再现，是一个动态环境。

DELMIA 的 Human Task Simulation（人体任务仿真）模块提供了基本的人体动作，如抓取、放置、走路、爬楼梯、移动到目标姿态等。在对实际维修过程进行仿真时，通过这些动作的组合，几乎可以完成维修人员所有的维修动作，或者可以利用 Human Posture Analysis（人体姿态编辑）模块的相关功能来编辑人体的各种姿态。其中，虚拟人员驱动物体运动的基本思想是用物体的运动来带动人体随动，在建立机构三维模型的基础上，把机构设置为 Device（设备），然后当机构运动时让人产生随动；多人协调任务动作可以通过 PERT 图来进行设计和调整，PERT 图把仿真过程中每一个虚拟人的动作和物体的动作用流程图的方式进行可视化，每个图标框代表一个动作，在图标框之间用箭头代表动作的次序信息，通过调整箭头和图标框的位置就可以设计出各种需合作完成的任务，例如飞机除冰过程中一个虚拟工作人员（The Compere）进行地面指挥，另一个虚拟工作人员（The Deicing Worker）完成相应的除冰动作，其 PERT 图如图 8-27 所示。

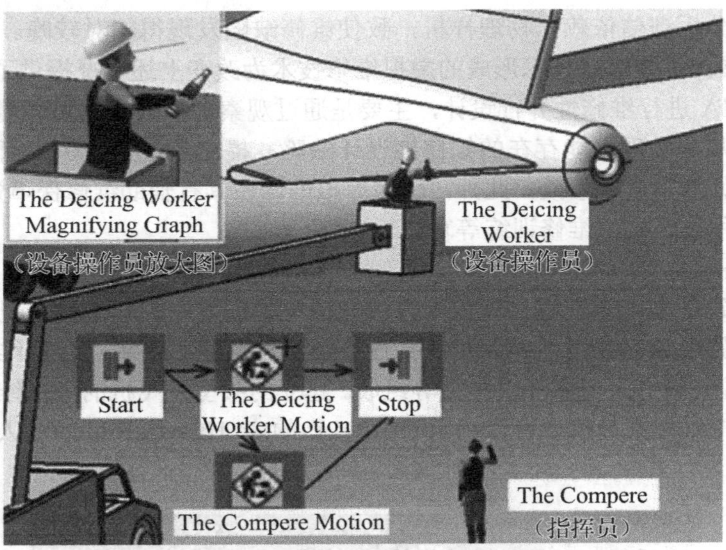

图 8-27　多人协调任务动作的实现

知识拓展

PERT 图

PERT（Program Evaluation and Review Technique）即计划评审技术，最早是由美国海军在计划和控制北极星导弹的研制时发展起来的。它采用网络图来描述一个项目的任务网络，不仅可以表达子任务的计划安排，还可以在任务计划执行过程中估计任务完成的情况，分析某些子任务完成情况对全局的影响，找出影响全局的区域和关键子任务，以便及时采取措施，确保整个项目的完成。

3．维修性分析与评价

虚拟维修中的人机工效分析主要考虑维修人员的安全和操作方便，多以确保维修安全、减轻维修人员负担、改善维修和检测的可达性为指导思想。

1997 年美国军用手册 MIL-HDBK-470A 中明确地提出："使用 VR（Virtual Reality）技术，维修性工程师可以进入到虚拟环境中，对虚拟产品进行维修。这样，部件的可达性、部件分配空间的合理性以及完成特定维修任务所需的大概时间等信息均可以借助 VR 技术来进行评估。"

① 可达性分析。可达性是维修产品时，接近维修部位的难易程度。包括实体可达（比如身体某一部位或借助工具能够接触到维修部位），还要有足够的操作空间。如图 8-28 所示为改进通道口来实现注油部位的可达。

知识拓展

为了定量地评估可达特性，采用基本动作估算法，其估算值也可用于评估易更换性。可达性定量分析由可达系数 K_π 衡量：

$$K_\pi = 1 - \frac{n_\pi}{n_0 + n_\pi}$$

其中，n_0 为维修工作的基本作业（基本作业指在工作过程中最简单的动作，如拆卸螺栓）

数；n_π为附加工作的基本作业（如拆卸干扰部件）数。K_π的取值范围为[0，1]，K_π值在0.75以上可以认为具有较好的可达性。所以，为进一步提高维修对象的可达性，尽可能做到在维修任一部分时，不拆卸、不移动其他部分。

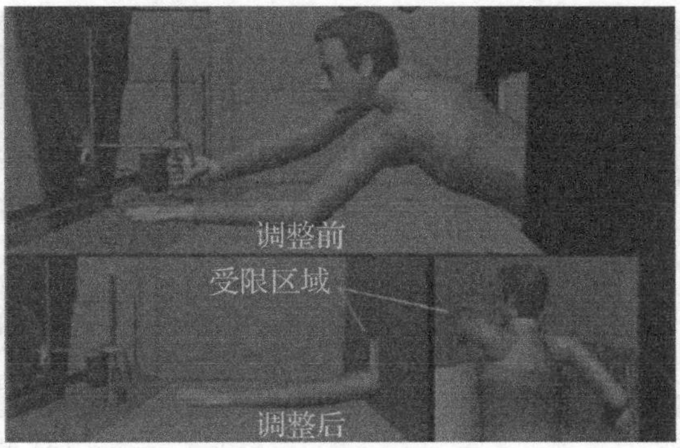

图 8-28 可达性分析

② 可视性分析。DELMIA在仿真中能得到人眼的视觉窗口，可以直观地表示出人在不同位置、不同姿态的视觉范围。例如维修时，一般应能看见内部的操作，其通道除了能容纳维修人员的手和手臂外，还应留有适当的间隙以供观察，图8-29是维修中为保证目视到内部操作而开的一个观察孔。

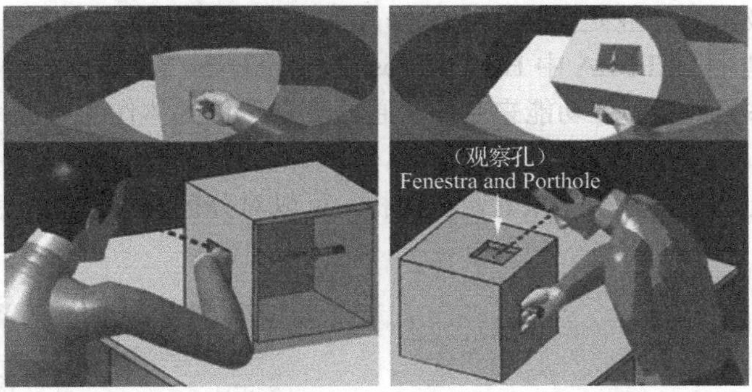

图 8-29 可视性分析

③ 工作空间分析。

- 碰撞干涉分析：主要内容是检验维修人员在维修过程中是否与维修对象发生干涉。

知识拓展

碰撞和干涉的定性评估可通过虚拟维修过程仿真直接判断，定量分析则用作业空间比 r 来评估：

$$r = \frac{V}{V_{\min}}$$

其中，V为作业空间；$V_{\min}$为最小作业空间，当操作部位和维修工具确定时，$V_{\min}$为定值。图8-30（a）所示的空间即为该作业的作业空间，在虚拟环境中对其测量，计算出作业空间大小。以人的肢体和套筒工具所涉及的最小矩形体空间作为拆卸螺杆最小作业空间，见图8-30（b）。根据测量数据，计算出作业空间比 r，如果 r>1.5，则该维修部位作业空间比较好，维修过程中一般不会发生碰撞和干涉。如果考虑合理布局和充分利用空间的情况，作业空间比也不宜过大，可对作业空间根据具体情况进行调整。

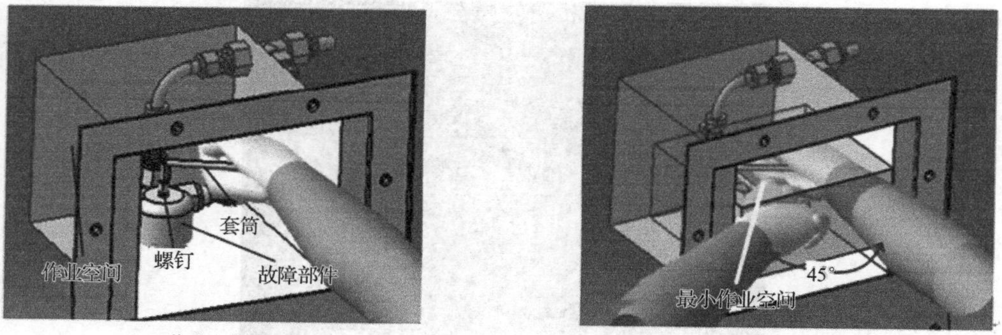

（a）作业空间　　（b）最小作业空间

图 8-30　碰撞干涉分析

- 余隙分析：在虚拟人与产品之间定义一个最小活动空间范围，用可视化颜色显示人与产品之间余隙是否满足设计要求。

④ 工作姿态分析。

工作姿态分析的内容是判断维修人员是否能够处于最佳作业姿势，并运用最佳作业动作进行维修作业，以及维修作业是否会引起维修人员工作效率下降和疲劳。

此项工作可以利用 DELMIA 中 Human Posture Analysis（人体姿态编辑）模块的 Postural Score Analysis（姿态分数分析）功能来完成。通过建立最优人体作业姿态库，评价作业姿态接近最优姿态的程度，以判断工作姿态是否合理。图 8-31 给出了图 8-27 中除冰工人（The Deicing Worker）右臂姿态及总体的分析结果。通过分析，可以对分值较低的自由度进行优化，以达到较好的舒适性。

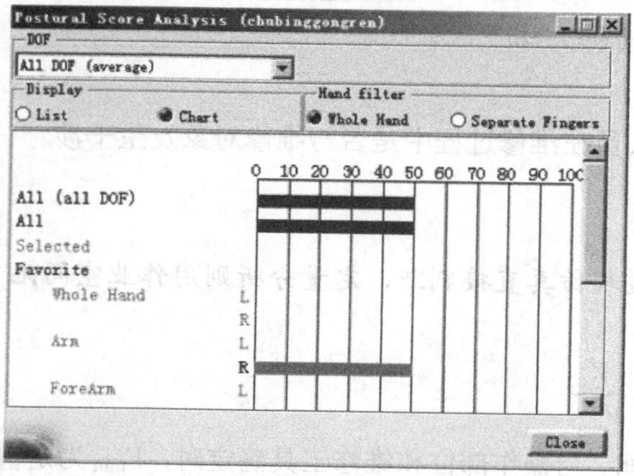

图 8-31　姿态分析结果

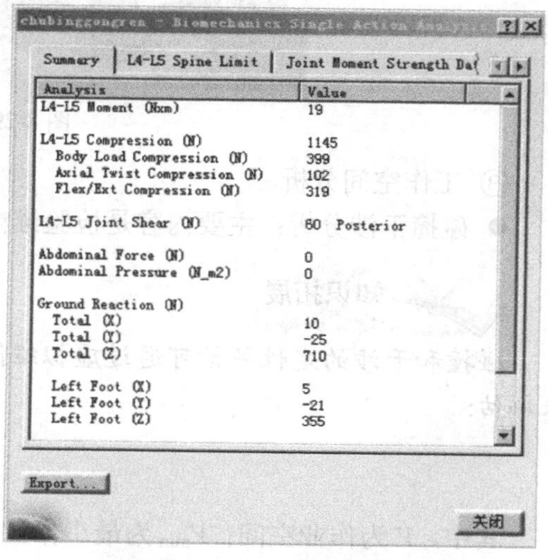

图 8-32　生物力学分析结果

DELMIA 也可以通过 RULA 分析对虚拟人肢体位置进行快速、直观的分析。RULA 针对作业姿势评估与上肢伤害有关的工作危险因子，依据各部位的最大工作角度给予评分，再加上肌肉施力状态和施力大小以作为最后评估行动水平的依据，它用不同的颜色代表每个姿势得分情况。

⑤ 维修动作体力分析。主要是判断维修操作中的举起、推/拉、提起及转动等作业能否控制在人的体力限度以内。通过虚拟人右手作用在除冰枪上的负荷，利用 DELMIA 软件中生物力学分析功能对该负荷下的虚拟人进行分析评价，图 8-32 给出了除冰工人综合生物力学信息，从中可以判断虚拟人在该姿势下身体所受压力和关节所受力矩是否在体力限度以内。

8.3 健身器材中的人因分析

随着生活水平的提高，工作压力的增加，体育锻炼的减少，腰肌劳损已不仅仅是老年人的常见病症，正逐渐向 30～50 岁的人群扩展。因此，设计一个有效的、符合人因工效要求的腰肌劳损康复器有非常重要的社会意义。

本节将以健身器材中的腰肌劳损康复器为例，利用 DELMIA 中的人机工程模块进行人因分析。

8.3.1 康复器设计方法的选择

新型腰肌劳损康复器是基于已知的有效康复法进行模拟设计，其使用人群定义为第 90 百分位的成人。由于其样品制造时间较长，为了避免在样品完成后再进行反复修改，最好在设计过程中就对产品的适用性进行合理评估。

在基于人因工程的传统产品设计中，人机分析和评价是在产品设计完成后的样机模型中或者在试制的产品中进行的；而在基于人因工程的计算机仿真产品设计中，人机设计分析评价是在产品设计的过程中可以同时进行，而且可以与产品使用者进行实时的交互。基于人因工程的传统产品设计和基于人因工程的计算机仿真产品设计有较大的差别，前者的设计流程如图 8-33 所示，后者的设计流程如图 8-34 所示。

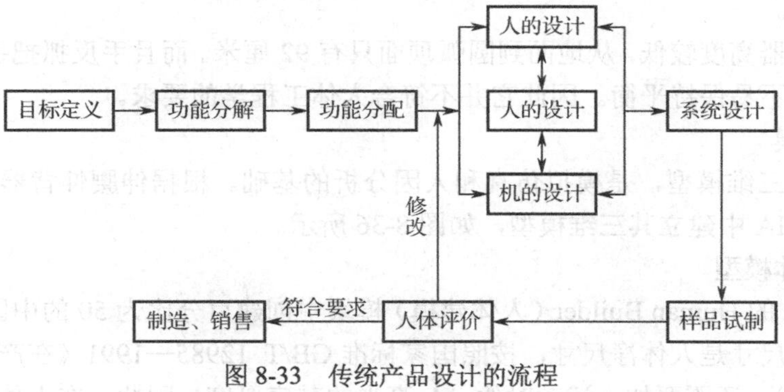

图 8-33　传统产品设计的流程

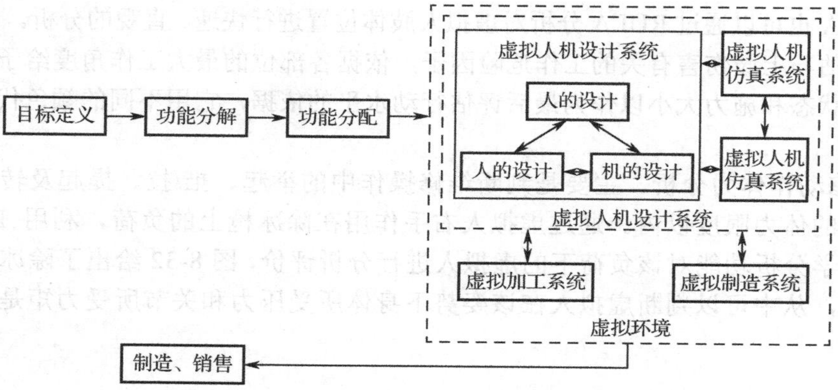

图 8-34 计算机仿真产品设计的流程

由图 8-33 中可以看到基于人因工程的传统产品设计的人机评价是在样品试制后才进行的，如果人机评价结果达不到要求，就需要进行重新设计和样品试制，再进行人机评价，反复循环直到符合要求。

由图 8-34 可以看出基于人因工程的计算机仿真产品设计全过程是协同并行式的。人机设计、人机仿真和人机评价是交互式的，不需要样品试制的过程，而且和虚拟加工、虚拟制造也是并行的。这样可以大大地节省时间和资源，加快企业新产品的开发。

综上，计算机仿真的研究方式更适合于康复器的设计要求。因此，在新型康复器的设计中将采用计算机仿真的方式。首先，对人体有效的康复运动方式进行仿真，模拟人体生物力学特征，根据力学特征进行具体设计。然后，用虚拟人体仿真的方法，根据人体测量结果对产品尺寸进行调节。最后，使用人体姿势的仿真进行舒适度的评估与对比。

8.3.2 旧型康复器的计算机仿真评估

对于腰肌劳损的康复，可使用如图 8-35 所示的伸腰伸背器，它的作用是增加腰背肌肉的肌力。

伸腰伸背器的具体功能：舒展背部肌肉，抻动脊椎、心脑部神经，经常练习可改善睡眠，保健脊椎及颅腔内器官。

伸腰伸背器的使用方法：背靠器材双手握紧弧形护栏，缓慢向后弯曲身体，适用于中老年，限一人使用。

但这种训练器高度较低，从地面到圆弧顶面只有 92 厘米。而且手反抓把手时不利于用力，人体在伸展时也不易保持平衡。因此它并不符合人体工程学的要求。

1．产品建模

建立产品的三维模型，是模拟仿真和人因分析的基础。根据伸腰伸背器尺寸的实际测量结果，在 DELMIA 中建立其三维模型，如图 8-36 所示。

2．创建人体模型

在 DELMIA 的 Human Builder（人体建模）模块中创建百分比为 50 的中国男性人体模型。由于虚拟人体的尺寸是人体净尺寸，按照国家标准 GB/T 12985—1991《在产品设计中应用人体百分位的通则》，还需要加上运动时约 14 毫米的鞋底厚度。因此，在人体模型脚下放置一个高度为 14 毫米的平台，作为功能尺寸的修补，如图 8-37 所示。

图 8-35　伸腰伸背器

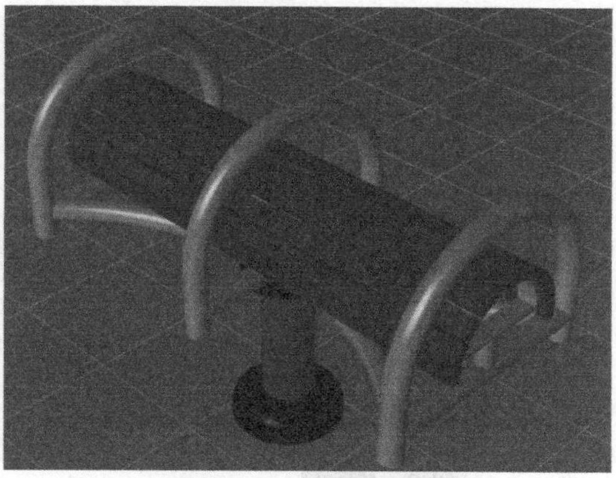

图 8-36　伸腰伸背器三维模型

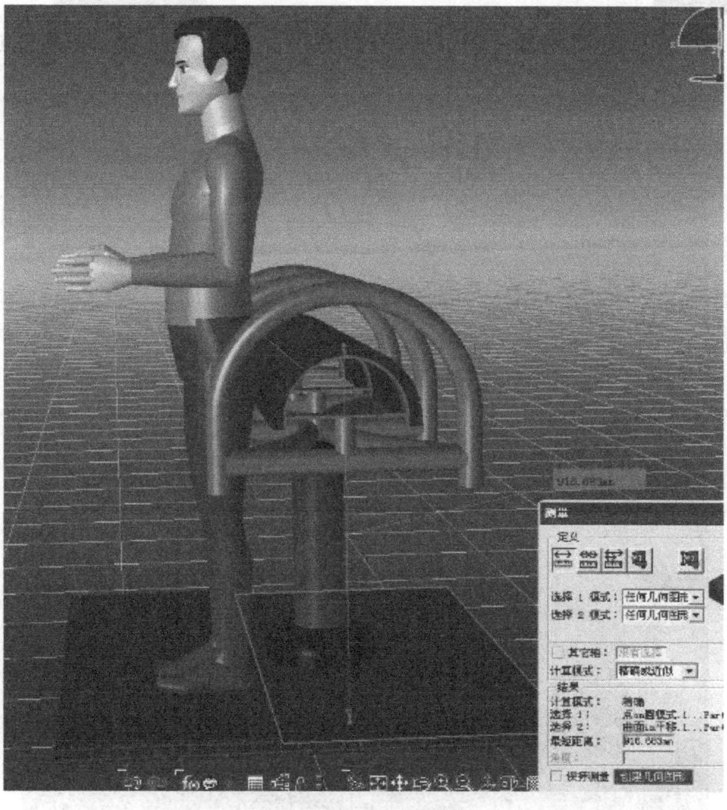

图 8-37　场景布置

3．编辑人体模型姿态

通过对健身时人体姿态的模拟可以直观地分析出健身器材的设计是否合理。

伸腰伸背器的主要功能是帮助使用者拉伸腰背，使用时需双手握紧弧形护栏，缓慢向后弯曲身体。在 DELMIA 中，对于第 50 百分位的人群，腰部最大向后弯曲角度为 9.521 度，背部最大向后弯曲角度为 10.286 度，如图 8-38 和图 8-39 所示。腰背姿态模拟如图 8-40 所示。

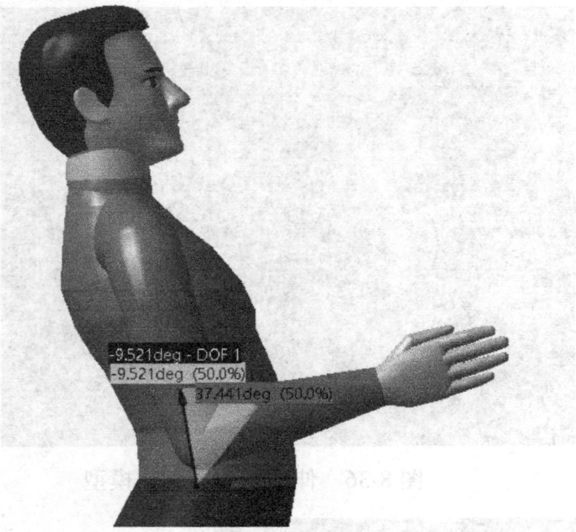

图 8-38　腰部向后弯曲量

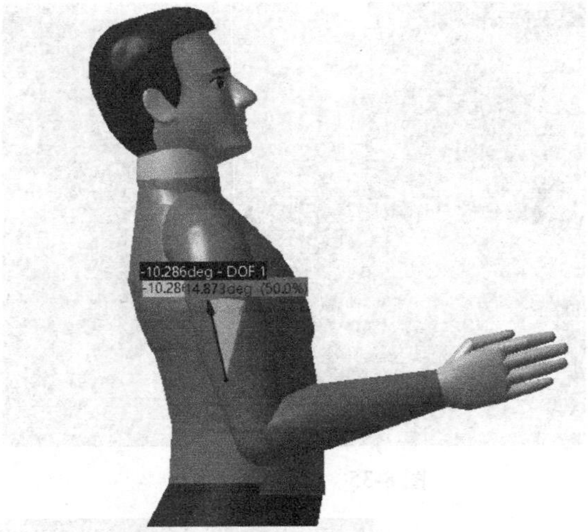

图 8-39　背部向后弯曲量

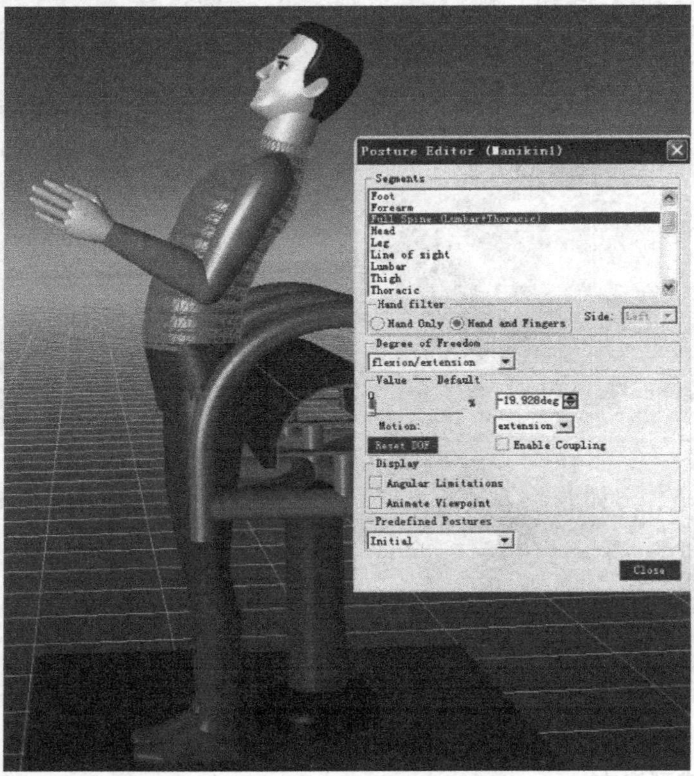

图 8-40　腰背姿态模拟

调整好腰背姿态后，按照护栏相对于身体的位置将手放置在护栏上，完成手握栏杆的模拟姿势，如图 8-41 所示。经测量得护栏的直径为 60 毫米，模拟时按照第 50 百分位人群的最大手腕弯曲量进行。从模拟效果可知，使用者的双手无法有效握紧弧形护栏，如图 8-42 所示。

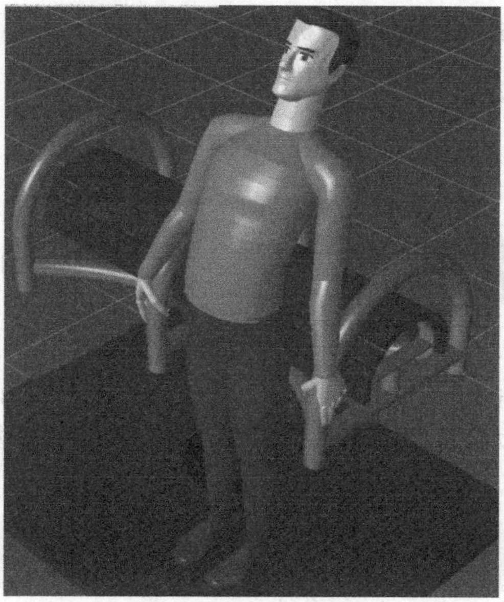

图 8-41 手部姿态模拟（1）

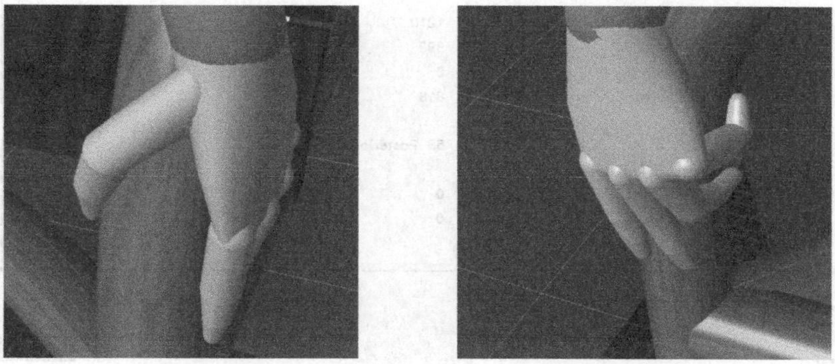

（a）右手　（b）左手

图 8-42 手部姿态模拟（2）

综上，该健身器材的高度太低，并不能有效托住腰背。而且弧形护栏直径略大，位置不合理，使用者的手无法抓紧护栏。由于锻炼时为站立姿态，手部又无法施力，导致使用者不能有效控制身体的平衡。因此，这种伸腰伸背器的设计不符合人体工程学的要求，且无法实现舒展腰背的具体功能。

8.3.3 新型康复器的设计与仿真评估

腰部的后伸动作保护差、力量弱，易发生劳损。而且腰部又是力量传导的集中处，因此在防治劳损锻炼方面，加强腰背部伸肌的肌力尤为重要。

目前在各种针对腰背肌锻炼的方法中，被公认的最有效方法是“拱桥式”训练。具体姿势为：仰卧床上，双腿屈曲，以双足、双肘和后头部为支点（五点支撑）用力将臀部抬高如拱桥状。

1．“拱桥式”训练方法的生物力学分析

① 创建人体模型，按照“拱桥式”的姿势调整虚拟人的动作，如图 8-43 所示。

图 8-43 模拟“拱桥式”姿态

② 利用 Human Activity Analysis（人体活动分析）模块中的 Biomechanics Single Action Analysis（生物力学单一动作分析）工具，对图 8-43 所示姿势进行分析，结果如图 8-44 所示。

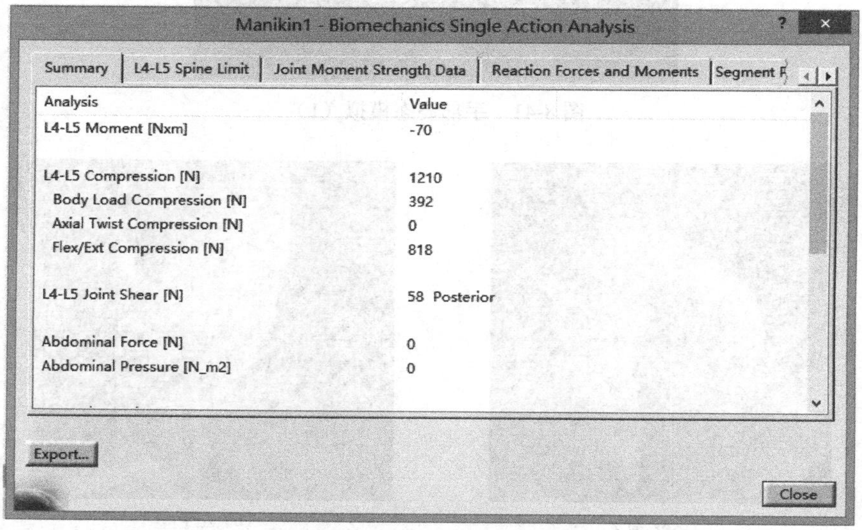
Manikin1 - Biomechanics Single Action Analysis
Summary
L4-L5 Spine Limit
Joint Moment Strength Data
Reaction Forces and Moments
Analysis
Value
L4-L5 Moment [Nxm]
-70
L4-L5 Compression [N]
1210
Body Load Compression [N]
392
Axial Twist Compression [N]
0
Flex/Ext Compression [N]
818
L4-L5 Joint Shear [N]
58 Posterior
Abdominal Force [N]
0
Abdominal Pressure [N_m2]
0
Export...
Close

图 8-44 “拱桥式”姿态的生物力学分析

③ 根据生物力学分析结果，结合“拱桥式”姿态锻炼时腰部和背部的受力情况设计出具有相同力学作用的简化姿势，如图 8-45 所示。

图 8-45 简化姿态

④ 利用 Human Activity Analysis（人体活动分析）模块中的 Biomechanics Single Action Analysis（生物力学单一动作分析）工具，对图 8-45 所示姿势进行分析，结果如图 8-46 所示。

2．新型康复器的模型设计

由图 8-44 和图 8-46 可知，简化姿态与“拱桥式”姿态在腰部和背部的受力状况是比较相似的。因此，可按照简化姿态设计一个新型康复器。

初步设计的腰肌劳损康复健身器是由 135° 折角的锻炼台、压脚杆与支撑架组成。为了满足不同身高使用者的需求，压脚杆设计成前后两个，如图 8-47 所示。

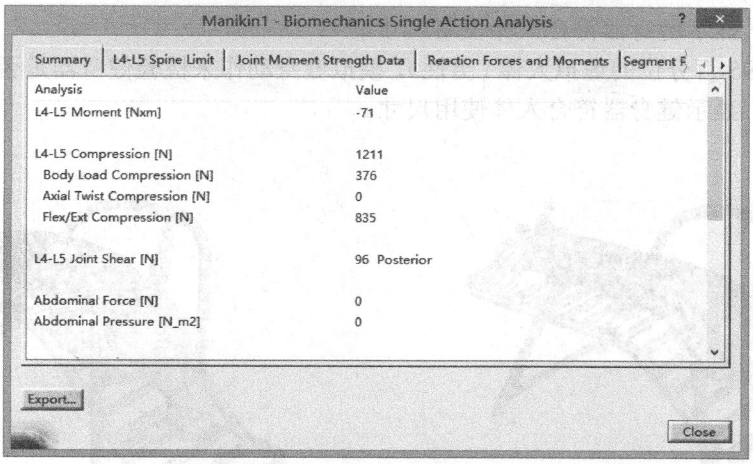

图 8-46 简化姿态的生物力学分析

当锻炼者躺在健身器上时，两脚放在压脚杆下，两手紧抓把手，身体慢慢向后弯曲伸展腰背。当锻炼者要起身时，凭着压脚杆的支撑与双手的拉力，可较轻松地起来。本健身器是模仿目前最有效的腰肌劳损康复锻炼方法来设计的，并且对加强肌肉肌力的具体实施活动进行了改进。首先，它的动作简单易学；其次，它在锻炼时对身体的其他部位影响较小。在健身器结构设计上，力图简单、牢固与安全，尽量避免有尖角伤人。

3．新型康复器的尺寸设计

为了缩短设计周期，提高设计效率，可用虚拟人体模型完成新型康复器的尺寸设计。

由于腰肌劳损主要发病人群为中老年人，因此采用中老年人体尺寸作为分析标准。作为I型的一般工业产品，选用第5百分位的女子与第95百分位的男子相关数据作为虚拟人体模型的尺寸以满足90%人群的需求。现以GB 10000—88《中国成年人人体尺寸》中36岁至60岁的人体尺寸为标准进行人体测量编辑，图8-48为调整后的尺寸。

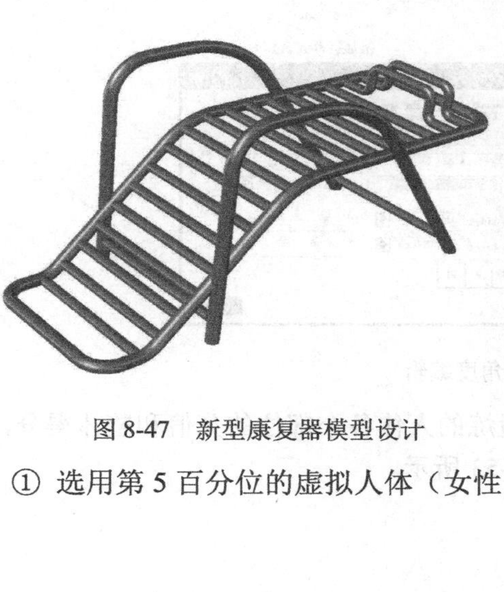

图 8-47 新型康复器模型设计

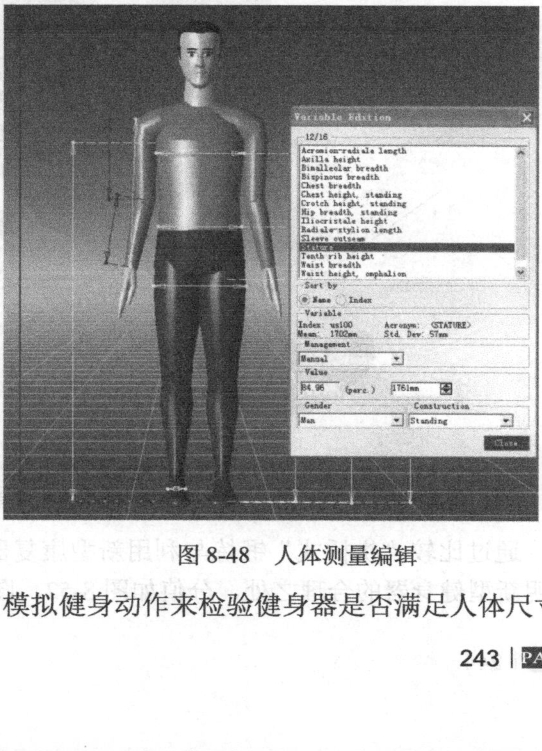

图 8-48 人体测量编辑

① 选用第5百分位的虚拟人体（女性），模拟健身动作来检验健身器是否满足人体尺寸。

如图 8-49 所示，显示健身器符合人体使用尺寸。

② 选用第 95 百分位的虚拟人体（男性），模拟健身动作来检验健身器是否满足人体尺寸。如图 8-50 所示，显示健身器符合人体使用尺寸。

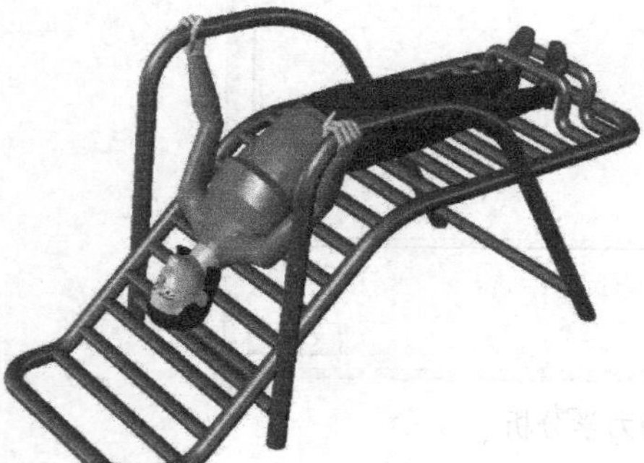

图 8-49 第 5 百分位女性人体模型检验

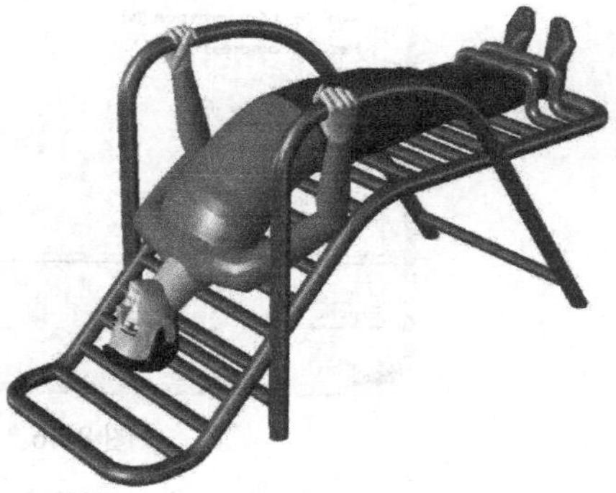

图 8-50 第 95 百分位男性人体模型检验

4．新型康复器的舒适性评估

现将人体最舒适的角度范围定义为 10 分，最不舒适的角度范围定义为 1 分，以上臂为例进行设置（见图 8-51）。

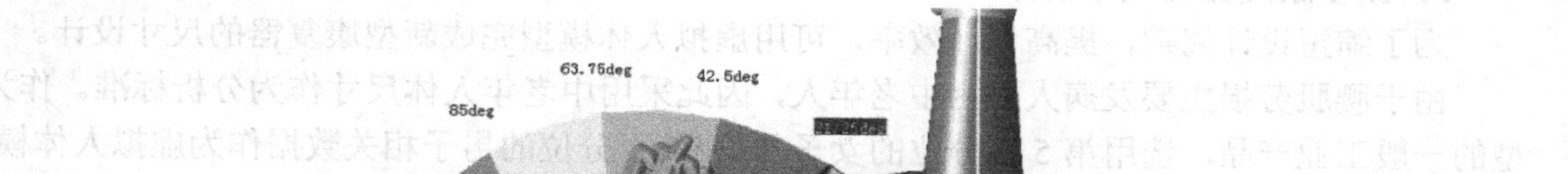

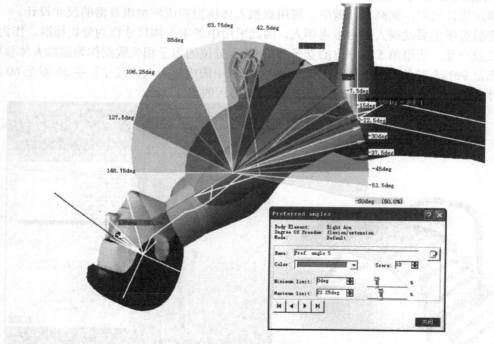

图 8-51 上臂首选角度编辑

通过比较“拱桥式”锻炼与利用新型康复器锻炼的人体各个部位的分值和整体得分，来说明新型健身器的合理之处，分值如图 8-52、图 8-53 所示。

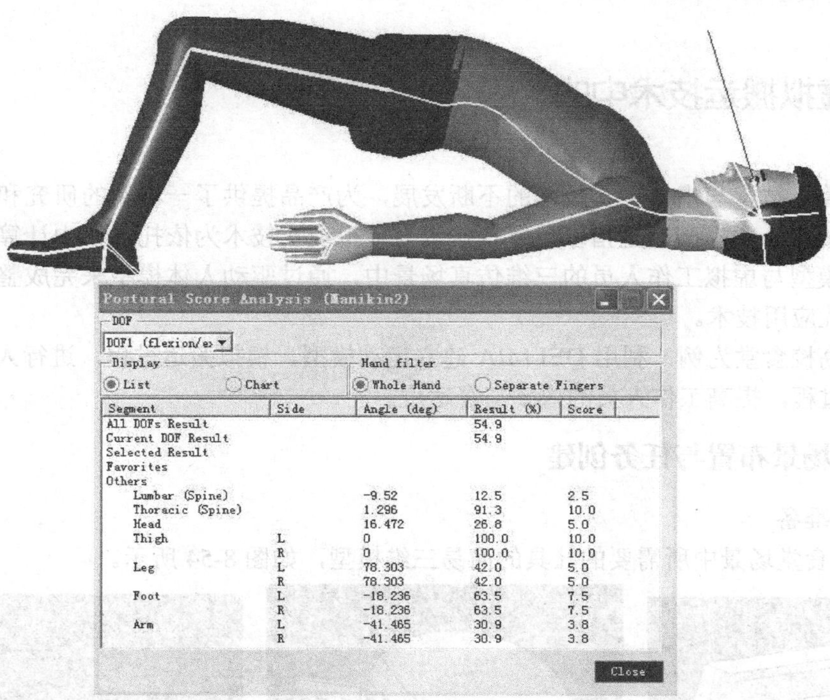

图 8-52 “拱桥式”姿态得分

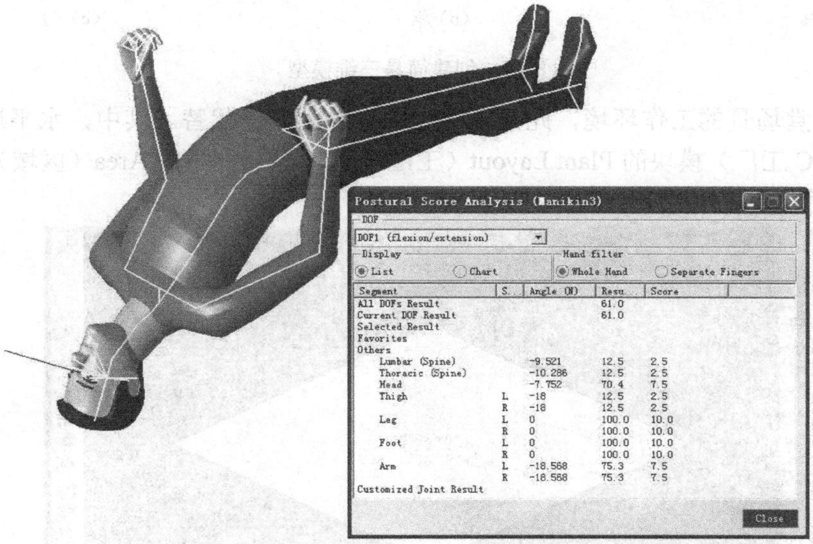

图 8-53 简化姿态得分

由图 8-52 可看出人体的头部、小腿、手臂与脚步都处于较不舒适的角度范围，除去需要锻炼的腰、背部外，平均舒适度得分只有 6.4 分。而在图 8-53 中，除去腰、背部外的平均舒适度得分为 7.5 分。因此利用新型康复器锻炼能使使用者既达到锻炼效果，又处于较舒适的姿势状态，符合人因工程的要求。

8.4 虚拟搬运技术中的人因分析

随着计算机技术与虚拟现实技术的不断发展，为产品提供了一种新的研究和解决方法，即虚拟搬运技术。虚拟搬运是指以计算机技术与虚拟现实技术为依托，在由计算机生成的、包含了产品模型与虚拟工作人员的三维仿真场景中，通过驱动人体模型来完成整个搬运过程仿真的综合性应用技术。

本节以高校食堂为例，利用 DELMIA 建立运动模型，模拟搬运过程，进行人因分析，从而优化操作过程，提高工作人员的效率与舒适度。

8.4.1 场景布置与任务创建

1. 场景准备

① 创建食堂场景中所需要的灶具的简易三维模型，如图 8-54 所示。

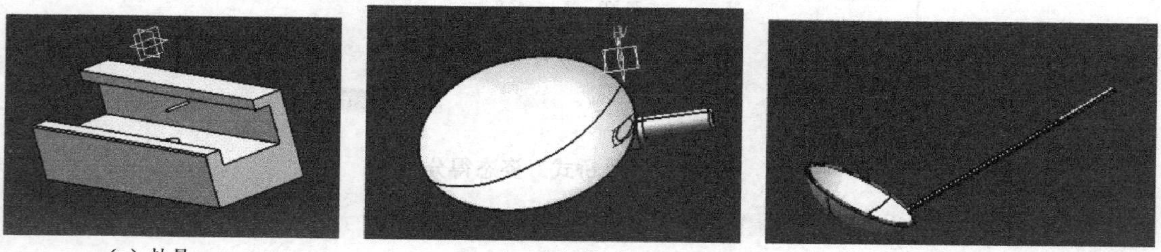

（a）灶具　（b）锅　（c）勺

图 8-54　创建简易三维模型

② 创建食堂场景的工作环境，此处简化为水平地面进行代替。其中，水平地面可通过 AEC Plant（AEC 工厂）模块的 Plant Layout（工厂布置）功能中的 Area（区域）进行创建，如图 8-55 所示。

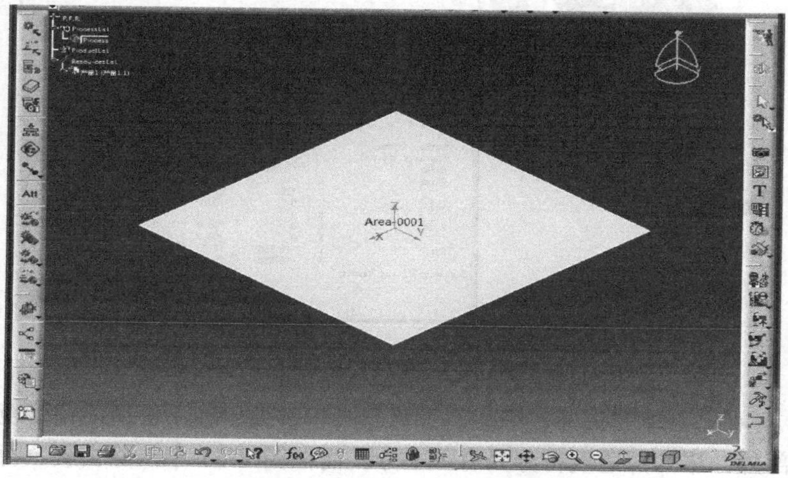

图 8-55　创建水平地面

③ 创建食堂场景中需要的人体模型。

2．编辑人体模型仿真动作

① 食堂工作人员推/拉动作，可利用 Human Task Simulation（人体任务仿真）模块中 Manikin Posture（人体模型姿态）工具栏中的 Reach（到达）命令和 DPM-Assembly Process Simulation（装配过程仿真）模块中 Simulation Activity Creation（仿真活动创建）工具栏中的 Create a Move Activity（创建一个移动活动）命令共同完成。

② 食堂工作人员的拾取动作，可利用 Human Task Simulation（人体任务仿真）模块中 Manikin Posture（人体模型姿态）工具栏中的 Reach（到达）命令和 Worker Activities（工人活动）工具栏中的 Creates a Pick Activity（创建一个拾取动作）命令、Create Move to Posture Activity（创建移动到姿势运动）命令、Creates a Place Activity（创建一个放置运动）命令共同完成。

③ 食堂工作人员抓取厨具（勺）的动作，可利用 Human Task Simulation（人体任务仿真）模块中 Manikin Posture（人体模型姿态）工具栏中的 Reach（到达）命令和 Standard Posture（标准姿态）命令共同完成，如图 8-56 所示。

④ 食堂工作人员拿取厨具（锅）的动作，可利用 Human Task Simulation（人体任务仿真）模块中 Manikin Posture（人体模型姿态）工具栏中的 Reach（到达）命令和 Standard Posture（标准姿态）命令， Worker Activities（工人活动）工具栏中的 Creates a Track Trajectory Activity（创建一个跟踪轨迹运动）命令以及 DPM-Assembly Process Simulation （装配过程仿真）模块中 Simulation Activity Creation（仿真活动创建）工具栏中的 Create a Move Activity（创建一个移动活动）命令共同完成，如图 8-57 所示。

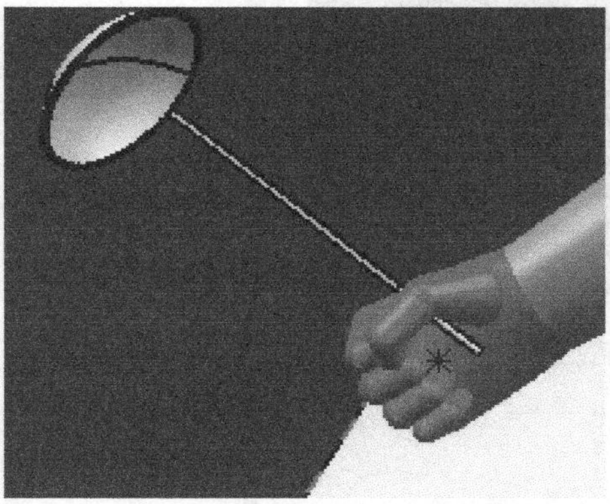

图 8-56　编辑抓取厨具的动作

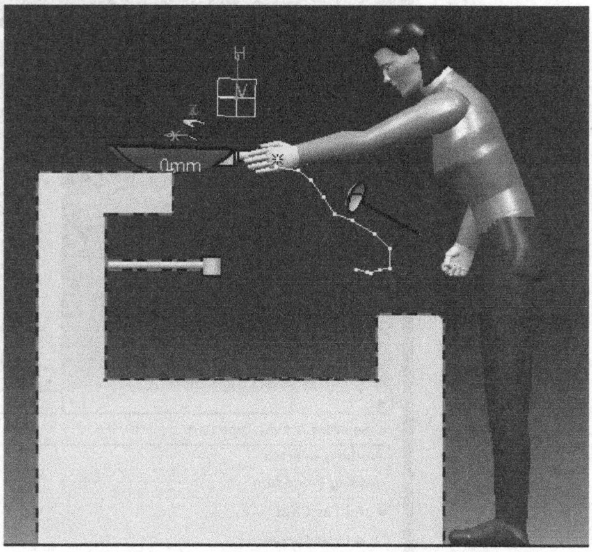

图 8-57　编辑拿取厨具的动作

3．创建人体任务仿真

利用 Human Task Simulation（人体任务仿真）模块中的命令可将上述编辑的多个独立动作进行整合，形成一个完成的仿真模拟。

① 创建人体模型任务，可利用 Human Task Simulation（人体任务仿真）模块中 Task Tools（任务工具）工具栏中的 Create Task（创建任务）命令完成。选择需要生成任务的人体模型，则 PPR 结构树中该模型的 Task List（任务列表）下会生成一个 Human Task，如图 8-58 所示。

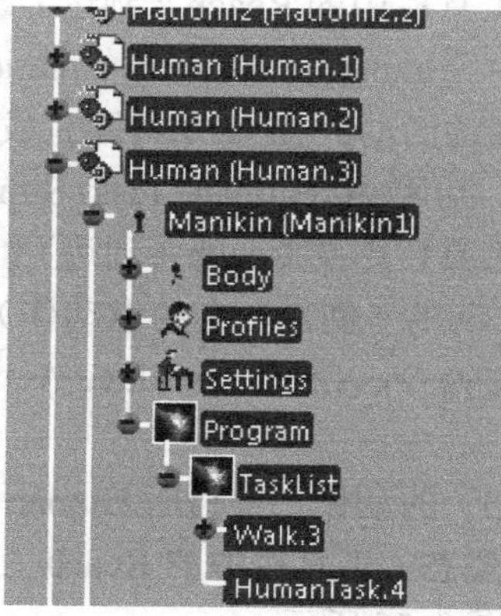

图 8-58　创建人体模型任务

② 步骤（2）中人体模型的动作，需要创建人体模型任务之后，在每个单独的任务中进行相关动作的编辑。

③ 激活人体模型任务，可利用 Human Task Simulation（人体任务仿真）模块中 Activity Management（活动管理）工具栏中的 Insert Activity（插入活动）命令完成。该命令可通过某一动作激活相应的人体模型任务，从而协调任务的执行顺序，如图 8-59 所示。

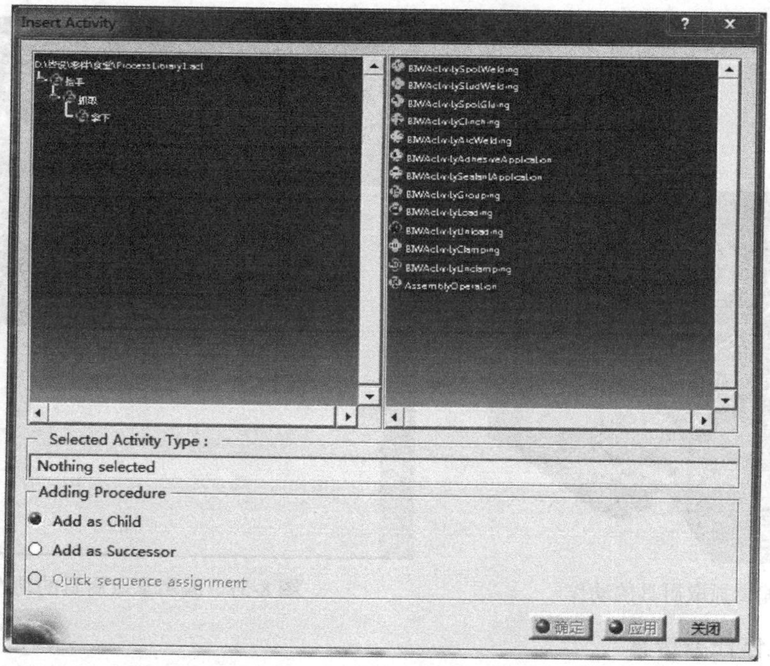

图 8-59　设置 Insert Activity 对话框协调任务

④ 设计并行任务，可利用 Human Task Simulation（人体任务仿真）模块中 Data Views（数

据视图）工具栏中的 Open PERT Chart（打开 PERT 图）命令完成，实现两个或两个以上任务的同时进行。

⑤ 调整动作持续时间，可利用 Human Task Simulation（人体任务仿真）模块中 Data Views（数据视图）工具栏中的 Open Gantt Chart（打开 Gantt 图）命令完成。选择一个动作，系统会自动生成该动作以及其子动作的甘特图，如图 8-60 所示。

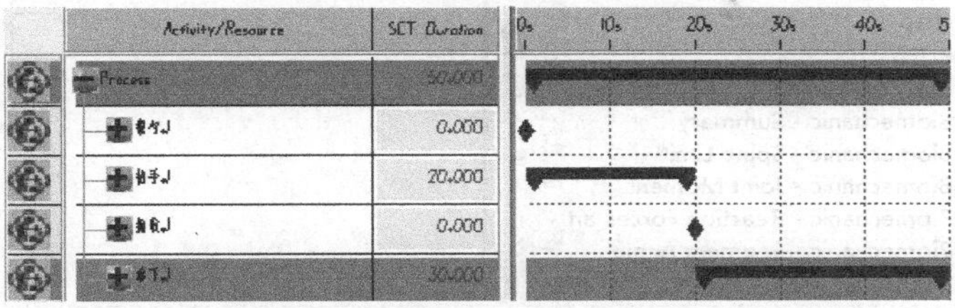

图 8-60 Gantt 图

8.4.2 人体任务仿真的人因分析

（1）可视性分析。

利用 Human Task Simulation（人体任务仿真）模块中 Manikin Tools（人体模型工具）工具栏中的 Open Vision Window（打开视野窗口）命令，观察工作人员的视野，如图 8-61 所示。

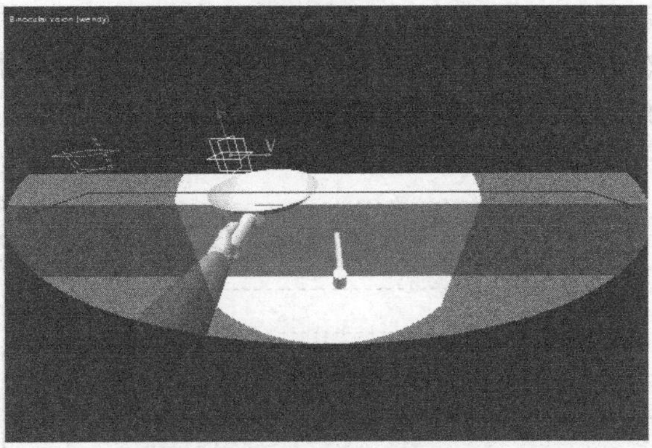

图 8-61 工作人员视野

（2）可达性分析。

利用 Human Task Simulation（人体任务仿真）模块中 Manikin Tools（人体模型工具）工具栏中的 Computes a reach envelope（计算可达域）命令，可得到人体模型处于该位置时的可操作空间，如图 8-62 所示。

（3）动态分析。

利用 Human Task Simulation（人体任务仿真）模块中 Manikin Tools（人体模型工具）工具栏中的 Inserts a new Report（插入新的报告）命令，可得到人体模型在此次仿真过程中动态人因分析的报告结果。

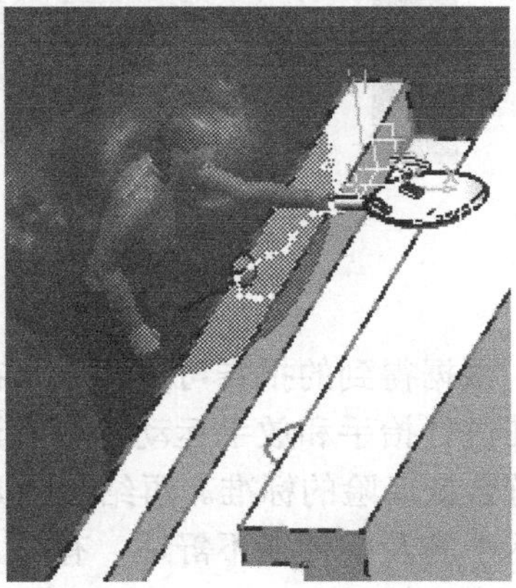

图 8-62 工作人员可操作空间

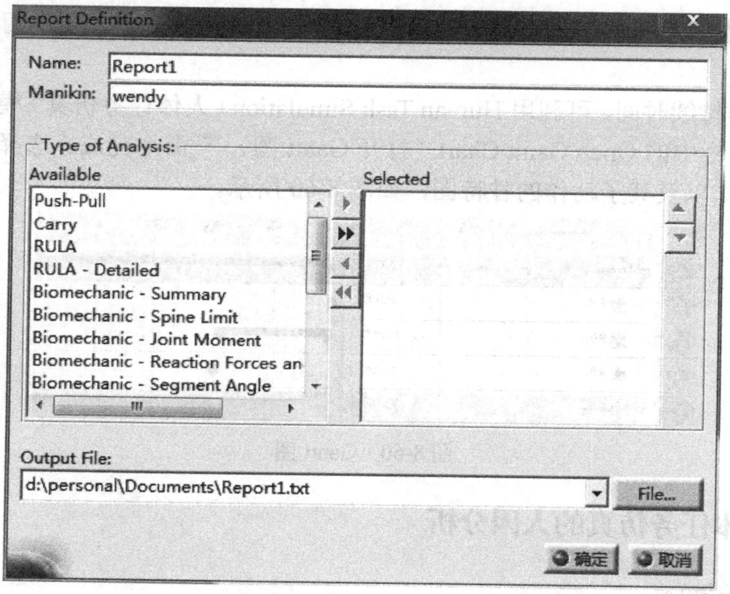

图 8-63 Report Definition 对话框

在弹出来的 Report Definition（报告定义）对话框中（见图 8-63），选择需要的人因分析内容，单击箭头，将其移动到 Selected（已选）窗口。单击 File…（文件）按钮，确定报告的输出位置和文件类型，然后运行仿真，即可获得所需的动态分析报告。现以 RULA 和 RULA-Detailed 为例进行分析，结果如图 8-64 和图 8-65 所示。

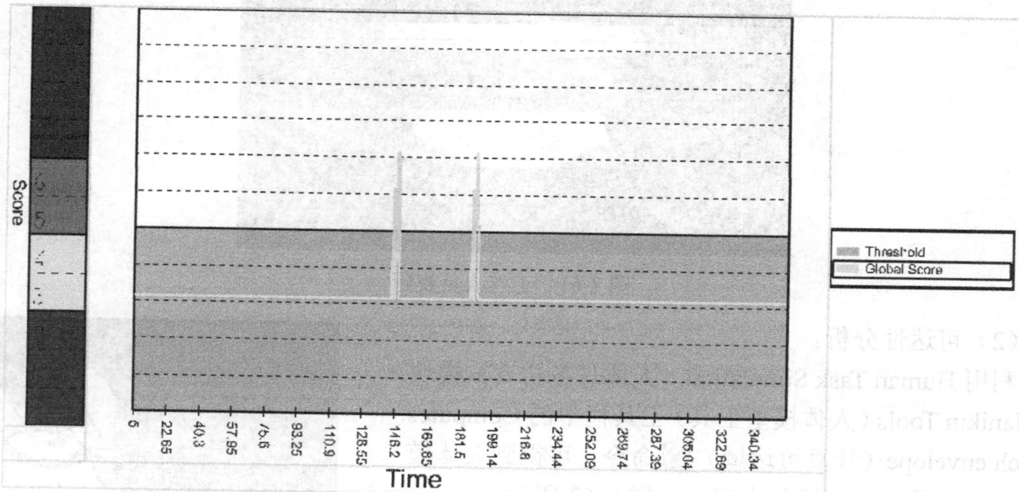

图 8-64 RULA 分析

根据得到的报告可观察到，在仿真过程中间得分突然升高，这两个时间点的工作人员分别在进行抬手和放手运动，可以认为工作人员在这两个时间点的动作需要进行重新设计，它不符合低风险的标准。再结合图 8-65，可以发现 Wrist and Arm（手腕和手臂）的得分最高，表示手腕及手臂很不舒适，有很大导致疾病的风险，可以适当升高灶具的高度，从而进行姿势优化。

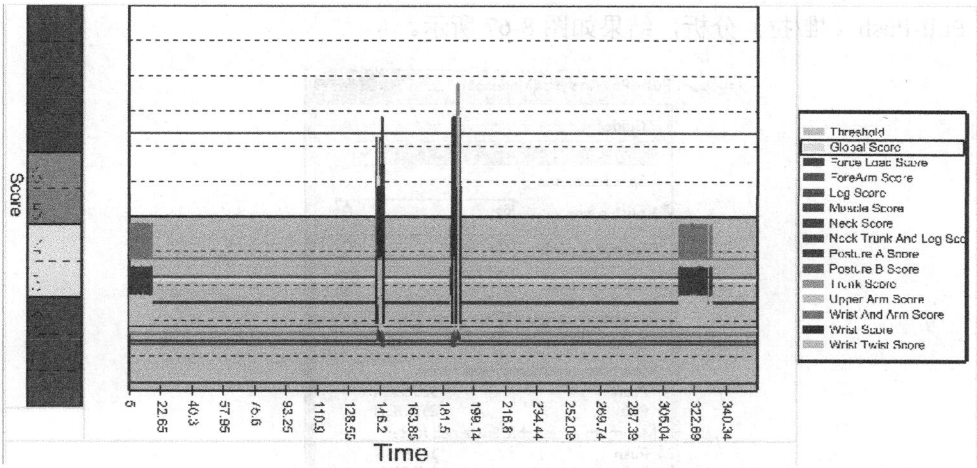

图 8-65　RULA-Detailed 分析

注 意

1. 在 DELMIA 中，动态的分析报告默认的是不会自动更新的，即在仿真过程中，不会自动记录相关数据。因此，需要通过 Tools（工具）→Options（选项）→Ergonomics Design & Analysis（人因工程设计和分析）→Human Task Simulation（人体任务仿真）→General（通用）选项卡，激活 Update Analyses During Simulation（在仿真中更新分析）选项。

2. 只有 RULA 以及 RULA-Details 两项分析，可以用 XML 格式文件形式保存数据。

3. DELMIA 里提供的诸多人因分析，可以任意组合，但是每个报告必须指向一个有效的输出文件。

（4）静态分析。

由于在动态分析中，人体的负载不可任意改变。因此，利用 Human Activity Analysis（人体活动分析）模块中的 Ergonomic Tools（人体工程学工具）对某一姿态进行人因分析。

● RULA 分析，结果如图 8-66 所示。

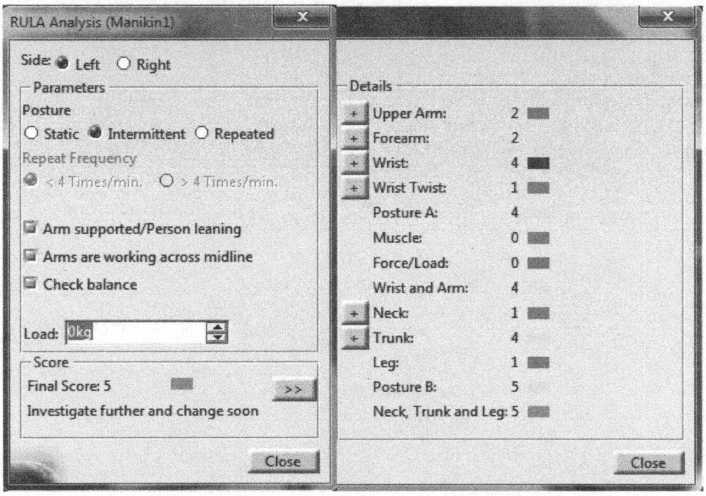

图 8-66　RULA 分析

● Pull-Push（推/拉）分析，结果如图 8-67 所示。

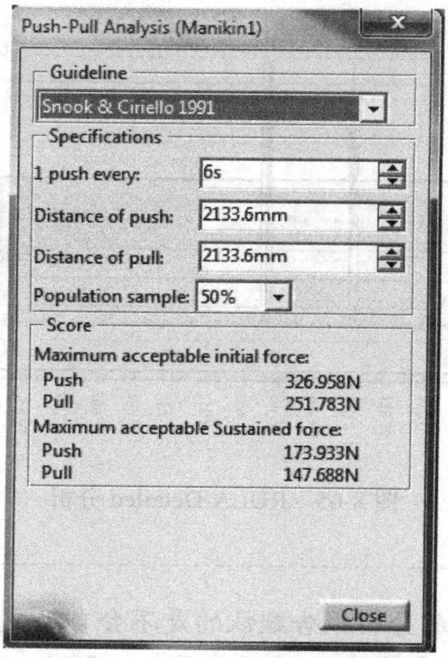

图 8-67　推/拉分析

附录A

CatalogDocument（目录文件）的建立与使用

DELMIA 可建立多种文件类型，其中有一种文件可保存预定义的人体模型，即 CatalogDocument（目录文件）。熟练掌握该文件的建立与使用，可以建立用户自定义的人体姿势库，快速调用已定义的人体姿势和首选角度，从而提高工作效率。

1．CatalogDocument（目录文件）的建立

① 鼠标依次单击菜单 File（文件）→New（新建），弹出 New（新建）对话框，选择 CatalogDocument（目录文件），其界面如图 1 所示。

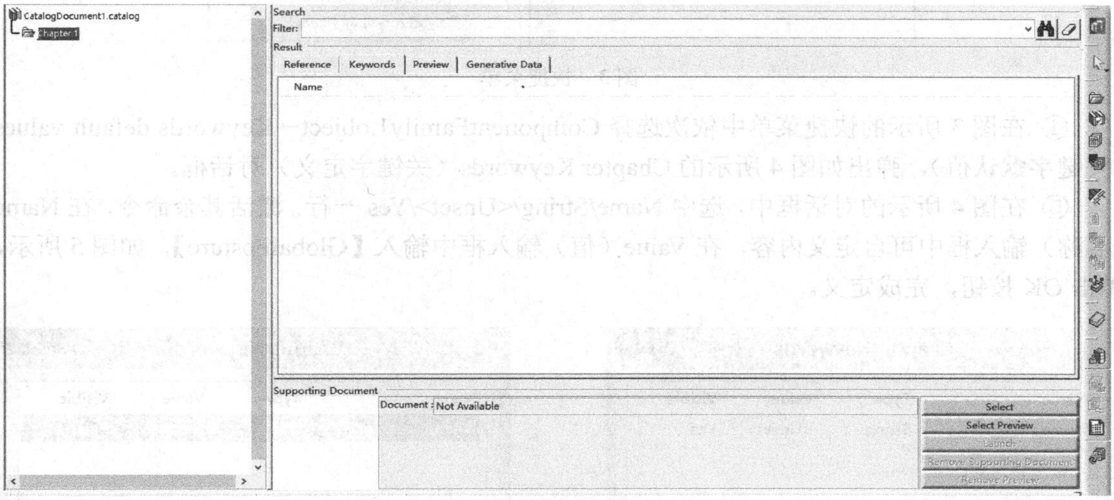

图 1　目录文件界面

② 选择界面右侧 Chapter（章节）工具栏中的 Add Family（添加系列）命令，弹出如图 2 所示的对话框，用户可自定义 Name（名称），Type（类型）默认为 Standard（标准），单击 OK 按钮确定。

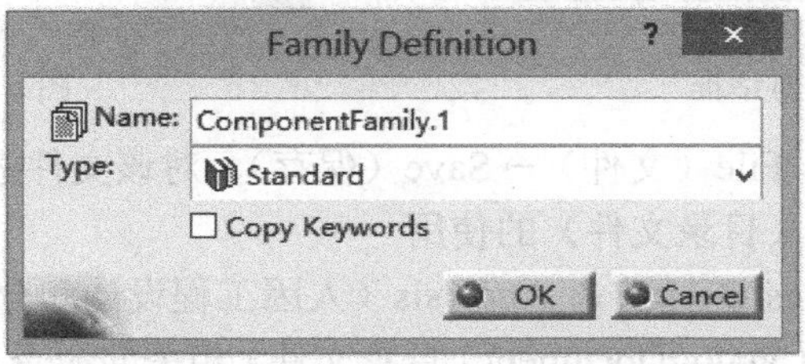

图 2　系列定义对话框

③ 展开左侧结构树中的 Chapter（章节），在步骤②中添加的 Family（系列）处单击右键，弹出快捷菜单，如图 3 所示。

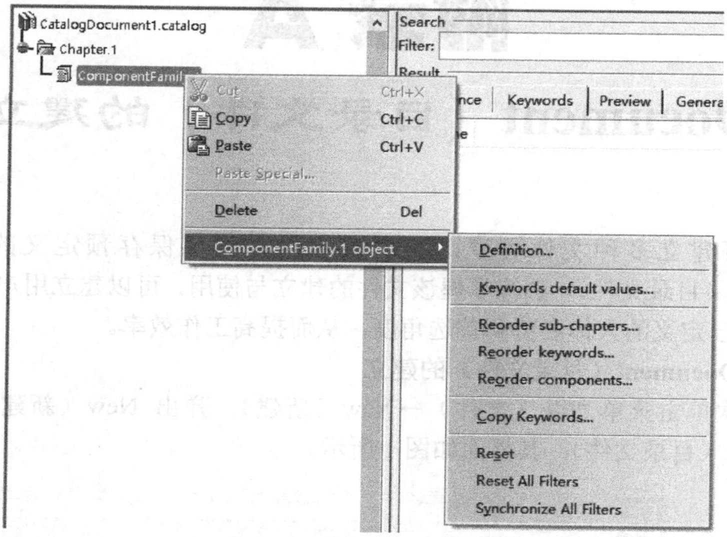

图 3　快捷菜单

④ 在图 3 所示的快捷菜单中依次选择 ComponentFamily1.object→Keywords default values（关键字默认值），弹出如图 4 所示的 Chapter Keywords（关键字定义）对话框。

⑤ 在图 4 所示的对话框中，选中 Name/String/<Unset>/Yes 一行，激活其余命令，在 Name（名称）输入框中可自定义内容，在 Value（值）输入框中输入【GlobalPosture】，如图 5 所示，单击 OK 按钮，完成定义。

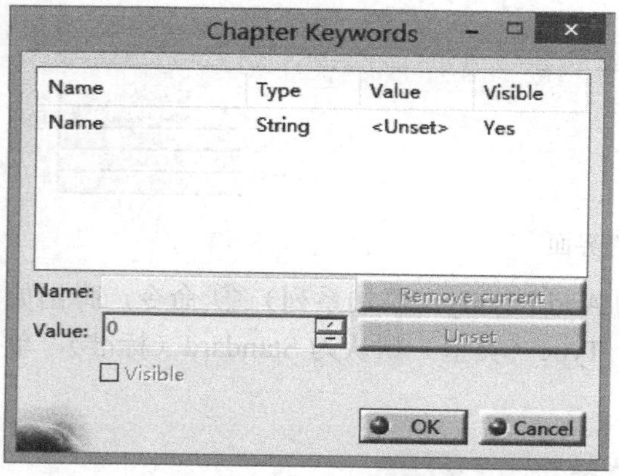

图 4　关键字定义对话框

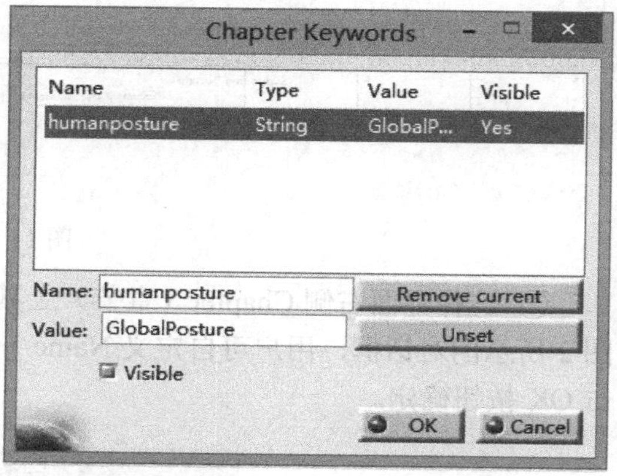

图 5　定义 Name 和 Value

⑥ 鼠标依次单击菜单 File（文件）→Save（保存），对该文件进行保存。

2．CatalogDocument（目录文件）的使用

DELMIA 的 Ergonomics Design & Analysis（人因工程设计和分析）模块各个功能工作界面的工具栏中均有两个与 CatalogDocument（目录文件）相关的命令，如图 6 所示。其中，Save manikin’s attributes in catalog（在目录中保存人体模型属性）命令可将当前人体模型保存在目录文件中，Load manikin's attributes from a catalog（从目录中加载人体模型属性）命令可直接从目录文件中调用已保存的人体模型。

① 利用 Forward Kinematics（正向运动）命令编辑人体模型姿态，如图 7 所示。

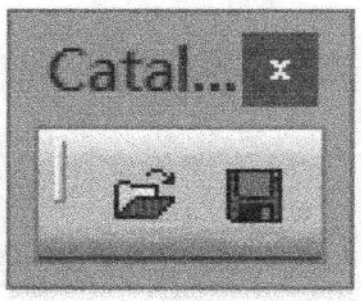

图 6　目录工具栏

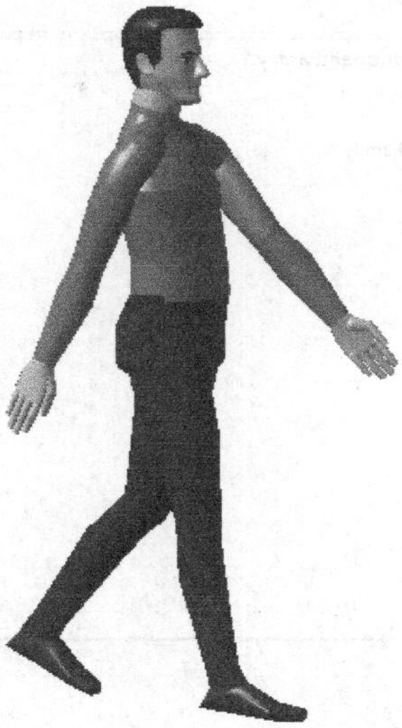

图 7　编辑人体模型姿态

② 单击 Save manikin's attributes in catalog（在目录中保存人体模型属性）按钮，弹出如图 8 所示对话框。

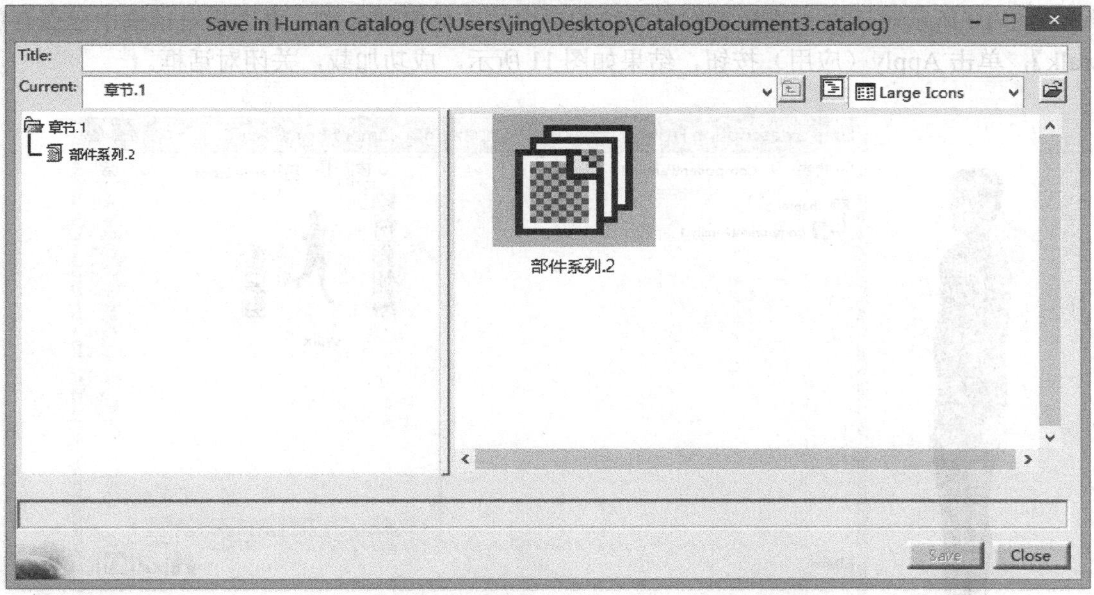

图 8　Save in Human Catalog 对话框

③ 图 8 对话框中的 Title(标题)输入框输入此次保存的人体模型名称，单击 Browse another catalog（浏览其他目录）按钮，选择目录文件，进入 Family（系列）层级，选择工作界面

结构树中的人体模型，激活 Save（保存）命令，单击 Save（保存），结果如图 9 所示，保存成功，关闭对话框。

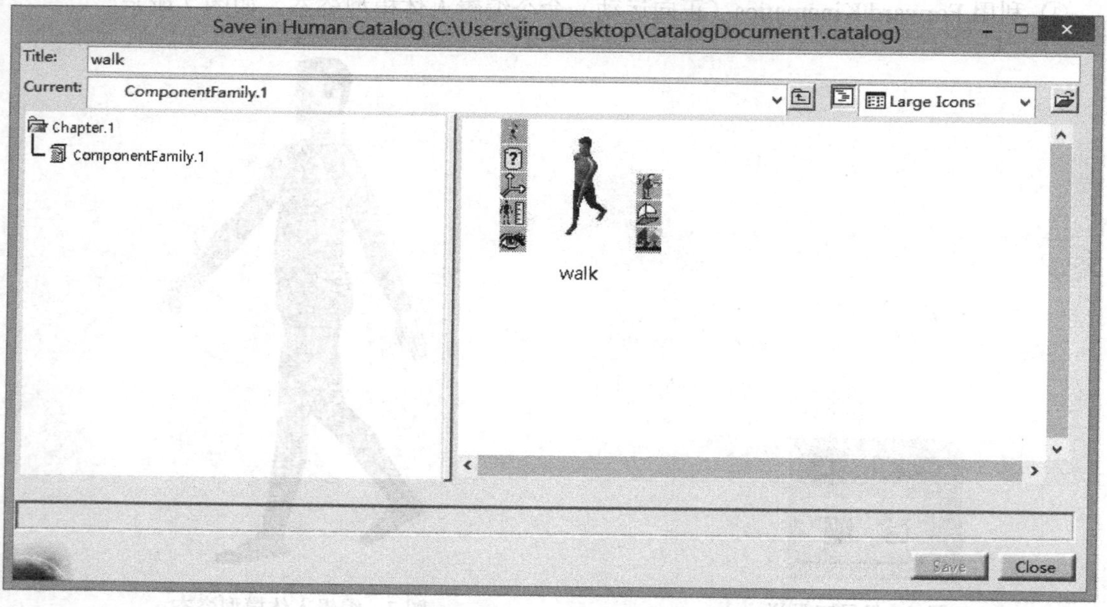

图 9　保存人体模型

④ 重置当前人体模型姿态。

⑤ 单击 Load manikin's attributes from a catalog（从目录中加载人体模型属性）按钮，弹出如图 10 所示对话框。选择工作界面结构树中的人体模型名称，再选择对话框中已保存的【walk】，单击 Apply（应用）按钮，结果如图 11 所示，成功加载，关闭对话框。

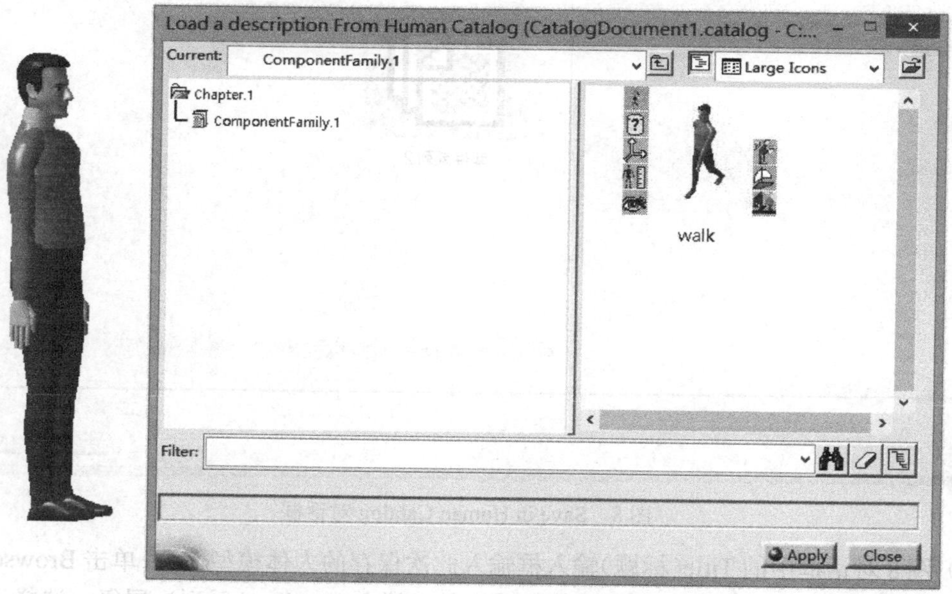

图 10　加载人体模型对话框

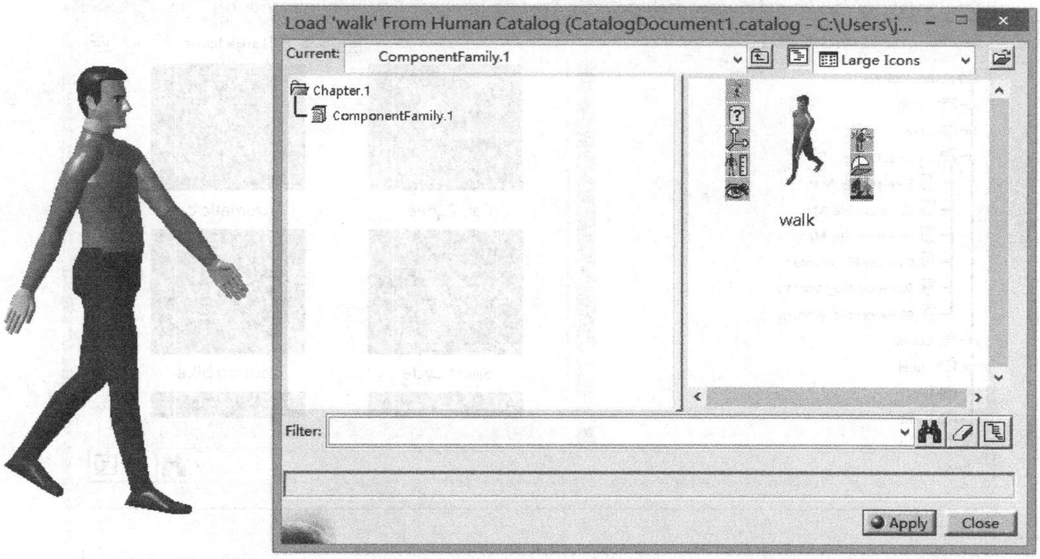

图 11　加载人体模型

除此之外，DELMIA 有已建立的人体目录文件，均存放在【HumanCatalogs】文件夹中。具体路径及内容如下：

- 【HumanCatalogs\Anthropometry\Body_dimensions.catalog】中有 Special population（特殊人群）、Auto and Aero（汽车和航空）以及 Army（军队）的代表性人体模型，如图 12 所示。

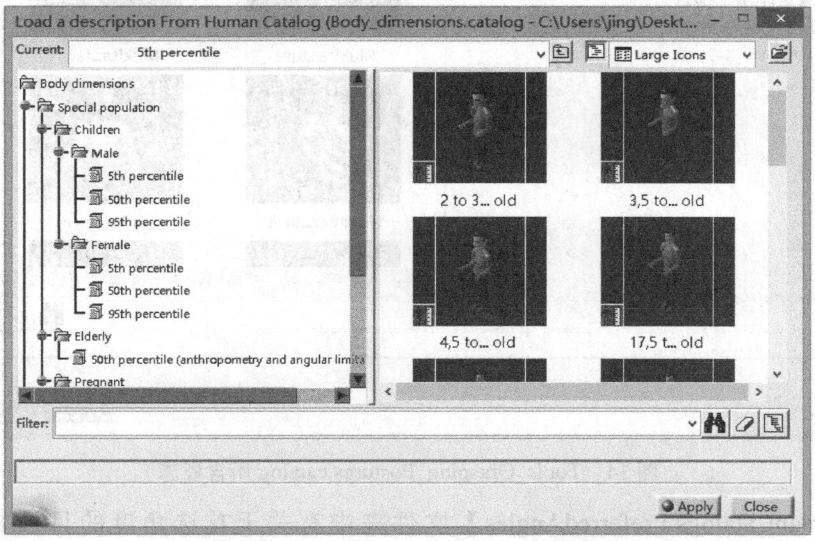

图 12　Body_dimensions.catalog 所含姿态

- 【HumanCatalogs\Postures】文件夹中有【Static_Postures.catalog】和【Tools_Grasping_Postures.catalog】。前者包含多种代表性人体模型的静态姿势，如图 13 所示。后者包含多种代表性人体模型手部抓取工具的姿势，如图 14 所示。

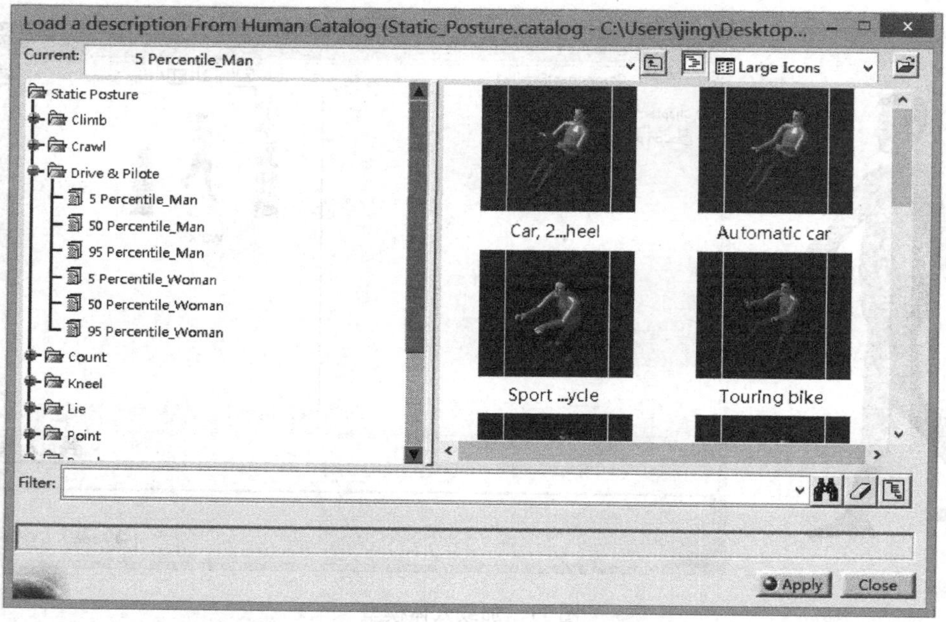

图 13　Static_Postures.catalog 所含姿态

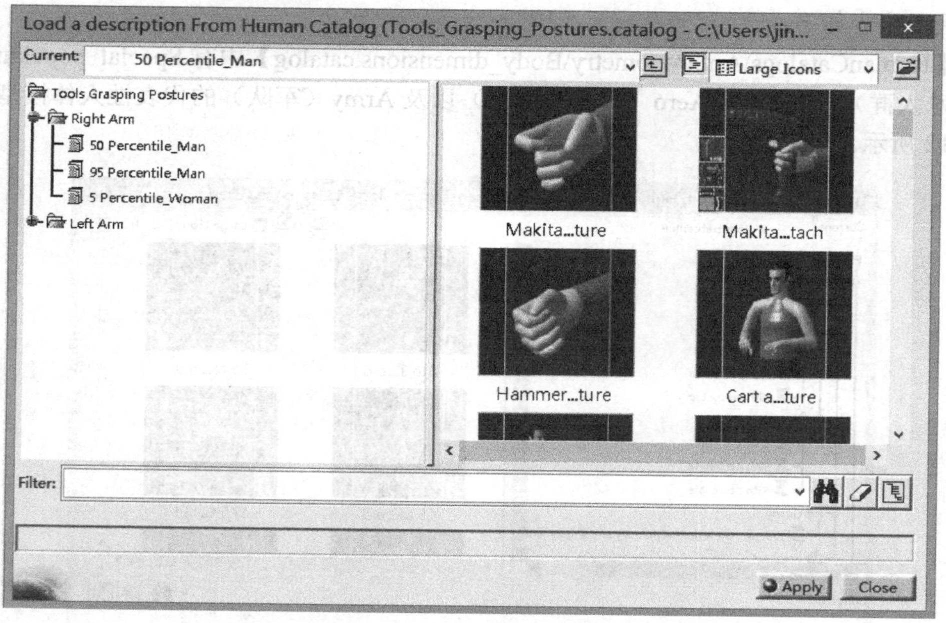

图 14　Tools_Grasping_Postures.catalog 所含姿态

- 【HumanCatalogs\PreferredAngles】文件夹中有关于首选角度的目录文件。其中，【Maximum_Strength_Preferred_Angle.catalog】包含多种代表性人体模型以不同标准定义的上臂处于不同姿势时使用最大力量的首选角度，如图 15 所示；【Optimized_posture_preferred_angles.catalog】包含不同标准定义下的人体模型处于不同姿势时的最优首选角度，如图 16 所示。

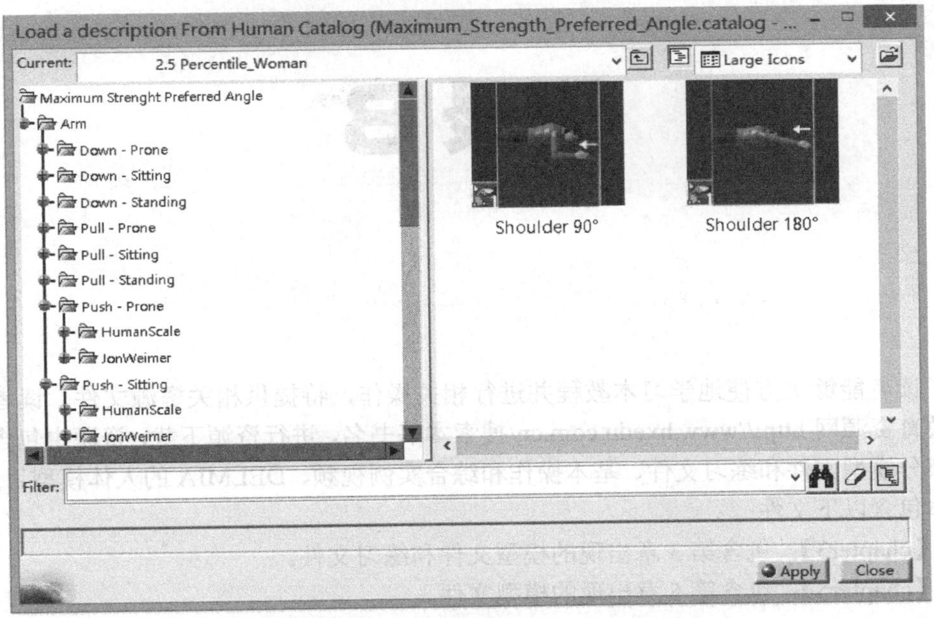

图 15　Maximum_Strength_Preferred_Angle.catalog 所含姿态

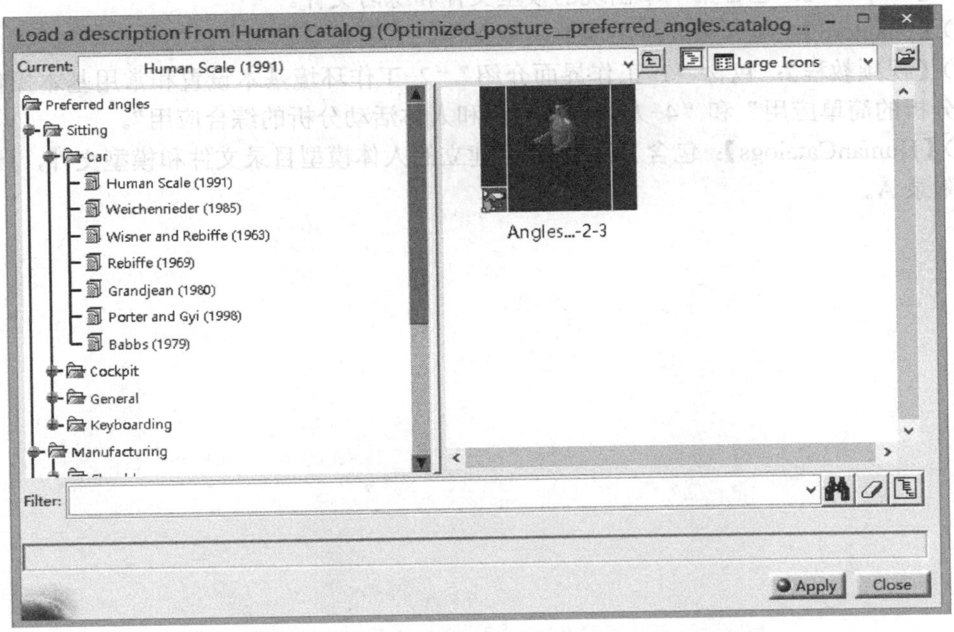

图 16　Optimized_posture_preferred_angles.catalog 所含姿态

- 【HumanCatalogs\Tasks】文件夹中包含人体模型执行多种任务的文件。
- 【HumanCatalogs\Tools】文件夹中包含多种产品的模型文件。

附录 B

为了读者能够更方便地学习本教程并进行相关操作，特提供相关资源文件。读者可登录到华信教育资源网 http://www.hxedu.com.cn/搜索本书书名，进行资源下载，资源中包含教程中出现的部分模型文件和练习文件、基本操作和综合实例视频、DELMIA 的人体模型目录文件。

具体包含以下文件：

（1）【chapter3】：包含第 3 章出现的模型文件和练习文件。

（2）【chapter5】：包含第 5 章出现的模型文件。

（3）【chapter6】：包含第 6 章出现的练习文件。

（4）【chapter7】：包含第 7 章出现的模型文件和练习文件。

（5）【chapter8】：包含第 8 章出现的模型文件。

（6）【视频教程】：包含“1-工作界面介绍”“2-工作环境基本设置和常用基本操作”“3-仿真与分析的简单应用”和“4-人体姿态分析和人体活动分析的综合应用”。

（7）【HumanCatalogs】：包含 DELMIA 已建立的人体模型目录文件和模型文件，具体说明可参照附录 A。

参考文献

[1] 钮建伟，张乐. Jack 人因工程基础及应用实例[M]. 北京：电子工业出版社，2012.

[2] 郑午. 人因工程设计[M]. 北京：化学工业出版社，2006.

[3] 盛选禹，盛选军. DELMIA 人机工程模拟教程[M]. 北京：机械工业出版社，2009.

[4] 任金东. 汽车人机工程学[M]. 北京：北京大学出版社，2010.

[5] 张立博，袁修干. 飞机维修活动中的快速上肢评价[N]. 中国安全科学学报，2004，14（7）：34-37.

[6] 王东勃，郭宁生，崔源潮，范阳曦. 基于驾驶适应性的运输机驾驶舱 CATIA 人因工程分析[J]. 机械科学与技术，2010，29（3）：387-390.

[7] 钟文杰，徐红梅，徐奥. 基于 CATIA 的拖拉机驾驶室人机系统舒适性分析与评价[N]. 江苏大学学报（自然科学版），2017，38（1）：47-51.

[8] 刘启越，孙有朝. 基于虚拟仿真的民机驾驶舱人机工效评价技术研究[N]. 中国民航飞行学院学报，2014，25（2）：8-11.

[9] 王占海，翟庆刚，虞健飞，胡春林. 考虑工效学的飞机维修性虚拟分析与验证[N]. 中国民航大学学报，2009，27（4）：56-59.

[10] 吴维江. 基于 DELMIA 的飞行器虚拟装配技术研究与应用[D]. 南京：南京航空航天大学，2008.

[11] 张伟. 产品设计中人机工程学的仿真研究[D]. 上海：上海交通大学，2006.

[12] 刘佳，刘毅. 虚拟维修发展综述[N]. 计算机辅助设计与图形学学报，2009，21（11）：1519-1534.